普通高等学校
电类规划教材

U0382321

电路
与模拟电子技术

◎史学军 陆峰 张宇飞 李娟 编著

人 民 邮 电 出 版 社

北 京

图书在版编目（C I P）数据

电路与模拟电子技术 / 史学军等编著. -- 北京：
人民邮电出版社，2017.8
普通高等学校电类规划教材
ISBN 978-7-115-45837-7

Ⅰ．①电… Ⅱ．①史… Ⅲ．①电路理论－高等学校－
教材②模拟电路－电子技术－高等学校－教材 Ⅳ．
①TM13②TN710

中国版本图书馆CIP数据核字(2017)第209903号

内 容 提 要

　　本书是根据教育部高等学校电子电气基础课程教学指导分委员会制定的"电工学"课程教学基本要求，结合计算机、计算数学、传媒技术等专业最新的"电路与模拟电子技术"的教学基本要求编写而成。全书分为电路分析基础和模拟电子技术两大部分。电路部分共分 4 章，主要内容包括电路分析的基本概念和基本定律、电阻电路的分析、动态电路的暂态分析以及正弦稳态电路的分析；模拟电子技术部分也分 4 章，主要内容包括半导体二极管及其基本应用、晶体三极管及其基本放大电路、集成运算放大器的应用和直流稳压电源。各章均配有与基本内容密切相关的例题；每章最后配有深浅适中、题型齐全的习题，并给出了习题的参考答案，便于学生自学和教师教学。

　　本书对基本概念、基本原理以及基本分析方法以讲解清楚够用为度，同时兼顾应用，并在各章的最后一节安排基于 NI Multisim 14 的电路仿真实例，将理论和实践相结合。

　　本书可作为高等学校计算机、传媒技术、工程管理等相关专业的教材，也可作为相关专业自学者及相关技术人员的参考用书。

◆ 编　　著　史学军　陆　峰　张宇飞　李　娟
　　责任编辑　李　召
　　责任印制　陈　犇

◆ 人民邮电出版社出版发行　　北京市丰台区成寿寺路 11 号
　　邮编　100164　电子邮件　315@ptpress.com.cn
　　网址　http://www.ptpress.com.cn
　　固安县铭成印刷有限公司印刷

◆ 开本：787×1092　1/16
　　印张：19.75　　　　　　　　　　2017 年 8 月第 1 版
　　字数：496 千字　　　　　　　　2024 年 12 月河北第 17 次印刷

定价：54.00 元

读者服务热线：**(010)81055256**　印装质量热线：**(010)81055316**
反盗版热线：**(010)81055315**

广告经营许可证：京东市监广登字20170147号

　　"电路与模拟电子技术"是高等学校电子信息及相关专业的一门重要基础课，它的任务是介绍电路与模拟电子技术的基本概念、基本理论、基本电路及基本分析方法，为后续课程的学习打下扎实的基础。

　　本教材是依据教育部制定的相关课程教学基本要求，结合计算机等相关专业教学的具体要求以及各高校对专业基础课学时的压缩需要，对原有的"电路分析基础"和"模拟电子技术基础"两门课程进行整合编写的。在内容遴选和组织上，力求做到保证理论，兼顾应用，突出重点，分散难点，便于学生对基本内容的理解和掌握，节省教学时间。在结构编排上，采用先直流后交流，先器件后电路，先原理后应用的顺序。同时，本教材精选了各类典型例题，每章配备了较为丰富的习题，并在书后给出了习题的参考答案，以便于学生能通过实例更好地理解和掌握所学知识。

　　本教材的参考学时为 48～64 学时，建议采用理论实践一体化教学模式，各章的参考学时见下面的学时分配表。

学时分配表

项　　目	课　程　内　容	学　　时
第一章	电路分析的基本概念和基本定律	3～4
第二章	电阻电路的分析方法	8～10
第三章	动态电路的暂态分析	7～8
第四章	正弦稳态电路的分析	8～10
第五章	半导体二极管及其基本应用	4～6
第六章	晶体管及其基本放大电路	8～10
第七章	集成运算放大器及其应用	8～12
第八章	直流稳压电源	2～4
课时总计		48～64

　　本教材是在南京邮电大学电子科学与工程学院电路与系统教学中心全体教师几十年教学经验积累的基础上编写而成的。全书由史学军、陆峰、张宇飞和李娟老师合作编写。其中史学军编写了第 1 章、第 2 章、第 5 章和第 7 章；陆峰编写了第 3 章和第 6 章；张宇飞编写了第 4 章和第 8 章；李娟编写了各章的 NI Multisim 14 仿真部分内容。全书由史学军统稿。

在本教材编写过程中，南京邮电大学电路与系统教学中心全体同仁给予了热情的鼓励和大力帮助；同时在本教材编写过程中，参考了一些已出版的教材和文献。在此，谨表示衷心感谢。

由于时间仓促，编者水平有限，书中难免有不妥之处，恳请广大读者和同行专家批评指正。

编　者

2017 年 7 月

目　　录

第 1 章 电路分析的基本概念和基本定律

电路是电工电子技术的主要研究对象，从电路研究中获得的能力将为后续课程的学习打下扎实的基础。本章将从电路模型的建立开始，首先，介绍电路分析的基本概念，包括电路模型、电位、电压和电流参考方向的概念，二端电路吸收功率的计算表达式以及电路工作状态的概念；然后，介绍电阻、独立电源、受控源等电路元件及它们的伏安关系，讨论反映集总参数电路中由元件的连接方式引入的电路中电压电流的拓扑约束——基尔霍夫定律；最后，给出实用的直流电阻电路的计算机辅助仿真案例，仿真验证基尔霍夫定律。

1.1 实际电路和电路模型

电和磁是无处不在的自然现象，例如，夏季雷雨天常见的打雷和闪电。认识这些自然现象的本质，并且科学而有目的地运用自然规律来制造有意义的物理系统，这就是电与磁的工程应用。我们身边随处可见的如手机、计算机、手电筒、电子表、电话等都是电与磁的实际工程应用系统，都是我们常说的实际电路。

什么是实际电路呢？实际电路就是图 1-1（a）所示的手电筒那样的电路，为完成某种所需的功能（如图 1-1 中为将电能转化成照明用的光能）将各种实际电气器件（干电池，导线，开关，灯泡）按一定方式连接而组成的电流通路。一般而言，实际电路由三个基本部分组成：(1) 提供能量或信号的电源，如图 1-1（a）中的电池，以及发电机等；(2) 使用电能的装置，我们称之为负载，如图 1-1（a）中的灯泡，以及电动车的电动机、电吹风、电炉等；(3) 连接电源和负载的导线、开关等中间环节。实际电路的主要功能可概括为两个方面：一是进行电能的产生、传输、分配与转换，如电力系统中的发电、输配电线路等；二是实现信号的产生、传递、变换、处理与控制，如电话、收音机、电视机电路等。

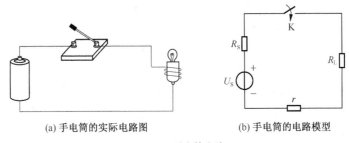

(a) 手电筒的实际电路图　　　　　(b) 手电筒的电路模型

图 1-1　手电筒电路

由于实际电路的电气器件在工作时的电磁现象较为复杂，如图 1-1（a）所示的灯泡在工作时除了将电能转化为热能及照明用的光能外（消耗电能），还将在周围产生磁场，灯泡两端产生电场，但此时的磁场能和电场能都很小。显然，图 1-1 的灯泡工作时的主要电磁过程是将电能转化为非电能，而储存电场能及磁场能相对而言很弱，可以忽略。若我们在分析电路时把所有的电磁现象都进行考虑的话，电路的分析会变得非常复杂甚至不可能。因此，我们在对实际电路进行分析时，为了方便分析往往会对电路中的实际器件进行理想化和模型化，即在一定条件下忽略实际器件次要的电磁特性，突出其主要的电磁特性，并用一种抽象的理想电路元件来表征其某种电磁特征，图 1-1（a）所示的灯泡仅考虑主要的消耗电能的特性，就可用一理想电阻元件作为其模型。经过理想化和模型化后的实际电路称为电路模型，简称电路。图 1-1（b）给出了图 1-1（a）所示实际手电筒电路的电路模型。显然，电路模型是由各种理想电路元件按一定方式连接而成的总体。

所谓理想电路元件是一种可以用数学表达式精确定义的假想元件，是组成电路模型的最小单元。每一种理想电路元件表示实际器件所具有的一种主要电磁性能（物理性质）。例如，理想电阻元件仅表示消耗电能并转化为非电能的特征；理想电容元件仅表示储存电场能量的特征；理想电感元件仅表示储存磁场能量的特征。这 3 种理想元件是电路的基本元件，其电路符号如图 1-2 所示。

（a）电阻元件　　　　　（b）电容元件　　　　　（c）电感元件

图 1-2　3 种基本电路元件的电路符号

电路中的实际电路器件工作时不仅电磁现象复杂，而且它们交织在整个器件中，因此在电路理论中做这样一个假设：假设实际器件工作时的各种电磁现象可以分开研究，并且这些电磁过程都分别集中在各理想元件之中，并假设理想元件没有体积，其特性集中表现在空间的一个点上，称理想电路元件为集总参数元件，简称集总元件。由集总元件构成的电路称为集总参数电路，简称集总电路。在集总参数电路中，任一时刻该电路中任一处的电流、电压都是与其空间位置无关的确定值。

用集总参数电路模型来近似描述实际电路是有条件的，它要求实际电路的尺寸 l（长度）要远小于电路最高工作频率 f 所对应的波长 λ，即

$$l << \lambda, \qquad 其中 \qquad \lambda = c/f, \qquad c = 3 \times 10^{8} \text{m/s}（光速）$$

例如，我国用电的频率是 50Hz（赫兹），对应的波长为 6000km，对以此为工作频率的实验室设备来说，其尺寸与这一波长相比可以忽略不计，因而实际电路可采用集总参数电路模型来近似描述。但对于远距离的通信线路来说，就不满足上述条件，因此需考虑电场、磁场沿传输线的分布情况，不能按集总参数电路来处理，而按分布参数电路来处理。本教材仅对集总参电路进行分析，因此，所指电路模型均为集总参数电路模型，由理想电路元件连接构成。

本教材在电路分析部分的主要目标就是对集总参数电路模型进行分析，通过对电路中反映电路工作状态的电压、电流及电功率的各种分析计算方法的探讨，培养判断实际电路电气性能的能力，为今后电路设计相关电类课程的学习打下基础。

1.2　电路的基本物理量

电路分析的任务是由给定的具体电路得到它们的电性能，即求出描述电路特性的物理量——电路变量。这些变量中最常用的是电流、电压和功率，还有电荷、磁通和能量。由于在电路分析过程中，我们不仅要分析电流、电压及功率的大小，还需确定它们的真实方向，但一般而言，电路中电压、电流的真实方向很难事先判断出，因而本节引入参考方向的概念。这是非常重要的基本概念，我们在学习过程中要注意区分实际方向和参考方向。

1.2.1　电流及其参考方向

1.　电流的定义

电子和质子都是带电的粒子，电子带负电荷，质子带正电荷。电荷 q 的定向移动形成电流。单位时间 t 内通过导体横截面的电荷量定义称为电流强度，简称电流，用符号 i 表示，其数学表达式为

$$i = \frac{\mathrm{d}q}{\mathrm{d}t} \tag{1-1}$$

习惯上规定正电荷移动的方向为电流的方向（真实方向或实际方向）。

大小和方向都不随时间改变的电流称为恒定电流，简称直流电流（Direct Current，DC），并用大写字母 I 表示；如果电流的大小和方向都随时间改变，则称为时变电流，用小写字母 i 表示；时变电流的大小和方向若都随时间作周期变化，则称为交变电流，或称交流电流（Alternating Current，AC）。

在国际单位制（SI）中，电荷的单位为库仑（简称库，符号为 C），时间的单位为秒（符号为 s），电流的单位为安培（简称安，符号为 A），1A=1C/s。

在通信和计算机技术领域，电路中的电流一般较小，常用毫安（mA），微安（μA）作为电流的单位；而电力系统中的电流一般较大，有时用千安（kA）作为电流单位。它们之间的换算关系是

$$1\mathrm{kA}=10^{3}\,\mathrm{A}, \qquad 1\mathrm{mA}=10^{-3}\,\mathrm{A}, \qquad 1\mu\mathrm{A}=10^{-6}\,\mathrm{A}$$

显然，电流的大小和方向是描述电流变量的两个要素。

2.　电流的参考方向

前面介绍正电荷运动的方向为电流的真实方向。但导体中电流的真实方向有两种可能。对于给定的简单电路，如图 1-1（b）所示手电筒电路，电路中电流的真实方向是容易判定的；但当电路较为复杂时，我们往往很难事先确定电路中某元件上电流的真实方向，如图 1-3 所示电桥电路，当电桥不平衡时，电流表中的电流是从 c 流到 d 还是从 d 流到 c 就无法简单判定，必须通过计算得到。况且，在交流电路中电流的真实方向在不断改变。基于上述原因，我们引入电流参考方向的概念。

所谓电流的参考方向是指事先任意规定的支路电流的方向。可见电流的参考方向是人为假定的电流方向，但一经选定就不能改变。如图 1-4 所示二端电路中，任意规定流经电路的电流 i 的方向从 a 到 b 为电流参考方向，并如图 1-4 中所示用箭头表示，或用双下标 i_{ab} 表示。

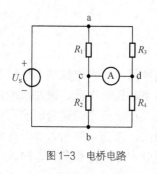

图1-3　电桥电路

图1-4　电流的参考方向

规定了电流的参考方向，将电流用代数值表示。当电流的真实方向与参考方向一致，则电流的代数值为正值；当电流真实方向与参考方向相反时，电流的代数值为负值。

以后不加说明，电路中所标电流方向均指电流的参考方向。

1.2.2　电位、电压及其参考方向

1. 电位

电场中某点 A 的电位（电势）等于单位正电荷从该点沿任意路径移至参考点（即零电位点或零电势点）电场力所做的功，用符号 U_A 表示。电路中的电位与电场中的电位具有相同的物理意义。在国际单位制（SI）中，电位的单位是伏特（简称伏，符号为 V），除此之外，常用的单位还有千伏（kV）、毫伏（mV）和微伏（μV）。

电路中某点的电位是相对物理量，只有在确定了参考点后，电位才是一个确定值，否则讨论电位是没有意义的。在同一电路中，即使同一点，参考点选择不同，该点的电位也是不同的。因此，在分析电路时，参考点一旦选定不能改变，因为只有这样电路中各点的电位值才是唯一的，具有单值性。在电力系统中通常选大地为参考点，而在电子电路中一般选机壳、金属地板、公共线或公共点等作为参考点，并且参考点通常在电路图上用符号"⊥"表示。

最后说明一点，电位也是代数值，当某点电位比参考点高，则电位的代数值为正值；当某点电位比参考点低，则电位的代数值为负值。

2. 电压

电压即两点之间的电位之差，用符号 u 表示。在电路中，若 a 点电位为 U_a，b 点电位为 U_b，则 a、b 两点间的电压为

$$u_{ab} = U_a - U_b \tag{1-2}$$

电压还可以从电场力做功的角度定义，电路中 a、b 两点间的电压等于将单位正电荷由 a 点转移到 b 点时电场力所做的功，即单位正电荷由 a 点转移到 b 点时获得或失去的电势能。数学表达式为

$$u = \frac{\mathrm{d}w}{\mathrm{d}q} \tag{1-3}$$

式（1-3）中，$\mathrm{d}q$ 表示由 a 点移到 b 点的电荷量，单位为库伦（C）；$\mathrm{d}w$ 表示 $\mathrm{d}q$ 电荷量由 a 点移到 b 点时电场力所作的功，或者表示 $\mathrm{d}q$ 电荷量由 a 点移到 b 点时所获得或失去的电势能，单位为焦耳（J）。

习惯上把电位降落的方向（高电位指向低电位）规定为电压的真实方向。通常电压的高电位端标为"＋"极，低电位端标"－"极。

大小和方向都不随时间改变的电压称为恒定电压或直流电压，通常用大写字母 U 表示。如果电压的大小和方向都随时间变化，则称为时变电压。时变电压的大小和方向若都随时间作周期变化，则称为交变电压，或称交流电压。

在国际单位制（SI）中，电压的单位为伏特（简称伏，符号为 V）。在电子电路中电压一般较小，常用毫伏（mV），微伏（μV）作为电压单位。在电力系统中电压一般较大，有时用千伏（kV）作为单位。它们之间的换算关系是

$$1mV=10^{-3}V, \quad 1\mu V=10^{-6}V, \quad 1kV=10^{3}V$$

3. 电压的参考方向

和电流类似，电路两点间电压的真实方向也有两种可能，因此，和电流引入参考方向一样，为了判断和表明电压的真实方向也需要为电压选定参考方向（也称参考极性），并且电压的参考极性同样是任意选定的；但一经选定，在分析电路过程中就不能改变。如图 1-5（a）所示二端电路中，任意规定电压 u 的参考方向 a 端为高电位，b 端为低电位，则可如图 1-5（a）所示用"＋"表示参考方向的高电位端，"－"表示参考方向的低电位端，或者用双下标 u_{ab} 表示。在电子电路中，电压的参考方向也用箭头表示，如图 1-5（b）所示，箭头的指向即为电压降的方向。设定了电压的参考方向，同样电压也用代数值表示，若计算出的电压的代数值为正值，表明电压的真实方向与参考方向一致；若计算出的电压的代数值为负值，则表明电压真实方向与参考方向相反。

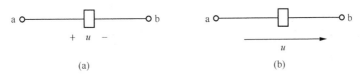

图 1-5 电压的参考方向

需要强调的是：在分析电路时，我们必须首先选定电压的参考方向，并且在整个分析过程中不能改变，否则计算出的电压是没有意义的。

由前面的介绍可知，电压即是两点之间的电位之差。若把电路中的某一点选为参考点，那么电路中任一点到参考点的电压即为该点的电位。由于在研究电路问题时，经常需要讨论电路的某些部分获得或失去能量的问题，因此用电压的概念比用电位的概念更加方便；而在分析电子电路时，则应用电位的概念更方便，如当我们要判断电路中二极管的工作状态时就必须先确定二极管两端的电位，然后才能判断二极管是处于导通还是截止工作状态。

例 1-1 图 1-6 所示电路，已知 2C 正电荷从 a 移到 b，电场力做功 8J，从 b 移到 c 电场力做功 6J，

（1）若选 b 点为参考点，试求 a、b、c 各点的电位及电压 U_{ab}、U_{ac}。

（2）若选 c 点为参考点，试求 a、b、c 各点的电位及电压 U_{ab}、U_{ac}。

图 1-6 例 1-1 图

解：（1）选 b 点为参考点，即 $U_b=0$

由于 2C 正电荷从 a 移到 b（参考点），电场力做功 8J，因此 a 点电位为

$$U_a = \frac{W_{ab}}{q} = \frac{8}{2} = 4V$$

又由于 2C 正电荷从 b 移 c 到电场力做功 6J，相当于 2C 正电荷从 c 移到 b（参考点），电场力做功-6J，因此 c 点电位为

$$U_c = \frac{W_{cb}}{q} = \frac{-6}{2} = -3V$$

由式（1-2）得电压

$$U_{ab} = U_a - U_b = 4 - 0 = 4V$$

$$U_{ac} = U_a - U_c = 4 - (-3) = 7V$$

（2）选 c 点为参考点，即 $U_c = 0$

由于 2C 正电荷从 b 移到 c（参考点），电场力做功 6J，因此 b 点电位为

$$U_b = \frac{W_{bc}}{q} = \frac{6}{2} = 3V$$

2C 正电荷从 a 移至 c（参考点），电场力做的功应等于电场力将 2C 正电荷从 a 移到 b 做的功及从 b 移到 c 做的功的和，因此 a 点电位为

$$U_a = \frac{W_{ab} + W_{bc}}{q} = \frac{8 + 6}{2} = 7V$$

由式（1-2）得电压

$$U_{ab} = U_a - U_b = 7 - 3 = 4V$$

$$U_{ac} = U_a - U_c = 7 - 0 = 7V$$

例 1-1 表明，某点的电位是相对的，只有在确定了参考点即零电位点后，电位才是一个确定值，参考点不同，同一点的电位的数值不同；电压具有绝对性，即任意两点间的电压与参考点的选择无关。

1.2.3 关联参考方向

在分析电路时，原则上电压与电流的参考方向是可以分别独立地任意选定，但为了分析方便，对同一元件或同一段电路，其电压与电流常选择图 1-7（a）所示的参考方向，即电流参考方向的选择是从电压参考方向的"＋"极流入"－"极流出。称此时电压、电流选择关联参考方向或一致参考方向；否则称电压、电流选择非关联参考方向，如图 1-7（b）所示。

当电压、电流采用关联参考方向时，在电路图上只需标出电流的参考方向或电压参考极性中的任意一个即可。

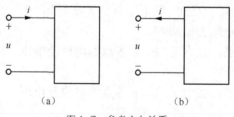

图 1-7　参考方向关系

1.2.4 功率和能量

电路工作时总伴随有电能与其他形式能量的相互交换，为了衡量电能与其他形式能量转换的速率，定义能量对时间的变化率为功率，用字符 p 表示，即

$$p = \frac{\mathrm{d}w}{\mathrm{d}t} \tag{1-4}$$

在电路中,功率还可以用电压及电流来表示,下面进行推导。首先,讨论图1-8(a)所示二端电路(网络)的功率,电压、电流选择图示关联参考方向。根据电压和电流的定义:电压 u 表示单位正电荷从 a 端高电位移到 b 端低电位时失去的电势能,电流 i 表示单位时间里从 a 移到 b 的正电荷量。因此,ui 表示在单位时间里正电荷量 i 流过二端网络所失去的电能,根据能量守恒原理,正电荷失去的能量正是二端网络吸收的能量,因此,该二端电路吸收的功率为

$$p = \frac{\mathrm{d}w}{\mathrm{d}t} = \frac{\mathrm{d}w}{\mathrm{d}q} \cdot \frac{\mathrm{d}q}{\mathrm{d}t} = ui \tag{1-5}$$

式(1-5)给出了当电压、电流为关联参考方向时,二端电路(网络)吸收功率的表示式。若二端网络的电压、电流选择非关联参考方向,如图1-8(b)所示,将图1-8(a)中电流的参考方向反向,则前后两个电流相差一负号,故图1-8(b)吸收功率的表示式改为

$$p = -ui \tag{1-6}$$

需要指出的是:无论是式(1-5),还是式(1-6)都是指吸收功率的计算式。由于 u、i 都是代数值,因而 p 也是代数值。只有计算出的功率为正值,才表明二端网络实际吸收了功率;若计算出的功率为负值,则表示该二端网络实际发出功率。

在直流电路中,式(1-5)和式(1-6)可分别改写成

$$P = UI \tag{1-7}$$

$$P = -UI \tag{1-8}$$

在国际单位制(SI)中,功率的单位是瓦[特](简称瓦,符号为W)。

$$1 瓦 = 1 焦[耳]/秒 = 1 伏·安$$

当电压、电流为关联参考方向时,从 t_0 到 t 时间内电路吸收的能量为

$$w_0(t_0, t) = \int_{t_0}^{t} p(\xi)\mathrm{d}\xi = \int_{t_0}^{t} u(\xi)i(\xi)\mathrm{d}\xi \tag{1-9}$$

在国际单位制(SI)中,能量的单位为焦耳,简称焦(J)。在实际生活中,常以千瓦时(kW·h)为单位,如电力系统用千瓦时测量用户的用电情况,1千瓦时(1度电)是指功率为1千瓦的用电设备在1小时内消耗的电能,即1度电=1 kW·h =3600000 J 。

例1-2 图1-9所示,在电路中,已知电流 $i_1 = i_2 = i_3 = 3$A,$u_1 = 8$V,$u_2 = 5$V,$u_3 = -3$V,求各段电路的功率,并说明它们实际是吸收功率还是产生功率。

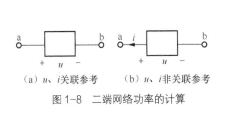

(a)u、i关联参考   (b)u、i非关联参考

图1-8 二端网络功率的计算

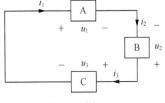

图1-9 例1-2图

解: A 段电路上电压、电流为关联参考方向,由式(1-5),得

$$p_A = u_1 i_1 = 3 \times 8 = 24\text{W} > 0 \text{ W}$$

表明 A 段电路实际为吸收功率。

B 段电路上电压、电流为非关联参考方向，由式（1-6），得

$$p_B = -u_2 i_2 = -5 \times 3 = -15W < 0 \ W$$

表明 B 段电路实际为产生功率，产生功率为 15W。

C 段电路上电压、电流为关联参考方向，由式（1-5），得

$$p_C = u_3 i_3 = 3 \times (-3) = -9W < 0 \ W$$

表明 C 段电路实际为产生功率，产生功率为 9W。

例 1-2 中各段电路吸收功率的总和为

$$\sum p_{吸收} = p_A = 24W$$

各段电路产生功率的总和为

$$\sum p_{产生} = -(p_B + p_C) = -(-15 - 9) = 24W$$

显然，整个电路吸收的功率等于它产生的功率，即 $\sum p_{吸收} = \sum p_{产生}$，这一现象称为电路中的功率守恒，这也正是能量守恒原理在电路中的具体体现。

需要指出：在电工电子中，由于电能转化成多种其它形式的能量也可以说是电流做的功，因此称为电功，单位时间内所做的电功称为电功率，简称功率。

对理想元件来说，功率数值的范围不受任何限制，但是在实际应用中，电流通过导体就会发热，即产生电流的热效应。因此，当实际器件通过过大的电流，则会由于电流热效应而产生的过高的温度，使元件的绝缘材料损坏，严重时甚至会烧毁电气设备；如果电压过高，则会使绝缘击穿。因此，为了保证电子器件及电气设备如电灯、电阻器等能长期正常工作，需要规定功率、电压、电流的允许值，分别称为这些电子器件及电气设备的额定功率、额定电压、额定电流，使用时不得超过额定值。通常电气设备或元件的额定值会标注在产品的名牌上，由于功率、电压、电流之间存在一定的联系，故额定值一般不会全部给出。如灯泡只给出额定电压（220V）、额定功率（40W），电阻器只标明电阻值（500Ω）和额定功率（5W）。各种电器设备在使用时，实际值不一定等于它们的额定值，但一般不应超过额定值。

1.3 电路元件

由 1.1 节的介绍可知，电路元件是组成电路的基本单元，电路是由电路元件连接而成。电路元件的特性可以通过与端子有关的物理量描述，进而可确定电路元件端子上电压、电流的关系—伏安关系，记为 VCR（Voltage Current Relation）。根据电路元件与外电路相连的端子数的不同，可分为二端元件、三端元件、四端元件等；根据电路元件在电路中的作用效果的不同可分为无源元件和有源元件两大类。

若某一元件接在任一电路中，在其工作的全部时间范围内总的输入能量不为负值，则称该元件为无源元件。数学式表示为

$$w(t) = \int_{-\infty}^{t} p(\xi) \mathrm{d}\xi = \int_{-\infty}^{t} u(\xi) i(\xi) \mathrm{d}\xi \geqslant 0 \tag{1-10}$$

不满足式（1-10）的元件称为有源元件。

本教材在电路部分涉及的无源元件有电阻元件、电感元件、电容元件等。有源元件有独立电源，受控电源。本小节只介绍电阻元件、独立电源和受控电源。其余元件将在后续章节中介绍。

1.3.1　电阻元件

电阻元件是一个二端元件，是从实际电阻器如可调电阻器、白炽灯泡、半导体二极管等抽象出来的模型，它是表示实际电阻器对电流的阻碍能力以及消耗电能的一种理想元件。电阻元件简称电阻，其特性可以用它端子上电压、电流的伏安关系也称伏安特性来描述，也能用 u-i 平面上过原点的一条曲线即伏安特性曲线来描述，因而它是一个 u-i 约束的元件。

若电阻的伏安特性曲线是 u-i 平面上一条过原点的直线，则称该电阻为线性电阻，否则为非线性电阻；若电阻的伏安特性曲线不随时间而变化，则称该电阻为时不变电阻，否则称为时变电阻。因此，电阻元件共分四种类型，如表 1-1 所示。

表 1-1　　　　　　　　　　　　　　电阻元件的四种类型

u-i 特性	线　　　性	非　　　线　　　性
时不变电阻	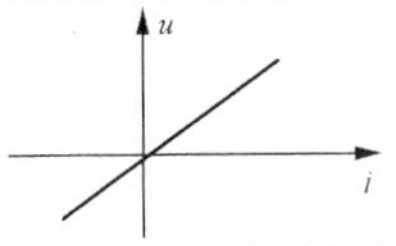 ![线性时不变电阻伏安特性]	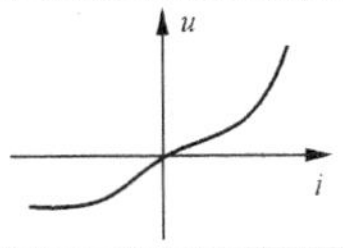 ![非线性时不变电阻伏安特性]
时变电阻	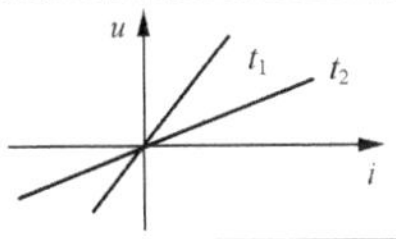 ![线性时变电阻伏安特性]	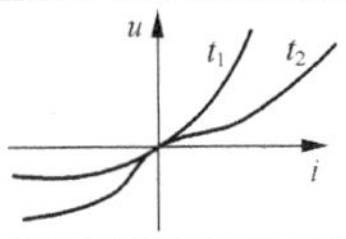 ![非线性时变电阻伏安特性]

在电路分析中，一般不特别说明，所说的电阻均指线性时不变电阻元件。

图 1-10 给出了线性时不变电阻的元件符号及电压、电流选择关联参考方向时的伏安特性曲线。

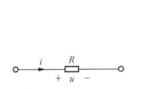

（a）线性时不变电阻元件符号　　　（b）线性时不变电阻元件伏安特性曲线

图 1-10　线性时不变电阻的元件符号及伏安特性曲线

由图 1-10（b）可以写出在电压、电流选择关联参考方向时，线性时不变电阻的 VCR 关系为

$$u = Ri \qquad 或 \qquad i = Gu \qquad\qquad (1\text{-}11)$$

式（1-11）表明，对于线性电阻，元件上的电压与通过的电流成正比，这就是欧姆定律，也是线性电阻元件必须满足的约束关系。式中 R 的数值为伏安特性曲线的斜率，是与电压、电流无关的常量，它是反映电阻元件阻碍电流通过能力大小的物理量，称为电阻量，简称电阻。电阻的单位为欧［姆］（符号为 Ω）。式（1-11）中的 G 为电阻元件的另一个参量，称为电阻元件的电导，电导的单位为西［门子］（符号为 S）。

显然，电阻元件的电导与电阻互为倒数的关系，即

$$G = \frac{1}{R} \qquad\qquad (1\text{-}12)$$

式（1-11）成立的条件是电阻上的电压、电流为关联参考方向，若改为非关联参考方向，则式（1-11）前应加负号，即

$$u = -Ri \qquad 或 \qquad i = -Gu \qquad (1\text{-}13)$$

由式（1-11）及图 1-10（b）可知：电阻在某一瞬间的电流（或电压）只取决于该瞬间的电压（或电流），与它过去的电流（或电压）的历史无关，所以电阻元件是一种即时的（静态的）无记忆元件。

电阻元件的两个极端情况分别是 $R=0$ 与 $R=\infty$。若 $R=0$，意味着无论流过电阻的电流多大，它两端的电压恒等于零，相当于短路导线，称为短路；若 $R=\infty$，意味着无论在电阻两端加多大的电压，流过它的电流恒等于零，相当于导线断开，称为开路。

在电压、电流采用关联参考方向的情况下，由功率的定义及欧姆定律得，电阻吸收的功率为

$$p = ui = Ri^2 = Gu^2 \qquad (1\text{-}14)$$

式（1-14）表明电阻吸收的功率恒为非负，说明当电流通过电阻时，它要消耗电能并转化为非电能，因而电阻是耗能元件，无源元件。

1.3.2 独立电源

前面介绍了无源的电阻元件，接下来介绍一类有源元件即独立电源。独立电源是能够独立地对外提供能量的电源，它往往作为电路的激励或输入。根据独立电源在电路中表现形式的不同，独立源可分为独立电压源和独立电流源。

1. 电压源

实际电源，如常见的干电池、蓄电池、发电机等，当它们接入电路时，不管所接电路怎样变化，流过它们的电流怎么变化，电源两端的电压几乎不变，这类电源就可以用理想电压源（独立电压源）作为其理想电路模型。

理想电压源（简称电压源）是指：一个二端元件接到任一电路中，无论流过它的电流怎么变化，其端电压始终保持给定的时间函数 $u_S(t)$ 或定值 U_S，并将电压为给定的时间函数 $u_S(t)$ 的电压源称为时变电压源，将电压为常数 U_S 的电压源称为直流电压源。

电压源的一般电路符号如图 1-11（a）所示，其中的"+""−"号表示电压源电压的参考极性，$u_S(t)$ 或 U_S 表示电压源的电压，对于直流电压源有时也用图 1-11（b）所示电路符号表示，长横线表示电压参考极性的正极，短横线表示参考极性的负极。

在 $u \sim i$ 平面上，电压源在时刻 t 的伏安特性曲线是一条平行于 i 轴，且纵坐标为 $u_S(t)$ 的直线，如图 1-12 所示。特性曲线表明电压源端电压与电流无关。

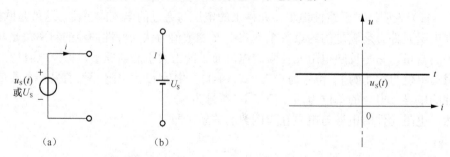

图 1-11　电压源电路符号　　　　　　　图 1-12　电压源在时刻 t 的伏安特性曲线

综上所述，电压源具有以下基本特性。

（1）电压源的端电压由电路元件本身决定，与流过的电流无关。

（2）流过电压源的电流是由与它相连接的外电路来决定的，故电流可以从两种不同方向流经电压源，因此，电压源既可能对外电路提供能量，也可能从外电路吸收能量。

（3）当电压源的电压为零时，电压源相当于一根短路导线。

2. 电流源

另一类实际电源，如光电池，无论它接入怎样的电路，不管它两端的电压怎么变化，电源的输出电流几乎不变，这类电源就可以用理想电流源（独立电流源）作为其理想电路模型。

理想电流源（简称电流源）是指：一个二端元件接到任一电路中，无论其两端的电压怎么变化，其输出电流始终保持给定的时间函数 $i_S(t)$ 或定值 I_S，并将电流为给定的时间函数 $i_S(t)$ 的电流源称为时变电流源，将电流为常数 I_S 的电流源称为直流电流源。

电流源的电路符号如图 1-13（a）所示。其中的箭头表示电流源电流的参考方向，$i_S(t)$ 或 I_S 表示电流源的电流。

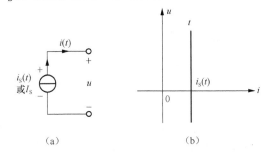

在 $u\sim i$ 平面上，电流源在时刻 t 的伏安特性曲线是一条平行于 u 轴，且横坐标为 $i_S(t)$ 的直线，如图 1-13（b）所示。特性曲线表明了电流源电流与其端电压大小无关。

综上所述，电流源具有以下基本特性。

图 1-13 电流源的电路符号及在时刻 t 的伏安特性曲线

（1）电流源的输出电流由电路元件本身决定，与其端电压无关。

（2）电流源的端电压是由与它相连接的外电路来决定，故其端电压可以有两种不同的真实极性，因此，电流源既可以对外电路提供能量，也可以从外电路吸收能量。

（3）当电流源的电流为零时，电流源相当于开路。

例 1-3 求图 1-14 所示电路中电源吸收的功率。

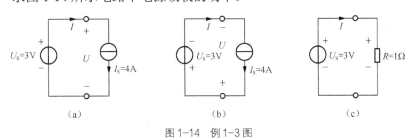

图 1-14 例 1-3 图

解：（1）由电源的特性，可确定 4A 电流源的端电压 $U=U_S=3\text{V}$，参考方向如图 1-14（a）所示；流过 3V 电压源的电流 $I=I_S=4\text{A}$，参考方向如图 1-14（a）所示。因此，在图示参考方向下，电压源与电流源吸收的功率分别为

$$P_{U_S} = -UI = -U_S I_S = -3 \times 4 = -12\text{W}\ （实际产生功率）$$

$$P_{I_S} = UI = U_S I_S = 3 \times 4 = 12\text{W}\ （实际吸收功率）$$

（2）由电源的特性，可确定 4A 电流源两端的电压 $U=U_S=3\text{V}$，参考方向如图 1-14（b）所示；流过 3V 电压源的电流 $I=I_S=4\text{A}$，参考方向如图 1-14（b）所示。因此，在图示参考方向下，电压源与电流源吸收的功率分别为

$$P_{U_S} = UI = U_S I_S = 3 \times 4 = 12W \quad (实际吸收功率)$$

$$P_{I_S} = -UI = -U_S I_S = -3 \times 4 = -12W \quad (实际产生功率)$$

（3）由电源的特性，可确定电阻两端的电压 $U = U_S = 3V$，参考方向如图 1-14（c）所示，根据欧姆定律得，在图示参考方向下

$$I = \frac{U_S}{R} = \frac{3}{1} = 3A$$

故在图示参考方向下，电压源吸收的功率为

$$P_{U_S} = -UI = -U_S I = -3 \times 3 = -9W \quad (实际产生功率)$$

计算结果表明无论是电压源还是电流源，它们都既可以吸收功率，又可以产生功率；电压源的电流由与它相连的外电路决定，电流源的电压由与它相连的外电路决定。

1.3.3 受控电源

前面介绍的电压源和电流源，这类电压源的电压和电流源的电流是不受外电路控制而独立存在，因而这类电源称为独立电源。接下来介绍电路分析中经常遇到的另一类电源模型即受控源，它是用来描述多端器件的某部分电压或电流受另一部分电压或电流控制这一种物理特性的电路模型。如电子电路中的晶体管、运算放大器等一些电子器件，其外部特性具有输出端的电压或电流受输入端的电压（电流）控制的特点，因此，这些电子器件可以用受控（电）源作为它们的理想电路模型。

受控源指输出电压或电流受到电路中某部分的电压或电流控制的电源，它是非独立电源，不能单独作为电路中的激励。前面介绍的电阻元件，独立电源均有两个端子与外电路相连，因而属二端元件或称为单口元件；而受控源，由于它有两个控制端（输入端）与两个受控端（输出端）与外电路相连，因而受控源是四端元件也称为双口元件。

根据受控源在电路中的输出量（受控量）是电压还是电流，以及这一输出量是受电路中另一处的电压还是电流控制，受控源有四种基本形式，电路符号分别如图 1-15 所示。为了和独立源的电路符号加以区别，受控源用菱形表示。

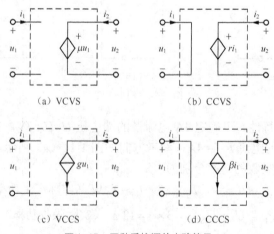

（a）VCVS   （b）CCVS

（c）VCCS   （d）CCCS

图 1-15　四种受控源的电路符号

（1）图 1-15（a）为电压控制电压源（Voltage Control Voltage Source，VCVS），满足以下关系

$$i_1 = 0$$
$$u_2 = \mu u_1 \tag{1-15}$$

其中 μ 称为电压放大系数，它是无量纲的常量。

（2）图 1-15（b）为电流控制电压源（Current Control Voltage Source，CCVS），满足以下关系

$$u_1 = 0$$
$$u_2 = r i_1 \tag{1-16}$$

其中 r 称为转移电阻，它是具有电阻量纲的常量。

（3）图 1-15（c）为电压控制电流源（Voltage Control Current Source，VCCS），满足以下关系

$$i_1 = 0$$
$$i_2 = g u_1 \tag{1-17}$$

其中 g 称为转移电导，它是具有电导量纲的常量。

（4）图 1-15（d）为电流控制电流源（Current Control Current Source，CCCS），满足以下关系

$$u_1 = 0$$
$$i_2 = \beta i_1 \tag{1-18}$$

其中 β 称为电流放大系数，它是无量纲的常量。

控制系数 μ、r、g、β 为常数的受控源称为线性受控源。

受控源与独立源虽然都是电源，却有着本质上的不同。独立源在电路中可单独对外提供能量，起到激励的作用，也就是说由于它的存在才使电路各处产生响应；而受控源则不能单独作为电路的激励，因为它的输出电压或电流是电路中其它支路电压或电流的函数，并且是独立源的响应，若电路中没有独立源的存在，那么受控源的控制量为零，受控源的输出也为零。可见受控源是仅用来表示电路器件内部的这种"控制"与"被控制"的物理过程。

当受控源两个端口的电压、电流均采用关联的参考方向时，受控源的吸收功率可表示为

$$p(t) = u_1 i_1 + u_2 i_2 \tag{1-19}$$

由于四种受控源的控制支路不是 $i_1 = 0$，就是 $u_1 = 0$，所以式（1-19）可写为

$$p(t) = u_2 i_2 \tag{1-20}$$

式（1-20）说明受控源吸收的功率可以由受控源输出支路来计算。

在电路分析中，把由独立电源、电阻及受控源组成的电路称为电阻电路。

1.4　电路的工作状态

一个电路正常工作须将电源与负载相连。根据所连负载的情况不同，电路的工作状态可分为负载、开路及短路三种工作状态，如图 1-16 所示。

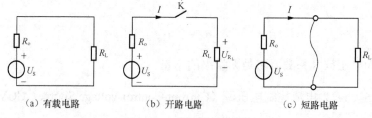

图 1-16　三种工作状态电路

1. 有载工作状态

如图 1-16（a）所示，R_0 为实际电源的内阻，R_0 与理想电压源串联的电路称为实际电压源的模型，电源与负载相连并在电路中产生电流，电源向负载输出功率，这种电路的工作状态称为有载工作状态或负载工作状态。

2. 开路状态

如图 1-16（b）所示，开关 S 处于开路状态，此时电源与负载断开，即电源与负载不构成回路，称电路为开路状态，又称空载状态。开路时，电路中电流 $I=0$，负载电压 $U_{R_L} = IR = 0$，电源向负载输出的功率等于零。

3. 短路状态

如图 1-16（c）所示，由于某种事故使电源两端直接相连，电流没有经过负载，从而使负载两端电压为 0，电路的这种现象称为短路状态，简称短路。短路时，电路中电流 $I=U_S/R_0$，于一般而言电源内阻 R_0 很小，使得短路电流很大，并且电源产生的功率全部消耗在内阻上，从而使电源严重过载以至损坏。应尽力预防及避免短路的发生。

短路是一种严重的电路事故，主要是由接线不当、电气线路老化、设备损坏等引起的。

1.5　基尔霍夫定律

1.2 节已说明电路分析的任务是求电路中各元件或各支路上的电压和电流，而从前面的介绍已知电路是由元件按照一定的方式连接而成的整体。因此，电路中的电压和电流一方面受到电路结构（连接方式）的约束，另一方面受元件特性的约束。了解这两类约束的规律是分析电路的依据。前面已经讨论了几种常见的电路元件以及它们端电压、电流的约束关系，例如，线性电阻元件上的电压与电流必须满足欧姆定律。本节将介绍电路的连接方式给电路中电压、电流带来的约束关系，这类约束关系由基尔霍夫定律体现。

在阐述基尔霍夫定律之前，先介绍几个与电路结构有关的名词或术语。这些名词在这以图 1-17 为例引入。

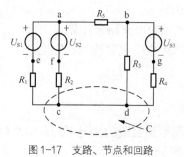

图 1-17　支路、节点和回路

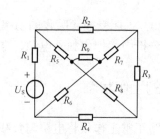

图 1-18　非平面网络

（1）支路：电路中每个二端元件称为一条支路。为了方便分析往往将流过同一电流的几个元件的串联组合称为一条支路，如图 1-17 中共有 5 条支路，分别是：R_1 与 U_{S1} 构成的一条支路；R_2 与 U_{S2} 构成的一条支路；R_4 与 U_{S3} 构成的一条支路；R_3、R_5 分别构成的支路。

（2）节点：电路中 3 条或 3 条以上支路的连接点称为节点。图 1-17 中的节点共有 a、b、c 3 个。连接点 e、f 和 g 一般不算作节点，另外如果两个连接点之间是由一条导线相连，则这两个连接点合成一个节点，图 1-17 中的连接点 c 与 d 合成一个节点 c。

（3）回路：电路中任一由支路组成的闭合路径称为回路。图 1-17 中电路共有 6 个回路，它们分别是：a-f-c-e-a、a-b-d-c-f-a、b-g-d-b、a-b-d-c-e-a、a-b-g-d-c-f-a、a-b-g-d-c-e-a。

（4）网孔：内部不包含任何支路的回路称为网孔。图 1-17 中有 3 个网孔，它们分别是 a-f-c-e-a、a-b-d-c-f-a、b-g-d-b。

（5）网络：一般把有较多元件组成的电路称为（电）网络。但是实际上，电路与（电）网络这两个名词并无明确的区别，一般可以混用。

（6）平面网络：可以画在一个平面上不出现支路交叉现象的电路称为平面网络，否则称为非平面网络。图 1-17 为平面网络，图 1-18 为非平面网络。只有平面网络才有网孔的定义，对非平面网络网孔定义不成立。

（7）有源网络：含有独立源的电路称为有源网络，否则称为无源网络。如图 1-17、图 1-18 均为有源网络。

1.5.1　基尔霍夫电流定律

基尔霍夫电流定律（Kirchhoff's Current Law，KCL）是基于电荷守恒原理，反映了集总参数电路中任一节点上各支路电流间的相互约束关系，其表述如下。

对于集总参数电路中的任一节点，在任一时刻，流出该节点的所有支路电流的代数和恒等于零。该定律可用数学式表示为

$$\sum_{k=1}^{n} i_k = 0 \tag{1-21}$$

式中，i_k 为流出（或流入）该节点的第 k 条支路的电流，n 为与该节点相连接的支路数，称式（1-21）为节点电流方程或节点的 KCL 方程。在这要注意，定律中所述电流的"代数和"，体现在列写方程时：若将参考方向流出节点的支路电流前面取"+"号，参考方向流入该节点的支路电流前面则取"−"号（也可作相反的规定，结果是等价的）。

如图 1-19 所示，对节点 B，假设流入该节点的电流为正，流出为负，则可列写节点 B 的 KCL 方程为

$$i_2 + i_5 - i_3 - i_7 = 0$$

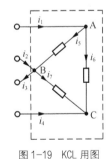

图 1-19　KCL 用图

上式可改写为

$$i_2 + i_5 = i_3 + i_7$$

该式表明流入节点 B 的所有支路电流之和等于流出该节点的所有支路电流之和。故 KCL 也可表述为：对于集总参数电路中的任一节点，在任一时刻，流出该节点的所有支路电流之和等于流入该节点的所有支路电流之和，即

$$\sum i_{出} = \sum i_{入} \tag{1-22}$$

这是基尔霍夫电流定律的另一种表示形式。

KCL 不仅适用于节点，对包围几个节点的封闭曲面（广义节点）也同样适用。在图 1-19 所示电路中，虚线所示的封闭曲面内有 3 个节点，分别为 A、B 和 C，这 3 个节点的 KCL 方程分别为

节点 A $\quad i_1 - i_5 - i_6 = 0$

节点 B $\quad i_2 + i_5 - i_3 - i_7 = 0$

节点 C $\quad i_4 + i_6 + i_7 = 0$

将以上 3 式相加，得 $\quad i_1 + i_2 - i_3 + i_4 = 0$

式中 i_1、i_2 和 i_4 为流入封闭曲面的电流，i_3 为流出封闭曲面的电流。这正是封闭曲面的 KCL 方程，它表明在集总参数电路中，流入任一封闭曲面的所有支路电流的代数和为零。这是基尔霍夫电流定律的推广，也称广义基尔霍夫电流定律。

基尔霍夫电流定律的实质是电流连续性原理或电荷守恒原理的体现。由于在集总参数电路中，积聚电荷及储存电场能这一特性是由电容元件来体现的，因此，除电容元件以外，任何地方都不积聚电荷。电荷既不能创造也不能消失，在任一时刻流入节点的电荷等于流出该节点的电荷。

例 1-4 电路如图 1-19 所示，已知 $i_1 = 2A$，$i_2 = 3A$，$i_4 = -3A$，$i_5 = -4A$，求 i_3，i_6，i_7。

解：根据已知条件，先对节点 A 列写 KCL 方程，有

$$i_1 - i_5 - i_6 = 0$$

将已知条件代入

$$2 - (-4) - i_6 = 0$$

得 $\quad i_6 = 6A$

列节点 C 的 KCL 方程，有

$$i_4 + i_6 + i_7 = 0$$

将已知条件代入

$$(-3) + 6 + i_7 = 0$$

得 $\quad i_7 = -3A$

列节点 B 的 KCL 方程，有

$$i_2 + i_5 - i_3 - i_7 = 0$$

将已知条件代入

$$-i_3 + 3 + (-4) - (-3) = 0$$

得 $\quad i_3 = 2A$

本题也可直接选图 1-19 所示虚线封闭面作为广义节点，则只需列一个 KCL 方程即可求得 i_3，此时广义节点的 KCL 方程为

$$i_1 + i_2 - i_3 + i_4 = 0$$

可得 $\quad i_3 = i_1 + i_2 + i_4 = 2 + 3 + (-3) = 2A$

由例 1-4 可以看出，列写 KCL 方程时要注意两套正、负符号，一套是各支路电流自带的正、负号，另一套则是由基尔霍夫电流定律的约定而得到的正、负号。

1.5.2 基尔霍夫电压定律

基尔霍夫电压定律（Kirchhoff's Voltage Law，KVL）是基于能量守恒原理，反映了电路中任一回路所含各支路电压间的相互约束关系，其表述如下。

对于集总参数电路中的任一回路，在任一时刻，沿选定的回路方向，回路所包含的所有支路电压的代数和恒等于零。该定律可用数学式表示为

$$\sum_{k=1}^{n} u_k = 0 \tag{1-23}$$

式中，u_k 为回路中第 k 条支路的电压，n 为该回路所包含的支路数。称式（1-23）为回路电压方程或回路的 KVL 方程。定律中所述电压的"代数和"，体现为在列写 KVL 方程时，先选定回路的一个绕行方向，若支路电压降的方向与回路绕行方向一致时取正号，支路电压降的方向与回路绕向相反时取负号。

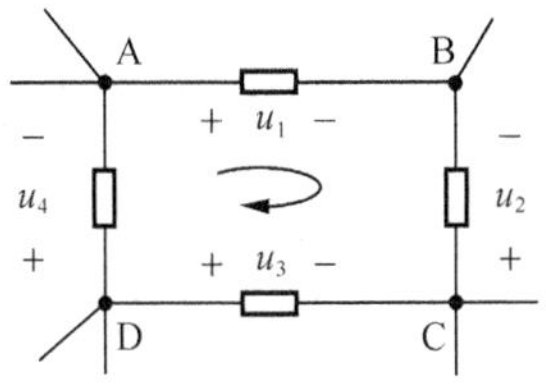

图 1-20 为某电路中一个包含四条支路的回路，设各支路电压的参考方向如图所示，并选择顺时针方向为该回路的绕行方向，则该回路的 KVL 方程为

$$u_1 - u_2 - u_3 + u_4 = 0$$

上式又可改写为
$$u_1 + u_4 = u_2 + u_3$$

该式表明，沿回路的绕行方向，各支路电压升之和等于电压降之和。故 KVL 也可表述为：对于集总参数电路中的任一回路，在任一时刻，沿回路的绕行方向所包含的所有支路电压降的和等于各支路电压升的和，即

$$\sum u_{降} = \sum u_{升} \tag{1-24}$$

这是基尔霍夫电压定律的另一种表示形式。

KVL 不仅适用于电路中的实际回路，也适用于电路中任一假想回路。如图 1-20 所示电路中，A、C 之间并无支路存在，故 ABCA 和 ADCA 并不构成实际回路，但我们可以想象 A、C 之间是一条开路的支路或一条无穷大电阻支路，这样就可把 ABCA 和 ADCA 看成一个回路（假想回路）。由 KVL 得

回路 ABCA $\qquad u_1 - u_2 - u_{AC} = 0$

回路 ADCA $\qquad u_{AC} - u_3 + u_4 = 0$

故有 $\qquad u_{AC} = u_1 - u_2 = u_3 - u_4$

这表明电路中任意两点间电压与选择的路径无关，且由此可得出求任意两点间电压的方法：即求任意 a、b 两点间的电压 u_{ab}，等于自 a 点出发沿任意一条路径绕行至 b 点所含支路电压降的代数和。

基尔霍夫电压定律的实质是能量守恒原理在集总参数电路中的体现。从电压的定义很容易理解 KVL 的正确性。即单位正电荷从 a 点沿着构成回路的各支路移动，最后又回到 a 点，相当于求电压 u_{aa}，由于在整个移动过程中该正电荷既没有得到又没有失去能量，故 $u_{aa} = 0$。

例 1-5 试求图 1-21 所示直流电路中，电流 I 及电压 U_{AB}。

图 1-20 KVL 用图

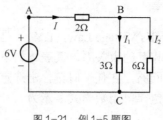

图 1-21 例 1-5 题图

解：对回路 ABCA 列写 KVL 方程，得

$$-6 + 2I + 3I_1 = 0$$

对回路 BCB 列写 KVL 方程，得

$$3I_1 = 6I_2$$

对节点 B 列写 KCL 方程，得

$$I - I_1 - I_2 = 0$$

将以上 3 个方程联立求解得

$$I = \frac{3}{2}\text{A}$$

进一步求解，得

$$U_{AB} = 2I = 2 \times \frac{3}{2} = 3\text{V}$$

与列写 KCL 方程类似，列写 KVL 方程时也要注意两套正、负符号，一套是各支路电压自带的正、负号，另一套则是由基尔霍夫电压定律的约定而得到的正、负号。

最后指出，KCL 反映了集总参数电路中与节点（或闭曲面）相连的所有支路电流之间所满足的线性约束关系；KVL 反映了集总参数电路中任意回路（假想回路）所包含的所有支路电压之间所满足的线性约束关系。这种约束关系仅与电路中各支路连接方式有关，而与电路元件的性质无关。不论元件是线性的还是非线性的，时变的还是时不变的，只要是集总参数电路，KCL、KVL 总成立。

*1.6 Multisim 仿真应用实例

NI Multisim 14 是美国国家仪器（NI）有限公司推出的至今最新版本的仿真软件，它以 Windows 系统为基础，提供了丰富的元器件、仪器仪表库，图形界面直观，具有强大的仿真分析能力。通过该软件可将电路理论和方程图形化、可视化并进行直观的互动。

本教材中所有电路仿真均采用 NI Multisim 14。

1.6.1 界面简介

NI Multisim 14 的基本操作界面包括电路工作区、菜单栏、工具栏、元器件栏、仿真开关、电路元件属性窗口、仪器仪表栏等，如图 1-22 所示。

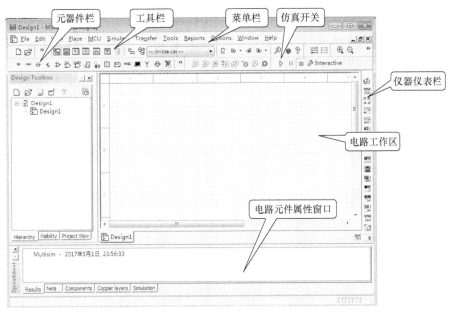

图 1-22　NI Multisim 14 界面

1.6.2　电路仿真过程

1. 新建电路文件

运行 NI Multisim 14 会自动打开一个空白的电路文件，也可通过菜单"File→New"或直接单击图 1.22 所示界面工具栏中的 □ 按钮新建电路文件。

2. 在工作区绘制仿真电路

（1）增加元件、测量仪表。通过菜单"Place→Component"或元器件栏、仪器仪表栏添加元件、测量仪表。

（2）调整布局。通过鼠标左键单击，可选中元件，如需选中多个元件，可按住 Shift 键同时依次单击需要选择的元件，或用鼠标拖曳一个范围全部选中。如需调整元件方向，则鼠标右键单击，在弹出菜单中选择"Flip horizontally"（水平翻转）、"Flip vertically"（垂直翻转）、"Rotate 90° clockwise"（顺时针旋转 90 度）或"Rotate 90° counter clockwise"（逆时针旋转 90 度）进行调整；复制和删除元器件可通过鼠标右键单击，在弹出菜单中选"Copy"或"Delete"。

（3）连接电路。鼠标单击元件引脚，鼠标将变为黑点十字并出现一实线，移动鼠标到待要连接的元件引脚，单击则自动完成连线。在连线过程中，单击鼠标右键可停止此次连接。

（4）修改元器件参数。鼠标双击该元件，在弹出属性对话框中可进行相应修改，如改变电压源名称、值、频率等。

3. 电路仿真

单击"Run"按钮 ▷ 运行仿真，结果可由仪器、仪表读出，如电压、电流表、示波器、逻辑分析仪等；或通过 NI Multisim 14 的仿真分析方法得出，通过菜单"Simulate→Analyses and simulation"，弹出窗口如图 1-23 所示，根据需要进行相应选择、设置。

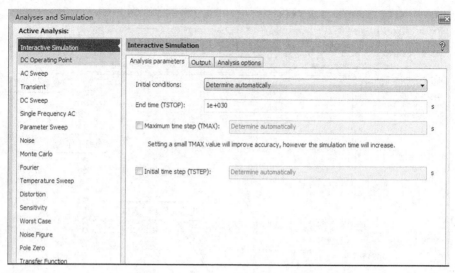

图 1-23 Analyses and Simulation 对话框

停止仿真按工具栏上的"Stop"（停止）按钮■即可。

4．保存电路

通过菜单"File→ save/save as"，或工具栏的 ▣ 按钮，更改文件名、存放路径后确认保存。

5．分析仿真结果

将仿真结果和理论分析结果进行对比得出结论，从而验证电路分析方法或电路定律、定理的正确性。

1.6.3 基尔霍夫定律仿真实例

基尔霍夫定律是一切集总参数电路的基本定律，包括基尔霍夫电压定律和基尔霍夫电流定律。本节通过仿真实例验证基尔霍夫定律。

求图 1-24 所示电路各支路的电压、电流。

仿真步骤如下。

（1）在 NI Multisim 14 软件工作区窗口中，选择菜单"Place→Component"，放置电压源、电阻、接地端，设置各元器件的数值、标签等，连线，绘制电路。

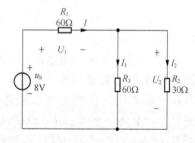

图 1-24 直流电阻电路

（2）从"Indicators"（指示器元器件库）中选择"VOLTMETER"（电压表）、"AMMETER"（电流表）中相应的电压表、电流表。

注意：电压、电流的正负极性和方向，电压表并联在待测电压的支路，电流表串联在待测电流的支路。

（3）单击"Run"运行仿真，各电压表、电流表读数如图 1-25 所示。

结果分析。

如图 1-25 可得，U_1=18V，U_2=18V，I=0.9A，I_1=0.3A，I_2=0.6A。

显然 $U_1+U_2-U_S$=18+18-36=0，即对如图 1-25 所示沿顺时针回路，所有支路电压的代数和等于零，基尔霍夫电压定律得以验证。

对 A 节点，流入电流 I，流出电流 I_1、I_2，显然 $I_1+I_2-I=0.3+0.6-0.9=0$，即对 A 节点，所有流出该节点支路的电流的代数和等于零，基尔霍夫电流定律得以验证。

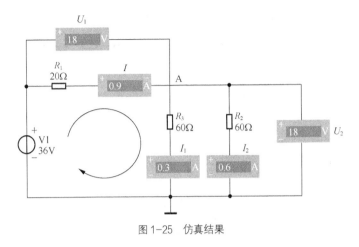

图 1-25 仿真结果

习题 1

1-1 电路如题图 1-1 所示，试求：

（1）由题图中各图所示电压、电流参考方向及数值，给出各元件上电压和电流的实际方向；

（2）题图 1-1 中电压、电流的参考方向是否为关联参考；

（3）计算各元件的吸收功率，并说明元件实际是吸收功率还是产生功率。

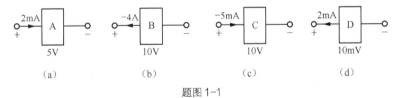

题图 1-1

1-2 试求题图 1-2 所示电路中的 i_2 及受控源吸收的功率。

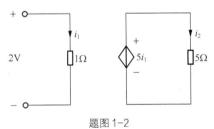

题图 1-2

1-3 试写出题图 1-3 所示电路中的电压 u_{ab} 和电流 i 的关系。

题图 1-3

1-4 试求题图1-4所示电路中的未知电流。

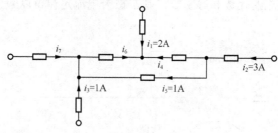

题图1-4

1-5 已知电路如题图1-5所示,试求:

(1)电路中的各电压、电流值;

(2)若将电路中C点接地,求A、B及D点的电位;

(3)若将电路中B点接地,则A、B及D点电位有无影响?电路中各电压、电流值有无变化?

1-6 试求题图1-6所示电路中A点的电位,并计算每个电阻所消耗的功率。

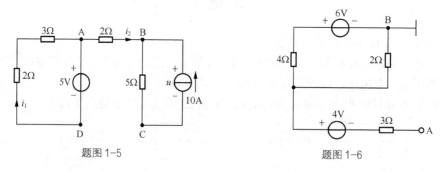

题图1-5   题图1-6

1-7 题图1-7所示电路是典型的二极管开关电路的原理线图(开关K实际上是开关二极管)。假设a端是开路的,试求当K接通和断开时a点的电位及通过开关K的电流。

1-8 题图1-8所示电路中,已知A、B两点电位分别为$U_A=80V$,$U_B=-20V$,$I=0$,试求C点电位U_C。

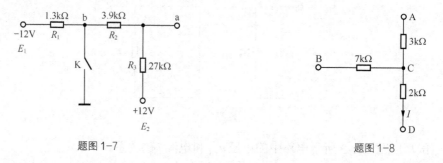

题图1-7   题图1-8

1-9 题图1-9所示电路中,已知$u=20V$,$R_1=10\ k\Omega$,试求R_2分别为30kΩ、∞、0时的i,u_1,u_2。

(通过本题请同学们体会,对于电阻元件而言,在什么情况下:(1)有电流无电压,(2)由电压无电流,(3)有电压有电流。)

1-10 试求题图 1-10 所示电路中的电压 u。

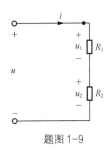
题图 1-9

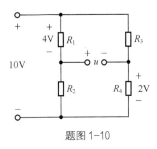
题图 1-10

1-11 试求题图 1-11 所示电路中电压 u 或电流 i。

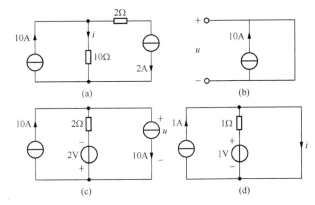
题图 1-11

1-12 试求题图 1-12 所示电路中网络 N 吸收的功率。

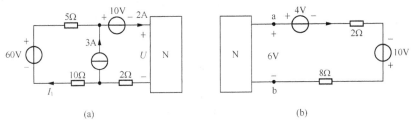
题图 1-12

1-13 试计算题图 1-13 所示电路中的 I、R、U_S 和电源产生的功率。

1-14 试求题图 1-14 所示电路中电压源和电流源的功率,并说明是吸收功率还是产生功率。

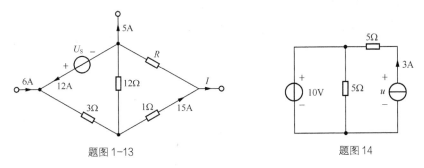

题图 1-13

题图 14

1-15　试求题图 1-15 所示电路中的电压 u 及电流源和受控源吸收的功率。

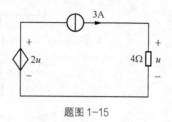

题图 1-15

习题 1 答案

1-1　（a）（1）电压、电流实际方向与图示参考方向一致；（2）关联参考；（3）10mW，吸收功率。

（b）（1）电压实际方向与图示参考方向一致，电流实际方向与图示参考方向相反；（2）非关联参考；（3）40W，吸收功率。

（c）（1）电压实际方向与图示参考方向一致，电流实际方向与图示参考方向相反；（2）关联参考；（3）−50mW，产生功率。

（d）（1）电压、电流实际方向与图示参考方向一致；（2）非关联参考；（3）−20μW，产生功率。

1-2　2A，−20W

1-3　（a）$u_{ab} = 10 + 2i$，（b）$u_{ab} = -10 - 2i$

1-4　$i_4 = 2A$，$i_6 = -4A$，$i_7 = -6A$

1-5　（1）$i_1 = -1A$，$i_2 = 0$，$u = 50V$；（2）$U_A = U_B = 50V$，$U_D = 45V$；（3）$U_A = U_B = 0V$，$U_D = -5V$，各支路电压、电流不变

1-6　$U_A = -2V$，$P_{4\Omega} = 4W$，$P_{2\Omega} = 2W$，$P_{3\Omega} = 0W$

1-7　（1）K 接通时，1.51V，−8.84mA；（2）K 断开时，−8V，0

1-8　50V

1-9　0.5mA，5V，15V；0，0，20V；2mA，20V，0

1-10　4V

1-11　（a）$i = 8A$；（b）$u = 0$；（c）$u = -2V$；（d）$i = 2A$

1-12　（a）122W；（b）−7.2W

1-13　1A，90V，1.5Ω，1080W

1-14　$P_{10V} = 10W$（吸收），$P_{3A} = -75W$（产生）

1-15　$u = 12V$，$P_{3A} = 36W$，$P_{2u} = -72W$

第**2**章 电阻电路的分析方法

由独立源、受控源和电阻构成的电路称为电阻电路。分析电路的基本依据是基尔霍夫定律和元件的 VCR。从前面的介绍可以看出,对于一些较为简单的电路,可以直接利用两类约束关系求得响应,但对于较为复杂电路则需运用其他分析方法实现对电路的分析。本章首先介绍单回路电路及单节偶电路的分析;接着以电阻电路为例,介绍几种常用的电路分析方法,如等效变换分析法,网孔分析法,节点分析法,叠加定理,等效电源定理等,这些分析方法不仅适用于电阻电路,还可以推广至其他电路;最后,给出电阻电路分析方法应用的计算机辅助分析实例及仿真。

2.1 简单电阻电路的分析

本节主要介绍只需列写一个基尔霍夫方程,即能求解的单回路电路及单节偶电路的分析。

2.1.1 单回路电路的分析

所谓单回路电路指只有一个回路的电路。一般对于单回路电路可通过列写一个 KVL 方程进行分析。下面举例说明。

例 2-1 图 2-1 所示直流电路是单回路电路,电路中各元件参数均已给定,试求流经各元件的电流 I 及电压 U_{ab}。

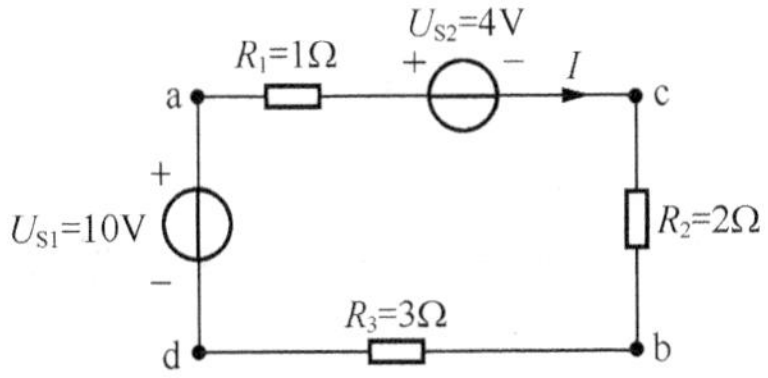

解: 由 KCL 知,回路中各元件流过的是同一个电流 I,假设顺时针方向为回路的方向,则对电路沿回路方向列写 KVL 方程,得

图 2-1 例 2-1 题图

$$U_{R_1} + U_{S2} + U_{R_2} + U_{R_3} - U_{S1} = 0$$

将各电阻元件的 VCR 代入上式,得

$$R_1 I + U_{S2} + R_2 I + R_3 I - U_{S1} = 0$$

即

$$I = \frac{U_{S1} - U_{S2}}{R_1 + R_2 + R_3} = \frac{10 - 4}{1 + 2 + 3} = 1\text{A}$$

在图 2-1 中,acba 和 adba 均为广义回路,对其中任一回路列写 KVL 方程,便可求出 U_{ab}。对 acba 广义回路列写 KVL 方程,有

$$R_1 I + U_{S2} + R_2 I - U_{ab} = 0$$

得

$$U_{ab} = R_1 I + U_{S2} + R_2 I = 1 \times 1 + 4 + 2 \times 1 = 7\text{V}$$

或对 adba 广义回路列写 KVL 方程

$$U_{ab} + R_3 I - U_{S1} = 0$$

得

$$U_{ab} = U_{S1} - R_3 I = 10 - 3 \times 1 = 7\text{V}$$

可见，两点间的电压与路径无关。

2.1.2 单节偶电路的分析

所谓单节偶电路是指只有一对节点的电路。一般对于单节偶电路可通过列一个 KCL 方程进行分析。下面举例说明。

例 2-2 单节偶直流电路如图 2-2 所示，试求电压 U 和各元件吸收的功率，并说明实际是吸收功率还是产生功率。

解： 图 2-2 所示电路有两个节点，因此是单节偶电路。又由 KVL 知，电路各元件的端电压是相同的。假设各电阻上的电流与端电压选择关联参考方向，对广义电路节点 A 列写 KCL 方程，得

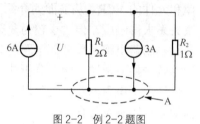

图 2-2 例 2-2 题图

$$-6 + 3 + \frac{U}{2} + \frac{U}{1} = 0$$

解得

$$U = 2\text{V}$$

各元件的功率分别为

$$P_{6A} = -6U = -6 \times 2 = -12\text{W} \quad （产生功率）$$

$$P_{3A} = 3U = 3 \times 2 = 6\text{W} \quad （吸收功率）$$

$$P_{2\Omega} = \frac{U^2}{2} = \frac{2^2}{2} = 2\text{W} \quad （吸收功率）$$

$$P_{1\Omega} = \frac{U^2}{1} = \frac{2^2}{1} = 4\text{W} \quad （吸收功率）$$

2.2 电阻电路的等效变换

从 2.1 节可知，对于单回路、单节偶电路，可以通过列写一个基尔霍夫方程很方便地求出响应。但是对于结构比较复杂的电路，则需列写多个基尔霍夫方程才能求出响应，如例 1-5，此时等效变换分析法将是一种简便而有效的分析方法，它通过一次或多次运用"等效"的概念，将结构比较复杂的电路，等效变换为结构简单的电路，以方便地分析计算某部分电路的电流、电压和功率。本节主要介绍等效电路与等效变换的概念，以及等效变换分析法在电阻电路分析中的应用。

2.2.1　电路等效的概念

在介绍电路等效的概念前，首先看图 2-3（a）、（b）所示电路，电路中 N_1、N_2 分别有两个端子与外电路相连，称这种只有两个端子与外电路相连的电路为二端电路（二端网络）。根据 KCL 知，电路 N_1、N_2 与外电路相连的两个端子上的电流分别满足：从一个端子流入的电流等于从另一个端子流出的电流，如图 2-3 所示的 $i_1 = i_1'$，$i_2 = i_2'$，称满足这种条件的一对端子构成一个端口，显然二端电路只有一个端口，因此又称单口电路。

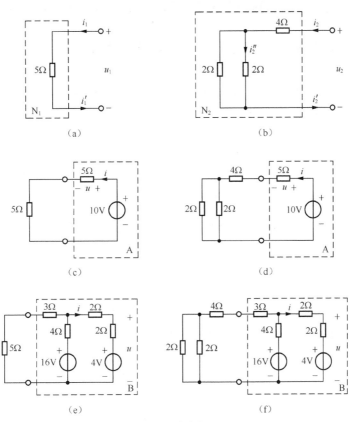

图 2-3　电路等效示图

进一步，假设 N_1、N_2 端口电压电流的参考方向分别如图 2-3（a），图 2-3（b）所示。对于 N_1，根据 KVL 得其端口 VCR 为

$$u_1 = 5i_1 \tag{2-1}$$

对于 N_2，根据 KVL 及 KCL 得其端口 VCR 为

$$\begin{cases} u_2 = 4i_2 + 2i_2'' \\ u_2 = 4i_2 + 2(i_2 - i_2'') \end{cases}$$

从而求得

$$u_2 = 5i_2 \tag{2-2}$$

式（2-1）、式（2-2）表明 N_1、N_2 具有相同的端口 VCR。现将 N_1、N_2 分别与电路 A 相连，如图 2-3（c）、图 2-3（d）所示，可求得电路 A 中的电流 i 均为 1A，电压 u 均为 5V；再将 N_1、

N_2 分别与电路 B 相连，如图 2-3（e）、图 2-3（f）所示，求得电路 B 中的电流 i 均为 1A，电压 u 均为 6V。由此可见，电路 N_1、N_2 对与它们相连的外电路 A 及 B 的作用效果完全相同。进一步可以证明（证明省略），任意两个二端网络 N_1、N_2，若具有相同的端口 VCR，则它们对与之相连的任一相同外电路的作用效果均相同，所以称具有相同端口 VCR 的二端电路 N_1、N_2 互为等效电路。

从上面分析可以看出，等效是对与它们相连的外电路 A 或 B 而言的；对 N_1、N_2 自身而言是不等效的，因为它们自身的结构及元件参数完全不同，即对内不等效。

将以上结论加以推广：两个电路 N_1、N_2 若分别有 n 个端子与外电路相连，称这两个电路为 n 端电路（n 端网络）。若这两个 n 端电路对应端子处的 VCR 完全相同，称这两个电路互为等效电路。

等效变换就是把电路中的一部分用结构不同但端子数和对应端子处的 VCR 完全相同的另一部分来替代。

下面用等效的概念来推出电阻串、并、混联电路等效规律。

2.2.2 电阻的串联、并联等效

1. 电阻的串联

在电路中若把 n 个电阻如图 2-4（a）所示那样首尾相连，且在各联接点上没有分支，即通过各电阻的电流是同一电流，这种联接方式称为串联。

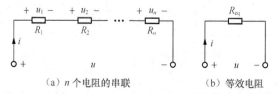

（a）n 个电阻的串联 　　　　　（b）等效电阻

图 2-4　电阻的串联及其等效电阻

假设图 2-4（a）所示 n 个电阻的串联电路中各电压、电流的参考方向如图所示，则由基尔霍夫电压定律及欧姆定律，得

$$u = u_1 + u_2 + \cdots + u_k + \cdots + u_n = R_1 i + R_2 i + \cdots R_k i + \cdots + R_n i$$
$$= (R_1 + R_2 + \cdots + R_k + \cdots R_n) i \tag{2-3}$$

若令
$$R_{eq} = R_1 + R_2 + \cdots + R_k + \cdots R_n = \sum_{k=1}^{n} R_k \tag{2-4}$$

则式（2-3）可写成 $u = R_{eq} i$ 　　　　　　　　　　　　　　　　　　　　　　（2-5）

式（2-3）、式（2-4）、式（2-5）表明，由 R_1，R_2，$\cdots$，R_n 这 n 个电阻串联的电路可以用一个电阻 R_{eq} 来等效替代，如图 2-4（b）所示，称 R_{eq} 为 R_1，R_2，$\cdots$，R_n 这 n 个电阻串联以后的等效电阻；串联等效电阻阻值等于这 n 个串联电阻之和。

对于图 2-4（a）所示电路，由于通过各个电阻元件的电流相同，因此有

$$\frac{u}{R_{eq}} = \frac{u_1}{R_1} = \frac{u_2}{R_2} = \cdots = \frac{u_k}{R_k} = \cdots = \frac{u_n}{R_n} \tag{2-6}$$

由式（2-6）进一步可得第 k 个串联电阻 R_k 上的电压为

$$u_k = \frac{R_k}{R_{eq}} u \quad (k=1,2,\cdots,n) \tag{2-7}$$

称式（2-7）为串联电阻的分压公式。它表明串联电阻在电路中起分压作用，且各电阻分得的电压与其电阻值成正比，电阻越大，则分配到的电压就越大。

将式（2-4）两边同乘 i^2，得

$$R_{eq}i^2 = R_1i^2 + R_2i^2 + \cdots + R_ki^2 + \cdots R_ni^2$$

即

$$p = p_1 + p_2 + \cdots + \cdots p_k + \cdots + p_n \tag{2-8}$$

式（2-8）表明，当 n 个电阻串联时，其等效电阻上消耗的功率等于每个串联电阻消耗功率之和。电阻越大，消耗的功率越大。

例 2-3　图 2-5 为一常用电阻分压电路，R_w 是 1000Ω电位器，R_1=300Ω，R_2=500Ω。若输入电压 u_1=18V，试求输出电压 u_2 的数值范围。

解： 当电位器的滑动触头移至 b 点位置时，输出电压 u_2 为

$$u_2 = \frac{R_2}{R_1 + R_2 + R_w}u_1 = \frac{500}{300 + 500 + 1000} \times 18 = 5V$$

当电位器的滑动触头移至 a 点位置时，输出电压 u_2 为

$$u_2 = \frac{R_2 + R_w}{R_1 + R_2 + R_w}u_1 = \frac{500 + 1000}{300 + 500 + 1000} \times 18 = 15V$$

所以，通过调节电位器 R_w，可使输出电压 u_2 在 5～15V 范围内连续变化。

2. 电阻的并联

在电路中若把 n 个电导如图 2-6（a）所示那样两端分别联接在一起，跨接在同一电压上，这种联接方式称为并联。

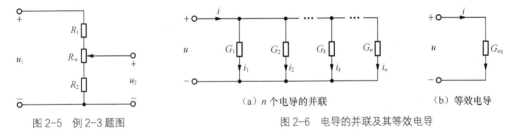

图 2-5　例 2-3 题图　　　　　　图 2-6　电导的并联及其等效电导
（a）n 个电导的并联　　（b）等效电导

如图 2-6 所示，电压、电流参考方向下，由基尔霍夫电流定律及欧姆定律得

$$i = i_1 + i_2 + \cdots + i_k + \cdots + i_n = G_1u + G_2u + \cdots G_ku + \cdots + G_nu$$
$$= (G_1 + G_2 + \cdots + G_k + \cdots G_n)u \tag{2-9}$$

令

$$G_{eq} = G_1 + G_2 + \cdots + G_k + \cdots G_n = \sum_{k=1}^{n} G_k \tag{2-10}$$

则式（2-9）可写成

$$i = G_{eq}u \tag{2-11}$$

式（2-9）、式（2-10）、式（2-11）表明，由 G_1，G_2，$\cdots$，G_n 这 n 个电导相并联的电路可以用一个电导 G_{eq} 来等效替代，如图 2-6（b）所示，称 G_{eq} 为这 n 个并联电导的等效电导；等效电导值等于这 n 个并联电导之和。

对于图 2-6（a）所示电路，由于各个电导元件两端的电压相同，因此有

$$\frac{i}{G_{eq}} = \frac{i_1}{G_1} = \frac{i_2}{G_2} = \cdots = \frac{i_k}{G_k} = \cdots = \frac{i_n}{G_n} \tag{2-12}$$

由式（2-12）进一步可得第 k 个并联电导 G_k 上的电流为

$$i_k = \frac{G_k}{G_{eq}}i \quad\quad (2-13)$$

称式（2-13）为并联电导的分流公式。它表明并联电导在电路中起分流作用，各个电导上分得的电流与其电导值成正比，电导越大，则分配到的电流就越大。

将式（2-10）两边同乘 u^2，得

$$G_{eq}u^2 = G_1u^2 + G_2u^2 + \cdots + G_ku^2 + \cdots G_nu^2$$

即

$$p = p_1 + p_2 + \cdots + \cdots p_k + \cdots + p_n \quad\quad (2-14)$$

式（2-14）表明 n 个电导并联，等效电导上消耗的功率等于每个并联电导消耗功率之和。电导越大（电阻越小），消耗的功率越大。

在实际应用中，电阻元件通常用参量电阻而不用电导来表征。接下来讨论如图 2-7 所示两个电阻并联的等效。电阻并联，通常记为 $R_1//R_2$。

由式（2-10）得

$$\frac{1}{R_{eq}} = G_{eq} = G_1 + G_2 = \frac{1}{R_1} + \frac{1}{R_2} = \frac{R_1 + R_2}{R_1R_2}$$

故等效电阻为

$$R_{eq} = \frac{R_1R_2}{R_1 + R_2} \quad\quad (2-15)$$

由式（2-13）得两个电阻并联时的分流公式为

$$\left.\begin{array}{l} i_1 = \dfrac{G_1}{G_1 + G_2}i = \dfrac{R_2}{R_1 + R_2}i \\[3mm] i_2 = \dfrac{G_2}{G_1 + G_2}i = \dfrac{R_1}{R_1 + R_2}i \end{array}\right\} \quad\quad (2-16)$$

例 2-4 图 2-8 是某万用表直流挡的测量电路。已知表头内阻 $R_g = 3000\,\Omega$，量程为 $I_g = 50\mu A$，要求转换开关 K 在位置 1、2、3 时，电流表的量程分别为 $I_1 = 100\mu A$，$I_2 = 5mA$，$I_3 = 50mA$，求分流电阻 R_1、R_2 及 R_3 的值。

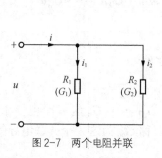

图 2-7 两个电阻并联

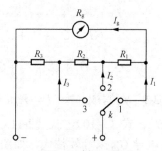

图 2-8 例 2-4 题图

解： 由题意知，当开关 K 打向 1，$I_1 = 100\mu A$ 时，$I_g = 50\mu A$，由并联电阻分流公式得

$$I_g = \frac{R_1 + R_2 + R_3}{R_1 + R_2 + R_3 + R_g}I_1$$

$$R_1 + R_2 + R_3 = \frac{I_g R_g}{I_1 - I_g} = \frac{50 \times 10^{-6} \times 3000}{100 \times 10^{-6} - 50 \times 10^{-6}} = 3000\Omega$$

当开关 K 打向 2，$I_2 = 5\text{mA}$ 时，$I_g = 50\mu\text{A}$，由并联电阻分流公式得

$$I_g = \frac{R_2 + R_3}{R_1 + R_2 + R_3 + R_g} I_2$$

$$R_2 + R_3 = \frac{I_g \times 2R_g}{I_2} = \frac{50 \times 10^{-6} \times 2 \times 3000}{5 \times 10^{-3}} = 60\Omega$$

当开关 K 打向 3，$I_3 = 50\text{mA}$ 时，$I_g = 50\mu\text{A}$，由并联电阻分流公式得

$$I_g = \frac{R_3}{R_1 + R_2 + R_3 + R_g} I_3$$

$$R_3 = \frac{I_g \times 2R_g}{I_3} = \frac{50 \times 10^{-6} \times 2 \times 3000}{50 \times 10^{-3}} = 6\Omega$$

故 $R_2 = 60 - R_3 = 54\Omega$，$R_1 = 3000 - (R_2 + R_3) = 3000 - 60 = 2640\Omega$

由上例可以看出工程上利用并联电阻的分流作用，可以实现对电流表多量程的扩展。

3. 电阻的混联

既有电阻的串联又有电阻的并联的电路称为混联电阻电路。在混联的情况下，需要仔细判别电阻间的联接方式，有时只有通过将电路改画才能看出电阻间的联接方式。判别电阻间联接方式的依据是：若通过各电阻的电流为同一电流，则电阻串联；若加于各电阻两端的电压为同一电压，则电阻并联。

对于混联电阻电路可逐步利用电阻的串联、并联等效，以及分压、分流公式来实现混联电路的分析。下面通过具体实例来熟悉串、并联等效在混联电阻电路分析中的应用。

例 2-5   试求图 2-9（a）所示电路的等效电阻 R_{ab}。

解：为了看清各电阻的串、并联关系，先将电路中两节点间的导线压缩，使与之相连的节点合为一个点，如图（b）所示。由图（b）可方便求得

$$R_{ab} = 3 // 6 // 6 = 1.5\Omega$$

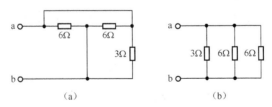

图 2-9   例 2-5 题图

例 2-6   试求图 2-10（a）所示直流电路中的电流 I 及电压 U_{AB}。

解：先利用电阻并联等效的规则将图 2-10（a）等效为图 2-10（b）所示电路，其中

$$R_1 = 3 // 6 = 2\Omega$$

对于图 2-10（b），利用串联电阻的分压公式得

$$U_{AB} = 6 \times \frac{2}{2 + 2} = 3\text{V}$$

进一步由欧姆定律得

$$I = \frac{U_{AB}}{2} = \frac{3}{2}A$$

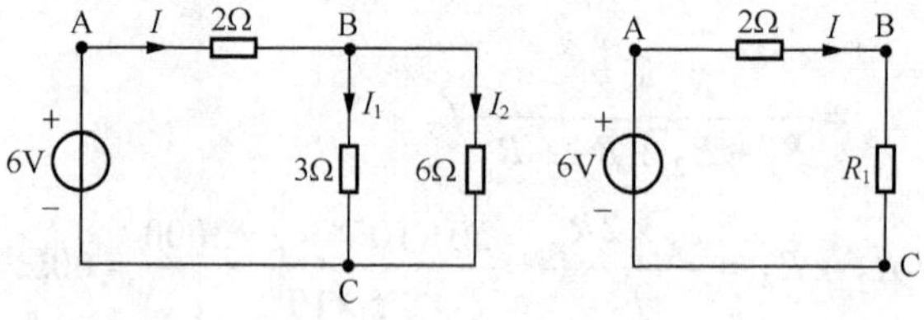

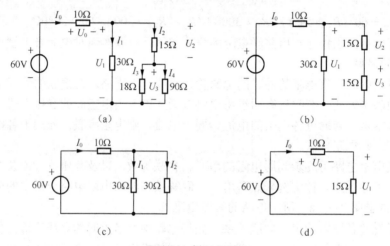

图2-10 例2-6题图

将本例的解题过程与例 1-5 的比较，可以发现与直接利用两类约束关系求解响应相比，通过运用电阻的并联等效化简电路，可以使电路的求解变得更方便。

例2-7 试求图2-11所示电路中各支路电压与电流。

图2-11 例2-7题图

解： 可利用电阻的串并联等效化简的方法求解。

先运用串并联等效的概念将图2-11（a）自右至左逐步化简成图2-11（b）、（c）、（d）所示电路，由图2-11（d）得

$$I_0 = \frac{60}{10+15} = 2.4A$$

$$U_0 = 10I_0 = 24V$$

$$U_1 = 15I_0 = 15 \times 2.4 = 36V$$

对图2-11（c），根据并联电阻分流公式可求得

$$I_1 = I_2 = \frac{30}{30+30}I_0 = 1.2A$$

对图2-11（b），根据串联电阻分压公式可分别求得

$$U_2 = U_3 = \frac{15}{15+15}U_1 = 18V$$

对图 2-11（a），根据并联电阻分流公式可分别求得

$$I_3 = \frac{90}{18+90}I_2 = 1\text{A}$$

$$I_4 = \frac{18}{18+90}I_2 = 0.2\text{A}$$

2.2.3　电阻的星形连接和三角形连接的等效互换

分析电路时，除了会遇到电阻的串、并联连接的电路，还经常会遇到如图 2-12 所示的桥式电路。此时，电路中的电阻 R_1、R_2、R_3、R_4 及 R_5 的联接方式既不是串联又不是并联，显然无法用串、并联方法实现对电路的等效化简。在电路分析中，称图 2-12 所示电路中如 R_1、R_2、R_5 三个电阻的联接方式为三角形联接或 "Δ" 联接，此时，将三个电阻元件的首尾相连形成一个三角形，并从它们的两两连接点引出端子与外电路相连；称图 2-12 所示电路中如 R_1、R_3、R_5 三个电阻的联接方式为星形联接或 "Y" 联接，此时，将三个电阻元件的一个端子接在一起，分别将它们的另一端子引出与外电路相连。对于图 2-12 所示的桥式电路，如果能将 R_1、R_2、R_5 构成的三角形电路用星形电路等效替换，或将 R_1、R_3、R_5 构成的星形电路用三角形电路等效替换，那么就可以进一步利用电阻的串、并联方法实现对电路的等效化简。接下来讨论电阻的星形连接和三角形连接的等效互换条件。

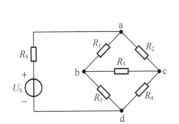

图 2-12　具有 "Δ" 联接和 "Y" 联接的电路

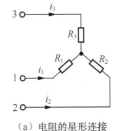

（a）电阻的星形连接　　（b）电阻的三角形连接

图 2-13　电阻的星形联接和三角形联接

根据等效互换的条件，若图 2-13（a）所示星形电路与图 2-13（b）所示三角形电路等效，必须满足三个对应端子上的电流 i_1、i_2、i_3 分别相等时，对应端子上的电位也分别相同，也即对应端子间电压 u_{12}、u_{23}、u_{31} 也分别相同。又根据 KCL，三个端子电流只有两个是独立的；根据 KVL，三对端子间电压也只有两个是独立的。因此，对于图 2-13（a）所示电阻的星形连接与三角形连接的电路，只要对应的 i_1、i_2、u_{23}、u_{13} 的关系完全相同，这两个网络就等效。

对图 2-13（a）所示的 Y 形电路来说，有

$$\begin{cases} u_{13} = R_1 i_1 + R_3(i_1+i_2) = (R_1+R_3)i_1 + R_3 i_2 \\ u_{23} = R_2 i_2 + R_3(i_1+i_2) = R_3 i_1 + (R_2+R_3)i_2 \end{cases} \tag{2-17}$$

对图 2-13（b）所示的 Δ 形电路来说，沿逆时针绕向列写 KVL 方程，得

$$(i_{12}-i_1)R_{31} + R_{12}i_{12} + (i_2+i_{12})R_{23} = 0$$

即

$$i_{12} = \frac{R_{31}i_1 - R_{23}i_2}{R_{12}+R_{23}+R_{31}} = \frac{R_{31}i_1}{R_{12}+R_{23}+R_{31}} - \frac{R_{23}i_2}{R_{12}+R_{23}+R_{31}}$$

由此可得

$$\begin{cases} u_{13} = (i_1 - i_{12})R_{31} = \dfrac{R_{31}(R_{12} + R_{23})}{R_{12} + R_{23} + R_{31}}i_1 + \dfrac{R_{23}R_{31}}{R_{12} + R_{23} + R_{31}}i_2 \\[3mm] u_{23} = (i_2 + i_{12})R_{32} = \dfrac{R_{23}R_{31}}{R_{12} + R_{23} + R_{31}}i_1 + \dfrac{R_{23}(R_{12} + R_{31})}{R_{12} + R_{23} + R_{31}}i_2 \end{cases} \tag{2-18}$$

令式（2-17）和式（2-18）相等，则得

$$\begin{cases} R_1 + R_3 = \dfrac{R_{31}(R_{12} + R_{23})}{R_{12} + R_{23} + R_{31}} \\[3mm] R_3 = \dfrac{R_{23}R_{31}}{R_{12} + R_{23} + R_{31}} \\[3mm] R_2 + R_3 = \dfrac{R_{23}(R_{12} + R_{31})}{R_{12} + R_{23} + R_{31}} \end{cases} \tag{2-19}$$

由式（2-19）可解得

$$\begin{cases} R_1 = \dfrac{R_{31}R_{12}}{R_{12} + R_{23} + R_{31}} \\[3mm] R_2 = \dfrac{R_{12}R_{23}}{R_{12} + R_{23} + R_{31}} \\[3mm] R_3 = \dfrac{R_{23}R_{31}}{R_{12} + R_{23} + R_{31}} \end{cases} \tag{2-20}$$

上式就是 $\Delta \rightarrow Y$ 的等效变换公式，式（2-20）可概括为

$$R_i(Y) = \frac{\Delta 形端子 i 所连两电阻乘积}{\Delta 形三电阻之和}$$

由式（2-19）也可解得

$$\begin{cases} R_{12} = \dfrac{R_1R_2 + R_2R_3 + R_3R_1}{R_3} \\[3mm] R_{23} = \dfrac{R_1R_2 + R_2R_3 + R_3R_1}{R_1} \\[3mm] R_{31} = \dfrac{R_1R_2 + R_2R_3 + R_3R_1}{R_2} \end{cases} \tag{2-21}$$

上式就是 $Y \rightarrow \Delta$ 的等效变换公式，式（2-21）可概括为

$$R_{jk}(\Delta) = \frac{Y 形电阻两两乘积之和}{接在与 R_{jk} 相对端钮的 Y 形电阻}$$

特别地，若是 3 个相等的电阻接成 Y 形连接，或 3 个相等的电阻接成 Δ 形连接，并且令

$$R_1 = R_2 = R_3 = R_Y$$

$$R_{12} = R_{23} = R_{32} = R_\Delta$$

则由式（2-20）或式（2-21）得

$$R_\Delta = 3R_Y, \qquad\qquad R_Y = \frac{1}{3}R_\Delta$$

上式为 3 个相等电阻接成的星形电路与三角形电路的等效互换公式。

2.2.4 含独立电源电路的等效变换

1. 电压源的串联

图 2-14（a）为 n 个电压源串联的电路，它可与图 2-14（b）所示的单个电压源等效。根据等效条件及 KVL，该等效电压源的电压 $u_{S_{eq}}$ 应满足

$$u_{Seq} = u_{S1} + u_{S2} - u_{S3} + \cdots + u_{Sn} = \sum_{k=1}^{n} u_{Sk} \qquad （2-22）$$

当图 2-14（a）中的电压源 u_{Sk} 的参考方向与图 2-14（b）中的 u_{Seq} 的参考方向一致时，式（2-22）中 u_{Sk} 前面取 "+" 号，否则取 "-" 号。

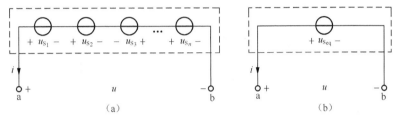

图 2-14　电压源的串联及其等效电路

2. 电压源的并联

只有电压相等且极性一致的电压源才允许并联，否则将违背 KVL。n 个具有相同电压且方向一致的电压源并联电路如图 2-15（a）所示，就输出端而言可以由其中任一电压源去等效替代，如图 2-15（b）所示。

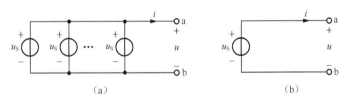

图 2-15　电压源的并联及其等效电路

3. 电压源与任意二端网络并联

电压源 u_S 与任意二端网络并联，如图 2-16（a）所示，图中二端网络 N 可以是一个电阻，也可以是电流源或复杂二端网络。根据 KVL 知其端电压等于电压源的电压 u_S；又由于电压源 u_S 的电流由与之相连的外电路决定，因此根据 KCL，如图 2-16（a）所示并联电路端电流 i 仍由与之相连的总外电路决定。根据二端网络等效的定义，该并联电路对外可等效为电压源 u_S，如图 2-16（b）所示。这里要注意：由于等效变换改变电路内部结构而保持端口上电压和电流关系不变，因此等效是对端口而言，对内不等效。如图 2-16（a）所示流过电压源的电流并不等于如图 2-16（b）所示流过电压源的电流。

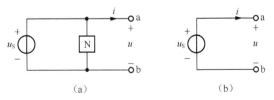

图 2-16　电压源与任意二端网络并联及其等效电路

4. 电流源的并联

如图 2-17（a）所示为 n 个电流源并联的电路，它可与图 2-17（b）所示的单个电流源等效。根据等效条件及 KCL，该等效电流源的电流 u_{Seq} 应满足

$$i_{Seq} = i_{S1} + i_{S2} - i_{S3} + \cdots + i_{Sn} = \sum_{k=1}^{n} i_{Sk} \qquad （2-23）$$

当图 2-17（a）中电流源 i_{Sk} 的参考方向与图 2-17（b）中 i_{Seq} 的参考方向一致时，式（2-23）中 i_{Sk} 前面取 "+" 号，否则取 "−" 号。

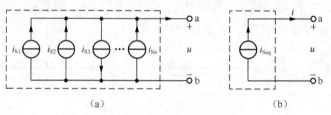

图 2-17　电流源的并联及其等效电路

5. 电流源的串联

只有电流值相等且方向一致的电流源才允许串联，否则将违背 KCL。n 个具有相同电流且方向一致的电流源串联电路，如图 2-18（a）所示，可以由其中任一电流源等效替代，如图 2-18（b）所示。

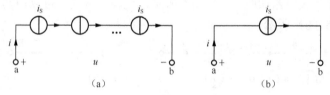

图 2-18　电流源的串联及其等效电路

6. 电流源与任意二端网络串联

电流源 i_S 与任意二端网络串联，如图 2-19（a）所示，图中二端网络 N 可以是一个电阻，也可以是电压源或复杂二端网络。根据 KCL 知其端电流等于电流源的电流 i_S；又由于电流源 i_S 的电压由与之相连的外电路决定，因此根据 KVL，如图 2-19（a）所示串联电路端电压 u 由总的外电路决定。根据二端网络等效的定义，该串联电路对外可用电流源 i_S 等效替代，如图 2-19（b）所示。这里要注意：由于等效变换改变电路内部结构而保持端口上电压和电流关系不变，因此等效是对端口而言，对内不等效。图 2-19（a）中电流源上的电压并不等于图 2-19（b）中电流源的电压。

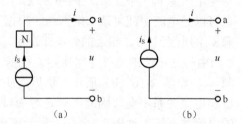

图 2-19　电流源与任意二端网络串联及其等效电路

2.2.5　实际电源的两种模型及其等效转换

在第 1 章介绍了两种理想独立源模型，但事实上，由于制造实际电源材料的缘故，当实际电源接入电路时，电源自身总会有一定的损耗，该损耗可以用电源的内阻来表征，且往往

不能忽略，因此有必要讨论实际电源的模型。接下来介绍实际电源的两种模型以及它们的等效变换。

1. 实际电压源模型（戴维南电路模型）

对于实际电源（如干电池），由于它自身损耗的存在，使得电源的端电压不能保持恒定，而是随着输出电流的增大而降低，并且一般情况下，在正常工作范围内，其伏安特性曲线近似为一条直线。因此，对于实际电源，不考虑其内部情况，就它端口而言，可以用一个理想电压源 u_S 和电阻 R_S 串联的电路作为其等效电路模型，如图 2-20（a）所示，称为实际电压源模型或戴维南电路模型。其中 R_S 是用来表征电源自身的损耗，称为实际电源的内阻或输出电阻。在图 2-20（a）所示电压、电流参考方向下，其端口电压、电流伏安关系为

$$u = u_S - R_S i \tag{2-24}$$

由式（2-24）可画出其端口的 VCR 曲线，如图 2-20（b）所示。

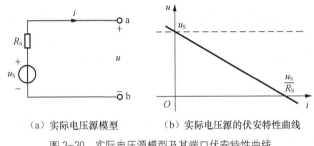

（a）实际电压源模型　　　（b）实际电压源的伏安特性曲线

图 2-20　实际电压源模型及其端口伏安特性曲线

式（2-24）和图 2-20（b）表明：

（1）随着电源输出电流的增大，电源的端电压逐渐减小；

（2）当端口电流 $i=0$ 时，电源的端口电压等于理想电压源 u_S 的值，并称此时的端口电压为开路电压，用 u_{OC} 表示，显然有 $u=u_{OC}=u_S$；

（3）当端口电压 $u=0$ 时，电源的端口电流 $i=u_S/R_S$，并称此时电源端口电流为短路电流，用 i_{SC} 表示，显然有 $i=i_{SC}=u_S/R_S$；

（4）电源内阻 R_S 越小，伏安特性曲线越平坦，电源特性越接近于理想电压源的特性，当 $R_S \to 0$ 时，即为理想电压源的情况。

2. 实际电流源模型（诺顿电路模型）

实际电压源模型不是实际电源的唯一等效电路模型，实际电源还可以用一个理想电流源 i_S 和电阻 R'_S 并联的电路作为其等效电路模型，如图 2-21（a）所示，称为实际电流源模型或诺顿电路模型。其中 R'_S 称为实际电源的内阻或输出电阻。如图 2-21（a）所示电压、电流参考方向下，其端口电压、电流伏安关系为

$$i = i_S - G'_S u = i_S - \frac{u}{R'_S} \tag{2-25}$$

由式（2-25）可画出其端口的 UCR 曲线，如图 2-21（b）所示。

式（2-25）和图 2-21（b）表明：

（1）随着电源两端电压的增大，电源的输出电流逐渐减小；

（2）当端口电流 $i=0$，即端口开路时，电源的端口电压 $u=u_{OC}=R'_S i_S$；

（3）当端口电压 $u=0$ 时，电源的短路电流 $i=i_{SC}=i_S$；

（4）电源内阻 R'_S 越大，分流作用越小，伏安特性曲线越陡峭，电源特性越接近于理想电流源的特性，当 $R'_S \to \infty$（$G'_S = 0$）时，即为理想电流源的情况。

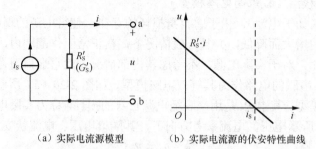

（a）实际电流源模型　　　（b）实际电流源的伏安特性曲线

图2-21　实际电流源模型及其伏安特性曲线

3. 两种实际电源模型的等效互换

由于电源在电路中的主要作用是提供电能，因此在电路分析中，通常关心的是电源的外部特性而不是内部的情况。从前面的介绍已知，实际电源可以有两种等效电源模型，显然，这两种模型应该相互等效并具有相同的外部特性。接下来讨论上述两种实际电源模型可以等效互换的条件。

根据等效条件，若图2-20（a）和2-21（a）可以等效互换，则这两个实际电源模型端子上的 $u \sim i$ 关系必须相同，也即式（2-24）和式（2-25）必须相同，比较两式得图2-20（a）和2-21（a）等效互换的条件是

$$\begin{cases} R'_S = R_S \\ i_S = \dfrac{u_S}{R_S} \end{cases} \quad 或 \quad \begin{cases} R_S = R'_S \\ u_S = R'_S i_S \end{cases} \tag{2-26}$$

式（2-26）给出了实际电压源模型和实际电流源模型在如图2-22所示电源参考方向下等效互换的条件。

在进行等效互换时应注意以下几点：

（1）两电路中电源内阻 $R_S = R'_S$，且结构上实际电压源模型为 u_S 与 R_S 串联，实际电流源模型为 R'_S 与 i_S 并联；

（2）上述两种实际电源模型的等效只是对外电路而言，对其内部并不等效；

（3）由于理想电压源与电流源端口的 VCR 不可能相同，因此它们不可能互为等效；

（4）电压源电压升的方向与电流源电流的方向应一致。如图2-22所示。

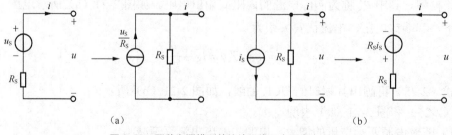

（a）　　　　　　　　　　（b）

图2-22　两种电源模型的等效互换及电源参考方向

显然，应用等效的方法可以实现对复杂含源电路的等效化简或分析计算。下面举例说明。

例 2-8 化简图 2-23（a）所示电路为最简形式。

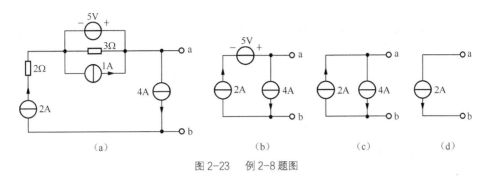

图 2-23 例 2-8 题图

解： 对于图 2-23（a）所示电路，5V 电压源与 3Ω电阻及 1A 电流源并联可等效为 5V 电压源；2Ω电阻与 2A 电流源串联可等效为 2A 电流源，等效后电路如图 2-23（b）所示。

图 2-23（b）中，2A 电流源与 5V 电压源串联可等效为 2A 电流源，如图 2-23（c）所示。

图 2-23（c）中，4A 电流源与 2A 电流源并联可等效为 $i_{seq} = 4 - 2 = 2A$ 的电流源，如图 2-23（d）所示。

例 2-9 求图 2-24（a）所示电路中的电压 u。

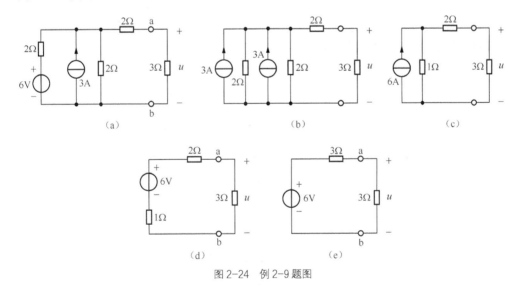

图 2-24 例 2-9 题图

解： 本题利用等效化简法求解。一般利用等效化简的方法求电路中响应时，首先，将所求响应所在的支路视为外电路，对余下的二端网络进行等效化简，再求响应。通常余下的二端网络若是有源二端网络，最后简化为戴维南电路模型或诺顿电路模型；若是无源二端网络，则最后等效为一电阻。

首先，将图 2-24（a）所示 a、b 以左电路等效为戴维南电路。

在图 2-24（a）中，先将 2Ω电阻和 6V 电压源串联的实际电压源模型等效为 2Ω电阻和 3A 电流源并联的实际电流源模型，等效电路如图 2-24（b）所示。

对于图 2-24（b），3A 电流源与 3A 电流源并联，可等效为 6A 电流源；两个 2Ω电阻并联，等效为 1Ω电阻，等效电路如图 2-24（c）所示。

对于图 2-24（c），将 1Ω电阻和 6A 电流源并联的实际电流源模型等效为将 1Ω电阻和 6V 电压源串联的实际电压源模型；等效电路如图 2-24（d）所示。

对于图 2-24（d），2Ω电阻与 1Ω电阻串联等效为 3Ω电阻。a、b 以左电路等效为图 2-24（e）所示的戴维南电路。

最后，对于图（e）所示简单电路，由串联电阻的分压公式得

$$u = 6 \times \frac{3}{3+3} = 3\text{V}$$

2.3 电阻电路的一般分析法

从上一节讨论可以看出等效变换的分析方法，对于求解电路的部分响应或某一支路响应通常非常有效。但由于这种分析方法要改变电路的结构，如果要求电路的多个响应或对电路进行系统分析，这种分析方法就不再是简便而有效的了。为此，本节介绍两种全面分析线性网络的一般分析方法，分别是网孔分析法和节点分析法，其特点是不改变电路结构，分析过程有规律。

2.3.1 网孔分析法

网孔分析法是指以网孔电流为电路变量，直接列写网孔的 KVL 方程，先解得网孔电流，进而求解所求响应的一种平面网络的分析方法。

下面以图 2-25 为例讨论网孔分析法。

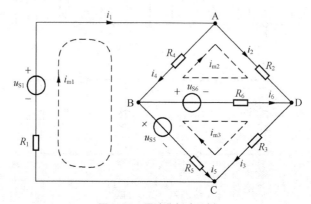

图 2-25 网孔分析法示例

1. 网孔电流的概念

对于图 2-25 所示的由 4 个节点，6 条支路构成的平面电路，假设各支路电流的参考方向如图所示。很显然，一旦确定了 6 条支路电流，则电路的其他响应也就可以随之而确定。又由 KCL 得

$$
\left.
\begin{array}{lll}
\text{节点A} & \quad i_4 = i_1 - i_2 \\
\text{节点C} & \quad i_5 = i_1 - i_3 \\
\text{节点D} & \quad i_6 = i_3 - i_2
\end{array}
\right\}
\tag{2-27}
$$

观察式（2-27）及图 2-25，发现支路电流 i_4 可分解成支路电流 i_1 和 i_2 的代数和；支

路电流 i_5 可分解成支路电流 i_1 和 i_3 的代数和；支路电流 i_6 可分解成支路电流 i_2 和 i_3 的代数和。通过这种分解，使得网孔 I 所含支路均包含有电流 i_1 分量；网孔 II 所含支路均包含有电流 i_2 分量；网孔Ⅲ所含支路均包含有电流 i_3 分量。由此可假想电流 i_1 沿着网孔 I 的边界连续流动；电流 i_2 沿着网孔 II 的边界连续流动；电流 i_3 沿着网孔Ⅲ的边界连续流动。称 i_1、i_2 和 i_3 分别为网孔 I、网孔 II 及网孔Ⅲ的网孔电流，为了突出分别用 i_{m1}，i_{m2} 和 i_{m3} 表示。

可见，所谓网孔电流（mesh current）是指平面网络中沿着网孔边界连续流动的假想电流，如图 2-25 中的 i_{m1}，i_{m2} 和 i_{m3}。

从以上分析可知，电路中所有支路电流都能用网孔电流线性表示，因此，网孔电流一旦求得，所有支路电流也随之求得。网孔分析法就是指以这些假想的网孔电流作为待求变量列写方程，求得网孔电流，进而求电路响应的一种平面网络的分析方法。接下来讨论如何来建立以网孔电流为变量的方程。

2. 网孔方程的建立

为了求出网孔电流，必须建立以网孔电流为变量的独立方程。一般来说，对于平面电路，其每一个网孔对应一个独立回路，也就是说对各网孔列写的 KVL 方程将是一组独立的 KVL 方程（此处证明从略）。由于一个网孔对应一个网孔电流变量，同时对应一个独立回路，如图 2-25 所示。因此，对于有 m 个网孔的电路，给每个网孔列写 KVL 方程，结合欧姆定律将支路电压用网孔电流表示，则可得到 m 个以网孔电流为变量的独立方程，并将该组方程称为网孔方程。由于此时独立方程数与待求网孔电流的数目一致，联立解网孔方程，即可求得网孔电流。下面以图 2-25 为例来介绍网孔方程的建立。

假设各网孔电流及支路电流的参考方如图 2-25 所示，设各网孔绕向均与相应网孔电流方向一致，则可得各网孔的 KVL 方程为

$$\left.\begin{aligned}网孔 I&: -u_{S1}+R_1i_1+R_4i_4+u_{S5}+R_5i_5=0\\ 网孔 II&: R_2i_2-u_{S6}-R_6i_6-R_4i_4=0\\ 网孔Ⅲ&: +R_3i_3-R_5i_5-u_{S5}+u_{S6}+R_6i_6=0\end{aligned}\right\} \quad(2\text{-}28)$$

将式（2-27）代入式（2-28），并将 i_1、i_2 和 i_3 分别用 i_{m1}，i_{m2} 和 i_{m3} 表示，整理得：

$$\left.\begin{aligned}网孔 I&: (R_1+R_4+R_5)i_{m1}-R_4i_{m2}-R_5i_{m3}=u_{S1}-u_{S5}\\ 网孔 II&: -R_4i_{m1}+(R_2+R_4+R_6)i_{m2}-R_6i_{m3}=u_{S6}\\ 网孔Ⅲ&: -R_5i_{m1}-R_6i_{m2}+(R_3+R_5+R_6)i_{m3}=u_{S5}-u_{S6}\end{aligned}\right\} \quad(2\text{-}29)$$

上述方程就是如图 2-25 所示电路的网孔方程。联立求解网孔方程，可得网孔电流 i_{m1}，i_{m2} 和 i_{m3}。

为了找出系统化列写网孔方程的规律，现将式（2-29）改写成如下的一般形式

$$\left.\begin{aligned}R_{11}i_{m1}+R_{12}i_{m2}+R_{13}i_{m3}=u_{sm1}\\ R_{21}i_{m1}+R_{22}i_{m2}+R_{23}i_{m3}=u_{sm2}\\ R_{31}i_{m1}+R_{32}i_{m2}+R_{33}i_{m3}=u_{sm3}\end{aligned}\right\} \quad(2\text{-}30)$$

式（2-30）中，方程左边主对角线上各项的系数

$$R_{11}=R_1+R_4+R_5,\quad R_{22}=R_2+R_4+R_6,\quad R_{33}=R_3+R_5+R_6$$

分别为网孔 I，网孔 II 和网孔 III 所含支路的电阻之和，称为自电阻。

方程左边非对角线上各项的系数

$$R_{12} = R_{21} = -R_4, \quad R_{13} = R_{31} = -R_5, \quad R_{23} = R_{32} = -R_6$$

分别为网孔 I 与网孔 II，网孔 I 与网孔 III 和网孔 II 与网孔 III 公共支路上的电阻，称为互电阻，当各网孔电流均取顺时针方向或均取逆时针方向时，其值为对应两网孔公共支路电阻的负值。

方程右边各项

$$u_{Sm1} = u_{S1} - u_{S5}, \quad u_{Sm2} = u_{S6}, \quad u_{Sm3} = u_{S5} - u_{S6}$$

分别为各网孔中沿网孔电流方向电压源电压升的代数和。

综上分析，可得通过观察电路直接列写网孔方程的规则为

自电阻×本网孔的网孔电流+Σ互电阻×相邻网孔的网孔电流=本网孔中沿
着网孔电流的方向所含电压源电压升的代数和

以上网孔方程的建立规则可以推广到具有 n 个网孔的网络，其网孔方程的一般形式可表示为

$$\left.\begin{array}{l} R_{11}i_{m1} + R_{12}i_{m2} \pm \cdots + R_{1n}i_{mn} = u_{Sm1} \\ R_{21}i_{m1} + R_{22}i_{m2} \pm \cdots + R_{2n}i_{mn} = u_{Sm2} \\ \cdots \\ R_{n1}i_{m1} + R_{n2}i_{m2} \pm \cdots + R_{nn}i_{mn} = u_{Sm3} \end{array}\right\} \qquad (2\text{-}31)$$

3. 网孔分析法的一般步骤

用网孔分析法分析电路的一般步骤如下。

（1）设定网孔电流的参考方向（通常网孔电流同时取顺时针方向或同时取逆时针方向）。

（2）按直接列写规则列写网孔方程。

（3）解网孔方程求得网孔电流。

（4）进一步由网孔电流，求所求响应。

4. 网孔分析法在电路分析中的应用

举例说明网孔分析法在电路分析中的应用。

（1）含独立电压源电路的网孔分析

例 2-10 试用网孔分析法求图 2-26 所示电路中的电流 i_1，i_2。

解： 该电路有 2 个网孔，设网孔电流分别为 i_{m1}、i_{m2}，其参考方向如图 2-26 所示。根据网孔方程的直接列写规则，得 2 个网孔的网孔方程分别为

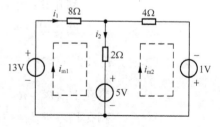

图 2-26　例 2-10 题图

$$网孔 I：(8+2)i_{m1} - 2i_{m2} = 13 - 5$$

$$网孔 II：-2i_{m1} + (2+4)i_{m2} = 5 + 1$$

对以上方程联立，利用消元法可解得

$$i_{m1} = \frac{15}{14}\text{A}, \quad i_{m2} = \frac{19}{14}\text{A}$$

再由支路电流与网孔电流的关系得

$$i_1 = i_{m1} = \frac{15}{14}\text{A}, \quad i_2 = i_{m1} - i_{m2} = -\frac{2}{7}\text{A}$$

（2）含电流源网络的网孔分析

在分析实际电路时，经常会遇到如图 2-27（a）所示含独立电流源的电路，由于电流源两端的电压不能直接用网孔电流表示，因此列网孔方程时应根据电流源出现的形式不同分别进行如下处理。

① 电路中若含有诺顿电路模型，如图 2-27（a）中 i_{S2} 与 R_1 构成的电路，则先将诺顿电路等效为戴维南电路如图 2-27（b）所示，再列网孔方程。

② 若电路中含有无伴电流源（不与电阻并联的电流源），且该无伴电流源为某一网孔所独有，如图 2-27 中的 i_{S1} 为网孔Ⅰ独有，则与其关联网孔的网孔电流，若参考方向与电流源方向一致，则等于该电流源的电流，否则为其负值，同时该网孔的网孔方程可省去。

③ 若电路中含有无伴电流源，且该无伴电流源为两个网孔所共有，如图 2-27 中的 i_{S3} 为网孔Ⅱ和网孔Ⅲ所共有，则首先设其两端电压为 u_x，并标在图上，如图 2-27（b）所示；然后，按直接列写规则列网孔方程，且列方程时应将该电流源看做电压为 u_x 的电压源处理；最后增加用网孔电流表示该电流源电流的辅助方程。

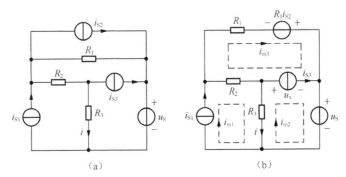

图 2-27 含独立电流源电路

例 2-11 试用网孔分析法求图 2-27（a）所示电路中的电流 i。已知 $R_1 = 2\Omega$，$R_2 = 2\Omega$，$R_3 = 4\Omega$，$i_{S1} = 2A$，$i_{S2} = 1A$，$i_{S3} = 1A$，$u_S = 6V$。

解： 如图 2-27（a）所示电路中含有 i_{S2} 与 R_1 构成的诺顿电路模型，因此，先将其等效为戴维南电路，如图 2-27（b）所示。设图（b）所示电路各网孔的网孔电流 i_{m1}、i_{m2}、i_{m3} 的参考方向如图（b）。由于无伴电流源 i_{S1} 为网孔Ⅰ所独有，且 i_{m1} 的方向与 i_{S1} 的参考方向一致，故 $i_{m1} = i_{S1} = 2A$，相应网孔Ⅰ的网孔方程可省去。无伴电流源 i_{S3} 为网孔Ⅱ和网孔Ⅲ所共有，设其两端电压为 u_x，如图 2-27（b）所示，在列写网孔方程时，将其视为电压为 u_x 的电压源来处理。则图示电路的网孔方程为

网孔Ⅰ：$i_{m1} = 2A$

网孔Ⅱ：$-4i_{m1} + 4i_{m2} = -u_x - 6$

网孔Ⅲ：$-2i_{m1} + (2+2)i_{m3} = u_x + 2$

辅助方程：$i_{m2} - i_{m3} = 1A$

将以上四个方程联立，并求解得

$$i_{m1} = 2A，\quad i_{m2} = 1.5A，\quad i_{m3} = 0.5A$$

进一步由元件的 VCR 得

$$i = i_{m1} - i_{m2} = 0.5\text{A}$$

最后必须指出，由于只有平面网络才有网孔的概念，因此网孔分析法只适用于平面网络。

2.3.2　节点分析法

在介绍了网孔分析法之后，接下来介绍另一种适用范围更广泛的分析方法，即节点分析法，它不仅适用于平面电路，而且适用于非平面电路。所谓节点分析法就是以节点电压为电路变量，直接列写独立节点的 KCL 方程，先解得节点电压，再求要求响应的一种网络的分析方法。

下面以图 2-28 所示电路为例介绍节点分析法。

1. 节点电压的概念

对于图 2-28 所示电路，它有四个节点，若选节点 4 为参考节点，u_{n1} 为节点 1 对参考节点 4 的电位差，称为节点 1 的节点电压（node voltage），同理，称 u_{n2}、u_{n3} 分别为节点 2、节点 3 的节点电压。习惯上节点电压的参考极性以参考节点为负极，且参考节点的电位一般设为零并用符号"⊥"表示，如图 2-28 所示。显然，若电路具有 n 个节点，那么去掉一个参考节点，将有 $n-1$ 个节点电压。

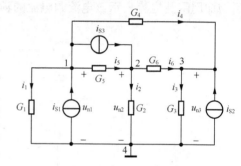

图 2-28　节点分析法示例

如图 2-28 所示电路中任一支路都与两个节点相连，那么根据 KVL，不难断定任一支路电压就是与它相连的两个节点电压之差。例如，图 2-28 中选节点 4 为参考节点，节点 1、2 和节点 3 的节点电压分别为 u_{n1}，u_{n2} 及 u_{n3}，设各支路电流的参考方向如图 2-28 所示，且各支路电压、电流选择关联参考，那么各支路电压与节点电压就有如下关系

$$u_1 = u_{n1}, \quad u_2 = u_{n2}, \quad u_3 = u_{n3}, \quad u_4 = u_{n1} - u_{n3}, \quad u_5 = u_{n1} - u_{n2}$$

$$u_6 = u_{n2} - u_{n3}, \quad u_{is1} = -u_{n1}, \quad u_{is2} = -u_{n3}, \quad u_{is3} = u_{n1} - u_{n2}$$

可见所有支路电压都能用节点电压表示，节点电压一旦求得，所有支路电压随之求得。下面以图 2-28 为例讨论如何建立以节点电压为变量的方程。

2. 节点方程的建立

从图 2-28 可以看出对于 4 个节点的电路，去掉一个参考节点，将有 3 个节点电压，为了求出这 3 个节点电压，当然就必须建立 3 个以节点电压为变量的独立方程。

首先，分别列写图 2-28 所示电路中 4 个节点的 KCL 方程，有

$$\left.\begin{array}{l} \text{节点}1: -i_{S1} + i_1 + i_4 + i_5 + i_{S3} = 0 \\ \text{节点}2: i_2 - i_5 + i_6 - i_{S3} = 0 \\ \text{节点}3: i_3 - i_{S2} - i_4 - i_6 = 0 \\ \text{节点}4: i_{S1} - i_1 - i_2 - i_3 + i_{S2} = 0 \end{array}\right\} \tag{2-32}$$

显然，上述 4 个方程是不独立的，其中任意一个方程等于其余 3 个方程取负相加；但若去掉式（2-32）中的任一个方程（如第 4 个），则剩余 3 个节点的 KCL 方程，由于每一个方程含有一个支路电流变量是其余两个方程所没有的，如本例中节点 1、2 和 3 的 KCL 方程，各自所含的支路电流变量 i_1，i_2 和 i_3 分别为各节点的 KCL 方程所独有的，因此是一组独立方程。可见，4 个节点的电路可以列写 3 个独立的 KCL 方程。习惯上将独立的 KCL 方程所

对应的节点称为独立节点，如本例中，称节点 1、2 和 3 为独立节点，参考节点正好对应删去的方程，并且独立节点数和节点电压数一致。

接下来将式（2-32）中对独立节点 1，2，3 列写的独立 KCL 方程中的各支路电流用节点电压表示。根据欧姆定律，有

$$\left.\begin{aligned}
i_1 &= G_1 u_{n1} \\
i_2 &= G_2 u_{n2} \\
i_3 &= G_3 u_{n3} \\
i_4 &= G_4(u_{n1} - u_{n3}) \\
i_5 &= G_5(u_{n1} - u_{n2}) \\
i_6 &= G_6(u_{n2} - u_{n3})
\end{aligned}\right\} \tag{2-33}$$

将式（2-33）代入式（2-32）并整理，得

$$\left.\begin{aligned}
\text{节点1：} &(G_1 + G_4 + G_5)u_{n1} - G_5 u_{n2} - G_4 u_{n3} = i_{S1} - i_{S3} \\
\text{节点2：} &-G_5 u_{n1} + (G_2 + G_6 + G_5)u_{n2} - G_6 u_{n3} = i_{S3} \\
\text{节点3：} &-G_4 u_{n1} - G_6 u_{n2} + (G_3 + G_4 + G_6)u_{n3} = i_{S2}
\end{aligned}\right\} \tag{2-34}$$

式（2-34）即是对图 2-28 的独立节点所列的以节点电压为变量的 KCL 方程，称为图 2-28 的节点方程。联立求解节点方程，可得节点电压 u_{n1}、u_{n2} 及 u_{n3}。

为了找出列写节点方程的一般规律，现将式（2-34）改为如下一般形式。

$$\left.\begin{aligned}
G_{11}u_{n1} + G_{12}u_{n2} + G_{13}u_{n3} &= i_{S11} \\
G_{21}u_{n1} + G_{22}u_{n2} + G_{23}u_{n3} &= i_{S22} \\
G_{31}u_{n1} + G_{32}u_{n2} + G_{33}u_{n3} &= i_{S33}
\end{aligned}\right\} \tag{2-35}$$

上式方程左边主对角线上各项的系数

$$G_{11} = G_1 + G_4 + G_5, G_{22} = G_2 + G_6 + G_5, G_{33} = G_3 + G_4 + G_6$$

分别为与节点 1，2，3 相连的所有支路的电导和，称为节点 1，2，3 的自电导。

方程左边非对角线上的各项系数

$$G_{12} = G_{21} = -G_5, \quad G_{13} = G_{31} = -G_4, \quad G_{23} = G_{32} = -G_6$$

分别为节点 1 与节点 2，节点 1 与节点 3，节点 2 与节点 3，公共支路上的电导和的负值，称为互电导。

方程右边 i_{S11}，i_{S22}，i_{S33} 分别代表流入节点 1，2，3 的所有电流源电流的代数和。如 $i_{S11} = i_{S1} - i_{S3}$。

综上分析，可得通过观察电路直接列写节点方程的规则为

自电导×本节点节点电压+Σ互电导×相邻节点的节点电压=Σ流入本节点的电流源电流

前面以图 2-28 为例导出了式（2-35）所示的节点方程的一般形式，该结论可进一步推广至具有 n 个节点的电路，其节点方程的一般形式可表示为

$$\left.\begin{aligned}
G_{11}u_{n1} + G_{12}u_{n2} + \cdots + G_{1(n-1)}u_{n(n-1)} &= i_{Sn1} \\
G_{21}u_{n1} + G_{22}u_{n2} + \cdots + G_{2(n-1)}u_{n(n-1)} &= i_{Sn2} \\
\cdots \\
G_{(n-1)1}u_{n1} + G_{(n-1)2}u_{n2} + \cdots + G_{(n-1)(n-1)}u_{n(n-1)} &= i_{Sn(n-1)}
\end{aligned}\right\} \tag{2-36}$$

3. 节点分析法的一般步骤

综上所述，用节点分析法分析电路的一般步骤如下。

（1）选定参考节点，标注节点电压。

（2）对各独立节点，按节点方程的直接列写规则列写节点方程。

（3）解方程求得节点电压。

（4）由节点电压求待求响应。

4. 节点分析法在电路分析中的应用举例

（1）含独立电流源电路的节点分析

例 2-12 用节点分析法求图 2-29 所示电路电流 i。

解：（a）选节点 3 为参考节点，标以接地符号"⊥"，设其余两个独立节点的节点电压分别为 u_{n1}，u_{n2}，如图 2-29 所示。

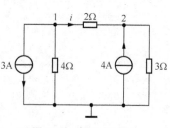

图 2-29　例 2-12 题图

（b）由节点方程的直接列写规则，得

节点 1：$\left(\dfrac{1}{4}+\dfrac{1}{2}\right)u_{n1}-\dfrac{1}{2}u_{n2}=-3$

节点 2：$-\dfrac{1}{2}u_{n1}+\left(\dfrac{1}{2}+\dfrac{1}{3}\right)u_{n2}=4$

（c）联立求解得节点电压

$$u_{n1}=-\frac{4}{3}\text{V}，\quad u_{n2}=4\text{V}$$

（d）由节点电压，得待求响应

$$i=\frac{u_{n1}-u_{n2}}{2}=-\frac{8}{3}\text{A}$$

（2）含独立电压源电路的节点分析

在实际电路分析中，经常需分析图 2-30 所示的含独立电压源电路，由于流过电压源的电流不能直接用节点电压表示，因此在用直接列写法建立节点方程时，应根据电压源在电路中出现的形式不同，分别对其进行处理，其处理方法如下。

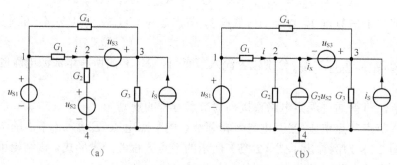

图 2-30　含独立电压源电路

（a）若电压源以戴维南电路形式出现，如图 2-30（a）中 u_{s2} 与 G_1 构成的电路，则先将戴维南电路等效为诺顿电路，如图 2-30（b）所示，再列节点方程。

（b）若电压源是无伴的（不与电阻串联的电压源），则在选参考节点时可将该电压源的一端所连节点选为参考节点，其另一端所连节点的节点电压就等于该电压源的电压或为其负值，相应该节点的节点方程可省去。如图 2-30（b）中选与 u_{S1} 相连的节点 4 为参考节点，则

与 u_{S1} 相连的节点 1 的节点电压 $u_{n1}=u_{S1}$。

（c）若电路中含有的电压源是无伴的，且在选参考节点时该电压源两端所连节点均不能选为参考节点，如图 2-30 中的 u_{S3}，则先设流过该电压源电流为 i_x，并标在图上，如图 2-30（b）所示。在按直接列写规则列写节点方程时应将该电压源看做电流为 i_x 的电流源处理，最后增加用节点电压表示该电压源电压的辅助方程。

例 2-13 电路如图 2-30（a）所示，试用节点分析法求电流 i。已知 $G_1 = 3S$，$G_2 = 1S$，$G_3 = 5S$，$G_4 = 4S$，$u_{S1} = 4V$，$u_{S2} = 2V$，$u_{S3} = 3V$，$i_S = 3A$。

解： 由于图 2-30（a）中 2V 电压源与 1S 电导构成戴维南电路，故首先将该戴维南电路等效为诺顿电路，等效以后的电路如图 2-30（b）所示。选 4V 无伴电压源 "−" 极所连节点 4 为参考节点，则 4V 电压源 "+" 极所连节点 1 的节点电压为 $u_{n1} = 4V$，同时该节点的节点方程可省去。而无伴电压源 3V 的两端均不与参考节点相连，故在列写节点方程成时，设流过该电压源电流为 i_x，其参考方向如图（b）所示，列方程时将其看成电流为 i_x 的电流源来处理，则图示电路的节点方程为

$$\text{节点 1：} \quad u_{n1} = 4V$$
$$\text{节点 2：} \quad -3u_{n1} + (1+3)u_{n2} = 2 - i_x$$
$$\text{节点 3：} \quad -4u_{n1} + (4+5)u_{n3} = 3 + i_x$$

辅助方程： $\qquad\qquad u_{n3} - u_{n2} = 3V$

联立求解得 $\quad u_{n1} = 4V$，$u_{n2} = -3V$，$u_{n3} = 5V$

进一步得 $\quad i = G_1(u_{n1} - u_{n2}) = \dfrac{7}{4}A$

节点分析法与网孔分析法是分析电路的两个常用方法。一般而言，对于平面网络，若网孔较少，则采用网孔法分析电路较为方便；当电路的节点较少时，则采用节点分析法比较简便。若电路为非平面网络，则不能采用网孔分析法进行分析。

2.4 电路定理及其应用

2.3 节介绍了线性电路的一般分析方法，其优点是不改变所分析电路的结构，便于对电路进行全面分析，缺点是对于复杂电路方程较多，即意味着计算量较大。为此，本节介绍几个电路定理，以简化对电路的分析计算。

2.4.1 叠加定理与齐次性定理

1．叠加定理和齐次性定理的内容

由独立源和线性元件组成的电路称线性电路。线性电路满足齐次性和可加性，齐次性定理和叠加定理就体现了线性电路的这一基本性质。

叠加定理可表述为：对于具有唯一解的线性电路，如果有几个独立源共同作用时，则电路中任一响应（电流或电压），等于每个电源单独作用（其他独立源置零）时在该处产生的分响应（电流或电压）的代数和。

齐次性定理可表述为：在线性电路中，如果电路只有一个独立源（独立电压源或独立电流源）作用，则电路中的任一响应（电压或电流）和激励成正比；如果电路有多个独立源共

同作用，则当所有独立源（独立电压源或独立电流源）都同时增大或缩小 k 倍时（k 为任意实常数），其响应也将相应增大或缩小 k 倍。用齐次性定理可以方便地分析梯形电路。

下面以图 2-31 所示线性电阻电路为例说明叠加定理及齐次性定理。

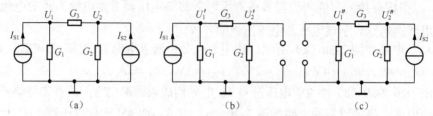

图 2-31　叠加定理及齐次性定理示意图

图 2-31（a）所示电路含有两个独立电流源，图 2-31（b），图 2-31（c）分别给出了独立电流源单独作用时的电路。对于图 2-31（a）所示电路，由节点分析法可得节点电压 U_1、U_2 与激励之间关系方程为

$$\begin{cases} (G_1 + G_3)U_1 - G_3 U_2 = I_{S1} \\ -G_3 U_1 + (G_2 + G_3)U_2 = I_{S2} \end{cases}$$

联立求解上面方程，得节点电压 U_1

$$U_1 = \frac{G_2 + G_3}{G_1 G_2 + G_1 G_3 + G_2 G_3} I_{S1} + \frac{G_3}{G_1 G_2 + G_2 G_3 + G_1 G_3} I_{S2} \qquad (2\text{-}37)$$

由图 2-31（b）所示电路，得仅有电流源 I_{S1} 作用时的节点电压 U_1'

$$U_1' = \frac{G_2 + G_3}{G_1 G_2 + G_1 G_3 + G_2 G_3} I_{S1} \qquad (2\text{-}38)$$

由图 2-31（c）所示电路，得仅有电流源 I_{S2} 作用时的节点电压 U_1''

$$U_1'' = \frac{G_3}{G_1 G_2 + G_2 G_3 + G_1 G_3} I_{S2} \qquad (2\text{-}39)$$

式（2-38）、式（2-39）分别是式（2-37）等式右边的第一项和第二项，表明对于线性电阻电路，由 2 个独立电流源共同作用所产生的节点电压等于每个独立电流源单独作用时在该节点上产生的电压的代数和。

式（2-38）、式（2-39）表明当电路只有一个独立源单独作用时，电路的响应与激励（独立源）成正比；由式（2-37）可以看出当电路有两个独立源同时作用时，若两个独立源同时扩大 k 倍，那么响应也将扩大 k 倍。

叠加定理及齐次性定理的证明，从略。

叠加定理反映了线性网络的可加性这一性质，利用该定理可以对多个独立源组成的复杂电路响应的求解，分解为多个有一个独立源单独作用的简单电路响应的求解，从而简化分析电路的复杂度，因而该定理在线性电路的分析中起着重要的作用，它是分析线性电路的基础。在应用叠加定理及齐次性定理时应注意以下几点。

（1）叠加定理及齐次性定理适用于线性网络，不适用于非线性网络。

（2）应用叠加定理计算某一独立源单独作用的分响应时，其他独立源置零，即独立电压源用短路替代，独立电流源用开路替代，电路其余结构都不改变。

（3）利用叠加定理求任一独立源单独作用的分响应时，受控源均应保留。

（4）利用叠加定理求分响应时，受控源不能单独作为激励。

（5）叠加的结果为代数和，因此要考虑总响应与各个分响应的参考方向或参考极性。当分响应的参考方向与总响应的参考方向一致，叠加时取"＋"号，否则取"－"。

（6）叠加定理只适用于计算线性网络的电压和电流，不能用于功率和能量的计算，因为它们是电压或电流的二次函数。

最后指出，叠加定理与齐次性定理反映的是线性电路的两个相互独立的性质，因此不能用叠加定理代替齐次性定理，更不能片面地将齐次性定理作为叠加定理的特例看待。

2. 叠加定理和齐次性定理的应用

下面举例说明叠加定理和齐次性定理的应用。

例 2-14 试用叠加定理求图 2-32（a）所示电路的响应 u。

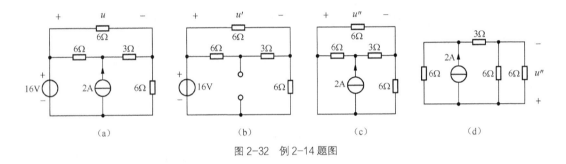

图 2-32　例 2-14 题图

解： 利用叠加定理，求图 2-32（a）所示电路中电压，可分别先求出16V 电压源单独作用如图 2-32（b）和2A 电流源单独作用如图 2-32（c）时电路的分响应 u' 和 u''，再叠加。

当16V 电压源单独作用时，电流源不作用，应将其用开路替代，如图 2-32（b）所示，由电阻的串、并联等效公式及分压公式得

$$u' = 16 \times \frac{6//(6+3)}{6+6//(6+3)} = 6V$$

当2A 电流源单独作用时，电压源不作用，应将其用短路替代，如图 2-32（c）所示，并进一步改画为图 2-32（d）所示电路，由分流公式及元件伏安关系得

$$u'' = -2 \times \frac{6}{6+(6//6+3)} \times (6//6) = -3V$$

根据叠加定理得两电源同时作用时

$$u = u' + u'' = 6 + (-3) = 3V$$

例 2-15 如图 2-33 所示电路中，N_0 为有线性电阻及受控源组成的网络，已知当 $u_S = 15V$，$i_S = 10A$ 时，$u_R = 1.5V$；当 $u_S = 10V$，$i_S = 4A$ 时，$u_R = 2V$；求当 $u_S = 5V$；$i_S = -2A$ 时，u_R 为多少？

解： 由于 N_0 内部不含有独立源，因此，电路只有两个激励 u_S、i_S，根据线性电路的线性性质可得

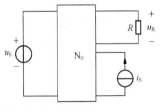

图 2-33　例 2-15 题图

$$u_R = k_1 u_S + k_2 i_S$$

将已知条件代入上式，得

$$\begin{cases} 15k_1 + 10k_2 = 1.5 \\ 10k_1 + 4k_2 = 4 \end{cases} \Rightarrow \begin{cases} k_1 = \dfrac{7}{20} \\ k_2 = -\dfrac{3}{8} \end{cases}$$

所以当 $u_S = 5\text{V}$；$i_S = -2\text{A}$ 时

$$u_R = k_1 u_S + k_2 i_S = \frac{7}{20} \times 5 + \left(-\frac{3}{8}\right) \times (-2) = \frac{5}{2}\text{V}$$

本例分析中体现了线性网络的线性。在分析计算此类问题时，必须先建立响应和激励的关系式，再求解。

2.4.2 替代定理

替代定理又称置换定理，其内容为：在具有唯一解的任意集总参数电路中，设已知某支路 k 的电压 u_k 或电流 i_k，且该支路 k 与电路中其他支路无耦合，则该支路可用一电压为 u_k 的独立电压源或电流为 i_k 的独立电流源替代，若替代后电路仍具唯一解，则替代前后电路中各支路电压和电流保持不变。

替代定理可通过图 2-34 所示具体例子来理解。

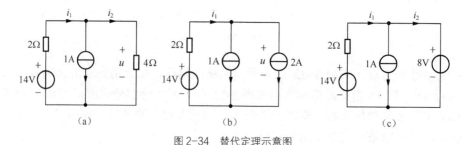

图 2-34　替代定理示意图

对于图 2-34（a）所示电路，通过计算得 $i_1 = 3\text{A}$，$i_2 = 2\text{A}$，$u = 8\text{V}$。显然，电路具有唯一解。现将 4Ω电阻所在支路用 $i_S = i_2 = 2\text{A}$，方向与原支路电流方向一致的独立电流源替代，如图 2-34（b）所示；或用 $u_S = u = 8\text{V}$，极性与原支路电压的方向一致的独立电压源替代，如图 2-34（c）所示，替代后所得两电路也具有唯一解，且不难求得：$i_1 = 3\text{A}$，$i_2 = 2\text{A}$，$u = 8\text{V}$，即替代前后电路中各支路电压和电流保持不变。

替代定理为我们分析电路打开了一扇方便之窗，它告诉我们：如果具有唯一解的电路中某支路（或单口网络）的电压或电流为已知时，就可用一个独立源来替代该支路（或单口网络 N），从而简化电路的分析与计算，特别对于一些非线性电路，利用该定理可把对非线性电路转化为对线性电路的分析。应用替代定理时应注意以下几点。

（1）替代定理适用于任意集总参数电路，无论电路是线性的还是非线性的，时变的还是时不变的。

（2）替代定理要求替代前后的电路必须具有唯一解。

（3）要求被替代的支路与其他支路无耦合。

（4）"替代"与"等效变换"是两个不同的概念，"替代"是用独立电压源或独立电流源替代已知电压或电流的支路，通常替代前后被替代支路的伏安关系发生会变化，因此要求被替代支路以外的电路拓扑结构和元件参数不能改变，因为一旦改变，被替代支路的电压和电流将发生变化；而等效变换是将两个具有相同端口伏安关系的电路进行相互转换，与变换以外电路的拓扑结构和元件参数无关。

2.4.3　等效电源定理

2.2.1 节介绍了利用等效化简的方法求含源二端网络的等效电路，尽管用该方法求含源二端网络的等效电路时，令人感到直接、简便，但只是在某些特殊场合使用较为方便（如电阻串、并联时），对于电路较复杂（如非平衡电桥电路），用此方法求等效电路则很困难。等效电源定理提供了另一种求含源二端网络等效电路及 VCR 的方法，这种分析方法给出了求含源二端网络的等效电路的一般规律，因而可以解决复杂网络的等效化简，应用更广泛。

等效电源定理包括戴维南定理及诺顿定理两个内容。

1. 戴维南定理

戴维南定理（Thevenin's theorem）是由法国电信工程师戴维南于 1883 年提出的。戴维南定理内容如下：任意一个线性含源二端网络 N（如图 2-35（a）所示），就其两个输出端而言，总可与一个独立电压源和一个线性电阻串连的电路等效（如图 2-35（b）所示），其中独立电压源的电压等于该二端网络 N 输出端的开路电压 u_{OC}（如图 2-35（c）所示），串联电阻 R_o 等于将该二端网络 N 内所有独立源置零时，从输出端看入的等效电阻（如图 2-35（d）所示）。

通常把图 2-35（b）所示的独立电压源与电阻串连的电路称为图 2-35（a）所示线性含源二端网络 N 的戴维南等效电路。

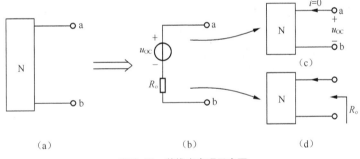

图 2-35　戴维南定理示意图

戴维南定理可用叠加定理和替代定理证明，下面给出该定理的证明：图 2-36（a）是线性有源二端网络 N 与外电路相连接的电路。假设二端网络 N 输出端钮 ab 上的电压、电流分别为 u 和 i，则根据替代定理，可用 $i_S=i$ 的独立电流源替代外电路，如图 2-36（b）所示，并保持替换后网络 N 端口电压、电流不变。由于含源二端网络 N 是线性网络，故根据叠加定理，图 2-36（b）所示电路中的电压 u 可看成两个电压分量之和，即 $u=u'+u''$，其中 u' 是 $i_S=0$ 时，仅由 N 内部所有独立源作用时在 a、b 端产生的电压分量，即网络 N 的开路电压，有 $u'=u_{OC}$，如图 2-36（c）所示；u'' 为网络 N 内部所有独立源置零时，仅有独立电流源 i_S 单独作用时在 a、b 端所产生的电压分量，此时网络 N 为一无源网络 N_0，从 a、b 端看进去，可用其输出电阻 R_o 等效替代，它在电流 i_S 的作用下产生的电压为 $u''=-R_o i_S=-R_o i$，如图 2-36（d）所示。根据叠加定理有

$$u=u'+u''=u_{OC}-R_o i \qquad\qquad (2\text{-}40)$$

上式即为图2-36（a）中线性含源二端网络N在a、b端口处的伏安关系，它与图2-36（e）所示戴维南电路在a、b端口处的伏安关系完全一致，这说明：线性含源二端网络N，就其端口a、b而言可等效为一个实际电压源模型（戴维南电路模型）。由此证明了戴维南定理。

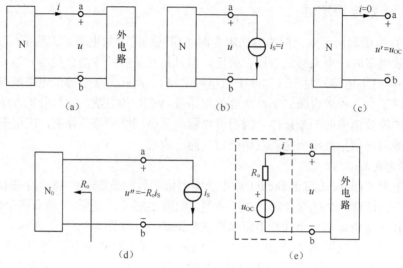

图2-36 戴维南定理证明用图

2. 诺顿定理

诺顿定理（Norton's theorem）由美国贝尔电话实验室工程师诺顿于1926年提出。诺顿定理与戴维南定理呈对偶关系，其内容表述如下：任意一个线性含源二端网络 N 如图 2-37（a）所示，就其两个输出端而言总可与一个独立电流源和一个线性电阻并联的电路等效如图 2-37（b）所示，其中独立电流源的电流值等于该二端网络 N 输出端的短路电流 i_{SC} 如图 2-37（c）所示，并联电阻 R_0 等于将该二端网络 N 内所有独立源置零时从输出端看入的等效电阻如图 2-37（d）所示。

通常把图2-37（b）所示的独立电流源与电阻并联的电路称为图2-37（a）所示线性含源二端网络N的诺顿等效电路。

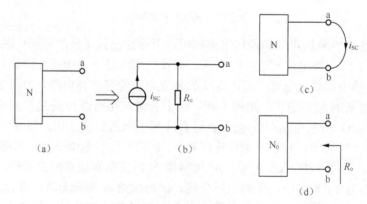

图2-37 诺顿定理原理图

诺顿定理的证明和戴维南定理的证明相似，不再赘述。

戴维南定理和诺顿定理统称为等效电源定理，下面给出应用这两个定理时的几点说明。

（1）应用戴维南定理和诺顿定理时，要求被等效的含源二端网络 N 是线性的，且与外电路之间无耦合关系。

（2）在求戴维南等效电路或诺顿等效电路中的电阻 R_0 时，应将二端网络内的所有独立源置零，但受控源应保留在电路中。

（3）当 $R_0 \neq 0$ 和 $R_0 \neq \infty$ 时，有源二端网络既有戴维南等效电路又有诺顿等效电路，且 u_{OC}，i_{SC}，R_0 存在如下关系

$$R_0 = \frac{u_{OC}}{i_{SC}}, \quad u_{OC} = R_0 i_{SC}, \quad i_{SC} = \frac{u_{OC}}{R_0}$$

3. 等效电源定理的应用举例

戴维南定理和诺顿定理在电路分析中应用广泛。例如，如果某一复杂电路的某些线性二端网络内部的电压、电流无需求解，那么就可用等效电源定理将这些线性二端网络化简，从而简化对复杂电路的分析。特别是仅对电路的某一支路响应感兴趣时，这两个定理尤为适用。

利用等效电源定理分析线性网络的思想是：首先根据定理内容，将需要化简的线性有源二端网络等效为相应的戴维南等效电路或诺顿等效电路，然后求电路响应。分析步骤如下。

（1）求所需化简的线性有源二端网络的开路电压或短路电流。

开路电压或短路电流的求取，只需根据定义将原二端电路的输出端开路或短路，然后用节点法、网孔法或其他方法求得。

（2）求线性有源二端网络的等效电阻。

等效电阻的计算方法有三种，分别如下。

① 对于简单电阻电路可直接利用电阻的串并联等效求得。

② 外加电源法。求复杂的无源二端网络（尤其是含受控源的无源二端网络）的等效电阻，可以通过在网络输出端加电压源（或电流源），求出输出端的电流（或电压），再由式 $R_0 = \dfrac{u}{i}$，求得等效电阻 R_0。

③ 开路短路法。首先求出有源二端网络输出端的开路电压 u_{OC} 以及短路电流 i_{SC}，再由式 $R_0 = \dfrac{u_{OC}}{i_{SC}}$，求出等效电阻 R_0。

（3）根据定理内容，画出所求等效的线性有源二端网络的戴维南等效电路或诺顿等效电路。

（4）对化简后的电路，求出待求响应。

例 2-16 试求图 2-38（a）所示有源二端网络的戴维南等效电路。

解：（1）求开路电压 u_{OC}

求开路电压电路如图 2-38（b）所示，因为 $i = 0$，所以

$$(6+3)i_1 = 24 \Rightarrow i_1 = \frac{8}{3}\text{A}$$

故

$$u_{OC} = 4 \times 4 + \frac{8}{3} \times 3 = 24\text{V}$$

（2）求等效电阻 R_0

将二端网络内所有独立源置零，得图 2-38（c）所示求等效电阻 R_0 电路，则其输出电阻 R_0 为

$$R_0 = 4 + 6 /\!/ 3 = 6\Omega$$

（3）根据戴维南定理，得所求戴维南等效电路如图 2-38（d）所示。

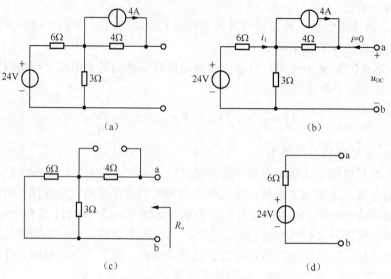

图 2-38 例 2-16 题图

例 2-17 试求图 2-39（a）所示二端网络的诺顿等效电路。

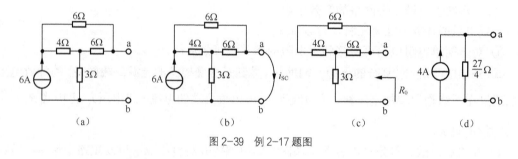

图 2-39 例 2-17 题图

解：（1）求短路电流 i_{SC}

求短路电流 i_{SC} 电路如图 2-39（b）所示，有分流公式及 KCL 得

$$i_{sc} = 6 \times \frac{4+6//3}{6+4+6//3} + 6 \times \frac{6}{6+4+6//3} \times \frac{3}{6+3} = 4A$$

（2）求输出电阻 R_o

将二端网络内所有独立源置零得如图 2-39（c）所示求等效电阻 R_o 电路，其输出电阻 R_o 为

$$R_o = (6+4)//6 + 3 = \frac{27}{4}\Omega$$

（3）根据诺顿定理，得所求诺顿等效电路如图 2-39（d）所示。

例 2-18 试用戴维南定理求图 2-40（a）所示电路中的电流 i。

解：本题为了求 2Ω 电阻上的电流 i，可先将去除 2Ω 电阻，余下的有源二端网络等效成戴维南电路，然后再求响应。

（1）求去除 2Ω 电阻，余下的有源二端网络等效成戴维南电路。

① 求开路电压 u_{OC}

求开路电压 u_{OC} 的电路如图 2-40（b）所示，由分压公式及 KVL 得

$$u_{OC} = 9 \times \frac{6}{3+6} - 9 \times \frac{4}{4+4} = 1.5\text{V}$$

② 求等效电阻 R_o。

将图 2-40（b）所示二端网络中所有独立源置零，得图 2-40（c）所示求等效电阻 R_o 电路，则有

$$R_o = 4//4 + 6//3 = 4\Omega$$

③ 根据戴维南定理将余下的有源二端网络等效成戴维南电路，如图 2-40（d）所示。

（2）求电流 i。

由图 2-40（d）得

$$i = \frac{\dfrac{3}{2}}{2+4} = \frac{1}{4}\text{A}$$

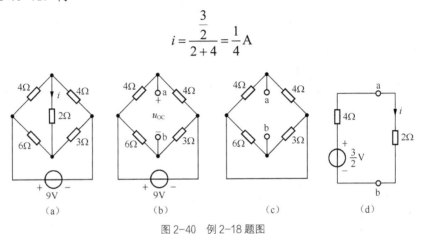

图 2-40 例 2-18 题图

4. 最大功率传输定理

在通信及电子测量技术中，通常希望负载能从信号源获得最大功率。事实上，在信号源给定的情况下，负载不同，它从信源获得的功率也不同。那么负载要满足什么条件才能从给定信源获得最大功率呢？这类工程问题可以抽象为对图 2-41（a）所示电路的分析。

根据戴维南定理，图 2-41（a）中的线性有源二端网络可以等效为戴维南电路。从而对图 2-41（a）所示电路中负载 R_L 的最大功率问题的讨论，可以转化为对图 2-41（b）所示电路的讨论。由于有源二端网络已给定，故图 2-41（b）所示电路中的独立电压源 u_{OC} 和电阻 R_o 为定值，负载电阻 R_L 所吸收的功率 p 只随 R_L 的变化而变化。

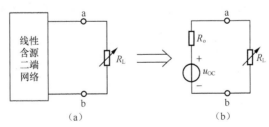

图 2-41 最大功率传输定理示图

在图 2-41（b）所示电路中，负载电阻 R_L 为任意值时，它所吸收的功率 p_L 为

$$p_L = i^2 R_L = \left(\frac{u_{OC}}{R_o + R_L}\right)^2 R_L \tag{2-41}$$

式（2-41）是以 R_L 为变量的一元函数，由高等数学知识可知，要使 p_L 最大，应使 $\mathrm{d}p_L/\mathrm{d}R_L = 0$，即

$$\frac{\mathrm{d}p_L}{\mathrm{d}R_L} = \frac{u_{OC}^2[(R_L+R_o)^2 - 2R_L(R_L+R_o)]}{(R_L+R_o)^4} = 0 \qquad （2-42）$$

由此求得 p_L 为最大时的 R_L 大小为

$$R_L = R_o \qquad （2-43）$$

此时负载获得的最大功率为

$$p_{L\,max} = \frac{u_{OC}^2}{4R_o} \qquad （2-44）$$

由以上分析可知：给定线性含源二端网络向可变负载电阻 R_L 传输功率，只有当负载电阻 R_L 等于有源二端网络的等效电阻 R_o 时，负载能从线性有源二端网络获最大功率，这就是最大功率传输定理，并将 $R_L = R_o$ 称为最大功率匹配条件。

显然，求解最大功率传输，关键在于求 2-41（a）中线性有源二端网络的戴维南等效电路。

例 2-19　电路如图 2-42（a）所示，其中电阻 R_L 可调，试问 R_L 为何值时能获得最大功率，最大功率为多少？

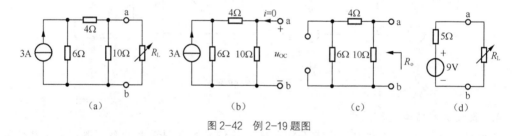

图 2-42　例 2-19 题图

解：求图 2-42（a）中 R_L 以外的有源二端网络的戴维南等效电路。

由图 2-42（b）求得　　　$u_{OC} = 3 \times \dfrac{6}{6+14} \times 10 = 9\mathrm{V}$

由图 2-42（c）求得　　　$R_o = 10 // (4+6) = 5\Omega$

根据戴维南定理，图 2-42（a）所示电路可等效为图 2-42（d）所示电路。又由最大功率传输定理得，当 $R_L = R_o = 5\Omega$ 时，R_L 可获得最大功率，此时最大功率为

$$P_{L\,max} = \frac{u_{OC}^2}{4 \times R_o} = \frac{9^2}{4 \times 5} = \frac{81}{20}\mathrm{W}$$

2.5　含受控源电路的分析

前面介绍电路分析方法时，均未考虑电路中含有受控源的情况。对于含受控源的线性电路，分析时仍然可以采用前面介绍的等效变换分析法、一般分析法、网络定理等分析方法，只是对于电路中的受控源，分析计算时应考虑其特性，进行相应的处理。

下面举例说明含受控源电路的分析。

2.5.1 含受控电源网络的等效变换

当用等效变换的分析方法分析含受控源电路时,对受控源的处理与独立源并无原则区别,即 2.2 节所述的有关独立源的各种等效变换规则对受控源同样适用。需要注意的是,在对电路进行等效化简的过程中,只要受控源还被保留在电路中,受控源的控制量就不能被消除。

例 2-20 试将图 2-43 (a) 所示电路化成最简形式。

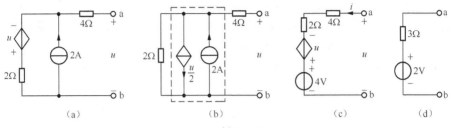

图 2-43 例 2-20 题图

解: 图 2-43 (a) 所示电路中,受控电压源与 2Ω构成戴维南电路模型,将其等效成诺顿电路模型,等效如图 2-43 (b) 所示。对于图 2-43 (b),独立电流源与受控电流源并联,将受控源当成独立源处理,则它们的等效电流源与 2Ω电阻构成的电路相当于诺顿电路模型,进一步将此电路等效成类似戴维南电路模型,如图 2-43 (c) 所示。对于图 2-43 (c),假设其端口电压、电流参考方向如图,则由 KVL 可列得其端口的 VCR 为

$$u = (4+2)i - u + 4$$

所以有 $u = 3i + 2$

由上述关系式,可得图 2-43 (a) 所示电路的最简等效电路如图 2-43 (d) 所示。

例 2-21 求图 2-44 (a) 所示电路的最简等效电路。

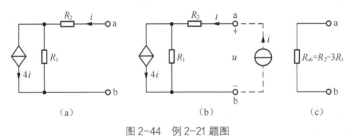

图 2-44 例 2-21 题图

解: 图 2-44 (a) 为含受控源的线性无源二端网络,因此采用外加电源法求等效电阻。假设在 a、b 端加独立电流源 i,此时 a、b 端电压为 u,如图 2-44 (b) 所示。由 KVL、KCL 及元件 VCR,得

$$u = R_2 i + (i - 4i)R_1$$
$$= (R_2 - 3R_1)i$$

故等效电阻 $$R_{ab} = \frac{u}{i} = (R_2 - 3R_1)\Omega$$

由上式得图 2-44 (a) 所示电路的最简等效电路如图 2-44 (c) 所示。显然,该无源二端网络可等效为一电阻,但由于电路中含有受控源,使得电路在不同参数条件下其等效电阻值可正、可负、可为零。电阻为负值意味着电路实际是对外产生功率的。

由以上举例可得以下结论。

（1）无论是求二端网络的等效电路，还是对二端网络的化简，以及求无源二端网络的等效电阻等，都涉及二端网络 VCR 的求解。二端网络 VCR 是由它本身性质决定的，与外接电路无关，因此可以在任何外接电路的情况下求它的 VCR。通常选择在最简单的外接电路情况下求二端网络的 VCR，加压求流法和加流求压法是常用的方法。

（2）含受控源的线性有源二端网络的 VCR 总可表示为 $u = ai + b$ 的形式，或 $i = cu + d$ 的形式，其中 a 为等效戴维南电路中的电阻，b 为等效戴维南电路中的电压源；c 为等效诺顿电路中的电阻，d 为等效诺顿电路中的电流源电流。可见，含受控源的线性有源二端网络，其最简等效电路一般为戴维南电路模型或诺顿电路模型。

（3）含受控源和电阻的无源二端网络的 VCR 总可表示为 $u = ai$ 的形式，因此无源二端网络可等效为一个电阻。

2.5.2　含受控源网络的一般分析法

1. 含受控源网络的网孔分析

用网孔分析法分析含有受控源的电路，在列网孔方程时，可先将受控源作为独立电源看待，列写方程，最后增加用网孔电流表示控制量的辅助方程。

例 2-22　试用网孔分析法求图 2-45 所示电路的电流 i。

解： 设电路中各网孔电流如图 2-45 所示。电路中含有受控源，列方程时将其看作独立源处理，则列出该电路网孔方程为

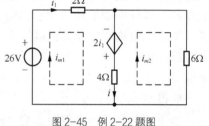

图 2-45　例 2-22 题图

$$网孔 \text{I} : (2+4)i_{m1} - 4i_{m2} = 26 + 2i_1$$
$$网孔 \text{II} : -4i_{m1} + (4+6)i_{m2} = -2i_1$$

辅助方程：$i_1 = i_{m1}$

对以上方程联立求解，得

$$i_{m1} = 5A , \quad i_{m2} = 1A$$

故　　　$i = i_{m1} - i_{m2} = -4A$

2. 含受控源网络的节点分析

在用节点分析法分析含有受控源的电路，建立节点方程时，将受控源作为独立源看待，列写节点方程，最后增加用节点电压表示控制量的辅助方程。

例 2-23　电路如图 2-46 所示，试用节点分析法求 i_1，i_2。

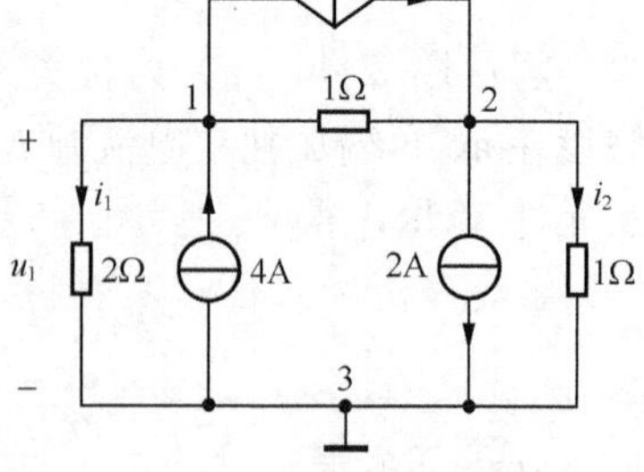

解： 选节点 3 为参考节点，如图 2-46 所示。电路中含有受控电流源，列方程时将其看作独立源处理，则可列得该电路的节点方程为

图 2-46　例 2-23 题图

$$节点 1 : \left(1 + \frac{1}{2}\right)u_{n1} - u_{n2} = 4 - u_1$$
$$节点 2 : -u_{n1} + (1+1)u_{n2} = u_1 - 2$$

辅助方程：$u_1 = u_{n1}$

联立求解得节点电压：$u_{n1} = 2\text{V}$，$u_{n2} = 1\text{V}$

故 $i_1 = \dfrac{u_{n1}}{2} = 1\text{A}$，$i_2 = \dfrac{u_{n2}}{1} = 1\text{A}$

2.5.3 含受控源电路的电路定理分析

1. 叠加定理在含受控源电路分析中的应用

在用叠加定理分析含受控源电路时，一般将受控源当成电阻一样处理。叠加定理中只有求独立源单独作用时的分响应，而不存在求受控源单独作用时电路的分响应；在求独立源单独作用的分响应时，受控源应和电阻一样，始终保留在电路内，其控制量和受控源之间的控制关系不变，只不过控制量不再是原电路中的变量，而变为分响应电路中的相应变量。

例 2-24 试用叠加定理计算图 2-47（a）所示电路中电压 u、电流 i 及 8Ω 电阻吸收的功率。

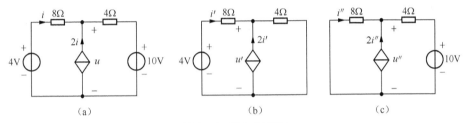

图 2-47 例 2-24 题图

解：根据叠加定理，先分别求图 2-47（a）所示电路中 4V 电压源和 10V 电压源单独作用时的分响应，求分响应电路分别如图 2-47（b）和图 2-45（c）所示。

当 4V 电压源单独作用时，10V 电压源不作用，将其用短路替代，而受控源保留，且受控源的控制量为 i'，如图 2-47（b）所示，由 KVL 及元件 VCR 得

$$8i' + 4(i' + 2i') - 4 = 0$$

故

$$i' = \frac{1}{5}\text{A}$$

$$u' = 4 \times (i' + 2i') = \frac{12}{5}\text{V}$$

当 10V 电压源单独作用时，4V 电压源不作用，将其用短路替代，受控源保留，且受控源的控制量为 i''，如图 2-47（c）所示，由 KVL 及元件 VCR 得

$$8i'' + 4(i'' + 2i'') + 10 = 0$$

故

$$i'' = -\frac{1}{2}\text{A}$$

$$u'' = -8i'' = 4\text{V}$$

根据叠加定理，得两电源同时作用时

$$u = u' + u'' = \frac{12}{5} + 4 = \frac{32}{5}\text{V}$$

$$i = i' + i'' = \frac{1}{5} - \frac{1}{2} = -\frac{3}{10}\text{A}$$

$$p_{8\Omega} = i^2 \times 8 = \frac{18}{25}\text{W}$$

2. 等效电源定理在含受控源电路分析中的应用

例 2-25 试用戴维南定理求图 2-48（a）所示电路中的电流 i。

解：（1）先将图 2-48（a）中 a、b 以左电路化简为戴维南等效电路。

① 求 a、b 以左电路的开路电压 u_{OC}

求开路电压 u_{OC} 的电路如图 2-48（b）所示，因为 $i=0$，故有

$$i_1 = \frac{10}{1+4} = 2\text{A}$$

$$u_{OC} = 6i_1 + 4i_1 = 10i_1 = 20\text{V}$$

② 求 a、b 以左电路的等效电阻 R_o

将图 2-48（b）所示二端网络中所有独立源置零，得图 2-48（c）所示求等效电阻 R_o 电路，由于电路中含有受控源，故本题用加压求流法求等效电阻，设 a、b 端口电压为 u'，电流为 i'。则由 KVL 可得

$$u' = 6i_1' + 2i' + 4i_1'$$

又由于

$$i_1' = \frac{i'}{1+4} = \frac{i'}{5}$$

故

$$u' = 4i'$$

$$R_o = \frac{u'}{i'} = 4\Omega$$

③ 根据戴维南定理将图 2-48（a）中 a、b 以左电路等效为戴维南电路，等效后电路如图 2-48（d）所示。

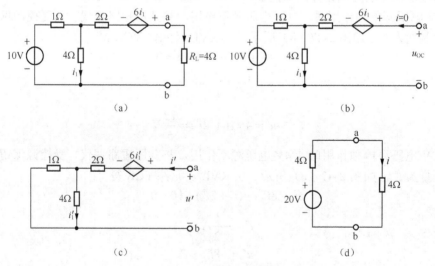

图 2-48 例 2-25 题图

（2）求电流 i。

如图 2-48（d），得

$$i = \frac{u_{OC}}{R_o + R_L} = \frac{20}{4+4} = 2.5\text{A}$$

*2.6　Multisim 仿真在直流电路分析中的应用实例

本节将通过仿真实例说明 NI Multisim 14 在直流电阻电路分析中的应用，从而验证电路分析计算的结果和各种定理的正确性等。

2.6.1　平衡桥电路仿真实例

利用电阻串、并联等效变换，可以很方便地解决混联电路的分析计算，但有时电路中的电阻连接既非串联也非并联，该如何分析呢？下面通过仿真实例验证特殊情况下桥电路分析方法的正确性。

试分析如图 2-49（a）所示路中随着 R_4 电阻变化的电流 i 的值。

分析：这是一个桥式电路，R_4 是电位器，随着 R_4 阻值的变化，中间桥 R_5 支路的电流 i 将随之变化。由电桥平衡理论可知，电桥电路中当对角线桥臂阻值乘积相等时，电桥平衡，此时中间桥路的电流为零；桥平衡时，中间桥支路可等效为短路或等效为开路，对电路其他电压、电流没有影响。

本例中根据电桥平衡条件，当 $R_1R_4 = R_2R_3$，即 $R_4 = \dfrac{R_2R_3}{R_1}$ 时桥平衡，电流 i 应等于零。

仿真步骤如下。

（1）在 NI Multisim 14 软件工作区窗口中，选择菜单"Place→Component"，放置电压源、各个电阻、接地端，设置各元器件的数值、标签等，连线，绘制电路。其中 R_4 是满量程为 10kΩ 的电位器。

（2）从"Indicators"（指示器元器件库）中选择"AMMETER"（电流表）中合适的电流表，串联在待测电流的 R_5 支路中，注意电流表的正负极。

（3）运行仿真，如图 2-49（b）所示。

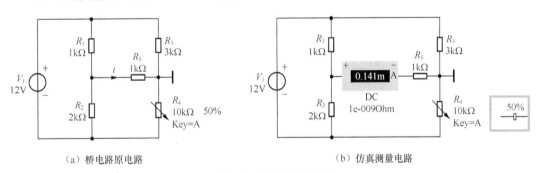

（a）桥电路原电路　　　　　　　　　　　　（b）仿真测量电路

图 2-49　桥电路仿真实例

（4）按 A 键或鼠标左键拖曳标尺可改变 R_4 的阻值，观察电流表读数，整理数据见表 2-1。

表 2-1　　　　　　　　　　　　　　桥支路电流仿真结果

百　分　比	0%	10%	20%	30%	40%	50%	60%	70%	80%	90%	100%
R_4阻值（kΩ）	0	1	2	3	4	5	6	7	8	9	10
i（mA）	4.8	2.069	1.166	0.632	0.338	0.141	$2.182×10^{-12}$	−0.106	−0.189	−0.225	−0.31

由表结果分析如下。

（1）当 R_4< 6 kΩ 时，随着阻值从 0 开始增大时，电流 i 随之减小；当 R_4=6 kΩ 时，电流 i=2.182×10^{-12} mA，即为零；当 R_4>6 kΩ 时，随着 R_4 阻值的增大，电流 i 的绝对值又逐渐增大。

（2）R_4=6 kΩ 时，$R_1R_4 = R_2R_3$，此时桥平衡，电流 i=0，仿真结果与理论推导结果相同。此时 R_5 支路短路或开路，对电路其他电压、电流没有影响，有兴趣的读者可以自行仿真。

2.6.2 节点分析法仿真实例

在电路分析中，为了求解某一支路的电流或某一节点的电压，常采用节点分析法，下面将通过 Multisim 仿真实例验证节点分析法的正确性。

试求如图 2-50（a）所示电路中节点 1、2 的电压及电流 i。

分析：节点分析法是以节点电压为变量分析电路。如图 2-50（a）所示，选节点 3 为参考节点，接地"⊥"，设其余两个独立节点 1、2 的节点电压分别为 u_{n1}，u_{n2}。直接列写节点电压方程为

$$\begin{cases} \left(\dfrac{1}{4}+\dfrac{1}{2}\right)u_{n1} - \dfrac{1}{2}u_{n2} = -3 \\ -\dfrac{1}{2}u_{n1} + \left(\dfrac{1}{2}+\dfrac{1}{3}\right)u_{n2} = 4 \end{cases}$$

求解方程组得

$$\begin{cases} u_{n1} = -\dfrac{4}{3} = -1.333\text{V} \\ u_{n2} = 4\text{V} \end{cases}$$

则 $\quad i = \dfrac{u_{n1} - u_{n2}}{2} = -\dfrac{8}{3} = -2.667\text{A}$

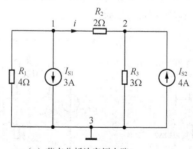

（a）节点分析法实例电路

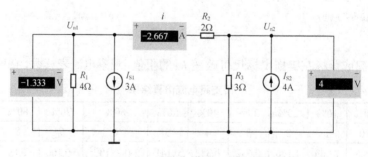

（b）仿真结果

图 2-50 节点分析法仿真

仿真步骤如下。

（1）在 NI Multisim 14 软件工作区窗口中，选择菜单"Place→Component"，放置元件、连线，绘制电路。

（2）从"Indicators"（指示器元器件库）中选择"VOLTMETER"（电压表）、"AMMETER"（电流表）中相应的电压表、电流表接入电路，注意正负极性。

（3）单击"Run"运行仿真，各电压表、电流表读数如图 2-50（b）所示。

从图中得，u_{n1}=-1.333V，u_{n2}=4V，i=-2.667A。仿真结果与理论计算结果相同。当电路较复杂，不易分析、计算时，利用软件仿真可以更快、更直观地得到结果。

2.6.3　叠加定理仿真实例

试用叠加定理求如图 2-51（a）所示电路中 20Ω 电阻两端电压 U。

分析：根据叠加定理电压 U 应等于 1A 电流源和 12V 电压源分别单独作用时 20Ω 电阻两端电压的代数和。

仿真步骤如下。

（1）在 NI Multisim 14 软件工作区窗口中绘制 12V 电压源单独作用时的电路，并仿真运行，结果如图 2-51（b）所示。

（2）绘制 1A 电流源单独作用的电路，仿真运行结果如图 2-51（c）所示。

（3）绘制两个电源共同作用的电路，运行仿真结果如图 2-51（d）所示。

由图中电压表读数可知，U_1=6V，U_2=10V，U=16V，即 U= U_1+ U_2，电压源和电流源共同作用时 20Ω 电阻两端电压等于两个独立源分别单独作用时电压的代数和，仿真结果验证了叠加定理的正确性。

2.6.4　戴维南定理实例

戴维南定理是处理二端电路比较常用的方法，下面将通过 Multisim 仿真实例来验证戴维南定理分析电路的正确性。

求如图 2-52（a）所示电路中的电压 U。

分析：利用戴维南定理求 6Ω 电阻两端电压，先将 6Ω 电阻支路移去，求余下电路的戴维南等效电路，即求开路电压 U_{OC} 和等效电阻 R_o。

仿真分析过程如下。

（1）在 NI Multisim 14 中分别绘制电路，运行仿真如下。其中图 2-52（b）得开路电压 U_{OC}，等效电阻 R_o 通过仪器仪表库中的"Multimeter"（万用表）直接测量，注意选择欧姆档，如图 2-52（c）所示。

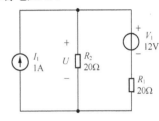

（a）叠加定理实例电路

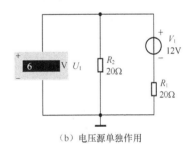

（b）电压源单独作用

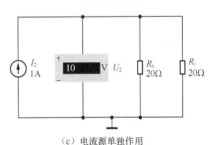

（c）电流源单独作用

（d）两个独立源共同作用

图 2-51　叠加定理仿真实例

（2）由开路电压 U_{OC}=24V 和等效电阻 R_o=6Ω，可得戴维南等效电路如图 2-52（d）所示。

（3）最后在 NI Multisim 14 中分别仿真运行原电路和戴维南等效电路，结果如图 2-52（e）、图 2-52（f）。

由图可知，两种方法得到的电压均为 12V，仿真结果相同，验证了戴维南定理的正确性。

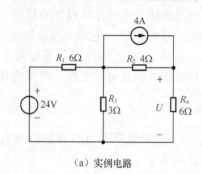

（a）实例电路

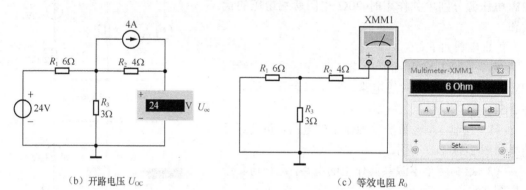

（b）开路电压 U_{OC}　　　　　　　　（c）等效电阻 R_0

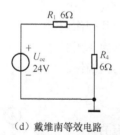

（d）戴维南等效电路

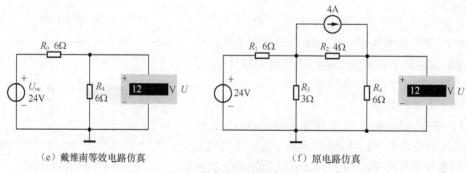

（e）戴维南等效电路仿真　　　　　　　　（f）原电路仿真

图 2-52　戴维南定理仿真实例

习题 2

2-1 试求题图 2-1 所示电路的等效电阻 R_{ab}。

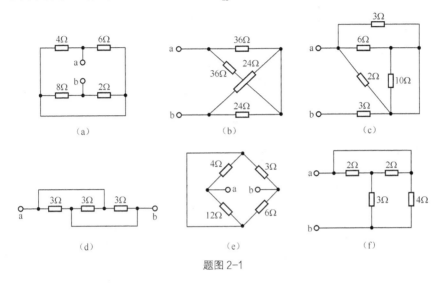

题图 2-1

2-2 有一滑线电阻器作分压电路使用，如题图 2-2（a）所示，其电阻 R 为 500Ω，额定电流为 1.8A。若已知外加电压 $u = 220V$ ，电阻 $R_1 = 100\Omega$ 。试计算：

（1）分压器的输出电压 u_o；

（2）用内阻为 800Ω 的电压表测量输出电压，如题图（b）所示，电压表的读数为多大？

（3）若误将内阻为 0.5Ω，量程为 2A 的电流表看成电压表接入电路，测量输出电压，如题图（c）所示，将发生什么后果？

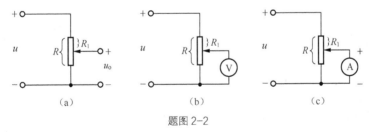

题图 2-2

2-3 在题图 2-3 所示电路中，u_S 为理想电压源，如果电阻 R_3 增大，电流表 A 的读数将如何变化？并说明理由；若 $R_1=0$，电阻 R_3 增大，电流表 A 的读数又将如何变化？

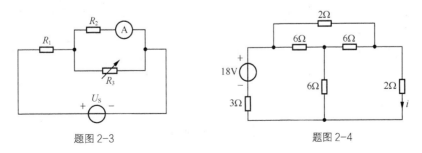

题图 2-3   题图 2-4

2-4 试利用电阻的星形—三角形连接的等效变换，计算题图 2-4 所示电路中的电流 i。

2-5 化简题图 2-5 所示电路为戴维南等效电路。

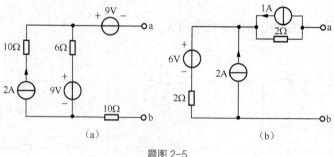

题图 2-5

2-6 化简题图 2-6 所示电路为诺顿等效电路。

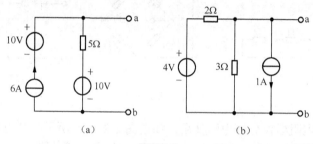

题图 2-6

2-7 在题图 2-7（a）所示电路中，已知等效电源Ⅰ和等效电源Ⅱ的端口伏安特性分别如题图 2-7（b）、（c）所示，试求电路中的电压 U 和电流 I。

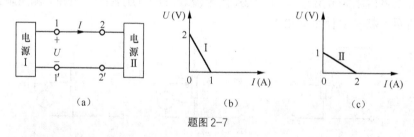

题图 2-7

2-8 试用等效变换法求题图 2-8 所示电路中电流 I。

2-9 试用等效变换法求题图 2-9 所示电路中的电压 U。

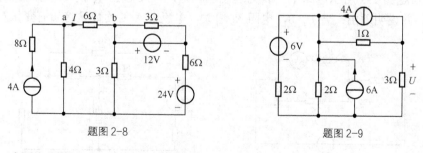

题图 2-8　　　　　题图 2-9

2-10 试写出题图 2-10 所示二端网络端口的 VCR。

2-11　已知题图 2-11 所示电路中，$i_1=1A$，$i_2=2A$，试用支路分析法求 R_1、R_2 的值。

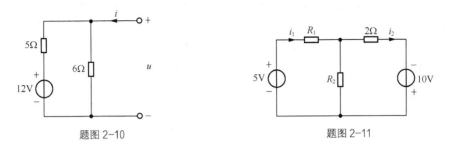

题图 2-10　　　　　　　　题图 2-11

2-12　试用网孔分析法求题图 2-12 所示电路中的电流或电压。

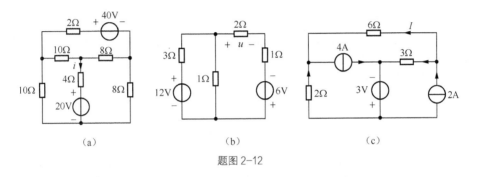

（a）　　　　　　（b）　　　　　　（c）

题图 2-12

2-13　试用节点分析法求题图 2-13 所示电路中的电压或电流。

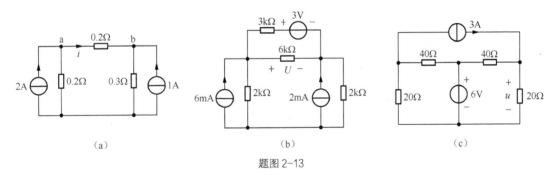

（a）　　　　　　（b）　　　　　　（c）

题图 2-13

2-14　试列写题图 2-14 所示电路的节点方程。

2-15　试用叠加定理求题图 2-15 所示电路中电流 I_S。

2-16　试用叠加定理求题图 2-16 所示电路中电压 U。

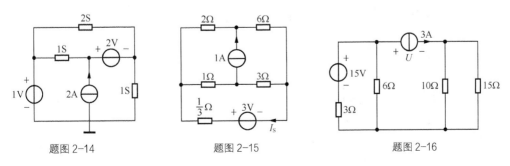

题图 2-14　　　　　　题图 2-15　　　　　　题图 2-16

2-17 题图 2-17 所示电路中，N 为线性无源网络，已知（1）当 $i_S=1A$，$u_S=2V$ 时，$i=5A$；（2）当 $i_S=-2A$，$u_S=4V$ 时，$u=24V$。试求：当 $i_S=2A$，$u_S=6V$ 时，u 为多少？

2-18 电路如题图 2-18 所示，当 2A 电流源单独作用时，$U_3=8V$，且 2A 电流源产生的功率为 28W；当 3A 电流源单独作用时，$U_2=12V$，且 3A 电流源产生的功率为 54W。试求当两个电源共同作用时，各电流源产生的功率。

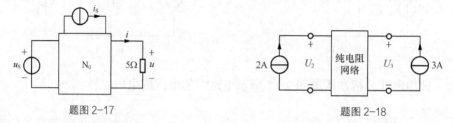

题图 2-17   题图 2-18

2-19 电路如题图 2-19 所示，当开关 K 在位置 1 时电流表读数为 40mA；当开关 K 打向位置 2 时电流表读数为 -60mA。试求开关 K 打向位置 3 时电流表的读数。

2-20 试求题图 2-20 所示电路的戴维南等效电路。

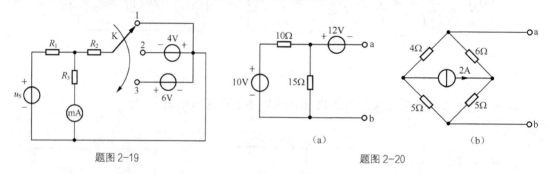

题图 2-19   （a）   （b）

题图 2-20

2-21 求题图 2-21 所示电路的诺顿等效电路。

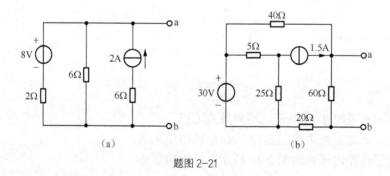

（a）   （b）

题图 2-21

2-22 试用戴维南定理求题图 2-22 所示电路的电压 U。

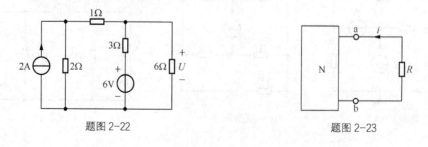

题图 2-22   题图 2-23

2-23 题图 2-23 所示电路中，N 为线性含源网络，当 $R=5\Omega$ 时，$i=10A$；当 $R=15\Omega$ 时，$i=5A$。求网络 N 的等效戴维南电路。

2-24 题图 2-24 所示电路中，已知 $u_{S1}=10V$，$u_{S2}=40V$，$R_1=4\Omega$，$R_2=1\Omega$，$R_3=1\Omega$，求流过 R_3 的电流 i。

2-25 题图 2-25 所示电路，已知 N 的 VCR 为 $5U=4I+5$，试求电路中的电流 I。

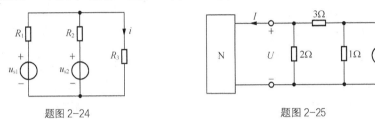

题图 2-24   题图 2-25

2-26 题图 2-26 所示电路，试求当 R_L 为何值可获最大功率，最大功率为多少？

2-27 题图 2-27 所示电路，当 $R_L=6\Omega$ 时电流 $I_L=2A$，若 R_L 可变，求 R_L 为何值可获最大功率，最大功率为多少？

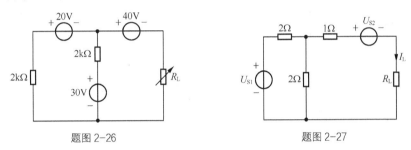

题图 2-26   题图 2-27

2-28 求题图 2-28 所示电路的等效电阻。

2-29 试用等效变换法求题图 2-29 所示电路中的电流及 12V 电压源产生的功率。

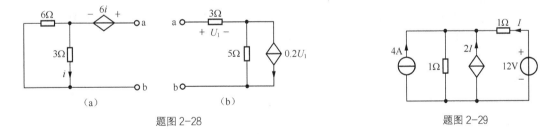

题图 2-28   题图 2-29

2-30 化简题图 2-30 所示电路的为等效戴维南电路。

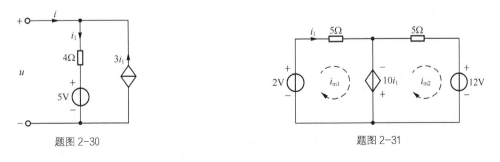

题图 2-30   题图 2-31

2-31 用网孔分析法求题图 2-31 所示电路受控源吸收的功率。

2-32 试用节点分析法求题图 2-32 所示电路中的 U_0。

2-33 题图 2-33 所示电路中，$r = 2\Omega$，试用叠加定理求电流 i 及 3Ω 电阻吸收的功率。

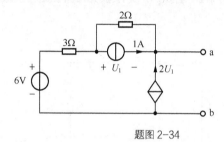

题图 2-32

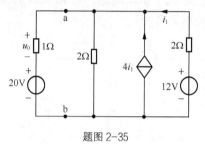

题图 2-33

2-34 试求题图 2-34 所示电路的诺顿等效电路。

2-35 试用戴维南定理求题图 2-35 所示电路中的电压 u_0。

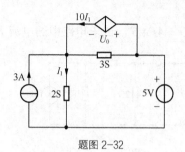

题图 2-34

题图 2-35

习题 2 答案

2-1 （a）4Ω；（b）30Ω；（c）4Ω；（d）1Ω；（e）5Ω；（f）2Ω

2-2 （1）176V；（2）160V；（3）滑线变阻器及电流表均将因电流过大而被烧毁

2-3 当 R_3 增大时电流表读数增大；当 $R_1=0$ 时，改变 R_3 电流表读数不变

2-4 1.125A

2-5 略

2-6 略

2-7 $U = \dfrac{2}{3}\mathrm{V}$，$I = \dfrac{2}{3}\mathrm{A}$

2-8 $I = \dfrac{1}{3}\mathrm{A}$

2-9 $U = 3\mathrm{V}$

2-10 $u = \dfrac{72}{11} + \dfrac{30}{11}i$

2-11 $R_1=11\Omega$，$R_2=6\Omega$

2-12 （a）$i = -1.55\mathrm{A}$；（b）$u = -1.6\mathrm{V}$；（c）$I = 1\mathrm{A}$

2-13 （a）$i = \dfrac{1}{7}\mathrm{A}$；（b）$U = 4\mathrm{V}$；（c）$u = 42\mathrm{V}$

2-14 略

2-15 $I_S = 1A$

2-16 $U = -14V$

2-17 $u = 68.5V$

2-18 $P_2 = 52W$，$P_3 = 78W$

2-19 190mA

2-20 （a）$u_{OC} = -6V$，$R_o = 6\Omega$；（b）$u_{OC} = -1V$，$R_o = 99/20\Omega$

2-21 （a）$i_{SC} = 6A$，$R_o = 1.5\Omega$；（b）$i_{SC} = 1.5A$，$R_o = 30\Omega$

2-22 $U = 4V$

2-23 $u_{OC} = 100V$，$R_o = 5\Omega$

2-24 $\dfrac{170}{9}A$

2-25 $I = 0.5A$

2-26 $R_L = 1k\Omega$，$P_{Lmax} = 0.31W$

2-27 $R_L = 2\Omega$，$P_{Lmax} = 32W$

2-28 （a）$R_o = 6\Omega$；（b）$R_o = 5\Omega$

2-29 $I = 2A$，$P_{产生} = 24W$

2-30 $u_{OC} = 5V$，$R_o = -2\Omega$

2-31 $P_{受控源} = 4.8W$

2-32 $u_0 = 6.2V$

2-33 $i = 1A$，$P_{3\Omega} = 75W$

2-34 $i_{SC} = 4A$，$R_o = 1\Omega$

2-35 $u_0 = -7.5V$

第**3**章 动态电路的暂态分析

在电阻电路中，各元件的伏安关系均是代数关系，所以此类元件属于静态元件。由静态元件组成的电路称为静态电路。静态电路在任一时刻 t 的响应只与时刻 t 的激励有关，与过去时刻的激励无关，因此是"无记忆的"，或者说是"即时的"。静态电路所对应的响应—激励关系的数学方程为代数方程。

实际工程电路，除了含有电阻元件和电源元件外，还会含有电容元件或电感元件，或同时含有电容元件和电感元件。电容元件所对应的伏安关系是积分形式，电感元件所对应的伏安关系是微分形式，这两种元件属于动态元件。动态元件是"有记忆的"，动态元件的充电过程和放电过程均是时间 t 的函数。含有动态元件的电路称为动态电路。描述动态电路响应—激励关系的数学方程是微分方程。在线性时不变条件下为线性常系数微分方程。当动态电路的连接方式或元件参数发生突然变化时，电路原有的工作状态需要经过一定时间逐步到达另一个新的稳定工作状态，这个过程称为电路的过渡过程。动态电路分析，是指分析动态电路从电路结构或参数突然变化时刻开始直至进入稳定工作状态的电压、电流的变化规律。

动态电路的阶数指描述电路的微分方程的阶数。例如，用一阶微分方程描述的电路称为一阶动态电路，用二阶或高阶微分方程描述的电路称为二阶动态电路或高阶动态电路。

本章首先介绍电容元件、电感元件；然后，分析直流激励下一阶电路的零输入响应、零状态响应和全响应，以及一阶电路的三要素公式，并介绍阶跃函数和阶跃响应以及二阶电路的零输入响应；最后，给出实用动态电路的计算机辅助分析案例及仿真。

3.1 储能元件

储能元件，是能够存储能量的元件。储能元件没有能量的消耗，只有能量的转换。最常见的储能元件是电容和电感。电容可以存储电场能，电感可以存储磁场能。

含有储能元件的电路，从一种稳态到另一种稳态必须要经过一段时间，这个变换过程就是电路的过渡过程。产生过渡过程的原因是能量不能跃变。

3.1.1 电容元件

1. 电容器与电容元件

由物理学可知，把两块金属极板用不导电的介质隔开就可以构成一个简单的电容器。如果给电容器的两块金属极板分别接上电源的正负极,两块极板上将分别积聚等量的异性电荷,并在极板之间形成电场，因此电容器是一种能积聚电荷、储存电场能量的器件。电容器有很多不同的种类，按介质分为纸质电容器、云母电容器、电解电容器等；按极板形状分为平板电容器、圆柱形电容器等；按大小是否可调分为固定电容器和可调电容器。图 3-1 给出了几种经常使用的实际电容器，其中图 3-1（a）、图 3-1（b）、图 3-1（c）属于固定电容器，图 3-1（d）、图 3-1（e）属于可变电容器。

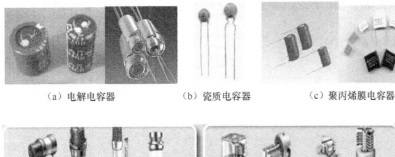

　　（a）电解电容器　　　　　（b）瓷质电容器　　　　　（c）聚丙烯膜电容器

　　（d）管式空气可调电容器　　　　　（e）片式空气可调电容器

图 3-1　实际电容器

　　实际电容器的理想化模型称为电容元件，其电路符号如图 3-2 所示。电容元件的定义为：一个二端元件，在任一时刻 t，它所积累的电荷 $q(t)$ 与端电压 $u(t)$ 之间的关系可以用 q-u 平面上的一条曲线来确定，则称该二端元件为电容元件，简称为电容。电容是一种电荷与电压相约束的元件。

　　若约束电容元件的 q-u 平面上的曲线为通过原点的直线，则称它为线性电容，否则为非线性电容；若曲线不随时间而变化，则称为时不变电容，否则称为时变电容。

　　线性时不变电容在图 3-2 所示的关联参考方向下，q-u 特性曲线是一条通过原点的直线，且不随时间而变化如图 3-3 所示，此时 q 和 u 的关系可以写成

$$q(t)=Cu(t) \tag{3-1}$$

　　式中 C 是一个与 q、u 及 t 无关的正数，是表征电容元件积聚电荷能力的物理量，称为电容量，简称为电容。如不特别加以说明，本教材的电容元件均指线性时不变电容。

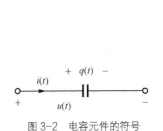

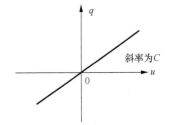

图 3-2　电容元件的符号　　　　　图 3-3　线性非时变电容的 q-u 特性曲线

　　在国际单位制（SI）中，电容的单位为法[拉]（简称法，符号为 F）。电容的单位是以英国化学家和物理学家法拉第（Farad）的名字来命名的。法拉第在 1931 年发现了电磁感应，提供了产生电的一种新的方法。电磁感应是电动机和发电机的工作原理。

1 法=1 库/伏。工程上，还可以用微法（μF）或皮法（pF）作单位，它们的关系是

$$1pF=10^{-6}\mu F=10^{-12}F$$

2. 电容元件的主要性质

（1）电容元件是"动态元件"。

在电路分析中，经常要研究电容元件的伏—安关系（VCR）。在图 3-2 所示的电容中，电容端电压 u 和电流 i 采用了关联参考方向，由电流的定义 $i=\dfrac{dq}{dt}$ 和电容的定义 $q(t)=Cu(t)$，可得

$$i=C\frac{du}{dt} \tag{3-2}$$

这就是电容元件的 VCR，该表达式具有微分形式。若电容端电压 u 与电流 i 参考方向不关联，VCR 可以写成

$$i=-C\frac{du}{dt} \tag{3-3}$$

从式（3-2）可以看出，任一时刻通过电容的电流 i 和该时刻电容两端的电压的变化率 $\dfrac{du}{dt}$ 成正比。若电压恒定不变，则电压的变化率为零，得到电容的电流为零，这时电容相当于开路，因此电容有隔直流的作用；若某一时刻电容电压为零，但电容电压的变化率不为零，此时电容电流也不为零。这和电阻元件不同，电阻两端只要有电压，不论电压是否变化都一定有电流。由于电容电流不取决于该时刻所加的电压的大小，而取决于该时刻电容电压的变化率，每个时刻电容的电压可以不同，因此电容元件属于动态元件。

（2）电容元件是惯性元件。

从式（3-2）表明，若某一时刻电容电流 i 为有限值，则其电压变化率 $\dfrac{du}{dt}$ 也必然为有限值，即该时刻电容电压只能连续变化而不能发生跳变；反之，如果某时刻电容电压发生跳变，则意味着该时刻电容电流为无限大。一般实际电路中的电流总是有限值，这说明电容电压一般而言是时间 t 的连续函数，称这种性质为电容的惯性，并称电容元件为惯性元件。

（3）电容元件是记忆元件。

电容元件的 VCR 还可以用积分的形式来描述，对式（3-2）两边积分，可得

$$u(t)=\frac{1}{C}\int_{-\infty}^{t}i(\xi)d\xi \tag{3-4}$$

式（3-4）中将积分号内的时间变量 t 改用 ξ 表示，以区别积分上限 t；积分下限 $-\infty$ 表示电容尚未积聚电荷的时刻，显然 $\displaystyle\int_{-\infty}^{t}i(\xi)d\xi=q(t)$ 是电容在 t 时刻所积聚的总电荷量。式（3-4）表明，对于任一时刻 t，电容电压并不仅取决于该时刻的电流值，而是和 t 之前的所有时刻的电流值均相关，换言之，电容电压能反映过去电流作用的全部历史，因此电容电压有记忆电流的作用。正是因为这种性质，称电容元件为记忆元件。

在电路分析中，往往需要观察电容在某一时刻 t_0 以后的充电或放电情况，t_0 是分析电容电压的初始时刻，因此可以把式（3-4）改写为

$$u(t) = \frac{1}{C}\int_{-\infty}^{t} i(\xi)\mathrm{d}\xi$$

$$= \frac{1}{C}\int_{-\infty}^{t_0} i(\xi)\mathrm{d}\xi + \frac{1}{C}\int_{t_0}^{t} i(\xi)\mathrm{d}\xi$$

$$= \frac{1}{C}q(t_0) + \frac{1}{C}\int_{t_0}^{t} i(\xi)\mathrm{d}\xi \qquad (3\text{-}5)$$

$$= u(t_0) + \frac{1}{C}\int_{t_0}^{t} i(\xi)\mathrm{d}\xi$$

式中 $u(t_0)$ 为电容在 t_0 时刻的电压，它反映了 t_0 前电流的全部累积作用结果。如果知道了 $t \geq t_0$ 时的电流 $i(t)$ 以及电容在 t_0 时刻的电压 $u(t_0)$，就能计算 $t \geq t_0$ 后的电容电压。

（4）电容元件是储能元件。

在关联参考方向下，电容吸收的瞬时功率为

$$p(t) = u(t) \cdot i(t) \qquad (3\text{-}6)$$

电容吸收功率指的是电容充电，即式（3-6）中 $u(t)$、$i(t)$ 符号相同，p 为正值；电容释放功率指的是 $u(t)$、$i(t)$ 符号相反，p 为负值。由于电容元件的功率可以为正值，也可以为负值，因此属于储能元件。这和电阻元件吸收功率恒为非负是不同的，电阻元件属于耗能元件。任意时刻 t 电容吸收的总能量即电容的储能计算如下。

$$w_C(t) = \int_{-\infty}^{t} p(\xi)\mathrm{d}\xi = \int_{-\infty}^{t} u(\xi)i(\xi)\mathrm{d}\xi$$

$$= C\int_{-\infty}^{t} u(\xi)\frac{\mathrm{d}u(\xi)}{\mathrm{d}\xi}\mathrm{d}\xi = C\int_{u(-\infty)}^{u(t)} u(\xi)\mathrm{d}u(\xi)$$

$$= \frac{1}{2}Cu^2(t) - \frac{1}{2}Cu^2(-\infty)$$

由于理想电容元件在充电前电压为 0，即 $u(-\infty)=0$，因此上式可写成

$$w_C(t) = \frac{1}{2}Cu^2(t) \qquad (3\text{-}7)$$

式（3-7）表明，电容在任一时刻的储能只取决于该时刻的电容电压值，而与该时刻电容电流值无关，且与该时刻电容电压的平方成正比，因此电容储能恒为非负，可见电容是一个无源元件，自身并不能产生能量，只能吸收并存储能量，然后释放出来。电容充电时，储能增加；电容放电时，储能减少。因此称电容元件为储能元件。

式（3-7）还表明，如果电容的储能 $w_C(t)$ 没有发生跳变，那么电容电压也就不会发生跳变。如果储能突变，能量的变化率（即功率）$p(t) = \dfrac{\mathrm{d}w_C}{\mathrm{d}t}$ 将为无限大，这在电容电流为有限的条件下是不可能的。

综上所述，电容元件是动态元件、惯性元件、记忆元件、储能元件，可以如图 3-4 所示。

例 3-1 如图 3-5（a）所示电路中，电容初始电压为零，$C=1\mathrm{F}$，电流波形如图 3-5（b）所示。求电容电压 $u(t)$，瞬时功率 $p(t)$ 及 t 时刻的储能 $w(t)$。

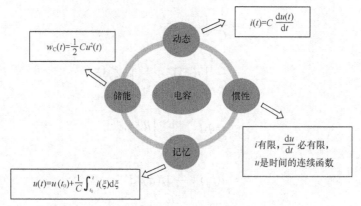

图 3-4　电容元件的特性

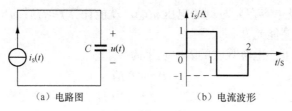

（a）电路图　　　　　　　（b）电流波形

图 3-5　例 3-1 题图

解： 由图 3-5（b）可写出 $i_S(t)$ 的函数表达式为

$$i_S(t) = \begin{cases} 0 & -\infty < t < 0 \\ 1 & 0 < t < 1 \\ -1 & 1 < t < 2 \\ 0 & t > 2 \end{cases}$$

分段计算电容电压 $u(t)$

$0 \leqslant t < 1\text{s}$ 时，$u(t) = u(0) + \dfrac{1}{C}\int_0^t i(\lambda)\mathrm{d}\lambda = \dfrac{1}{1}\int_0^t \mathrm{d}\lambda = t\,\text{V}$

$t = 1\text{s}$ 时，$u(1) = 1\text{V}$，

$1 < t < 2\text{s}$ 时，$u(t) = u(1) + \dfrac{1}{1}\int_1^t (-1)\times \mathrm{d}\lambda = 1-(t-1)=(2-t)\text{V}$

$t = 2\text{ s}$ 时，$u(2) = 0$，

$t > 2\text{s}$ 时，$u(t) = u(2) + \dfrac{1}{1}\int_2^t 0\times \mathrm{d}\lambda = 0$

因此，电容电压为

$$u(t) = \begin{cases} 0 & -\infty < t < 0 \\ t & 0 < t < 1 \\ 2-t & 1 < t < 2 \\ 0 & t > 2 \end{cases}$$

瞬时功率

$$p(t) = u(t)i(t) = \begin{cases} 0 & -\infty < t < 0 \\ t & 0 < t < 1 \\ t-2 & 1 < t < 2 \\ 0 & t > 2 \end{cases}$$

电容的储能为

$$w_C(t) = \frac{1}{2}Cu^2(t) = \begin{cases} 0 & -\infty < t \leqslant 0 \\ 0.5t^2 & 0 < t \leqslant 1 \\ 0.5(2-t)^2 & 1 < t \leqslant 2 \\ 0 & t > 2 \end{cases}$$

例 3-1 表明如下。

（1）根据微积分的知识，连续函数不一定是可导的。在不可导处（如 $t=0$，1，2），$i_C(t)$ 是不确定的，电容电流是可以跳变的。

（2）由于电容电流跳变的原因，电容的功率也是可以跳变的，功率值可正可负。当功率为正值时，表示电容从电源 $i_S(t)$ 吸收功率；当功率为负值时，表示电容释放功率。

（3）$w_C(t)$ 总是大于或等于零，为连续函数，能量不能跳变。

3. 电容元件的串联与并联

图 3-6（a）所示电路是 n 个电容的串联，根据电容的伏安关系，有

$$u_1 = \frac{1}{C_1}\int_{-\infty}^{t} i(\xi)\mathrm{d}\xi \ , \quad u_2 = \frac{1}{C_2}\int_{-\infty}^{t} i(\xi)\mathrm{d}\xi \ , \quad \cdots, \quad u_n = \frac{1}{C_n}\int_{-\infty}^{t} i(\xi)\mathrm{d}\xi$$

又由 KVL 得端口电压

$$u = u_1 + u_2 + \cdots + u_n$$
$$= \left(\frac{1}{C_1} + \frac{1}{C_2} + \cdots + \frac{1}{C_n}\right)\int_{-\infty}^{t} i(\xi)\mathrm{d}\xi = \frac{1}{C_{eq}}\int_{-\infty}^{t} i(\xi)\mathrm{d}\xi$$

由上式画出图 3-6（a）的等效电路如图 3-6（b）所示，其中

$$\frac{1}{C_{eq}} = \frac{1}{C_1} + \frac{1}{C_2} + \cdots + \frac{1}{C_n} \tag{3-8}$$

式（3-8）表明，n 个电容串联可等效成一个电容，其等效电容的倒数为各串联电容倒数的和。

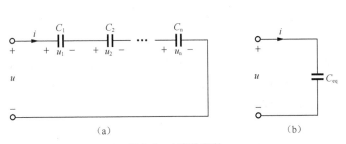

图 3-6　电容的串联

图 3-7（a）给出了 n 个电容并联的电路，根据电容的伏安关系，有

$$i_1 = C_1\frac{\mathrm{d}u}{\mathrm{d}t} \ , \quad i_2 = C_2\frac{\mathrm{d}u}{\mathrm{d}t} \ , \quad \cdots, \quad i_n = C_n\frac{\mathrm{d}u}{\mathrm{d}t}$$

又由 KCL 得端口电流

$$i = i_1 + i_2 + \cdots + i_n$$
$$= (C_1 + C_2 + \cdots + C_n)\frac{\mathrm{d}u}{\mathrm{d}t} = C_{eq}\frac{\mathrm{d}u}{\mathrm{d}t}$$

由上式可画出图 3-7（a）的等效电路如图 3-7（b）所示，其中

$$C_{eq}=C_1+C_2+\cdots+C_n \tag{3-9}$$

式（3-9）表明，n 个电容并联可等效为一个电容，其值等于各并联电容的总和。

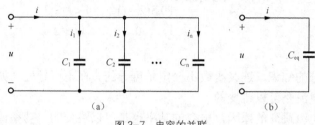

图 3-7　电容的并联

3.1.2　电感元件

1. 电感器与电感元件

电感器或电感线圈由导线绕成线圈形成。实际电感器有很多种类，如磁环电感、贴片电感等，图 3-8 给出了几种实际电感器。

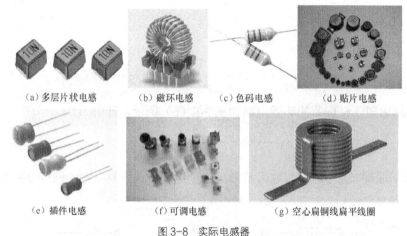

（a）多层片状电感　　（b）磁环电感　　（c）色码电感　　（d）贴片电感

（e）插件电感　　　　（f）可调电感　　　　（g）空心扁铜线扁平线圈

图 3-8　实际电感器

电感器是一种能建立磁场、储存磁场能量的器件。当电感器通过电流时，根据安培定则（右手螺旋定则），在线圈内外建立磁场并产生磁通 $\varPhi$，方向如图 3-9 所示。磁通的总和称为磁链 ψ。若线圈匝数为 N，则有

$$\psi = N\varPhi$$

实际电感器的理想化模型称为电感元件，其电路符号如图 3-10 所示。电感元件是一个二端元件，在任一时刻 t，它的磁链 $\psi(t)$ 与其电流 $i(t)$ 之间的关系可以用 ψ–i 平面上的一条曲线来描述，电感元件简称电感。线性电感元件的磁链瞬时值与电流瞬时值之间具有正比例函数关系。对于时不变电感，ψ–i 平面上的曲线不随时间变化；对于时变电感，ψ–i 平面上的曲线随时间变化。

$i(t)$ 与 $\psi(t)$ 的参考方向符合右手螺旋定则，在关联参考方向下，线性时不变电感元件的 ψ 和 i 的关系可以写成

$$\psi(t) = Li(t) \tag{3-10}$$

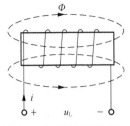

图 3-9　电感线圈及其磁通

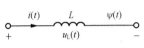

图 3-10　电感元件的符号

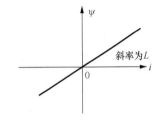

图 3-11　线性非时变电感的 $\psi - i$ 曲线

式（3-10）中，L 是一个与 ψ、i 无关的正数，是表征电感元件产生磁链能力的物理量，称为电感量，简称为电感。式（3-10）所体现的 ψ 和 i 的关系如图 3-11 所示。本教材分析的电感均是线性时不变电感。

在国际单位制（SI）中，电感的单位为亨[利]（简称亨，符号为 H）。电感的单位是以美国物理学家亨利命名的，他发明了电感、制造了电动机。

1 亨=1 韦/安。电感也可以用毫亨（mH）或微亨（μH）作单位，它们的关系是

$$1 \mu H = 10^{-3} mH = 10^{-6} H$$

2. 电感元件的主要性质

（1）电感元件是动态元件。

在电路分析中，经常要研究电感元件的 VCR。对图 3-10 所示的电感，端电压 u 和电流 i 采用了关联参考方向，根据电磁感应定律，得

$$u = \frac{d\psi}{dt}$$

将式（3-10）代入上式，得

$$u = L\frac{di}{dt} \tag{3-11}$$

这就是电感元件的微分形式的 VCR。若电感元件端电压 u 与电流 i 参考方向不关联，则式（3-11）可改写为

$$u = -L\frac{di}{dt} \tag{3-12}$$

式（3-11）表明，任一时刻电感端电压 u 仅取决于该时刻电感电流对时间的变化率 $\frac{di}{dt}$，与该时刻电流大小无关。若电流恒定不变，则虽有电流，但电感电压为零，此时电感相当于短路；若某一时刻电感电流为零，但电感电流的变化率不为零，此时电感电压也不为零。由于电感电压取决于该时刻电感电流对时间的变化率，所以称电感元件为动态元件。

（2）电感元件是惯性元件。

式（3-11）说明，若某一时刻电感电压 u 为有限值，则其电流变化率 $\frac{di}{dt}$ 也必然为有限值，这说明该时刻电感电流只能连续变化而不能发生跳变；反之，如果某时刻电感电流发生跳变，则意味着该时刻电感电压为无限大。一般实际电路中的端电压总是有限值，这说明电感电流只能是时间的连续函数，这种性质称为电感的惯性，称电感元件为惯性元件。

（3）电感元件是记忆元件。

对式（3-11）两边积分，得电感元件的电流与电压关系为

$$i(t) = \frac{1}{L}\int_{-\infty}^{t} u(\xi)\mathrm{d}\xi \qquad (3\text{-}13)$$

式（3-13）积分号内的时间变量用 ξ 来表示，以区别积分上限 t；积分下限 $-\infty$ 表示电感尚未建立磁场的时刻。显然 $\int_{-\infty}^{t} u(\xi)\mathrm{d}\xi = \psi(t)$ 表示电感在 t 时刻的总磁链。由式（3-13）可知，某一时刻电感电流并不仅与该时刻的电感电压值有关，还取决于从 $-\infty$ 到 t 所有时刻的电感电压值，即与 t 时刻以前电感电压的全部历史有关。电感电流能反映过去电压作用的全部历史。因此，可以说电感电流有记忆电压的作用，称电感为记忆元件。

若选 $t = t_0$ 为初始时刻，则式（3-13）可以改写为

$$i(t) = \frac{1}{L}\int_{-\infty}^{t} u(\xi)\mathrm{d}\xi = \frac{1}{L}\int_{-\infty}^{t_0} u(\xi)\mathrm{d}\xi + \frac{1}{L}\int_{t_0}^{t} u(\xi)\mathrm{d}\xi$$
$$= \frac{1}{L}\psi(t_0) + \frac{1}{L}\int_{t_0}^{t} u(\xi)\mathrm{d}\xi = i(t_0) + \frac{1}{L}\int_{t_0}^{t} u(\xi)\mathrm{d}\xi \qquad (3\text{-}14)$$

式（3-14）中 $i(t_0)$ 称为电感的初始电流，它反映了 t_0 前电压的全部累积作用对 t_0 时刻电流的影响。式（3-14）表明，如果知道了 t_0 时刻的电流 $i(t_0)$，以及 $t \geq t_0$ 后作用在电感上的电压 $u(t)$，则可以计算 $t \geq t_0$ 后的电感电流。

（4）电感元件是储能元件。

在关联参考方向下，电感的瞬时功率为

$$p(t) = u(t) \cdot i(t) \qquad (3\text{-}15)$$

式（3-15）表明，电感元件的功率可以为正，也可以为负。当吸收功率为正值时，表示电感吸收能量，以磁场能的形式储存起来；当吸收功率为负值时，电感释放磁场能。

任意时刻 t 电感存储的总能量为

$$w_L(t) = \int_{-\infty}^{t} p(\xi)\mathrm{d}\xi = \int_{-\infty}^{t} u(\xi)i(\xi)\mathrm{d}\xi$$
$$= L\int_{-\infty}^{t} i(\xi)\frac{\mathrm{d}i(\xi)}{\mathrm{d}\xi}\mathrm{d}\xi = L\int_{i(-\infty)}^{i(t)} i(\xi)\mathrm{d}i(\xi)$$
$$= \frac{1}{2}Li^2(t) - \frac{1}{2}Li^2(-\infty)$$

由于 $i(-\infty) = 0$，故

$$w_L(t) = \frac{1}{2}Li^2(t) \qquad (3\text{-}16)$$

式（3-16）表明，任一时刻电感的储能只取决于该时刻的电感电流值，而与该时刻电感电压值无关。显然，电感储能为非负，电感是一个无源元件。因为电感能量不能跳变，因此电感电流也不能跳变

综上所述，电感元件是动态元件、惯性元件、记忆元件、储能元件。如图 3-12 所示描述了电感元件的特性。

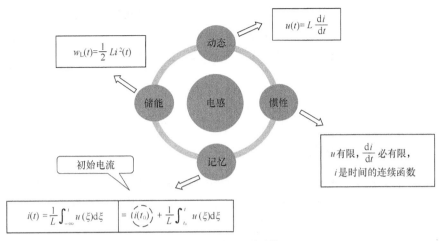

图 3-12　电感元件的特性

例 3-2　如图 3-13（a）中，电感 $L = 1\text{H}$，电流波形如图 3-13（b），求电压 u 及 $t = 1\text{s}$ 时电感吸收的功率及储存的能量。

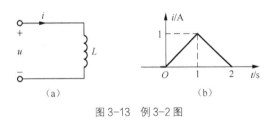

图 3-13　例 3-2 图

解： 由图 3-13（b）可写出电流的函数

$$i(t) = \begin{cases} t & 0 \leqslant t < 1\text{s} \\ 2 - t & 1 \leqslant t < 2\text{s} \\ 0 & 其余 \end{cases}$$

$$u(t) = L\frac{\mathrm{d}i}{\mathrm{d}t} = \begin{cases} 1 & 0 < t < 1\text{s} \\ -1 & 1 < t < 2\text{s} \\ 0 & 其余 \end{cases}$$

$t = 1\text{s}$ 时，$p(1) = u(1)i(1) = 1\text{W}$，$w_{\text{L}}(1) = \dfrac{1}{2}Li^2(1) = \dfrac{1}{2} \times 1 \times 1^2 = \dfrac{1}{2}\text{J}$

例 3-2 表明如下。

（1）该题电流是连续函数，但连续函数不一定是可导的。在不可导处（如 $t = 0$，1，2），电感电压 u 是不确定的，是可以跳变的。

（2）由于电感电压跳变的原因，电感的功率也是可以跳变的，功率值可正可负。功率为正值，表示电感吸收功率；功率为负值，表示电感释放功率。

（3）$w_{\text{L}}(t)$ 总是大于或等于零，储能值可升可降，是连续函数。

3. 电感元件的串联与并联

与电容元件类似，多个电感元件也可以串联或并联使用。根据电容元件串、并联等效电容的推导方法，可得到：

n 个电感串联，若串联电感分别为 $L_1, L_2, \cdots, L_n$，则其等效电感等于各串联电感的和，即

$$L_{eq}=L_1+L_2+\cdots+L_n \qquad (3\text{-}17)$$

n 个电感并联，若并联电感分别为 $L_1, L_2, \cdots, L_n$，则其等效电感的倒数等于各并联电感倒数的和，即

$$\frac{1}{L_{eq}}=\frac{1}{L_1}+\frac{1}{L_2}+\cdots+\frac{1}{L_n} \qquad (3\text{-}18)$$

3.1.3 电容器与电感器的模型

前面介绍了理想电容和理想电感，本节介绍实际的电容器和电感器。实际的电容器和电感器均属于实际器件。实际部件可以近似地用理想电路元件作为它的模型，工作状态不同，即使是同一个实际部件，也可以有不同的模型。

图 3-14（a）表示理想电容。当实际电容器在电路中工作时，电容极板间存在介质损耗，即极板间存在电阻 R_C，有些工作状态下该电阻是不可以忽略的，因此就可用图 3-14（b）的模型。此外，对于高频电路，电容里的引线电感 L_C 也不可忽略，如图 3-14（c）所示。实际电容器具体对应着哪一种模型，一般取决于工作的条件。

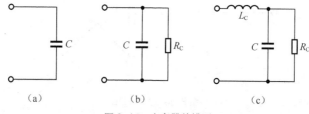

图 3-14　电容器的模型

同理，实际的电感器（电感线圈）也存在几种不同的等效模型。图 3-15（a）表示理想电感。当实际电感器的绕线电阻 R_L 不可忽略时，可采用图 3-15（b）的等效模型，该模型对应着绕线电阻和理想电感的串联。当实际电感器工作于高频条件时，线圈的匝间电容影响不可以忽略，则可采用图 3-15（c）的模型，其中 C_L 表示匝间电容。一个实际电感工作时，电流也不可以超过它的额定电流，如果电流过大，会使电感线圈过热而损坏。

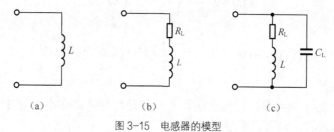

图 3-15　电感器的模型

3.2　换路定则及初始值的计算

1. 换路定则

换路指电路元件的连接方式或参数的突然改变。换路意味着电路工作状态的改变。在电路分析中用开关的动作表示换路的功能。

在动态电路中，电容元件和电感元件均属于惯性元件，换路后能量的存储或释放不能瞬间完成，表现为电容电压、电感电流只能连续变化而不能发生跳变。因此，换路后电路的响应有一个逐渐趋于稳定的过程，这个过程称为过渡过程或瞬态过程。电阻电路无过渡过程。

不论是电阻电路还是动态电路，电路中的各支路电流和支路电压都分别受到 KCL 和 KVL 的约束，但动态电路中含有动态元件，它们的 VCR 是微分或积分形式。因此，描述线性、时不变动态电路的方程是常系数线性微分方程。假设 $t=0$ 时换路，用 $t=0^-$ 和 $t=0^+$ 分别表示开关动作前的瞬间和开关动作后的瞬间，物理量在 $t=0^+$ 时的值，称为初始值。换路前 $t=0^-$ 瞬间反映了电路的初始储能，和 $u_C(0^-)$ 或 $i_L(0^-)$ 有关，$u_C(0^-)$ 或 $i_L(0^-)$ 通常也称为电路的初始状态。

换路定则（或开闭定理），指换路时，电容电压和电感电流遵守的规则，表述如下。

换路定则一：若电容中电流不为无穷大，则电容电压不会跳变，即：$u_C(0^+) = u_C(0^-)$；

换路定则二：若电感中电压不为无穷大，则电感电流不会跳变，即：$i_L(0^+) = i_L(0^-)$。

2. 换路定则的证明

对于一个含电容和开关的具体电路，存在换路过程。在关联参考方向下，电容 VCR 的积分形式为

$$u_C(t) = u_C(t_0) + \frac{1}{C}\int_{t_0}^{t} i_C(\xi)\,\mathrm{d}\xi$$

假设 $t=0$ 时换路，令 $t_0=0^-$，得

$$u_C(t) = u_C(0^-) + \frac{1}{C}\int_{0^-}^{t} i_C(\xi)\,\mathrm{d}\xi$$

式中，$u_C(0^-)$ 为换路前最后瞬间的电容电压值，即初始状态。为求取换路后电容电压的初始值，取 $t=0^+$ 代入上式，得

$$u_C(0^+) = u_C(0^-) + \frac{1}{C}\int_{0^-}^{0^+} i_C(\xi)\,\mathrm{d}\xi \tag{3-19}$$

假设换路（开关动作）是理想的，即换路过程所需要的时间趋于零，因为时间 t 是连续函数，根据高等数学的基本知识，函数在某点连续意味着在该点左右极限都存在且等于函数值，得到 $\lim\limits_{t=0^+} t = 0 = \lim\limits_{t=0^-} t = 0$，此外，换路瞬间电容电流 i_C 为有限值，则式（3-19）中积分项将为零，即

$$\int_{0^-}^{0^+} i_C(\xi)\,\mathrm{d}\xi = q_C(0^+) - q_C(0^-) = 0$$

或
$$q_C(0^+) = q_C(0^-) \tag{3-20}$$

式（3-20）表明在换路瞬间，电容积聚的电荷不变。将式（3-20）代入式（3-19）得

$$u_C(0^+) = u_C(0^-) \tag{3-21}$$

式（3-21）表明，换路虽然使电路的工作状态发生了改变，但只要换路瞬间电容电流为有限值，则电容电压在换路前后瞬间将保持同一数值，这正是电容惯性特性的体现。这样就证明了换路定则一。

同理，对于一个含电感和开关的具体电路，若也存在换路过程。在关联参考方向下，电感具有如下特性：

$$\int_{0^-}^{0^+} u_L(\xi)d\xi = \psi_L(0^+) - \psi_L(0^-) = 0$$

或

$$\psi_L(0^+) = \psi_L(0^-) \qquad (3\text{-}22)$$

$$i_L(0^+) = i_L(0^-) \qquad (3\text{-}23)$$

式（3-22）表明在换路瞬间电感服从磁链守恒定律。式（3-23）表明，若换路瞬间电感电压为有限值，则电感电流在换路前后瞬间将保持同一数值，这正是电感惯性特性的体现。从而证明了换路定则二。

当电路中换路发生在 $t=t_0$ 时刻，换路定则改写为

$$u_C(t_0^+) = u_C(t_0^-) \qquad (3\text{-}24a)$$

$$i_L(t_0^+) = i_L(t_0^-) \qquad (3\text{-}24b)$$

需要注意的是，应用换路定则是有条件的，即必须保证电路在换路瞬间电容电流、电感电压为有限值。对于一些特殊电路，换路定则不成立，如在理想条件下，两个初始电压不同的电容直接用开关组成并联回路，开关闭合时，电容电压会产生跳变。这类电路不在教材的讨论范围之内。

3. 初始值的计算

换路定则描述了在一定条件下电容电压和电感电流在换路前后不跳变的规律。当电路的初始状态 $u_C(0^-)$ 和 $i_L(0^-)$ 确定后，可根据换路定则得到电容电压的初始值 $u_C(0^+)$ 和电感电流的初始值 $i_L(0^+)$。除了电容电压、电感电流以外的其它变量（如 i_C，u_L，i_R，u_R 等）都不受换路定则的约束，在换路瞬间可能发生跳变。在计算这些变量的初始值时，需要由激励以及 $u_C(0^+)$ 和 $i_L(0^+)$ 的值做出 $t=0^+$ 时的等效电路，再根据 KCL、KVL 和各元件的 VCR 来确定。

求解初始值可按照下面步骤进行：（1）求出电容电压和电感电流的初始状态，即求 $u_C(0^-)$、$i_L(0^-)$；（2）应用换路定则得到 $u_C(0^+)$ 和 $i_L(0^+)$；（3）应用替代定理得到 $t=0^+$ 时的等效电路，再利用求解电阻电路的各种方法求解。

例 3-3 开关闭合前图 3-16（a）所示电路已稳定且电容未储能，$t=0$ 时开关闭合，求 $i(0^+)$ 和 $u(0^+)$。

解：（1）先求电路的初始状态，即 $u_C(0^-)$ 和 $i_L(0^-)$。

当 $t<0$ 时，根据已知条件，电路处于稳态，电路

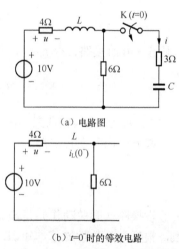

(a) 电路图

(b) $t=0^-$ 时的等效电路

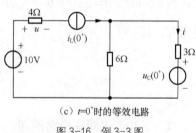

(c) $t=0^+$ 时的等效电路

图 3-16　例 3-3 图

各处电压、电流为常量，故稳态时电感可看作短路，电容可看作开路。因此根据替代定理可作出 $t=0^-$ 时刻电路的等效图如图 3-16（b）所示，该图简称为 0^- 图。运用电阻电路的方法求得

$$i_L(0^-) = \frac{10}{4+6} = 1\,\text{A}$$

$$u_C(0^-) = 0V$$

（2）因为开关动作前电容未储能，故根据换路定则，求出 $u_C(0^+)$ 和 $i_L(0^+)$，并做出 0^+ 时刻电路的等效电路，通常称为初始值等效电路，简称 0^+ 图。

$$i_L(0^+) = i_L(0^-) = 1A$$
$$u_C(0^+) = u_C(0^-) = 0V$$

利用替代定理，电感用 1A 电流源替代，电容用 0V 电压源替代，于是做出 $t=0^+$ 时刻的等效电路如图 3-16（c）所示。

（3）由等效电路，求出需求变量的初始值。

对于图 3-16（c）的等效电路，可以运用电阻电路的各种分析方法求解

$$i(0^+) = 1 \times \frac{6}{6+3} = \frac{2}{3}A$$

$$u(0^+) = 4V$$

例 3-4 电路如图 3-17（a）所示，开关 K 打开前电路已处于稳态，当 $t=0$ 时，开关打开。求初始值 $i_C(0^+)$、$u_L(0^+)$、$i_1(0^+)$、$\dfrac{\mathrm{d}i_L(0^+)}{\mathrm{d}t}$ 和 $\dfrac{\mathrm{d}u_C(0^+)}{\mathrm{d}t}$。

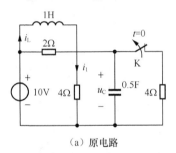

（a）原电路

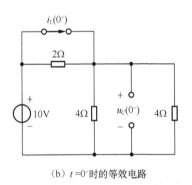

（b）$t=0^-$ 时的等效电路

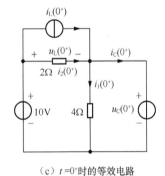

（c）$t=0^+$ 时的等效电路

图 3-17 例 3-4 题图

解：（1）求 $i_L(0^-)$、$u_C(0^-)$。

$t<0$ 时电路处于稳态，电感看作短路，电容看作开路。作出 $t=0^-$ 时刻的等效电路如图 3-17（b）所示，得

$$i_L(0^-) = \frac{10}{4//4} = 5A$$

$$u_C(0^-) = 10V$$

（2）根据换路定则，得

$$i_L(0^+) = i_L(0^-) = 5A$$

$$u_C(0^+) = u_C(0^-) = 10\text{V}$$

作出 $t=0^+$ 时刻的等效电路如图 3-17（c）所示。

（3）由初始值等效电路可求得

$$u_L(0^+) = 10 - u_C(0^+) = 0\text{V}$$
$$i_1(0^+) = u_C(0^+)/4 = 2.5\text{A}$$
$$i_C(0^+) = i_L(0^+) + i_2(0^+) - i_1(0^+) = 5-2.5 = 2.5\text{A}$$

$$\frac{di_L(0^+)}{dt} = \frac{u_L(0^+)}{L} = 0 \text{ A/s}$$

$$\frac{du_C(0^+)}{dt} = \frac{i_C(0^+)}{C} = 5 \text{ V/s}$$

3.3 一阶电路的响应

3.3.1 一阶电路的零输入响应

由一阶微分方程的描述的电路称为一阶电路。从电路结构看，一般情况下，一阶电路只包含一个动态元件。动态元件为电感的一阶电路称为 RL 电路，动态元件为电容的一阶电路称为 RC 电路。

本章只讨论线性电路，对于此类电路，换路后总可以看成一个有源二端电阻网络 N 外接一个电容或电感所组成，如图 3-18（a）所示。根据戴维南定理和诺顿定理，图 3-18（a）电路可以简化为图 3-18（b）或图 3-18（c）电路。

电路的零输入响应指没有外加激励时的响应。因此，零输入响应仅仅是由储能元件的初始储能所引起的，也可以说，是由初始时刻电容的电场储能或电感的磁场储能所引起的。

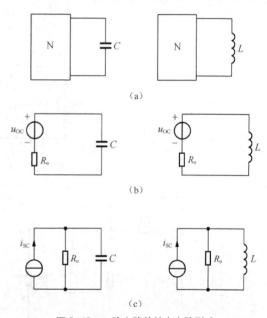

图 3-18 一阶电路的基本电路形式

本节介绍一阶电路的零输入响应，分析图 3-18 中 $u_{OC} = 0$ 或 $i_{SC} = 0$ 而动态元件初始状态不为零时的响应问题。首先，介绍 RC 电路的零输入响应，然后，介绍 RL 电路的零输入响应，最后，介绍一阶电路零输入响应的一般表达式。

1. RC 电路的零输入响应

电路如图 3-19 所示，在 $t<0$ 时，开关 K 在位置 1，电路已经处于稳态，即电容的初始状态 $u_C(0^-) = U_0$。当 $t=0$ 时，开关 K 由位置 1 倒向位置 2。根据换路定则，$u_C(0^+) = u_C(0^-) = U_0$，换路后，$R$、$C$ 构成零输入电路，此时，电容 C 将通过 R 放电，从而在电路中引起电压、电流的变化。由于 R 是耗能元件，电容的储能将逐渐降低，电容电压逐渐下降，放电电流也将逐渐减小，最后趋于零。

下面进行定量的数学分析。

对动态电路的分析依据，依然是两种约束，第一种约束是 KCL 和 KCL 约束，是由电路的结构决定的；第二种约束是元件的 VCR 约束，是由元件的性质决定的。

对于图 3-19 换路后的电路，由 KVL 及元件的 VCR 得

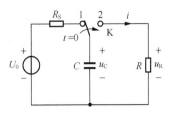

图 3-19　RC 零输入电路

$$u_C - u_R = 0 \qquad t > 0 \qquad\qquad （KVL）$$

$$u_R = Ri \qquad\qquad\qquad\qquad （VCR）$$

$$i = -C\frac{\mathrm{d}u_C}{\mathrm{d}t} \qquad\qquad\qquad （VCR）$$

将以上三式联立，可得一阶常系数线性齐次微分方程为

$$RC\frac{\mathrm{d}u_C}{\mathrm{d}t} + u_C = 0 \qquad\qquad t > 0 \qquad\qquad （3-25）$$

初始条件为

$$u_C(0^+) = U_0 \qquad\qquad\qquad\qquad （3-26）$$

根据高等数学介绍的微分方程的求解方法，一阶齐次微分方程通解形式可以表示为

$$u_C(t) = A\mathrm{e}^{St} \qquad\qquad t > 0 \qquad\qquad （3-27）$$

其中 S 为特征方程的根，满足

$$RCS + 1 = 0$$

由此得

$$S = -\frac{1}{RC}$$

所以，

$$u_C(t) = A\mathrm{e}^{-\frac{1}{RC}t} \qquad\qquad\qquad\qquad （3-28）$$

待定常数 A 可由初始条件确定。令式（3-28）中的 $t=0^+$，则得

$$u_C(0^+) = A\mathrm{e}^{-\frac{1}{RC}t}\Big|_{t=0^+} = U_0$$

解得系数

$$A = U_0$$

电容电压的零输入响应为

$$u_C(t) = U_0\mathrm{e}^{-\frac{1}{RC}t} \qquad\qquad\qquad\qquad t > 0$$

这是一个随时间衰减的指数函数。注意到在 $t=0$ 时，即开关 K 动作前后瞬间，u_C 是连续的，没有跳变，表达式 u_C 的时间定义域可以延伸至原点，即

$$u_C(t) = U_0\mathrm{e}^{-\frac{1}{RC}t} \qquad\qquad\qquad\qquad t \geqslant 0 \qquad（3-29）$$

其波形如图 3-20（a）所示。

进一步，根据电容元件的 VCR，可得电流

$$i(t) = -C\frac{\mathrm{d}u_C}{\mathrm{d}t} = -C\frac{\mathrm{d}}{\mathrm{d}t}\left(U_0\mathrm{e}^{-\frac{1}{RC}t}\right) = \frac{U_0}{R}\mathrm{e}^{-\frac{1}{RC}t} \qquad t > 0$$

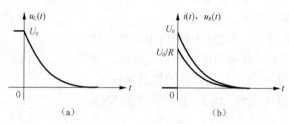

图 3-20 RC 零输入电路的电压、电流波形

此外，还可以计算电阻电压

$$u_R(t) = Ri(t) = U_0 e^{-\frac{1}{RC}t} \qquad\qquad t > 0$$

与电容电压不同的是 $i(t)$、$u_R(t)$ 在 $t=0$ 处发生了跳变，其波形如图 3-20（b）所示。

根据电压、电流表达式可知，RC 电路的零输入响应，各变量具有相同的变化规律，即都是以各自的初始值为起点，按同样的指数规律 $e^{-\frac{1}{RC}t}$ 衰减到零。衰减的快慢取决于特征根 $S = -\dfrac{1}{RC}$ 的大小。特征根 S 具有频率的量纲（1/秒），它的数值取决于电路的结构和元件值，故 S 称为电路的固有频率。令

$$\tau = RC \qquad\qquad\qquad (3\text{-}30)$$

τ 具有时间的量纲，称为 RC 电路的时间常数。当 R 单位为欧，C 单位为法时，欧·法 $=\dfrac{伏}{安}\cdot\dfrac{安秒}{伏}=$秒，$\tau$ 的单位为秒。显然，零输入响应的衰减的快慢也可用 τ 来衡量。表 3-1 以 u_C 为例说明时间常数 τ 的意义。

表 3-1　　　　　　　　　　　u_C 与 t 关系

t:	0	τ	2τ	3τ	4τ	5τ
$u_C(t)$:	U_0	$U_0 e^{-1}$ $=0.368U_0$	$U_0 e^{-2}$ $=0.135U_0$	$U_0 e^{-3}$ $=0.050U_0$	$U_0 e^{-4}$ $=0.018U_0$	$U_0 e^{-5}$ $=0.0067U_0$

根据表 3-1，当 $t=\tau$ 时，u_C 衰减到初始值的 36.8%。因此，时间常数 τ 也可以认为是电路零输入响应衰减到初始值 36.8%所需的时间。从理论上讲，$t\rightarrow\infty$ 时，u_C 才能衰减到零。但实际上，当 $t=4\tau$ 时，u_C 已衰减为初始值的 1.8%。通常认为经过 $4\tau\sim5\tau$ 时间，动态电路的过渡过程结束，从而进入稳定的工作状态。工程技术中时间常数一般不会大于毫秒（ms）数量级，故过渡过程常称为瞬态过程。

在图 3-21 的响应曲线上可以看出时间常数 τ 的几何意义。由

$$u_C(t) = U_0 e^{-\frac{1}{RC}t} \qquad\qquad t \geq 0$$

则

$$\frac{du_C(t)}{dt} = -\frac{1}{\tau}U_0 e^{-\frac{1}{\tau}t}$$

若取 $t=0^+$，得

$$\frac{du_C(t)}{dt}\Big|_{t=0^+} = -\frac{U_0}{\tau}$$

上式中 $\frac{\mathrm{d}u_\mathrm{C}(t)}{\mathrm{d}t}|_{t=0^+}$ 表示曲线在 $t=0^+$ 处切线的斜率。从图 3-21 中可以找到切线的斜率为

$-\frac{U_0}{\tau}$，即得切线与横轴交点（切距）为 τ。

若取 $t=t_0$，得

$$\frac{\mathrm{d}u_\mathrm{C}(t)}{\mathrm{d}t}|_{t=t_0} = -\frac{1}{\tau}U_0\mathrm{e}^{-\frac{1}{\tau}t_0} = -\frac{u_\mathrm{C}(t_0)}{\tau}$$

由图 3-21 可得，指数曲线上任意一点 $u_\mathrm{C}(t_0)$ 的切距长度 $\overline{ab}$ 也等于 τ。

若取 $t=t_0+\tau$，得

$$U_\mathrm{C}(t_0+\tau) = U_0\mathrm{e}^{-\frac{1}{\tau}(t_0+\tau)} = \mathrm{e}^{-1}U_0\mathrm{e}^{-\frac{1}{\tau}t_0}$$
$$= \mathrm{e}^{-1}u_\mathrm{C}(t_0) = 0.368u_\mathrm{C}(t_0)$$

可见时间常数 τ 表示任意时刻衰减到原来值 36.8%所需要的时间。

根据上述分析，时间常数 τ 是反映一阶电路本身特性的物理量。τ 的大小由 R 与 C 的乘积决定，R 与 C 越大，其响应衰减得越慢。给定电容电压的初始值，C 越大，意味着电容储存的电场能量越多；而 R 越大，意味着放电电流越小，衰减越慢；反之，则衰减得越快。图 3-22 绘出了不同 τ 值的响应曲线。

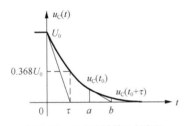

图 3-21 时间常数的几何意义

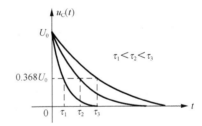

图 3-22 不同 τ 值的响应曲线

电容的整个放电过程中，电阻 R 吸收了能量：

$$w_\mathrm{R} = \int_{0^+}^{\infty}\frac{u_\mathrm{R}^2}{R}\mathrm{d}t = \frac{U_0^2}{R}\int_{0^+}^{\infty}\mathrm{e}^{-\frac{2}{RC}t}\mathrm{d}t = \frac{1}{2}CU_0^2$$

这表明在整个零输入响应过程中，电阻 R 消耗的总能量等于电容的初始储能。

2. RL 电路的零输入响应

图 3-23 是 RL 零输入电路，在 $t<0$ 时，开关 K 在位置 1，电路已经处于稳态，即电感的初始状态 $i_\mathrm{L}(0^-)=I_0$。当 $t=0$ 时，开关 K 由位置 1 倒向位置 2。根据换路定则，有 $i_\mathrm{L}(0^+) = i_\mathrm{L}(0^-)=I_0$，换路后电感通过电阻放电，由于电阻 R 的耗能，电感电流将逐渐减小。最后，电感储存的全部能量被电阻耗尽，电路中的所有响应逐渐趋向于零。

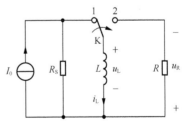

图 3-23 RL 零输入电路

图 3-23 所示的电路，换路后，根据两类约束关系，得

$$u_\mathrm{L}+u_\mathrm{R}=0 \qquad\qquad t>0 \qquad\qquad （\mathrm{KVL}）$$

$$u_R = R\, i_L \qquad\qquad\qquad\text{（VCR）}$$

$$u_L = L\frac{di_L}{dt} \qquad\qquad\qquad\text{（VCR）}$$

对以上三式联立，得一阶常系数线性微分方程

$$\frac{L}{R}\frac{di_L}{dt} + i_L = 0 \qquad\qquad t>0 \qquad\qquad （3\text{-}31）$$

初始条件为

$$i_L(0^+) = I_0 \qquad\qquad\qquad （3\text{-}32）$$

方程（3-31）解的形式为

$$i_L(t) = Be^{St} \qquad\qquad t>0 \qquad\qquad （3\text{-}33）$$

其中 S 为特征方程 $\dfrac{L}{R}S + 1 = 0$ 的根，因此得

$$S = -\frac{R}{L}$$

常数 B 可以根据式（3-32）的初始条件来确定，令式（6-33）中 $t=0^+$，得

$$i_L(0^+) = Be^{St}\big|_{t=0^+} = I_0$$

得

$$B = I_0$$

从而得电感电流的零输入响应表达式为

$$i_L(t) = I_0 e^{-\frac{R}{L}t} \qquad\qquad t>0$$

根据换路定则，电感电流在换路瞬间连续，表达式的时间可从 $t=0$ 开始计算，得

$$i_L(t) = I_0 e^{-\frac{R}{L}t} \qquad\qquad t\geqslant 0 \qquad\qquad （3\text{-}34）$$

根据电感的 VCR，电感电压为

$$u_L(t) = L\frac{di_L}{dt} = -RI_0 e^{-\frac{R}{L}t} \qquad\qquad t>0 \qquad\qquad （3\text{-}35）$$

根据欧姆定律，电阻电压为

$$u_R(t) = Ri_L = RI_0 e^{-\frac{R}{L}t} \qquad\qquad t>0 \qquad\qquad （3\text{-}36）$$

显然，$u_L(t)$、$u_R(t)$ 在 $t=0$ 处发生了跳变。其波形分别如图 3-24（a）、图 3-24（b）所示。

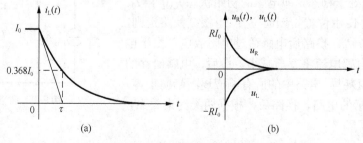

图 3-24　RL 零输入电路的电压、电流波形

与 RC 零输入电路类似，RL 零输入电路各变量也具有相同的变化规律，即都是以各自的初始值为起点，按同样的指数规律 $e^{-\frac{R}{L}t}$ 衰减到零。衰减的快慢决定于固有频率 $S=-\dfrac{R}{L}$。令

$$\tau=\frac{L}{R}=GL \tag{3-37}$$

称为 RL 电路的时间常数，用 τ 来表示，单位为秒（s）。时间常数 τ 反映了 RL 零输入响应的衰减快慢。τ 越大，衰减得越慢。这是因为在一定的初始值情况下，L 越大，电感储存的磁场能量越多，而 R 越小，电流下降越慢，消耗能量越少。反之，则衰减得越快。

在整个放电过程中，电阻 R 消耗的总能量为

$$w_{\mathrm{R}}=\int_{0^+}^{\infty}Ri_{\mathrm{L}}^2\mathrm{d}t=RI_0^2\int_{0^+}^{\infty}e^{-2\frac{R}{L}t}\mathrm{d}t=\frac{1}{2}LI_0^2$$

根据能量守恒定律，电阻 R 消耗的总能量应等于电感的初始储能，上述结果也验证了这一点。

3. 一阶电路零输入响应的一般公式

一阶电路的零输入响应是由储能元件的初始储能引起的，此时并没有外界的激励。零输入响应变化规律和电路结构、元件参数相关，取决于电路的本身性质，体现了放电过程按照指数 $e^{-\frac{1}{\tau}t}$ 的规律衰减至零。零输入响应的一般公式为

$$r_{\mathrm{zi}}(t)=r_{\mathrm{zi}}(0^+)e^{-\frac{t}{\tau}} \qquad\qquad t>0 \tag{3-38}$$

式（3-38）中 $r_{\mathrm{zi}}(t)$ 为一阶电路任意所求的零输入响应；$r_{\mathrm{zi}}(0^+)$ 反映了电路的初值；时间常数 τ 则体现了电路的固有特征。

在零输入电路中，初始状态可认为是电路的内激励。由式（3-29）、式（3-34）、式（3-35）和式（3-38）可见，电路初始状态（U_0 或 I_0）增大 K 倍，则由此引起的零输入响应也相应的增大 K 倍。这种零输入响应和初始状态间的线性关系称为零输入线性关系，它是动态电路中线性关系的体现。

例 3-5　电路如图 3-25（a）所示，已知 $R_1=4\Omega$，$R_2=8\Omega$，$R_3=3\Omega$，$R_4=1\Omega$，$u_{\mathrm{C}}(0^-)=6\mathrm{V}$，$t=0$ 时开关闭合，试求开关闭合后的 $u_{\mathrm{C}}(t)$ 和 $u_{\mathrm{ab}}(t)$。

解：（1）求响应的初始值 $u_{\mathrm{C}}(0^+)$，$u_{\mathrm{ab}}(0^+)$。

当 $t=0^+$ 时，由换路定则，得

$$u_{\mathrm{C}}(0^+)=u_{\mathrm{C}}(0^-)=6\mathrm{V}$$

做出 $t=0^+$ 时刻的初始值等效电路如图 3-25（b）所示。

$$u_{\mathrm{ab}}(0^+)=\frac{R_2}{R_1+R_2}u_{\mathrm{C}}(0^+)-\frac{R_4}{R_3+R_4}u_{\mathrm{C}}(0^+)=2.5\mathrm{V}$$

（2）求时间常数 τ。

开关闭合后，此电路相当于一个电容和一个等效电阻的串联，该电阻即 cd 端右边网络的等效电阻，为

$$R_{\mathrm{cd}}=\frac{(4+8)(3+1)}{(4+8)+(3+1)}=3\Omega$$

因此，

$$\tau = R_{cd}C = 3 \times 1 = 3s$$

（3）求零输入响应。

根据式（3-38），得

$$u_C(t) = u_C(0^+)e^{-\frac{t}{\tau}} = 6e^{-\frac{t}{3}}\,\text{V} \qquad t \geq 0$$

$$u_{ab}(t) = 2.5\,e^{-\frac{t}{3}}\,\text{V}, \qquad\qquad t > 0$$

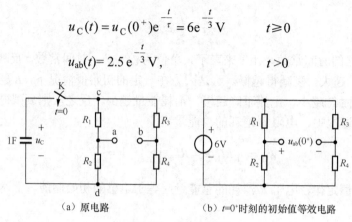

(a) 原电路　　　　　　(b) $t=0^+$时刻的初始值等效电路

图 3-25　例 3-5 题图

3.3.2　一阶电路的零状态响应

本节讨论一阶电路在恒定激励（直流）作用下的零状态响应。零状态响应指储能元件初始状态为零、仅有外激励引起的响应。

本节先介绍 RC 电路的零状态响应，然后介绍 RL 电路的零状态响应，最后给出一阶电路 $u_C(t)$或 $i_L(t)$零状态响应的一般公式。

1. RC 电路的零状态响应

RC 零状态电路如图 3-26 所示。当 $t<0$ 时，开关 K 位于位置 1，电路已经处于稳态，即电容的初始状态 $u_C(0^-)=0$；当 $t=0$ 时，开关 K 由位置 1 倒向位置 2。根据换路定则，$u_C(0^+)=u_C(0^-)=0$，$t=0^+$时电容相当于短路，故电源电压 U_S全部施加于电阻 R 两端，此时充电电流达到最大值，$i(0^+)=\dfrac{U_S}{R}$。随着充电的持续，电容电压逐渐升高，而充

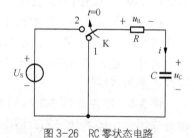

图 3-26　RC 零状态电路

电电流也随之逐渐减小，当 $u_C=U_S$ 时，充电电流 $i=0$，充电过程结束，电路重新进入稳态。

下面对 RC 电路的零状态响应做详细分析。

对换路后的电路，列写 KVL，得

$$u_R + u_C = U_S \qquad t > 0$$

将元件伏安关系 $u_R=Ri$，以及 $i=C\dfrac{du_C}{dt}$ 代入上式，以电容电压为变量的关系式为

$$RC\frac{du_C}{dt} + u_C = U_S \qquad t > 0 \tag{3-39}$$

响应的初始值

$$u_C(0^+) = 0 \tag{3-40}$$

由高等数学可知，该微分方程的完全解由相应的齐次方程的通解 u_{Ch} 和非齐次方程的特解 u_{Cp} 两部分组成，即

$$u_C(t) = u_{Ch}(t) + u_{Cp}(t)$$

式（3-39）微分方程的齐次方程与式（3-25）相同，故通解形式为

$$u_{Ch}(t) = Ae^{-\frac{1}{RC}t} \qquad t > 0 \qquad\qquad (3\text{-}41)$$

非齐次方程的特解由外激励决定，通常与外激励有相同的函数形式。当激励为直流时，其特解为常量，设

$$u_{Ch}(t) = K$$

代入式（3-39）得

$$RC\frac{dK}{dt} + K = U_S$$

解得

$$K = U_S$$

故特解为

$$u_{Ch}(t) = U_S$$

因此，式（3-39）方程的完全解为

$$u_C(t) = Ae^{-\frac{1}{RC}t} + U_S \qquad t > 0 \qquad\qquad (3\text{-}42)$$

式中待定常数 A 由初始条件确定。令式（3-42）中的 $t = 0^+$，得

$$u_C(0^+) = \left. \left(Ae^{-\frac{1}{RC}t} + U_S \right) \right|_{t=0^+} = 0$$

得

$$A = -U_S$$

最后，得电容电压的零状态响应为

$$
\begin{aligned}
u_C(t) &= -U_S\, e^{-\frac{1}{RC}t} + U_S \\
&= U_S(1 - e^{-\frac{1}{RC}t}) \qquad t \geqslant 0 \\
&= U_S(1 - e^{-\frac{1}{\tau}t}) \qquad t \geqslant 0 \qquad\qquad (3\text{-}43)
\end{aligned}
$$

式中 $\tau = RC$ 为电路的时间常数。当 $t = \tau$ 时，得

$$u_C(\tau) = U_S\,(1 - e^{-1}) = 0.632\,U_S$$

式（3-43）表明，在充电过程中，电容电压由零随时间按指数规律逐渐增加，经过时间 τ 电容电压充电至 $0.632\,U_S$，当 $t \to \infty$ 时，电容电压趋于稳定值 U_S。其波形如图 3-27（a）所示。从理论上讲，$t \to \infty$ 时，u_C 才能充电到 U_S。但在工程上，通常认为经过 $4\tau \sim 6\tau$ 时间，电路充电过程结束，从而进入稳定的工作状态。与零输入响应一样，τ 的大小决定过渡过程的长短，电容越大、电阻越大，τ 就越大，过渡过程就越长，充电就越慢。

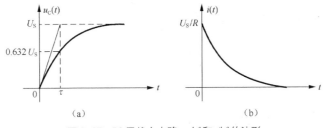

图 3-27　RC 零状态电路 $u_C(t)$ 和 $i(t)$ 的波形

充电电流可根据电容的 VCR 求得

$$i(t) = C\frac{du_C}{dt} = \frac{U_S}{R}e^{-\frac{1}{RC}t} \qquad t > 0 \qquad\qquad (3\text{-}44)$$

其波形如图 3-27（b）所示。

在电容充电过程中，串联电阻 R 消耗能量，表示为

$$w_R = \int_{0^+}^{\infty} i^2 R dt = \int_{0^+}^{\infty} R\left(\frac{U_S}{R}\right)^2 e^{-\frac{2}{RC}t} dt$$

$$= \left(-\frac{RC}{2}\cdot\frac{U_S^2}{R}e^{-\frac{2}{RC}t}\right)\bigg|_{0^+}^{\infty} = \frac{1}{2}CU_S^2$$

在整个零状态响应过程中，电阻消耗的能量大小等于电容充电结束时的储能，这说明电路的充电效率仅为 50%。

2. RL 电路的零状态响应

RL 零状态电路如图 3-28 所示，当 $t<0$，开关 K 闭合，电路已经稳定，故电感的初始状态 $i_L(0^-)=0$。

当 $t=0$ 时，开关 K 打开，根据换路定则，$i_L(0^+)=i_L(0^-)=0$，对于图 3-28 换路后的电路，列写 KCL 方程，得

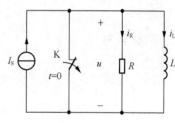

图 3-28 RL 零状态电路

$$i_R + i_L = I_S \qquad t > 0$$

根据元件的伏安关系 $i_R = u/R$，$u = L\frac{di_L}{dt}$，得以电感电流为变量的方程为

$$\frac{L}{R}\frac{di_L}{dt} + i_L = I_S, \quad t > 0 \qquad\qquad (3\text{-}45)$$

初始条件为

$$i_L(0^+) = 0 \qquad\qquad (3\text{-}46)$$

显然，这和 RC 电路零状态响应所对应的微分方程的数学形式一致，故与之类似地可得

$$i_L(t) = i_{Lh}(t) + i_{Lp}(t)$$

其中通解 $\qquad i_{Lh}(t) = B e^{-\frac{R}{L}t}, \; t > 0$

设特解 $\qquad i_{Lp}(t) = K$

将特解代入式（3-45）得

$$K = I_S$$

因此，式（3-45）方程的完全解为

$$i_L(t) = B e^{-\frac{R}{L}t} + I_S, \; t > 0 \qquad\qquad (3\text{-}47)$$

式中待定常数 B 由初始条件确定，令式（3-47）中的 $t=0^+$，得

$$i_L(0^+) = \left(B e^{-\frac{R}{L}t} + I_S\right)\bigg|_{t=0^+} = 0$$

得

$$B = -I_S$$

于是电感电流的零状态响应为

$$i_L(t)=I_S(1-e^{-\frac{R}{L}t}) \qquad t \geqslant 0$$

$$= I_S\left(1-e^{-\frac{1}{\tau}t}\right) \qquad t \geqslant 0 \tag{3-48}$$

式中 $\tau=L/R$ 为 RL 电路的时间常数。

$$u(t) = L\frac{\mathrm{d}i_L}{\mathrm{d}t} = RI_S\ e^{-\frac{R}{L}t} \qquad t > 0 \tag{3-49}$$

波形如图 3-29 所示。

可见，RL 零状态电路和 RC 零状态电路的数学形式相同，具有对偶的特性。

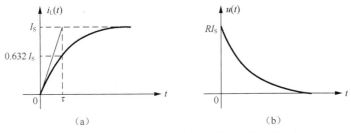

图 3-29 RL 零状态电路的 $i_L(t)$ 和 $u(t)$ 的波形

3. 一阶电路零状态响应的一般公式

在直流激励下，零状态电路的过渡过程实质上是动态元件的贮能由零逐渐增长到某一定值的过程。因此，尽管一阶电路的结构和元件参数可以千差万别，但电路中表示电容或电感贮能状态的变量 u_C 或 i_L 却都是从零值按指数规律逐渐增长至稳态值。由此可见，一阶零状态电路的电容电压或电感电流可分别表示为

$$u_{Czs}(t)=u_C(\infty)(1-e^{-\frac{1}{\tau}t}) \quad t \geqslant 0 \tag{3-50}$$

$$i_{Lzs}(t)= i_L(\infty)(1-e^{-\frac{1}{\tau}t}) \quad t \geqslant 0 \tag{3-51}$$

式中 $u_C(\infty)$、$i_L(\infty)$ 称为稳态值，也称终值，可以从终值电路中求取；对于 RC 电路，时间常数 $\tau= RC$，对于 RL 电路，时间常数 $\tau=L/R$，其中 R 为动态元件所接戴维南等效电路的等效电阻。

由式（3-50）和式（3-51）可知，只要确定了 $u_C(\infty)$ 或 $i_L(\infty)$ 和 τ，无须列写和求解电路的微分方程，就可直接写出电容电压或电感电流的零状态响应表达式。

根据式（3-43）、式（3-44）、式（3-48）和式（3-49），当激励（U_S 或 I_S）增大 K 倍，零状态响应也相应增大 K 倍。若电路有多个激励，则响应是每个激励分别作用时产生响应的代数和。这是线性电路的线性在零状态电路中的体现。

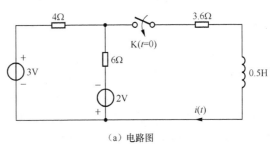

（a）电路图

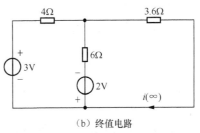

（b）终值电路

图 3-30 例 3-6 题图

例 3-6 开关在 $t=0$ 时关闭，求图 3-30（a）所示电路的零状态响应 $i(t)$。

解： 方法一，根据戴维南定理，开关闭合后，电路等价为一个电压源、一个电阻和一个电感的串联，这个电阻即为从电感两端看进去的等效电阻。开路电压和等效电阻分别为

$$U_{OC} = \frac{2+3}{4+6} \times 6 - 2 = 1V$$

$$R_o = \frac{4 \times 6}{4+6} + 3.6 = 6\Omega$$

时间常数：$\tau = \dfrac{L}{R_o} = \dfrac{1}{12}s$

零状态响应：$i(t) = i(\infty)(1-e^{-\frac{t}{\tau}}) = \dfrac{U_{OC}}{R_o}(1-e^{-\frac{t}{\tau}}) = \dfrac{1}{6}(1-e^{-12t})A \qquad t>0$

方法二，按如下步骤求解。

（1）当 $t<0$ 时，电感无电流，$i(0^-)=0$，为零状态电路。

（2）当 $t \to \infty$ 时，电感相当于短路，画出终值电路如图 3-30（b）所示，利用叠加定理，解得

$$i(\infty) = \frac{3}{4+3.6//6} \cdot \frac{6}{3.6+6} - \frac{2}{6+3.6//4} \cdot \frac{4}{3.6+4} = \frac{1}{6}A$$

（3）计算时间常数 τ。如图 3-30（a）所示，电感所接电阻网络的等效电阻为

$$R_o = \frac{4 \times 6}{4+6} + 3.6 = 6\Omega$$

$$\tau = \frac{L}{R_o} = \frac{1}{12}s$$

（4）代入式（3-51），得

$$i(t) = i(\infty)(1-e^{-\frac{t}{\tau}}) = \frac{1}{6}(1-e^{-12t})A \qquad t>0$$

3.3.3 一阶电路的全响应

前面分别讨论了一阶电路的零输入响应和零状态响应，即只有非零初始状态或只有外激励作用时一阶电路的响应。本节将讨论非零初始状态和外激励（仍限于直流激励）共同作用时的一阶电路的响应，这种响应称为全响应。下面以 RC 串联电路为例，讨论一阶电路在直流激励下的全响应，电路如图 3-31 所示。

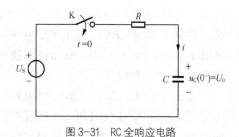

图 3-31 RC 全响应电路

假设电容初始状态为 $u_C(0^-)=U_0$，当 $t=0$ 时，开关 K 闭合。下面以电容电压为响应变量进行分析，由 KVL 及元件 VCR 得方程

$$RC\frac{du_C}{dt} + u_C = U_s \qquad t>0 \qquad (3-52)$$

初始条件为

$$u_C(0^+) = U_0 \qquad (3-53)$$

与式（3-39）、式（3-40）的零状态电路方程相比较，微分方程的形式相同，但初始条件不同。根据微分方程的解可以分解为通解和特解相加，得

$$u_C(t) = u_{Ch}(t) + u_{Cp}(t)$$

式中，$u_{Ch}(t) = A\mathrm{e}^{-\frac{1}{RC}t}$，$u_{Cp}(t) = U_S$，得

$$u_C(t) = A\mathrm{e}^{-\frac{1}{RC}t} + U_S \qquad\qquad (3\text{-}54)$$

式中待定常数 A 由初始条件确定。式（3-54）中，取 $t=0^+$，得

$$u_C(0^+) = A + U_S = U_0$$

得

$$A = U_0 - U_S$$

由此得电容电压的全响应为

$$u_C(t) = \underset{(\text{固有响应})}{\underset{(\text{暂态响应})}{(U_0 - U_S)\,\mathrm{e}^{-\frac{1}{RC}t}}} + \underset{(\text{强制响应})}{\underset{(\text{稳态响应})}{U_S}} \qquad t \geqslant 0 \qquad (3\text{-}55)$$

在全响应式（3-55）中，第一项（即齐次解）指数函数的形式由特征根确定，而与激励的函数形式无关，称为固有响应或自然响应；第二项（即特解）与激励具有相同的函数形式，称为强制响应。

因此，按电路的响应形式来分，

$$\text{全响应}=\text{固有响应（自然响应）}+\text{强制响应}$$

图 3-32 分别画出了 $U_0 < U_S$ 和 $U_0 > U_S$ 两种情况下 $u_C(t)$ 及 $i(t)$ 的波形。

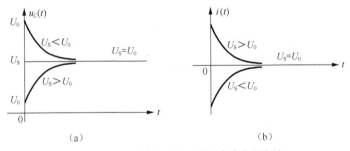

图 3-32　RC 全响应电压 $u_C(t)$ 及各个分量波形

由图 3-32 可知：当 $U_0 < U_S$ 时，电容充电；当 $U_0 > U_S$ 时，电容放电；当 $U_0 = U_S$ 时，电路换路后立即进入稳态。可见，只有电路初始值和终值不同时，才会有过渡过程。

在全响应式（3-55）中，第一项按指数规律衰减，当 $t \to \infty$ 时，该分量将衰减至零，故又称为电路的暂态响应；第二项为常数，故又称为稳态响应，它是 t 趋于无穷大的电路响应。

因此，按电路的响应特性来分

$$\text{全响应}=\text{暂态响应}+\text{稳态响应}$$

换路后，在恒定激励且 $R > 0$ 的情况下，一阶电路的固有响应就是暂态响应，强制响应就是稳态响应。

将式（3-55）重新整理，可表示为

$$u_C(t) = \underset{(\text{零输入响应})}{U_0\,\mathrm{e}^{-\frac{1}{RC}t}} + \underset{(\text{零状态响应})}{U_S\left(1 - \mathrm{e}^{-\frac{1}{RC}t}\right)} \qquad t \geqslant 0 \qquad (3\text{-}56)$$

$$= u_{Czi}(t) + u_{Czs}(t)$$

式（3-56）中第一项是外激励 $U_S=0$ 时，由初始状态 $u_C(0^-)=U_0$ 产生的零输入响应；第二项是初始状态 $u_C(0^-)=0$ 时，由外激励 U_S 产生的零状态响应。式（3-56）说明动态电路的全响应符合线性的叠加定理，即

$$全响应=零输入响应+零状态响应$$

3.4　一阶电路的三要素分析法

前面分析了零输入响应和零状态响应，并指出全响应是零输入响应和零状态响应的叠加。零输入响应和零状态响应可以看成是全响应的特例。本节介绍的三要素法是无需建立微分方程就能直接计算一阶电路响应的简便方法，它可用于求解任一变量的零输入响应、零状态响应和全响应。

在线性时不变一阶动态电路中，假设 $t=0$ 时换路。换路后电路任一响应与激励之间的关系均可用一个一阶常系数线性微分方程来描述，其一般形式为

$$\frac{dr(t)}{dt} + ar(t) = bw(t) \qquad t>0 \qquad (3-57)$$

其中 $r(t)$ 为电路的任一响应，$w(t)$ 是与外激励有关的时间 t 的函数，a、b 为实常数。响应 $r(t)$ 的完全解为该微分方程相应的齐次方程的通解与非齐次方程的特解之和。即响应 $r(t)$ 为

$$r(t) = r_h(t) + r_p(t) \qquad t>0 \qquad (3-58)$$

其中 $r_h(t) = A\,e^{-\frac{1}{\tau}t}$，$r_p(t)$ 的形式由外激励决定。得

$$r(t) = r_p(t) + A\,e^{-\frac{1}{\tau}t} \qquad (3-59)$$

设响应的初始值为 $r(0^+)$，将 $t=0^+$ 代入式（3-59），得

$$r(0^+) = A + r_p(0^+)$$

得

$$A = r(0^+) - r_p(0^+) \qquad (3-60)$$

将式（3-60）代入式（3-59），得

$$r(t) = r_p(t) + [\,r(0^+) - r_p(0^+)\,]\,e^{-\frac{1}{\tau}t} \qquad t>0 \qquad (3-61)$$

上式为求一阶电路在任意激励下任一响应的公式，式中 $r_p(0^+)$ 为非齐次方程特解或强制响应在 $t=0^+$ 时的值。

若电路激励为恒定值，式（3-61）中非齐次方程特解 $r_p(t)$ 为常数，且为响应的稳态值 $r(\infty)$。显然有 $r_p(t) = r(\infty) = r_p(0^+)$，故式（3-61）可表示为

$$r(t) = r(\infty) + [\,r(0^+) - r(\infty)\,]\,e^{-\frac{1}{\tau}t} \qquad t>0 \qquad (3-62)$$

式（3-62）中 $r(0^+)$、$r(\infty)$ 和 τ 分别代表响应的初始值、稳态值（也称终值）和时间常数，称为恒定激励下一阶电路响应的三要素。称式（3-62）为三要素公式，只要求出这三个要素，就能确定响应的表达式，而不用求解微分方程。这种直接根据式（3-62）求解恒定激励下一阶电路响应的方法称为三要素法，式（3-62）提供了利用三要素求解全响应的一般公式。

如果换路时刻为 $t=t_0$，则式（3-62）应改写为

$$r(t)= r(\infty) +[r(t_0^+)-r(\infty)] e^{-\frac{1}{\tau}(t-t_0)} \qquad t > t_0$$

三要素公式适用于恒定激励下一阶电路任意支路的电流或任意两端的电压。三要素法不仅适用于计算全响应，同样也适用于求解零输入响应和零状态响应。

三要素法可按下列步骤进行。

（1）计算响应的初始值 $r(0^+)$

换路前电路已稳定，设换路发生在时刻 $t=0$，此时，将电容元件视作开路，将电感元件视作短路，画出 $t=0^-$ 时刻的等效电路，用电阻电路分析方法求出初始状态 $u_C(0^-)$ 或 $i_L(0^-)$。然后根据换路定则，求得 $u_C(0^+)= u_C(0^-)$ 或 $i_L(0^+)=i_L(0^-)$。接着，将电容元件用电压为 $u_C(0^+)$ 的直流电压源替代，电感元件用电流为 $i_L(0^+)$ 的直流电流源替代，得出 $t=0^+$ 时刻的初始值等效电路，用电阻电路分析方法求出任一所需的初始值 $r(0^+)$。

（2）计算稳态值 $r(\infty)$

换路后，电路在 $t\to\infty$ 时达到新的稳态，将电容元件视作开路，将电感元件视作短路，然后求得任一变量的稳态值 $r(\infty)$。

（3）计算时间常数 τ

将换路后电路中的动态元件（电容或电感）从电路中取出，求出剩余电路的戴维南（或诺顿）电路的等效电阻 R_o，也就是说 R_o 等于电路中独立源置零时，从动态元件两端看进去的等效电阻 R_o。对于 RC 电路，则 $\tau=R_oC$；对于 RL 电路，则 $\tau=L/R_o$。

（4）代入三要素公式

将初始值 $r(0^+)$、稳态值 $r(\infty)$ 和时间常数 τ 代入三要素公式（3-62），写出响应 $r(t)$ 的表达式，这里 $r(t)$ 泛指任一电压或电流。

例 3-7 电路如图 3-33（a）所示，$t=0$ 时开关 K 闭合，开关闭合前电路已经稳定，试求 $t > 0$ 时的响应 $i(t)$。

解：（1）求取 $i(0^+)$

设电感电流为 i_L，首先求 $i_L(0^-)$，如图 3-33（b）所示，换路前，因为开关 K 闭合前电路是稳定的，因此电感相当于短路，得

$$i_L(0^-) = 6A$$

换路后，根据换路定则，$i_L(0^+) = i_L(0^-) = 6A$，在 $t = 0^+$ 时用 6A 的电流源替换电感，在此条件下求 $i(0^+)$，如图 3-33（c）所示，列左边网孔的 KVL 方程得

$$3i(0^+) + 6[i(0^+) - 6] = 54$$

得 $i(0^+) = 10A$

（2）求 $i(\infty)$

电路在 $t\to\infty$ 时达到新的稳态，将电感元件视作短路，然后求稳态值 $i(\infty)$，如图 3-33（d）所示，得

$$i(\infty) = \frac{54}{3 + 6//6} = 9A$$

（3）求 τ

在换路后的电路中，求拿掉电感元件之后的单口网络的戴维南等效电路中的电阻，如图 3-33（e）所示，即

$$R_{eq} = 6 + 3 // 6 = 8\Omega$$

因此，$\tau = \dfrac{L}{R_{eq}} = \dfrac{0.5}{8} = \dfrac{1}{16}s$

最后用三要素公式（3-62）得

$$i(t) = 9 + [10-9]e^{-16t} = 9 + e^{-16t}A, t > 0$$

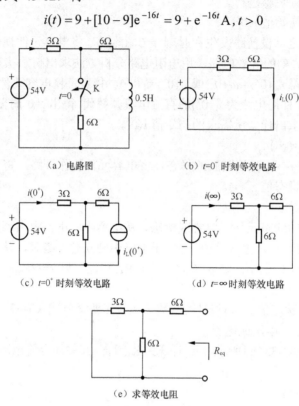

(a) 电路图　　　　　　　　　(b) $t=0^-$ 时刻等效电路

(c) $t=0^+$ 时刻等效电路　　　　(d) $t=\infty$ 时刻等效电路

(e) 求等效电阻

图 3-33　例 3-7 题图

例 3-8　换路前图 3-34（a）电路已处于稳态，$t=0$ 时开关闭合。求换路后电容电压 u_C 及电流 i_C。

解：（1）求取 $u_C(0^+)$

$t < 0$ 时，电容无储能，故 $u_C(0^-) = 0$，$t = 0^+$ 时刻等效电路如图 3-34（b）所示，据换路定则，得

$$u_C(0^+) = u_C(0^-) = 0$$

（2）求取 $u_C(\infty)$

电路在 $t \to \infty$ 时达到新的稳态，等效电路如图 3-34（c）所示，将电容元件视作开路，分别求电压源与电流源单独作用时的电容电压值，根据叠加定理，然后得到稳态值 $u_C(\infty)$，得

$$u_C(\infty) = \frac{3}{3+3} \times 6 + \frac{3 \times 3}{3+3} \times 2 = 6V$$

（3）时间常数 τ

在换路后的电路中，求去掉电容元件之后的单口网络的戴维南等效电路中的电阻 R_o，等效电路如图 3-34（d）所示，根据 $\tau = R_o C$，计算得

$$\tau = R_o C = \left(2 + \frac{3 \times 3}{3+3}\right) \times 0.5 = 1.75 \text{ s}$$

根据三要素公式（3-62），可得 $t > 0$ 时电容电压为

$$u_C(t) = 6(1 - e^{-\frac{4}{7}t}) \text{ V} \qquad t > 0$$

根据电容的 VCR，得

$$i_C = C\frac{du_C}{dt} = \frac{12}{7}e^{-\frac{4}{7}t} \text{ A} \qquad t > 0$$

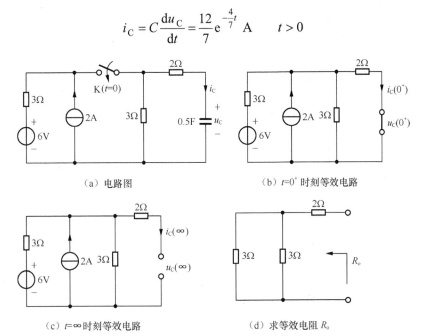

（a）电路图 　　（b）$t=0^+$ 时刻等效电路

（c）$t=\infty$ 时刻等效电路 　　（d）求等效电阻 R_o

图 3-34　例 3-8 题图

例 3-9　电路如图 3-35（a）所示，$t=0$ 时开关 K 闭合，电容初始电压为零，试求开关闭合后的 $u(t)$ 和 $i(t)$。

解：（1）求取 $u(0^+)$，$i(0^+)$

此电路为零状态电路，即 $u_C(0^-)=0$，由换路定则得 $u_C(0^+)=u_C(0^-)=0$，做 $t=0^+$ 等效电路如图 3-35（b）所示，则有

$$u(0^+) - 2\,i(0^+) - 4\,i(0^+) = 0$$
$$u(0^+) = 4[2 - i(0^+)]$$

解得　　$i(0^+) = 0.8 \text{ A}$

$$u(0^+) = 4.8 \text{ V}$$

（2）求取 $u(\infty)$、$i(\infty)$

$t \to \infty$ 时，电路已经稳定，电容看作开路，得 $t \to \infty$ 时等效电路如图 6-32（c），则有

$$u(\infty) = 0, \quad i(\infty) = 2A$$

（3）求时间常数 τ

如图 3-35（d）所示，采用加压求流法，得

$$R_{eq} = 10\Omega, \quad \tau = R_{eq}C = 0.1 \text{ s}$$

代入三要素公式，得

$$u(t)=4.8\,e^{-10t}\,V \qquad t>0$$
$$i(t)= 2+[0.8-2]e^{-10t}$$
$$= 2-1.2e^{-10t}\,A \qquad t>0$$

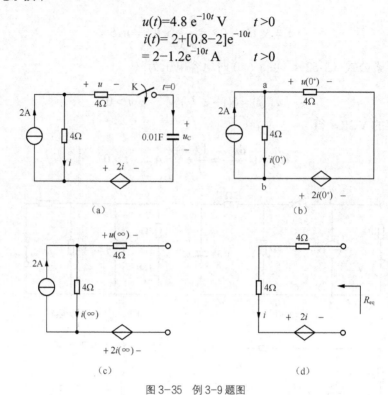

(a)

(b)

(c)

(d)

图 3-35　例 3-9 题图

*3.5　阶跃函数与阶跃响应

3.5.1　阶跃函数

1. 阶跃信号的定义

单位阶跃信号（或单位阶跃函数，the unit step function）的定义为

$$\varepsilon(t)=\begin{cases}0 & t<0\\1 & t>0\end{cases} \tag{3-63}$$

其波形如图 3-36（a）所示，在跃变点 $t=0$ 处，函数值未定义。

若单位阶跃信号跃变点在 $t=t_0$ 处，则称其为延迟单位阶跃信号，它可表示为

$$\varepsilon(t-t_0)=\begin{cases}0 & t<t_0\\1 & t>t_0\end{cases} \tag{3-64}$$

其波形如图 3-36（b）所示。

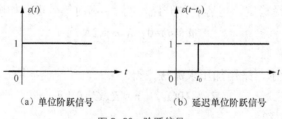

（a）单位阶跃信号　　　　　（b）延迟单位阶跃信号

图 3-36　阶跃信号

2. 阶跃信号的作用

（1）用阶跃信号表示开关的动作

在动态电路中，单位阶跃信号可以用来描述开关 K 的动作，图 3-37（a）和图 3-37（b）所示的电路是等效的。1V 的直流电压在 $t=0$ 时接到电路中，这一过程可以用一个开关来表示。类似地，图 3-37（c）、图 3-37（d）也是等效的。

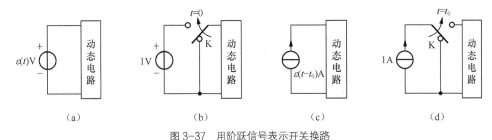

图 3-37 用阶跃信号表示开关换路

（2）利用单位阶跃信号表示各种信号

如图 3-38（a）所示的矩形脉冲信号，可以看成是图 3-38（b）、图 3-38（c）所示的阶跃信号与延迟阶跃信号的叠加。即

$$f(t) = A\varepsilon(t) - A\varepsilon(t - t_0)$$

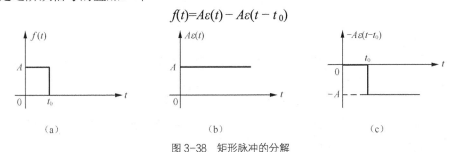

图 3-38 矩形脉冲的分解

图 3-39（a）、图 3-39（b）和图 3-39（c）所示的信号分别用阶跃信号表示为

$$f_1(t) = \varepsilon(t) + \varepsilon(t-1) - 2\varepsilon(t-2)$$
$$f_2(t) = t[\varepsilon(t) - \varepsilon(t-1)]$$
$$f_3(t) = \sin t[\varepsilon(t) - \varepsilon(t-\pi)]$$

从上面的结果可以看出，用阶跃信号以及延迟的阶跃信号的线性组合来表示分段信号十分简洁。

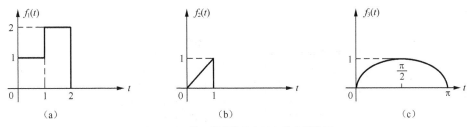

图 3-39 利用阶跃信号表示各种分段信号

3.5.2 阶跃响应

单位阶跃响应指零状态电路在单位阶跃信号作用下的响应。单位阶跃响应一般用 $s(t)$ 来表示。响应可以是电压，也可以是电流。电路的单位阶跃响应可运用三要素法进行计算。

例 3-10 求图 3-40（a）所示电路在图 3-40（b）所示脉冲电流作用下的零状态响应 $i_L(t)$。

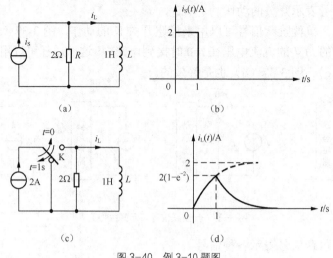

图 3-40 例 3-10 题图

解： （1）将脉冲电流 $i_S(t)$ 分解为阶跃函数之和。

$$i_S(t) = 2\varepsilon(t) - 2\varepsilon(t-1)A$$

（2）求电路的阶跃响应 $s(t)$。

$s(t)$ 代表单位阶跃信号下的电感电流 $i_L(t)$ 的响应。显然，$s(0^+) = 0$，$s(\infty) = 1A$，时间常数 $\tau = 0.5s$，根据三要素法得

$$s(t) = \left(1 - e^{-2t}\right)\varepsilon(t)$$

上式所求得的阶跃响应中包含有 $\varepsilon(t)$ 因子，故无需在表达式后再注明"$t > 0$"。

（3）求出脉冲电流 $i_S(t)$ 激励下的零状态响应。

首先，由电路的零状态线性，$2\varepsilon(t)$ 作用的零状态响应为 $2s(t)$；$-2\varepsilon(t)$ 作用下的零状态响应为 $-2s(t)$。

然后，电路的时不变性，可得 $-2\varepsilon(t-1)$ 作用下的零状态响应为 $-2s(t-1)$。

最后，根据叠加定理，可得 $i_S(t) = 2\varepsilon(t) - 2\varepsilon(t-1)$ 作用下的零状态响应为 $2s(t) - 2s(t-1)$。即

$$i_L(t) = 2\left(1 - e^{-2t}\right)\varepsilon(t) - 2\left(1 - e^{-2(t-1)}\right)\varepsilon(t-1)A$$

例 3-11 电路如图 3-41（a）所示，$u_S(t)$ 波形如图 3-41（b），已知 $u_C(0^-) = 4V$，求 $t > 0$ 时的 $i(t)$。

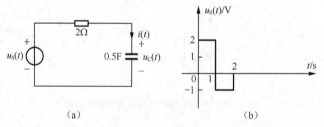

图 3-41 例 3-11 题图

解： 由于外激励是分段信号，故可以通过阶跃响应求零状态响应，而零输入响应应单独求取，将零状态响应和零输入响应叠加后就得到了全响应。

（1）求零输入响应 $i_{zi}(t)$

令 $u_S(t)=0$。由换路定则得 $u_C(0^+)=u_C(0^-)=4\text{V}$，可求得

$$i(0^+)=-2\text{ A}, \quad i(\infty)=0, \quad \tau=1\text{s}$$

由三要素公式得

$$i_{zi}(t)=-2\text{ e}^{-t}\text{A} \quad t>0$$

（2）求零状态响应 $i_{zs}(t)$

先求单位阶跃响应，令 $u_S(t)=\varepsilon(t)$，$u_C(0^-)=0$，由三要素法可求得单位阶跃响应为

$$s(t)=0.5\text{ e}^{-t}\varepsilon(t)$$

由 $\qquad\qquad u_S(t)=2\varepsilon(t)-3\varepsilon(t-1)+\varepsilon(t-2)$

得 $\qquad\qquad i_{zs}(t)=2\,s(t)-3\,s(t-1)+s(t-2)$

$$=\text{e}^{-t}\varepsilon(t)-1.5\text{ e}^{-(t-1)}\varepsilon(t-1)+0.5\text{ e}^{-(t-2)}\varepsilon(t-2)\text{A}$$

（3）根据全响应=零输入响应+零状态响应来求解 $i(t)$

$$i(t)=i_{zi}(t)+i_{zs}(t)$$

$$=-2\text{e}^{-t}+\text{e}^{-t}\varepsilon(t)-1.5\text{ e}^{-(t-1)}\varepsilon(t-1)+0.5\text{ e}^{-(t-2)}\varepsilon(t-2)\text{A} \quad t>0$$

由于 $t<0$ 时不能确定 $i_{zi}(t)$，故零输入响应或非零初始储能的全响应表达式后仍要注明 $t>0$。

综上所示，求解分段常量信号下的响应，一般先将信号分解为阶跃信号的叠加，然后根据叠加原理，将各阶跃信号分量单独作用于电路的零状态响应，相加得到该分段常量信号作用下电路的零状态响应。如果电路的初始状态不为零，则需再叠加上电路的零输入响应，就可得到该电路在分段常量信号作用下的全响应。

*3.6　二阶电路的零输入响应

由二阶微分方程描述的动态电路称为二阶电路。二阶电路可以同时含有电容和电感两种动态元件。RLC 串联电路和 GCL 并联电路是最简单的二阶电路。本节主要分析 RLC 串联二阶电路的零输入响应。GLC 并联电路的分析方法是类似的。

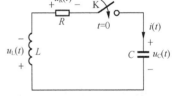

图 3-42　零输入 RLC 串联电路

零输入 RLC 串联电路如图 3-42 所示。$t=0$ 时开关 K 闭合，设 $u_C(0^-)=U_0$，$i_L(0^-)=0$，开关闭合后，电容将通过 R、L 放电，由于电路中存在耗能元件 R，且无外激励补充能量，可以想象，电容的储能将逐渐被电阻耗尽，最后电路各电压、电流趋于零。但这与零输入 RC 电路的放电过程有所不同，原因是电路中还存在储能元件 L，电容在放电的过程中，释放的电场能除了供电阻消耗外，部分电场能将被电感转换成磁场能存储于电感之中。然后，电感的磁场能除供电阻消耗外，还可以再次转化为电容的电场能，从而形成了电场能和磁场能之间的交换。这种能量交换取决于 R、L、C 参数的相对大小。能量的交换可能是反复多次，也可能不能构成能量的反复交换。

上面阐述的物理过程可以进行详细分析。

对于图 3-42 所示电路，各元件电压和电流均为关联参考方向，列写 KVL 方程，得

$$u_L+u_R+u_C=0 \qquad t>0$$

将元件的 VCR，即 $i=C\dfrac{du_C}{dt}$，$u_R=Ri=RC\dfrac{du_C}{dt}$，$u_L=L\dfrac{di}{dt}=LC\dfrac{d^2u_C}{dt^2}$ 代入上式得到

以 u_C 为变量的二阶线性常系数齐次微分方程

$$LC\frac{d^2 u_C}{dt^2} + RC\frac{du_C}{dt} + u_C = 0 \qquad t > 0 \qquad （3-65）$$

式（3-65）的初始条件为 $u_C(0^+) = u_C(0^-) = U_0$ ；又由于电感电流不跳变，得 $i_L(0^+) = i_L(0^-) = 0$ ，因此

$$u'_C(0^+) = \frac{du_C}{dt}\bigg|_{t=0^+} = \frac{i_C(0^+)}{C} = 0$$

结合初始条件 $u_C(0^+)$ 和 $u'_C(0^+)$ 及式（3-65）所示的微分方程，可以确定 $t > 0$ 时的响应 $u_C(t)$ 。

式（3-65）所对应的特征方程为

$$LCS^2 + RCS + 1 = 0$$

其特征根为

$$S_{1,2} = -\frac{R}{2L} \pm \sqrt{\left(\frac{R}{2L}\right)^2 - \frac{1}{LC}} \qquad （3-66）$$

式（3-66）表明，特征根由电路本身的参数 R 、 L 、 C 的数值决定，反映了电路的固有特性，且具有频率的量纲，与一阶电路类似，称为电路的固有频率。根据 R 、 L 、 C 相对数值的不同，电路的固有频率可能出现以下 3 种情况：

（1）当 $\left(\frac{R}{2L}\right)^2 > \frac{1}{LC}$ 即 $R > 2\sqrt{\frac{L}{C}}$ 时， S_1 、 S_2 为不相等的负实数，相应的电路称为过阻尼电路；

（2）当 $\left(\frac{R}{2L}\right)^2 < \frac{1}{LC}$ 即 $R < 2\sqrt{\frac{L}{C}}$ 时， S_1 、 S_2 为共轭复数，相应的电路称为欠阻尼电路；

（3）当 $\left(\frac{R}{2L}\right)^2 = \frac{1}{LC}$ 即 $R = 2\sqrt{\frac{L}{C}}$ 时， S_1 、 S_2 为相等的负实数，相应的电路称为临界阻尼电路。

由微分方程的理论可知，特征根的不同形式将决定微分方程的解的不同形式，下面详细讨论这 3 种情况。

1. $R > 2\sqrt{\frac{L}{C}}$ ，过阻尼情况

此时固有频率 S_1 、 S_2 为不相等的负实数，令 $S_1 = -\alpha_1$ ， $S_2 = -\alpha_2$ 即

$$S_1 = -\frac{R}{2L} + \sqrt{\left(\frac{R}{2L}\right)^2 - \frac{1}{LC}} = -\alpha_1$$

$$S_2 = -\frac{R}{2L} - \sqrt{\left(\frac{R}{2L}\right)^2 - \frac{1}{LC}} = -\alpha_2$$

齐次方程的解为

$$u_C(t) = A_1 e^{S_1 t} + A_2 e^{S_2 t} = A_1 e^{-\alpha_1 t} + A_2 e^{-\alpha_2 t} \qquad t > 0 \qquad (3\text{-}67)$$

式中，常数 A_1 和 A_2 由初始条件确定。代入初始条件，得

$$u_C(0^+) = A_1 + A_2 = U_0$$

$$u_C'(0^+) = -\alpha_1 A_1 - \alpha_2 A_2 = \frac{i(0^+)}{C} = 0$$

联立求解上述两式，得

$$A_1 = \frac{\alpha_2}{\alpha_2 - \alpha_1} U_0$$

$$A_2 = \frac{-\alpha_1}{\alpha_2 - \alpha_1} U_0$$

将常数 A_1 和 A_2 代入式（3-67），得零输入响应 $u_C(t)$ 的表达式为

$$u_C(t) = \frac{\alpha_2}{\alpha_2 - \alpha_1} U_0 e^{-\alpha_1 t} - \frac{\alpha_1}{\alpha_2 - \alpha_1} U_0 e^{-\alpha_2 t}$$

$$= \frac{U_0}{\alpha_2 - \alpha_1} \left(\alpha_2 e^{-\alpha_1 t} - \alpha_1 e^{-\alpha_2 t} \right) \qquad t > 0 \qquad (3\text{-}68)$$

电路的其他响应为

$$i(t) = C \frac{du_C}{dt} = \frac{C U_0 \alpha_1 \alpha_2}{(\alpha_2 - \alpha_1)} \left(e^{-\alpha_1 t} - e^{-\alpha_2 t} \right)$$

$$= \frac{U_0}{L(\alpha_2 - \alpha_1)} \left(e^{-\alpha_1 t} - e^{-\alpha_2 t} \right) \qquad t > 0 \qquad (3\text{-}69)$$

$$u_L(t) = L \frac{di}{dt} = \frac{U_0}{\alpha_2 - \alpha_1} \left(e^{-\alpha_1 t} - e^{-\alpha_2 t} \right) \qquad t > 0 \qquad (3\text{-}70)$$

由 α_2 和 α_1 的定义可知，$\alpha_2 > \alpha_1$。式（3-69）表明，$t = 0$ 时，$i(0) = 0$；$t \to \infty$ 时，$i(\infty) = 0$，这表明 $i(t)$ 将出现极值，可以通过求导并令导数等于零来求此极值，设极值对应的时间为 t_m，得

$$t_m = \frac{1}{\alpha_2 - \alpha_1} \ln \frac{\alpha_2}{\alpha_1} \qquad (3\text{-}71)$$

$u_C(t)$、$i(t)$、$u_L(t)$ 的波形如图 3-43 所示。

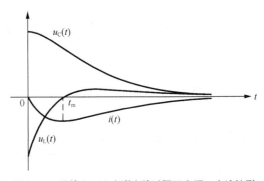

图 3-43 零输入 RLC 串联电路过阻尼电压、电流波形

2. $R < 2\sqrt{\dfrac{L}{C}}$，欠阻尼情况

此时固有频率S_1、S_2为一对共轭复数，即

$$S_1 = -\frac{R}{2L} + j\sqrt{\frac{1}{LC} - \left(\frac{R}{2L}\right)^2}$$

$$S_2 = -\frac{R}{2L} - j\sqrt{\frac{1}{LC} - \left(\frac{R}{2L}\right)^2}$$

令$\alpha = \dfrac{R}{2L}$，称为振荡电路的衰减系数；

令$\omega_0 = \sqrt{\dfrac{1}{LC}}$，称为电路无阻尼自由振荡角频率或谐振角频率；

令$\omega_d = \sqrt{\omega_0^2 - \alpha^2}$，称为电路的衰减振荡角频率。

通过解微分方程的基本知识，并代入初始条件，得

$$u_C(t) = e^{-\alpha t}\left(U_0\cos\omega_d + \frac{\alpha U_0}{\omega_d}\sin\omega_d\right) \qquad t > 0 \qquad (3\text{-}72)$$

或

$$u_C(t) = \frac{\omega_0}{\omega_d}U_0 e^{-\alpha t}\left(\cos\omega_d t - \theta\right) \qquad t > 0 \qquad (3\text{-}73)$$

其中，$\theta = \arctan\dfrac{\alpha}{\omega_d}$。此外，还可以利用$u_C(t)$的表达式来求出$i(t)$、$u_L(t)$，这里不再赘述。

3. $R = 2\sqrt{\dfrac{L}{C}}$，临界阻尼情况

此时固有频率S_1、S_2为相等的负实数，即

$$S_1 = S_2 = -\frac{R}{2L}$$

代入初始条件，得方程的解为

$$u_C(t) = U_0\left(1 + \alpha t\right)e^{-\alpha t} \qquad t > 0 \qquad (3\text{-}74)$$

以上分析表明，过阻尼电路、欠阻尼电路、临界阻尼电路的零输入响应具有不同的模式，这是由电路的固有频率决定的，此结论还可推广到高阶电路。

*3.7 Multisim 仿真在动态电路分析中的应用实例

NI Multisim 14 提供了两种电路仿真分析的方法：一是虚拟仪器、仪表的测量仿真；二是利用其系统提供的仿真分析方式，共 19 种，分别为直流工作点分析、交流分析、瞬态分析、直流扫描分析、单频交流分析等。本节将通过"瞬态分析"的方法来讨论动态电路的时域仿真。

3.7.1　一阶电路的全响应仿真实例

一阶 RC 电路如图 3-44 所示，$t=0$ 时，开关 S 闭合，闭合前电路已稳定，电容初始状态 $u_C(0^-)=4$V，求开关动作后电容电压 $u_C(t)$ 的波形。

仿真步骤如下：

（1）在 NI Multisim 14 软件工作区窗口中，绘制电路，选择菜单"Option→Sheet visibility→Net names"中，勾选"Show all"显示电路全部节点。如图 3-45 所示，换路通过延时单刀双掷开关 S1 实现，$t=0$ 时开关 1、2 导通，12V 电压源不接入电路，电路中输入激励为零。当 $t=1$ms 时开关 2、3 导通，12V 电压源接入电路，对电容充电，再经过 1s 后开关 1、2 再次导通。

通过计算可得，电路的时间常数 $\tau=RC=1$ms，根据前文介绍，电路暂态过程经过 $4\tau\sim5\tau$ 时间即可结束，1s 时间足以使电路完成暂态过程，再次稳定。

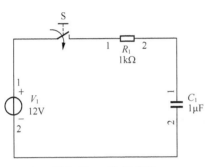

图 3-44　一阶 RC 电路

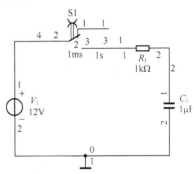

图 3-45　仿真测量电路

（2）右键单击电容 C_1，选"Properties"，弹出窗口如图 3-46 所示。在"Value"标签中勾选"Initial condition"，将电容电压初值设为 4V，点击"OK"确定。

（3）选择菜单命令"Simulation→Analyses and simulation"，在弹出窗口中选择"Transient"（瞬态分析），将"Analysis patameters"标签中的初始条件和仿真时间设置如图 3-47 所示。（将"Analysis patameters"标签中的"Initial condition"（初始条件）设为"User-defined"（用户自定义），仿真时间设为 0 到 10ms，即"Start time"（开始时间）设为"0"，"End time"（结束时间）设为 0.01s，

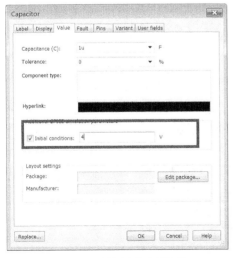

图 3-46　设置电容电压初值

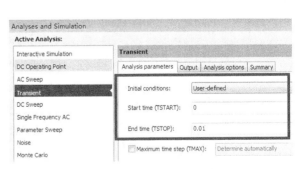

图 3-47　设置初值和仿真时间

0.01s 大于 4τ–5τ，可仿真分析整个过渡过程。

在"Output"标签中设置输出为"V（2）"，即电容电压，如图 3-48 所示。

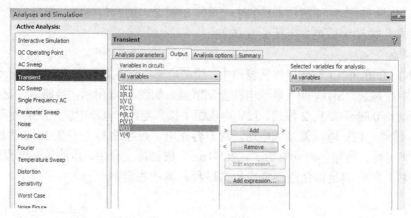

图 3-48　设置输出值

（4）全部设置完毕，电路如图 3-49 所示。

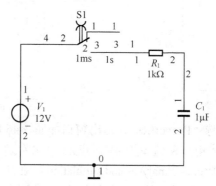

图 3-49　设置完成后电路

（5）单击"Run"开始仿真。系统进行瞬态分析，结果如图 3-50 所示。

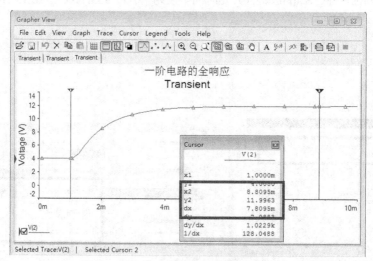

图 3-50　瞬态分析仿真结果

分析仿真结果：由电路分析可知，在恒定激励电路中，当电路再次稳定，电容相当于开路，则 $u_C(\infty)=V_1=12V$。

从图 3-50 电容电压波形及游标读数可看出，电容电压初始值为 4V，当 $t=1ms$ 时，开关闭合，12V 电压源接入电路，开始向电容充电，电容电压从 4V 开始按指数规律逐渐增加到 12V 后保持不变。仿真结果与理论分析一致。

3.7.2 二阶电路的全响应仿真实例

二阶电路中含有两个独立的储能元件，描述电路的方程是二阶微分方程，给定的初始条件应有两个，由储能元件的初始值决定。RLC 串联是最简单的二阶电路，本节以该电路为例，通过 Multisim 仿真来讨论二阶动态电路的过阻尼、临界阻尼、欠阻尼状态。

RLC 串联电路如图 3-51 所示，分析电路响应随 R 变化的波形。

二阶 RLC 串联电路，由理论分析可知：

（1）当 $R>2\sqrt{L/R}$，描述电路微分方程的特征根是两个不相同的负实数，电路处于过阻尼状态，响应不产生振荡；

（2）当 $R=2\sqrt{L/R}$，特征根是两个相同的负实数，电路处于临界阻尼状态，同样不构成振荡；

（3）当 $R<2\sqrt{L/R}$，特征根是一对共轭复数，电路处于欠阻尼状态，响应为衰减振荡；

（4）当 $R=0$，电路处于无阻尼状态，响应为等幅振荡。

仿真步骤如下。

（1）在 NI Multisim 14 软件工作区窗口中，选择元件，设置各元器件的数值、标签等，连线电路。其中电源用 $f=100Hz$、$U=2V$、占空比为 50%的方波信号代替，随着方波电压方向的改变，电容可以不断进行充放电。R 为满量程 10kΩ 的电位器，在属性窗口中的"Value"标签页中将"Increment"数值改为"1"即仿真运行时，每按一次"A"键，阻值增加 0.1kΩ。

（2）从仪器仪表库选取"Oscilloscope"（示波器）接入电路，电源电压接示波器 A 通道，电容电压接 B 通道。测量仿真电路如图 3-52 所示。

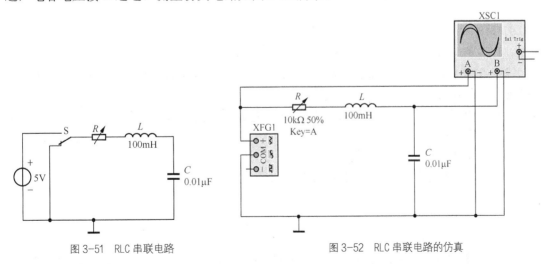

图 3-51 RLC 串联电路　　　　　　　　　图 3-52 RLC 串联电路的仿真

（3）开始仿真运行。调节电位器 R 的阻值，观察无阻尼、欠阻尼、临界阻尼及过阻尼状态电压波形如图 3-53（a）、图 3-53（b）、图 3-53（c）、图 3-53（d）所示。

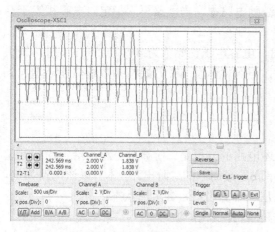

(a) $R=0$ 无阻尼

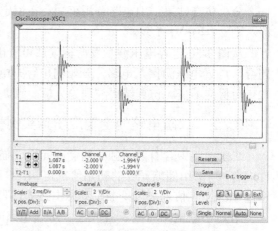

(b) $R=1\mathrm{k\Omega}$ 欠阻尼

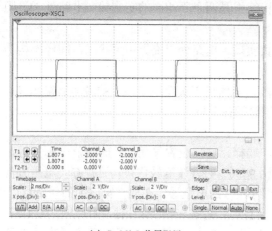

(c) $R=6.3\mathrm{k\Omega}$ 临界阻尼

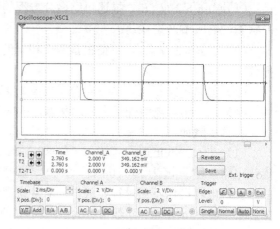

(d) $R=10\mathrm{k\Omega}$ 过阻尼

图 3-53 仿真波形

观察图 3-53 分析仿真结果：

（1）当 $R=0$ 时无阻尼状态，电容电压曲线等幅振荡；

（2）当 $R=1\mathrm{k\Omega}$ 时，$R<2\sqrt{L/R}$，电路欠阻尼状态，电容电压曲线在一个周期内发生多次振荡，且振幅逐渐变小；

（3）当 $R=6.3\mathrm{k\Omega}$ 时，R 近似等于 $2\sqrt{L/R}$，电路临界阻尼状态，电容电压波形很快达到稳态，不发生振荡；

（4）当 $R=10\mathrm{k\Omega}$ 时，$R>2\sqrt{L/R}$，电路处于过阻尼状态，电容电压曲线经过一段时间才到达稳态，不发生振荡；仿真结果均与理论分析一致。

习题 3

3-1 如题图 3-1（a）所示电路中，$u_S(t)$ 波形如题图 3-1（b）所示，已知电容 C=4F，求 $i_C(t)$、$p_C(t)$ 和 $w_C(t)$，并画出它们的波形。

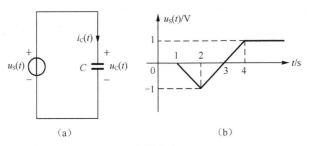

题图 3-1

3-2 题图 3-2（a）所示电路中，$i_S(t)$ 波形如题图 3-2（b）所示，已知电容 $C=2F$，初始电压 $u_C(0)=0.5V$，试求 $t \geq 0$ 时电容电压，并画出其波形。

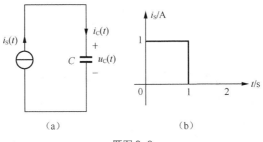

题图 3-2

3-3 题图 3-3（a）所示电路中，$u_S(t)$ 波形如题图 3-3（b）所示，在 $[0,\pi]$ 区间上符合正弦变化规律，试求：$t \geq 0$ 时的电容电流 $i_C(t)$、电感电流 $i_L(t)$、以及电阻电流 $i_R(t)$，并绘出波形图。

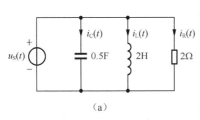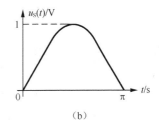

题图 3-3

3-4 题图 3-4 所示电路中，已知 $u_C(t)=t\,e^{-t}V$，试求：（1）$i(t)$ 和 $u_L(t)$；（2）电容储能达最大值的时刻，并求出最大储能是多少？

3-5 电路如题图 3-5 所示，开关 K 闭合前电路已稳定，已知 $u_S=10V$，$R_1=30\Omega$，$R_2=20\Omega$，$R_3=40\Omega$，$t=0$ 开关闭合。试求开关闭合时 R_1，R_2，R_3 电流的初始值。

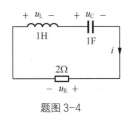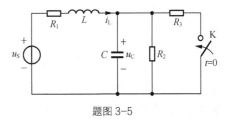

题图 3-4   题图 3-5

3-6 已知题图 3-6 所示电路由一个电阻 R、一个电感 L 和一个电容 C 组成。$i(t)=10e^{-t}-20e^{-2t}$A $t\geq0$；$u_1(t)=-5e^{-t}+20e^{-2t}$V, $t\geq0$。若在 $t=0$ 时电路总储能为 25J，试求 R、L、C 之值。

3-7 电路如题图 3-7 所示，开关在 $t=0$ 时由"1"搬向"2"，已知开关在"1"时电路已处于稳定。求 u_C、i_C、u_L 和 i_L 的初始值。

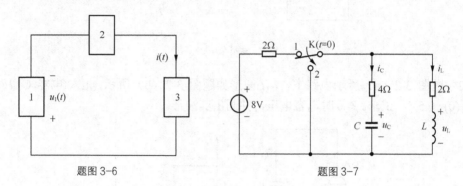

题图 3-6　　　　　　　题图 3-7

3-8 题图 3-8（a）、题图 3-8（b）所示电路原已稳定，开关 K 在 $t=0$ 时闭合，试求题图 3-8（a）图中 $i_C(0^+)$、$u_L(0^+)$和 $i(0^+)$，试求（b）图中 $i_C(0^+)$、$u_L(0^+)$。

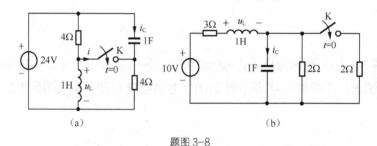

（a）　　　　　　　（b）

题图 3-8

3-9 求题图 3-9 所示一阶电路的时间常数 τ。

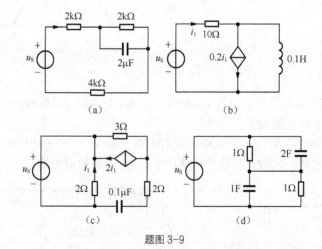

（a）　　　（b）

（c）　　　（d）

题图 3-9

3-10 题图 3-10 电路原已稳定，在 $t=0$ 时开关 K 由"1"倒向"2"，试求 $t>0$ 时 $u_C(t)$和 $i_R(t)$。

3-11 题图 3-11 所示电路原已稳定，$t=0$ 时开关 K 闭合，试求 $t>0$ 时 $i_L(t)$、$i(t)$和 $u_R(t)$。

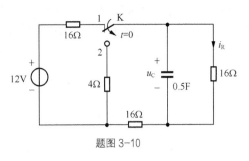

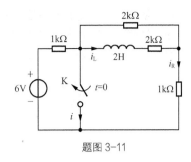

题图 3-10 题图 3-11

3-12 电路如题图 3-12 所示，$t=0$ 时开关 K 由"1"倒向"2"，设开关动作前电路已经处于稳态，求 $u_C(t)$，$i_L(t)$，和 $i(t)$。

3-13 题图 3-13 所示电路原已稳定，$t=0$ 时开关合上。试求 $t>0$ 时的电容电压 $u_C(t)$。

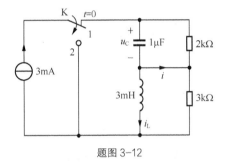

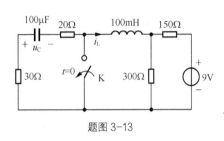

题图 3-12 题图 3-13

3-14 题图 3-14 所示电路原已稳定，$t=0$ 时开关 K 闭合，求 $i_L(t)$ 的全响应、零输入响应、零状态响应、暂态响应和稳态响应。

3-15 题图 3-15 所示电路中，$i_L(0^-)=0$，$t=0$ 时开关 K 闭合，试求 $t>0$ 时的 $i(t)$。

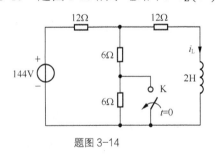

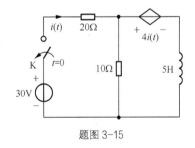

题图 3-14 题图 3-15

3-16 电路如题图 3-16 所示，$t=0$ 时开关 K 闭合，已知 $u_C(0^-)=0$，$i_L(0^-)=0$，试求 $t>0$ 时的 $i_L(t)$ 和 $i_C(t)$。

3-17 题图 3-17 所示电路原已稳定，$t=0$ 时开关 K 闭合，试求 $t>0$ 时的 $u_C(t)$ 和 $i_L(t)$。

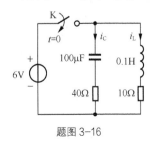

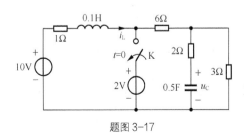

题图 3-16 题图 3-17

3-18 题图 3-18 所示电路原已稳定，$t=0$ 时开关 K 闭合，试求换路后的 $i_L(t)$。

3-19 题图 3-19 所示电路原已稳定，$t=0$ 时开关 K 闭合，试求（1）$u_{S2}=6V$ 时的 $u_C(t)$，$t>0$；（2）$u_{S2}=?$时，换路后不出现过渡过程。

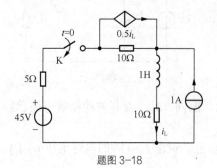

题图 3-18

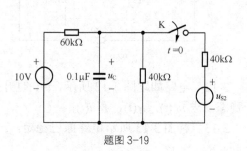

题图 3-19

3-20 题图 3-20 所示电路原已稳定，$t=0$ 时开关打开，试求 $i_L(t)$。

3-21 题图 3-21 所示电路原已稳定，开关 K 在 $t=0$ 时闭合，在 $t=100ms$ 时又打开，求 u_{ab} 并绘出波形图。

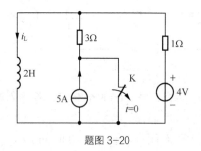

题图 3-20

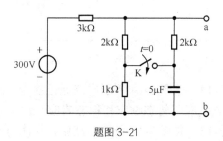

题图 3-21

3-22 电路如图 3-22 所示，开关 K 在位置 a 时电路已稳定，$t=0$ 时开关 K 由位置 a 倒向位置 b，当 $t=R_1 C$ 时，开关 K 由位置 b 倒向位置 c，求 $i_C(t)$。

3-23 电路如题图 3-23 所示，已知 $i_S(t)=10+15\varepsilon(t)$ A，试求 $u_C(t)$。

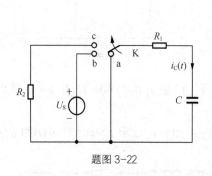

题图 3-22

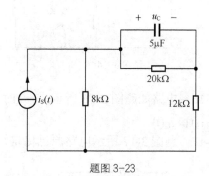

题图 3-23

3-24 题图 3-24（a）电路中，已知 $i_L(0^-)=1A$，其 $u_S(t)$ 波形如图（b）所示，试求 $i_L(t)$。

3-25 电路如题图 3-25（a）所示，$u_S(t)$ 波形如图 3-25（b），已知 $u_C(0^-)=2V$，求 $t>0$ 时的 $i(t)$。

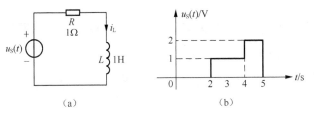

（a）　　　　　　　　　（b）

题图 3-24

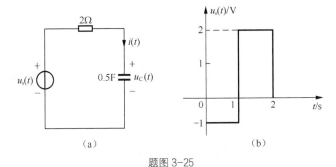

（a）　　　　　　　　　（b）

题图 3-25

习题 3 答案

3-1　$i_C(t) = \begin{cases} 0 & t < 1 \\ -4(\mathrm{A}) & 1 < t < 2 \\ 4 & 2 < t < 4 \\ 0 & t > 4 \end{cases}$，$p_C(t) = \begin{cases} 0 & t < 1 \\ 4(t-1)(\mathrm{W}) & 1 < t < 2 \\ 4(t-3) & 2 < t < 4 \\ 0 & t > 4 \end{cases}$，

$w_C(t) = \begin{cases} 0 & t < 1 \\ 2(1-t)^2(\mathrm{J}) & 1 \leqslant t \leqslant 2 \\ 2(t-3)^2 & 2 < t \leqslant 4 \\ 2 & t > 4 \end{cases}$

3-2　当 $0 \leqslant t \leqslant 1$ 时，$u_C(t) = 0.5 + 0.5t\,(\mathrm{V})$　当 $t > 1$ 时，$u_C(t) = u_C(1) + \dfrac{1}{C}\displaystyle\int_1^t i_C(\xi)\mathrm{d}\xi = 1\mathrm{V}$

3-3　$i_C(t) = \begin{cases} 0 & t < 0 \\ 0.5\cos t(\mathrm{V}) & 0 \leqslant t \leqslant \pi \\ 0 & t > \pi \end{cases}$，$i_L(t) = \begin{cases} 0 & t < 0 \\ 0.5(1-\cos t)(\mathrm{A}) & 0 \leqslant t < \pi \\ 1 & t \geqslant \pi \end{cases}$，

$i_R(t) = \begin{cases} 0 & t < 0 \\ 0.5\sin t(\mathrm{A}) & 0 \leqslant t \leqslant \pi \\ 1 & t > \pi \end{cases}$

3-4　（1）$i(t)=(1-t)\,e^{-t}$ A，$u_L(t)=(t-2)\,e^{-t}$V，（2）$t=1$s $w_{max}=0.0677$J

3-5　$i_1(0^+)=0.2$A，$i_2(0^+)=0.2$A，$i_3(0^+)=0.1$A

3-6　$R=1.5\,\Omega$，$L=0.5$H，$C=1$F，3-7　$u_{S1}=L_2\dfrac{di_{S2}}{dt}$，$L_1=L_2$，$i_{S4}=C_3\dfrac{du_{S3}}{dt}$，$C_3=C_4$

3-7　$u_C(0^+)=4$V，$i_L(0^+)=2$A，$i_C(0^+)=-1$A，$u_L(0^+)=-4$V

3-8　（a）$u_L(0^+)=0$ $i_C(0^+)=0$ $i(0^+)=0$，（b）$i_C(0^+)=-2$A $u_L(0^+)=0$V

3-9　（a）$\tau=3$ms，（b）$\tau=8$ms，（c）$\tau=0.1\,\mu$s，（d）$\tau=1.5$s

3-10　$u_C(t)=4e^{-0.225t}$ V$(t>0)$

3-11　$i_L(t)=e^{-\frac{4}{3}\times10^3 t}$ mA$(t>0)$，$i(t)=6-\dfrac{16}{3}\,e^{-\frac{4}{3}\times10^3 t}$ mA$(t>0)$，$u_R(t)=\dfrac{2}{3}\,e^{-\frac{4}{3}\times10^3 t}$ V$(t>0)$

3-12　$u_C(t)=6\,e^{-500t}$V　$i_L(t)=3\,e^{-10^6 t}$ mA$(t>0)$

3-13　$i_L(t)=-0.06(1-e^{-1000t})$A　$u_C(t)=-6\,e^{-200t}$ V$(t>0)$

3-14　$i_L(t)=3+e^{-8t}$A$(t>0)$，$i_{Lzi}(t)=4e^{-8t}$A$(t\geq0)$，$i_{Lzs}(t)=3(1-e^{-8t})$A$(t>0)$，暂态响应分量为 e^{-8t}A$(t>0)$，稳态响应分量为 3A

3-15　$i(t)=1.25-0.25\,e^{-1.6t}$ A$(t>0)$

3-16　$i_L(t)=0.6(1-e^{-100t})$A$(t>0)$　$i_C(t)=0.15e^{-250t}$A$(t>0)$

3-17　$u_C(t)=\dfrac{2}{3}+\dfrac{7}{3}\,e^{-0.5t}$ V$(t>0)$　$i_L(t)=8-7\,e^{-10t}$A$(t>0)$

3-18　$i_L(t)=3-2e^{-20t}$A$(t>0)$

3-19　（1）$u_C(t)=4.75-0.75\,e^{-\frac{2}{3}\times10^3 t}$ V$(t>0)$，（2）$U_{S2}=4$V

3-20　$i_L(t)=9-5e^{-0.5t}$ A$(t>0)$

3-21　$u_{ab}(t)=120+67.5e^{-250t}V(0<t<100ms)$ $u_{ab}(t)=150-38.6\,e^{-(t-0.1)/\tau_2}$ V$(t>100$ms$)$　$\tau_2=17.5$ms

3-22　$i_C(t)=\dfrac{U_s}{R_1}e^{-\frac{1}{R_1 C}t}$ A $0<t<R_1 C$，$i_C(t)=-\dfrac{U_s(1-e^{-1})}{R_1+R_2}e^{-\frac{1}{(R_1+R_2)C}(t-R_1 C)}$ A　$t>R_1 C$

3-23　$u_C(t)=40+60(1-e^{-20t})\varepsilon(t)$ kV

3-24　$i_L(t)=[1-e^{-(t-2)}]\varepsilon(t-2)+[1-e^{-(t-4)}]\varepsilon(t-4)-2[1-e^{-(t-5)}]\varepsilon(t-5)$A

3-25　$i(t)=-e^{-t}-0.5\,e^{-t}\varepsilon(t)+1.5\,e^{-(t-1)}\varepsilon(t-1)-e^{-(t-2)}\varepsilon(t-2)$A　$t>0$

第 4 章　正弦稳态电路的分析

从第 3 章的分析可知，对于渐近稳定的线性时不变动态电路的暂态响应分量而言，经过一段时间后将衰减为零，其响应仅存稳态响应分量。若激励为单一频率正弦信号，当电路达到稳态时，电路各处的响应均为与激励同频率的正弦函数，这就是线性时不变动态电路在正弦信号作用下的稳态响应，对应的电路称为正弦稳态电路，也称为交流电路。对正弦稳态电路的分析和求解称为正弦稳态分析。

由于正弦电压和电流容易产生，与非电量的转换也较方便，许多电气设备和仪器都是以正弦信号作为电源或信号源，因此许多实用电路都是正弦稳态电路。又因为正弦信号是一种基本信号，各种实用的常见信号都可以分解为不同频率的正弦信号的线性组合。可以说，如果我们掌握了线性时不变动态电路的正弦稳态分析，便可利用叠加定理将正弦稳态电路的分析推广到非正弦周期信号作用于线性时不变动态电路的稳态响应。因此正弦稳态分析具有广泛的实用价值和重要的理论意义。

求解正弦稳态电路响应的经典数学方法就是求电路微分方程的特解，如果分析的是高阶复杂电路，对应的就是要解高阶微分方程的特解，其过程相当复杂。本章将引入相量，用以代表正弦量，以它作为工具分析正弦稳态电路，其过程较时域分析大为简化。这种分析方法称为正弦稳态电路的相量分析法。

本章首先介绍正弦交流电的基本概念并引入相量；然后，着重讨论基尔霍夫定律相量形式、电路基本元件的相量关系、阻抗和导纳的概念、正弦稳态电路相量分析法以及功率的计算；接着讨论谐振电路和三相电路；最后，给出一个实用正弦稳态电路的计算机辅助分析案例及仿真。

4.1　正弦量的基本概念

电路中随时间按正弦规律变化的电压或电流统称为正弦量，对正弦量的数学描述可以用 sin 函数，也可以用 cos 函数，本教材采用 cos 函数。

4.1.1　正弦量的三要素

以正弦稳态电路中的电流 i 为例，其瞬时值可表示如下

$$i = I_\mathrm{m} \cos(\omega t + \varphi_\mathrm{i}) \tag{4-1}$$

I_m 为正弦量的振幅，通常用带下标 m 的大写字母表示，它是正弦量在整个震荡过程中达到的最大值，为正的常数。

随时间变化的角度（$\omega t + \varphi_i$）称为正弦量的相位，或称相角。单位为弧度（rad）或度（°）。ω 为正弦量的角频率，是正弦量的相位随时间变化的角速度，即

$$\omega = \frac{\mathrm{d}}{\mathrm{d}t}(\omega t + \varphi_i) \tag{4-2}$$

ω 的单位为弧度/秒（rad/s）。

正弦量是周期函数，通常将正弦量完成一个循环所需的时间称为周期，记为 T，单位为秒（s）。而周期 T 的倒数，表示正弦量每秒所完成的循环次数，称为频率，记作 f，即：

$$f = \frac{1}{T} \quad \text{或} \quad T = \frac{1}{f} \tag{4-3}$$

频率的单位为赫兹（Hz，简称赫），当频率较高时，常采用千赫（kHz），兆赫（MHz）和吉赫（GHz）等单位。它们之间的关系为

$$1\text{kHz}=10^3\text{Hz}, \quad 1\text{MHz}=10^6\text{Hz}, \quad 1\text{GHz}=10^9\text{Hz}$$

周期 T，频率 f 和角频率 ω 都是描述正弦量变化快慢的物理量。它们之间有如下关系

$$\omega = \frac{2\pi}{T} = 2\pi f \tag{4-4}$$

φ_i 是正弦量在 $t=0$ 时刻的相位，称为正弦量的初相位（初相角），简称初相，单位与相位相同。通常在主值范围内取值，即 $|\varphi_i| \leq 180°$。

可见，对一个正弦量而言，当它的振幅 I_m，初相 φ_i 和频率 f（或角频率 ω）确定了，那么这个正弦量的变化规律就完全确定了，因此，我们把正弦量的振幅，初相和频率（或角频率）称为正弦量的三要素。图 4-1 是正弦电流 i 的波形图。

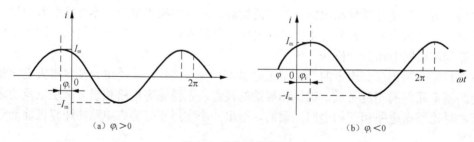

(a) $\varphi_i > 0$ (b) $\varphi_i < 0$

图 4-1 正弦量的波形图

例 4-1 已知正弦电流 $i = 10\sin(100\pi t - 15°)\text{A}$，试求该正弦电流的振幅 I_m，初相 φ_i 和频率 f。

解： 先将正弦电流的表达式转化为基本形式（本书采用的 cos 函数）

$$i = 10\sin(100\pi t - 15°) = 10\cos(100\pi t - 15° - 90°)$$
$$= 10\cos(100\pi t - 105°)\text{A}$$

由正弦电流的基本表达式，得

振幅：$I_m = 10\text{A}$ 初相：$\varphi_i = -105°$ 频率：$f = \frac{\omega}{2\pi} = \frac{100\pi}{2\pi} = 50\text{Hz}$

我国电力部门提供的交流电频率为 50Hz，它的周期为 0.02s，角频率为 314rad/s。

4.1.2　正弦量的相位差

电路中常用"相位差"的概念反映两个同频正弦量之间的相位关系。为了说明相位差的概念，设两个同频正弦量的电压 u、电流 i 分别为

$$u = U_m \cos(\omega t + \varphi_u)$$

$$i = I_m \cos(\omega t + \varphi_i)$$

φ_u 为电压 u 的初相，φ_i 为电流 i 的初相，那么这两个正弦量间的相位差 θ 为：

$$\theta = (\omega t + \varphi_u) - (\omega t + \varphi_i) = \varphi_u - \varphi_i \qquad (4\text{-}5)$$

相位差也在主值范围内取值，即 $|\theta| \leqslant 180°$。由式（4-5）可见，同频正弦量的相位差等于它们的初相之差，是一个与时间无关的常数。在同频率正弦量的相位差计算中经常遇到以下五种情况。图 4-2 给出了这几种情况的相位差波形。

（1）若 $\theta = \varphi_u - \varphi_i > 0$，即 $\varphi_u > \varphi_i$，则称 u 超前 i，（或称 i 滞后 u）。

（2）若 $\theta = \varphi_u - \varphi_i < 0$，即 $\varphi_u < \varphi_i$，则称 u 滞后 i，（或称 i 超前 u）。

（3）若 $\theta = \varphi_u - \varphi_i = 0$，即 $\varphi_u = \varphi_i$，则称 u 与 i 同相位。

（4）若 $\theta = \varphi_u - \varphi_i = \pm\pi$，则称 u 与 i 互为反相。

（5）若 $\theta = \varphi_u - \varphi_i = \pm\dfrac{\pi}{2}$，则称 u 与 i 正交。

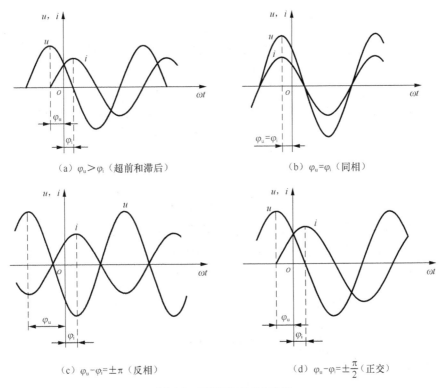

（a）$\varphi_u > \varphi_i$（超前和滞后）　　　　（b）$\varphi_u = \varphi_i$（同相）

（c）$\varphi_u - \varphi_i = \pm\pi$（反相）　　　　（d）$\varphi_u - \varphi_i = \pm\dfrac{\pi}{2}$（正交）

图 4-2　同频正弦量的相位差

例 4-2 已知正弦电压 $u_1 = -5\sin(\omega t - \frac{\pi}{6})$ V, $u_2 = 10\cos(\omega t - \pi)$ V, 试求它们的相位差, 并说明两电压超前、滞后的情况。

解： 将 u_1 转化为基本形式, 即

$$u_1 = 5\sin(\omega t - \frac{\pi}{6} + \pi) = 5\sin(\omega t + \frac{5\pi}{6})$$

$$= 5\cos(\omega t + \frac{5\pi}{6} - \frac{\pi}{2}) = 5\cos(\omega t + \frac{\pi}{3})\text{V}$$

$$u_2 = 10\cos(\omega t - \pi)\text{V}$$

相位差：
$$\theta = \varphi_1 - \varphi_2 = \frac{\pi}{3} - (-\pi) = \frac{4}{3}\pi$$

由于相位差 $\theta = \frac{4}{3}\pi > \pi$, 其值不在主值范围内, 应将其变换到主值范围。可通过 $(\theta \pm 2\pi)$ 将其进行变换。本例中应取

$$\theta = \frac{4\pi}{3} - 2\pi = -\frac{2\pi}{2},$$

即 $\theta = \varphi_1 - \varphi_2 = -\frac{2\pi}{3} < 0$

故 u_1 滞后 u_2 $\frac{2\pi}{3}$ 弧度, 或 u_2 超前 u_1 $\frac{2\pi}{3}$ 弧度。

4.1.3 正弦量的有效值

周期信号的瞬时值是随时间变化的, 而瞬时值不便于表征正弦量的大小, 工程上将周期信号在一个周期内产生的平均效应换算为在效应上与之相等的直流量, 该直流量就称为周期量的有效值。现利用电阻的热效应获得周期信号的有效值。

让周期电流 i 和直流电流 I 分别通过两个阻值相等的电阻 R, 若在相同的时间 T 内 (周期电流 i 的周期), 两个电阻消耗的能量相等, 那么定义该直流电流的值为周期电流信号 i 的有效值。

由
$$\int_0^T p(t)\,\mathrm{d}t = \int_0^T Ri^2\mathrm{d}t = RI^2T \tag{4-6}$$

得
$$I = \sqrt{\frac{1}{T}\int_0^T i^2\mathrm{d}t} \tag{4-7}$$

由式 (4-7) 可见, 周期电流 i 的有效值是其瞬时值的平方在一个周期内的平均值再取平方根, 故有效值也称为均方根值, 通常用大写字母表示。

当周期电流为正弦电流时, 将 $i = I_\mathrm{m}\cos(\omega t + \varphi_\mathrm{i})$ 代入式 (4-7), 可得正弦电流的有效值为

$$I = \sqrt{\frac{1}{T}\int_0^T i^2\mathrm{d}t} = \sqrt{\frac{1}{T}\int_0^T I_\mathrm{m}^2\cos^2(\omega t + \varphi_\mathrm{i})\,\mathrm{d}t}$$

$$= \sqrt{\frac{I_\mathrm{m}^2}{T}\int_0^T \frac{1 + \cos 2(\omega t + \varphi_\mathrm{i})}{2}\,\mathrm{d}t} \tag{4-8}$$

$$= \frac{1}{\sqrt{2}}I_\mathrm{m} \approx 0.707 I_\mathrm{m}$$

（注意：工程计算中，" ≈ "符号常用" = "符号代替，因此，$I = \dfrac{1}{\sqrt{2}}I_m = 0.707I_m$ ）

同理，周期电压 u 的有效值定义为

$$u = \sqrt{\frac{1}{T}\int_0^T u^2 \mathrm{d}t} \tag{4-9}$$

当周期电压为正弦电压时，将 $u = U_m \cos(\omega t + \varphi_u)$ 代入式（4-9），便可得到正弦电压的有效值为

$$U = \frac{1}{\sqrt{2}}U_m = 0.707U_m \tag{4-10}$$

由式（4-8）和式（4-10）可得：正弦量的有效值等于其振幅的 $1/\sqrt{2}$，而与正弦量的角频率 ω 以及初相 φ 无关。因此正弦量也可表示为

$$i = I_m \cos(\omega t + \varphi_i) = \sqrt{2}I\cos(\omega t + \varphi_i)$$

$$u = U_m \cos(\omega t + \varphi_u) = \sqrt{2}U\cos(\omega t + \varphi_u)$$

在工程中常用有效值来表征正弦量的大小，实验室中交流电流表和电压表的读数都指有效值，通常民用 220V 的正弦交流电压是指该正弦电压的有效值是 220V。有效值可代替振幅作为正弦量的一个要素。

4.2 正弦量的相量表示

正弦量的加、减、求导及积分等运算，仍为同一频率的正弦量。当外加激励一定时，各支路电压、电流均为与外加激励同频率的正弦量。因此，分析正弦稳态电路时，当激励给定，只要确定了正弦量的振幅和初相，这个正弦量就完全确定了。如果将正弦量的振幅（或有效值）和初相与复数中的模和辐角相对应，那么就可以用复数来表示同频率的正弦量。用来表示正弦量的复数称为相量，用相量表示正弦量可使正弦稳态电路的分析更加方便，下面先来复习复数的基本运算。

4.2.1 复数及其基本运算

在复平面上，可以用有向线段来表示复数 A，也就是用模为 a 和辐角为 φ 的有向线段来表示，如图 4-3 所示。

任一复数 A 可有如下四种形式的数学表达式：

（1）代数（直角坐标）形式：$A = a_1 + \mathrm{j}a_2$；

（2）三角形式：$A = a(\cos\varphi + \mathrm{j}\sin\varphi)$；

（3）指数形式：$A = a\mathrm{e}^{\mathrm{j}\varphi}$；

（4）极坐标形式：$A = a\angle\varphi$。

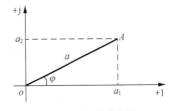

图 4-3 复数的表示

其中 a_1 和 a_2 分别称为复数 A 的实部和虚部；a 称为复数 A 的模，它是非负值；φ 称为复数 A 的辐角；$\mathrm{j} = \sqrt{-1}$，称为虚数单位。

四种形式的复数表示式可以进行等价互换，它们之间的关系如下

$$a_1 = a\cos\varphi, \qquad a_2 = a\sin\varphi \tag{4-11}$$

$$a = \sqrt{a_1^2 + a_2^2}, \qquad \varphi = \arctan \frac{a_2}{a_1} \tag{4-12}$$

复数的基本运算有加、减、乘、除。为便于运算，复数的加、减运算用代数形式进行，乘、除运算用指数形式或极坐标形式。

1. 复数的加、减运算

设 $A_1 = a_1 + \mathrm{j}a_2$，$B_1 = b_1 + \mathrm{j}b_2$，则

$$A_1 \pm B_1 = (a_1 \pm b_1) + \mathrm{j}(a_2 \pm b_2)$$

复数的加、减运算也可按平行四边形法则或首尾相接法则在复平面上求得。

2. 复数的乘、除运算

设 $A = a_1 + \mathrm{j}a_2 = ae^{\mathrm{j}\varphi_a} = a\angle\varphi_a$，$B = b_1 + \mathrm{j}b_2 = be^{\mathrm{j}\varphi_b} = b\angle\varphi_b$，则

$$A \cdot B = a \cdot be^{\mathrm{j}(\varphi_a + \varphi_b)} = a \cdot b\angle(\varphi_a + \varphi_b)$$

$$\frac{A}{B} = \frac{a}{b}e^{\mathrm{j}(\varphi_a - \varphi_b)} = \frac{a}{b}\angle(\varphi_a - \varphi_b)$$

例 4-3 已知 $A = 3 + \mathrm{j}4$，$B = 5\angle126.9°$，试求：$A+B$，$\dfrac{A}{B}$。

解： 由 $A = 3 + \mathrm{j}4 = 5\angle53.1°$，$B = 5\angle126.9° = -3 + \mathrm{j}4$

得 $A+B = 3 + \mathrm{j}4 + (-3 + \mathrm{j}4) = \mathrm{j}8 = 8\angle90°$

$$\frac{A}{B} = \frac{5\angle53.1°}{5\angle126.9°} = 1\angle-73.8° = e^{-\mathrm{j}73.8°}$$

另外，在正弦稳态的相量法中，经常遇到复数相等的计算。当复数为代数（直角坐标）形式时，若两个复数的实部和虚部分别相等，则这两个复数相等；当复数为极坐标形式时，若两个复数的模和辐角分别相等，则这两个复数相等。

4.2.2 正弦量的相量表示法

如果复数 $A = ae^{\mathrm{j}\theta}$，其辐角 $\theta = \omega t + \varphi$，那么 A 就是一个复指数函数，根据欧拉公式，得 $A = ae^{\mathrm{j}(\omega t + \varphi)} = a\cos(\omega t + \varphi) + \mathrm{j}a\sin(\omega t + \varphi)$，显然有 $\mathrm{Re}[A] = a\cos(\omega t + \varphi)$

所以正弦量可以用上述的复指数函数描述，使正弦量与复指数函数的实部一一对应。

若以正弦电流 $i = \sqrt{2}I\cos(\omega t + \varphi_i)$ 为例，有

$$\begin{aligned}i &= \sqrt{2}I\cos(\omega t + \varphi_i) = \mathrm{Re}[\sqrt{2}Ie^{\mathrm{j}(\omega t + \varphi_i)}] \\ &= \mathrm{Re}[\sqrt{2}Ie^{\mathrm{j}\varphi_i}e^{\mathrm{j}\omega t}] = \mathrm{Re}[\sqrt{2}\dot{I}e^{\mathrm{j}\omega t}] = \mathrm{Re}[\dot{I}_me^{\mathrm{j}\omega t}]\end{aligned} \tag{4-13}$$

其中 $e^{\mathrm{j}\omega t}$ 是一个随时间变化的复数，它是在复平面上以原点为中心，以角速度 ω 逆时针旋转的单位矢量，称其为旋转因子。

而 $Ie^{\mathrm{j}\varphi_i}$ 是以正弦量的有效值为模，以初相为辐角的一个复常数，这个复常数定义为正弦量的相量，记为 $\dot{I}$

$$\dot{I} = Ie^{\mathrm{j}\varphi_i} = I\angle\varphi_i \tag{4-14}$$

$\dot{I}$ 是一个复常数，称其为正弦电流的有效值相量，它包含了正弦量的有效值和初相。相量也可用正弦量的振幅值定义，由式（4-13）可得

$$\dot{I}_m = \sqrt{2}Ie^{\mathrm{j}\varphi_i} = \sqrt{2}I\angle\varphi_i = I_m\angle\varphi_i \tag{4-15}$$

I_m 称为正弦量的振幅相量，显然有 $I_m = \sqrt{2}\,I$

相量是一个复数，它在复平面上的表示称为相量图。

只有相同频率的相量才能画在同一复平面内。由于相量是复数，故复数的各种数学表达形式和运算规则同样适用于相量。

一个正弦量和它的相量之间具有一一对应的关系，它们只是一种变换关系，不是相等的关系。对于我们所讨论的正弦电流 $i = I_m \cos(\omega t + \varphi_i)$ 必然有如下的变换式

$$i = \sqrt{2}\,I \cos(\omega t + \varphi_i) \rightleftharpoons \dot{I} = I\angle\varphi_i \ \text{或} \ \dot{I}_m = \sqrt{2}\,I\angle\varphi_i$$

若已知正弦电流 i，就可得到它的相量 $\dot{I}$；若已知一个正弦电流的相量 $\dot{I}$，且已知角频率 ω，那么这个正弦电流 i 就完全确定了。

要注意：i 不等于 $\dot{I}$，相量 $\dot{I}$ 是正弦电流 i 的变换式，并非正弦电流 i 本身。

对于正弦电压同样有：$u = \sqrt{2}\,U \cos(\omega t + \varphi_u) \rightleftharpoons \dot{U} = U\angle\varphi_u \ \text{或} \ \dot{U}_m = \sqrt{2}\,U\angle\varphi_u$

例 4-4 试写出下列正弦量所对应的相量，并画出相量图。

$$i = 10\sqrt{2}\cos(314t + 90°)\text{A}$$
$$u = 220\sqrt{2}\sin(314t - 30°)\text{V}$$

解： 本书统一用 cos 函数表示正弦量，将 u 写为

$$u = 220\sqrt{2}\cos(314t - 30° - 90°) = 220\sqrt{2}\cos(314t - 120°)\text{V}$$

可得两个正弦量的相量分别为：

$\dot{I} = 10\angle 90°$（极坐标式）

$\quad = \text{j}10\text{A}$ （直角坐标式）

$\dot{U} = 220\angle -120°$（极坐标式）

$\quad = -110 - \text{j}110\sqrt{3}\ \text{V}$（直角坐标式）

相量图如图 4-4 所示。

例 4-5 已知 $\dot{U}_{1m} = 50\angle -30°\text{V}$，$\dot{U}_{2m} = 100\angle 150°\text{V}$，$f = 50\ \text{Hz}$，试写出它们所代表的正弦电压。

解： $\omega = 2\pi f = 2\pi \times 50 = 100\pi$ rad/s

因此 $u_1 = 50\cos(100\pi - 30°)\text{V}$

$\quad\quad u_2 = 100\cos(100\pi + 150°)\text{V}$

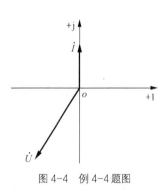

图 4-4 例 4-4 题图

4.3 基尔霍夫定律的相量形式

正弦稳态电路中各支路电压、电流都是同频率的正弦量，可将 KCL 和 KVL 转换为相量形式，以便于正弦稳态电路的相量分析。

4.3.1 KCL 的相量形式

由 KCL，对正弦稳态电路中任一节点有

$$\sum_{k=1}^{n} i_k = \sum_{k=1}^{n} I_{km}\cos(\omega t + \varphi_{ik}) = \sum_{k=1}^{n}\text{Re}(\dot{I}_{km}\,\text{e}^{\text{j}\omega t}) = 0 \qquad (4\text{-}16)$$

式（4-16）对任意时刻 t 均成立，且 $e^{j\omega t} \neq 0$，则可得

$$\sum_{k=1}^{n} \dot{I}_{km} = 0 \text{，或} \sum_{k=1}^{n} \dot{I}_k = 0 \qquad (4-17)$$

也就是说，任一节点上同频率正弦电流对应相量的代数和为零。

例 4-6 图 4-5（a）所示电路节点上有 $i_1 = 2\sqrt{2}\cos 314t \text{A}$，$i_2 = 2\sqrt{2}\cos\left(314t + 120°\right)\text{A}$。试求电流 i_3，并做出各电流相量的相量图。

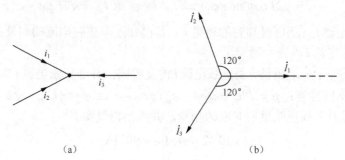

（a）　　　　　　　　　（b）

图 4-5　例 4-6 题图

解： 电压 i_1 和 i_2 所对应的相量为

$$\dot{I}_1 = 2\angle 0° \text{A}$$

$$\dot{I}_2 = 2\angle 120° \text{A}$$

由 KCL 的相量形式，得 $\dot{I}_1 + \dot{I}_2 + \dot{I}_3 = 0$

则　　　　　　$\dot{I}_3 = -\dot{I}_1 - \dot{I}_2 = -2\angle 0° - 2\angle 120° = -2 + 1 - j\sqrt{3} = 2\angle -120° \text{A}$

对应于 $\dot{I}_3$ 的正弦量为　　　　　$i_3 = 2\sqrt{2}\cos\left(314t - 120°\right)\text{A}$

各电流相量图如图 8-7（b）所示。（做相量图时可将复平面上坐标轴去掉。在水平方向先作 $\dot{I}_1$ 相量，其初相为零，称为参考相量。以参考相量为基准，再做其他各相量。）

4.3.2　KVL 的相量形式

由 KVL，对正弦稳态电路中任一回路有

$$\sum_{k=1}^{n} u_k = \sum_{k=1}^{n} U_{km}\cos(\omega t + \varphi_{uk}) = \sum_{k=1}^{n}\text{Re}(\dot{U}_{km}\,e^{j\omega t}) = 0 \qquad (4-18)$$

式（4-18）对任意时刻 t 均成立，且 $e^{j\omega t} \neq 0$，则可得

$$\sum_{k=1}^{n} \dot{U}_{km} = 0 \text{，或} \sum_{k=1}^{n} \dot{U}_k = 0 \qquad (4-19)$$

也就是说，任一回路中同频率正弦电压对应相量的代数和为零。

例 4-7 图 4-6（a）所示的部分电路中，已知 $u_1 = 100\sqrt{2}\cos\left(314t + 45°\right)\text{V}$，$u_2 = 100\sqrt{2}\cos\left(314t - 45°\right)\text{V}$，试求电压 u_3，并做出各电压相量的相量图。

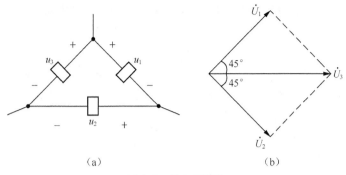

图 4-6　例 4-7 题图

解： 电压 u_1 和 u_2 所对应的相量分别为

$$\dot{U}_1 = 100\angle 45° \text{V}$$

$$\dot{U}_2 = 100\angle -45° \text{V}$$

由图 4-6（a），根据 KVL 的相量形式，得

$$\dot{U}_3 = \dot{U}_1 + \dot{U}_2 = 100\angle 45° + 100\angle -45° = 100(\frac{\sqrt{2}}{2} + j\frac{\sqrt{2}}{2}) + 100(\frac{\sqrt{2}}{2} - j\frac{\sqrt{2}}{2}) = 100\sqrt{2}\text{V}$$ 因 此

$u_3 = 100\sqrt{2} \times \sqrt{2}\cos 314t = 200\cos 314t\text{V}$。

各电压相量的相量图如图 4-6（b）所示。

4.4　正弦稳态电路的相量模型

上一节已得到 KCL 和 KVL 的相量形式，为利用相量法分析正弦稳态电路，还需得到电路元件 VCR 的相量形式，下面讨论 R、L、C 元件 VCR 的相量形式。

4.4.1　RLC 元件伏安关系的相量形式

1. 电阻元件 VCR 的相量形式

设电阻元件 R 的时域模型如图 4-7（a）所示，由欧姆定律有

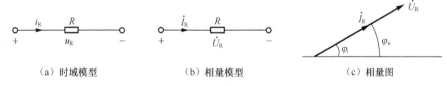

（a）时域模型　　　　　　　（b）相量模型　　　　　　　（c）相量图

图 4-7　电阻元件的正弦稳态特性

$$u_R = Ri_R \tag{4-20}$$

当有正弦电流 $i_R = \sqrt{2}I_R\cos(\omega t + \varphi_i)$ 通过电阻 R 时，电阻 R 上的电压

$$u_R = Ri_R = \sqrt{2}RI_R \quad \cos(\omega t + \varphi_i)$$

可见，正弦电压 u_R 的初相也为 φ_i，振幅为 $\sqrt{2}RI_R$，电阻上的电压 u_R 和电流 i_R 都是同频率的正弦量。若令电压相量为 $\dot{U}_R = U_R\angle\varphi_u$，则电阻元件 VCR 的相量形式为

$$\dot{U}_R = U_R \angle \varphi_u = R I_R \angle \varphi_i = R \dot{I}_R \ (\text{或 } \dot{I}_R = G \dot{U}_R) \tag{4-21}$$

显然

$$U_R = R I_R \ (\text{或 } I_R = G U_R) \tag{4-22}$$

$$\varphi_u = \varphi_i \tag{4-23}$$

它们的有效值（或振幅值）仍符合欧姆定律，而初相角相等，即电阻元件上的电压、电流同相位。式（4-21）为电阻元件 VCR 的相量形式，图 4-7（b）为电阻的相量模型，图 4-7（c）是电阻元件上电压、电流的相量图，由相量图可直观的看到，电压、电流相量在同一个方向的直线上，它们的相位差为零。

2. 电感元件 VCR 的相量形式

设电感元件 L 的时域模型如图 4-8（a）所示，电感元件的时域 VCR 关系为

$$u_L = L \frac{\mathrm{d} i_L}{\mathrm{d} t} \tag{4-24}$$

当有正弦电流通过电感 L 时，其上电压也为同频率的正弦量，设

$$i_L = \sqrt{2} I_L \cos(\omega t + \varphi_i) = \mathrm{Re}(\sqrt{2} \dot{I}_L \, \mathrm{e}^{\mathrm{j}\omega t})$$

$$u_L = \sqrt{2} U_L \cos(\omega t + \varphi_u) = \mathrm{Re}(\sqrt{2} \dot{U}_L \, \mathrm{e}^{\mathrm{j}\omega t})$$

则

$$\mathrm{Re}(\sqrt{2} \dot{U}_L \, \mathrm{e}^{\mathrm{j}\omega t}) = L \frac{\mathrm{d}}{\mathrm{d} t}\left[\mathrm{Re}(\sqrt{2} \dot{I}_L \, \mathrm{e}^{\mathrm{j}\omega t}) \right]$$

$$= \mathrm{Re}\left[\sqrt{2} L \dot{I}_L \frac{\mathrm{d}}{\mathrm{d} t}(\mathrm{e}^{\mathrm{j}\omega t}) \right] = \mathrm{Re}(\sqrt{2} \mathrm{j}\omega L \dot{I}_L \, \mathrm{e}^{\mathrm{j}\omega t})$$

可得

$$\dot{U}_L = \mathrm{j}\omega L \dot{I}_L \ \text{或 } \dot{I}_L = \frac{1}{\mathrm{j}\omega L} \dot{U}_L \tag{4-25}$$

式（4-25）即为电感元件伏安关系的相量形式，又电压相量为 $\dot{U}_L = U_L \angle \varphi_u$，电流相量为 $\dot{I}_L = I_L \angle \varphi_i$，式（4-25）又可表示为

$$U_L = \omega L I_L \ \text{或 } U_{Lm} = \omega L I_{Lm} \tag{4-26}$$

$$\varphi_u = \varphi_i + 90° \tag{4-27}$$

由式（4-27）可见，在正弦稳态电路中，电感电压总是超前电流 90°；由式（4-26）可见，电压与电流的有效值（或振幅）之比为 ωL，需要注意的是，它与角频率 ω 有关。在电路理论中，称该比值为电感的电抗，简称感抗，单位为欧[姆]（Ω），记为 X_L。

即

$$X_L = \omega L \tag{4-28}$$

感抗 X_L 具有和电阻相同的量纲，但它是随着频率 f（或 ω）而变的。将感抗的倒数称为电感的电纳，简称感纳，单位为西[门子]（s），记为 B_L，即

$$B_L = \frac{1}{X_L} = \frac{1}{\omega L} \tag{4-29}$$

利用感抗和感纳的定义，电感元件 VCR 的相量形式又可表示为

$$\dot{U}_L = \mathrm{j} X_L \dot{I}_L \ \text{或 } \dot{I}_L = \frac{\dot{U}_L}{\mathrm{j} X_L} = -\mathrm{j} B_L \dot{U}_L \tag{4-30}$$

当 $\omega = 0$ 时（直流），$X_L = \omega L = 0$，$u_L = 0$，电感相当于短路。

当 $\omega = \infty$ 时，$X_L = \omega L \to \infty$，$i_L = 0$，电感相当于开路。

图 4-8（b）是电感的相量模型，图 4-8（c）是电感上电压、电流的相量图。

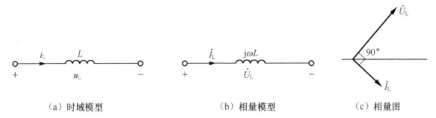

(a) 时域模型 　　　　　　　(b) 相量模型 　　　　　　(c) 相量图

图 4-8　电感元件的正弦稳态特性

3. 电容元件 VCR 的相量形式

设电容元件 C 的时域模型如图 4-9（a）所示，它的电压、电流关系相量形式的推导过程与电感类似。

电容元件的时域 VCR 关系为：

$$i_C = C\frac{\mathrm{d}u_C}{\mathrm{d}t} \tag{4-31}$$

电容 C 上的电流、电压也为同频率的正弦量，设

$$i_C = \sqrt{2}I_C \cos(\omega t + \varphi_i) = \mathrm{Re}(\sqrt{2}\dot{I}_C \, \mathrm{e}^{\mathrm{j}\omega t})$$

$$u_C = \sqrt{2}U_C \cos(\omega t + \varphi_u) = \mathrm{Re}(\sqrt{2}\dot{U}_C \, \mathrm{e}^{\mathrm{j}\omega t})$$

则

$$\mathrm{Re}(\sqrt{2}\dot{I}_C \, \mathrm{e}^{\mathrm{j}\omega t}) = C\frac{\mathrm{d}}{\mathrm{d}t}\Big[\mathrm{Re}(\sqrt{2}\dot{U}_C \, \mathrm{e}^{\mathrm{j}\omega t})\Big]$$

$$= \mathrm{Re}\Big[\sqrt{2}C\dot{U}_C \frac{\mathrm{d}}{\mathrm{d}t}(\mathrm{e}^{\mathrm{j}\omega t})\Big] = \mathrm{Re}(\sqrt{2}\mathrm{j}\omega C\dot{U}_C \, \mathrm{e}^{\mathrm{j}\omega t})$$

可得

$$\dot{I}_C = \mathrm{j}\omega C\dot{U}_C \ \text{或}\ \dot{U}_C = -\mathrm{j}\frac{1}{\omega C}\dot{I}_C \tag{4-32}$$

式（4-32）即为电容元件伏安关系的相量形式，又电压相量为 $\dot{U}_C = U_C\angle\varphi_u$，电流相量为 $\dot{I}_C = I_C\angle\varphi_i$，式（4-32）又可表示为

$$U_C = \frac{1}{\omega C}I_C \ \text{或}\ U_{Cm} = \frac{1}{\omega C}I_{Cm} \tag{4-33}$$

$$\varphi_u = \varphi_i - 90° \tag{4-34}$$

由式（4-34）可见，在正弦稳态电路中，电容电压总是滞后电流 90°；由式（4-33）可见，电容电压与电流的有效值（或振幅）之比为 $1/\omega C$，同样，该比值与角频率 ω 有关。在电路理论中，称该比值为电容的电抗，简称容抗，单位为欧（姆）（Ω），记为 X_C，即

$$X_C = \frac{1}{\omega C} \tag{4-35}$$

容抗 X_C 具有和电阻相同的量纲，但它是随着频率 f（或 ω）而变的。将容抗的倒数称为电容的电纳，简称容纳，单位为西[门子]（S），记为 B_C，即

$$B_C = \frac{1}{X_C} = \omega C \tag{4-36}$$

利用容抗和容纳的定义，电容元件 VCR 的相量形式又可表示为

$$\dot{U}_C = -\mathrm{j}X_C\dot{I}_C \ \text{或}\ \dot{I}_C = \frac{\dot{U}_C}{-\mathrm{j}X_C} = \mathrm{j}B_C\dot{U}_C \tag{4-37}$$

当 $\omega = 0$ 时（直流），$X_C = \infty$，$\dot{I}_C = 0$，电容元件相当于开路，故电容元件具有隔断直流的作用。

当 $\omega = \infty$ 时，$X_C = \dfrac{1}{\omega C} \to 0$，$u_C = 0$ 电路相当于短路。

图 4-9（b）是电容的相量模型，图 4-9（c）是电容上电压、电流的相量图。

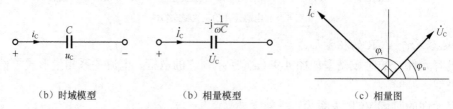

（b）时域模型　　　　　（b）相量模型　　　　　（c）相量图

图 4-9　电容元件的正弦稳态特性

例 4-8　0.5H 电感元件中的电流 $i = 2\sqrt{2}\cos(100t - 120°)\text{A}$，试求电感两端的电压 u。

解： 设电感元件上电压 u 和电流 i 为关联参考方向。

由已给正弦电流，有 $\dot{I} = 2\angle -120°\text{A}$

电感的感抗 $X_L = \omega L = 100 \times 0.5 = 50\Omega$

由电感元件 VCR 的相量形式，得电感两端的电压

$$\dot{U} = \text{j}X_L \dot{I} = j50 \times 2\angle -120° = 50\angle 90° \times 2\angle -120° = 100\angle -30°\text{V}$$

得　　$u = 100\sqrt{2}\cos(100t - 30°)\text{V}$。

例 4-9　流过 0.5F 电容的电流为 $i = \sqrt{2}\cos(100t - 30°)\text{A}$，试求电容的电压 u。

解： 设电容元件上电压 u 和电流 i 为关联参考方向。

由已给正弦电流，有 $\dot{I} = 1\angle -30°\text{A}$

电容的容抗 $X_C = \dfrac{1}{\omega C} = \dfrac{1}{100 \times 0.5} = \dfrac{1}{50}\Omega$

由电容元件 VCR 的相量形式，得电容的电压

$$\dot{U} = -\text{j}X_C \dot{I} = -\text{j}\dfrac{1}{50} \times 1\angle -30° = \dfrac{1}{50}\angle -90° \times 1\angle -30° = 0.02\angle -120°\text{V}$$

所以　$u = 0.02\sqrt{2}\cos(100t - 120°)\text{V}$

4.4.2　电路的相量模型

为了用相量法对正弦稳态电路进行分析计算，可将时域模型中的各正弦电压、电流用相量表示，将时域模型中的 R、L、C 元件用相量模型中的参数表示，就可从时域模型得到相量模型，显然，相量模型和正弦稳态电路的时域模型具有相同的拓扑结构。由电路的相量模型，结合各元件 VCR 的相量形式和 KCL 和 KVL 的相量形式，就可对正弦稳态电路进行相量分析。

例 4-10　正弦稳态电路如图 4-10（a）所示，已知 $u = 120\cos(1000t + 90°)\text{V}$，$R = 15\Omega$，$L = 30\text{mH}$·$C = 83.3\mu\text{F}$，求 i 并画相量图。

解： 根据元件的 VCR 相量式求解，R、L、C 元件并联，所加电压同为 u。

由于 $\dot{U}_m = 120\angle 90°\text{V}$（振幅值相量）

对电阻元件 R，有 $\dot{I}_{Rm} = \dfrac{\dot{U}_m}{R} = \dfrac{120\angle90^\circ}{15} = 8\angle90^\circ = j8A$

对电感元件 L，有 $\dot{I}_{Lm} = \dfrac{\dot{U}_m}{j\omega L} = \dfrac{120\angle90^\circ}{j1000\times30\times10^{-3}} = \dfrac{120\angle90^\circ}{1000\times30\times10^{-3}\angle90^\circ} = 4\angle0^\circ A$

对电容元件 C，有 $\dot{I}_{Cm} = j\omega C\dot{U}_m = j1000\times83.3\times10^{-6}\times120\angle90^\circ$

$$= 1000\times83.3\times10^{-6}\times120\angle(90^\circ+90^\circ) = 10\angle180^\circ = -10A$$

由 KCL 的相量式

$$\dot{I}_m = \dot{I}_{Rm} + \dot{I}_{Lm} + \dot{I}_{Cm} = j8 + 4\angle0^\circ - 10 = (-6+j8) = 10\angle127^\circ A$$

故 $i = 10\cos(1000t+127^\circ)A$

各正弦量的相量关系如图 4-10（b）所示。由相量图可见：电阻元件的电压、电流同相位，电感元件上电压超前电流 90°，电容元件的电流超前电压 90°。

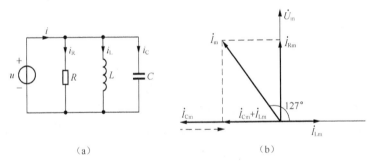

（a）　　　　　　　　　（b）

图 4-10　例 4-10 题图

4.5　阻抗与导纳

为便于分析正弦稳态电路，已给出了 KCL、KVL 的相量形式和 R、L、C 三种基本元件 VCR 的相量形式。为了将电阻电路的分析方法推广应用到正弦稳态电路分析中，本节引入正弦稳态电路的阻抗和导纳。

4.5.1　阻抗和导纳的概念

1. 阻抗

一线性无源二端网络的相量模型如图 4-11（a）所示，其端口的电压、电流为同频率的正弦量，设端口电压、电流为关联参考方向。

定义端口电压相量 $\dot{U}$ 与电流相量 $\dot{I}$ 的比值为该无源二端网络的阻抗，用符号 Z 表示，即：

$$Z = \frac{\dot{U}}{\dot{I}} = \frac{U\angle\varphi_u}{I\angle\varphi_i} = \frac{U}{I}\angle\varphi_u-\varphi_i = |Z|\angle\theta_Z \tag{4-38}$$

则有 $$\dot{U} = Z\dot{I} \tag{4-39}$$

式（4-39）称为欧姆定律的相量形式。需要注意的是阻抗 Z 不是正弦量，而是一个复数，其模 $|Z|=U/I$ 称为阻抗模，辐角 $\theta_Z = \varphi_u - \varphi_i$ 称为阻抗角。

Z 的单位为欧姆（Ω），其电路符号同电阻，如图 4-11（b）所示。

式（4-38）为阻抗 Z 的极坐标式，将其化为直角坐标形式，有

$$Z = |Z| \angle \theta_Z = |Z| \cos \theta_Z + j|Z| \sin \theta_Z = R + jX \tag{4-40}$$

式中，

$$|Z| = \sqrt{R^2 + X^2}, \quad \theta_Z = \arctan \frac{X}{R} \tag{4-41}$$

$$R = |Z| \cos \theta_Z, \quad X = |Z| \sin \theta_Z \tag{4-42}$$

R 称为阻抗 Z 的电阻分量，X 称为阻抗 Z 的电抗分量。此时无源二端网络可用一个电阻元件 R 和一个电抗元件 X 串联的电路等效，如图 4-11（c）所示。阻抗 Z 的电阻分量 R 和电抗分量 X 与阻抗的模 $|Z|$ 构成一个直角三角形，通常称阻抗三角形，如图 4-11（d）所示。

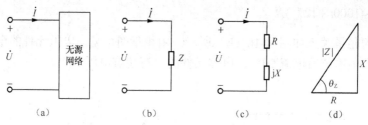

图 4-11　无源二端网络及其阻抗 Z

（1）当 $X>0$ 时，$\theta_Z>0$。二端网络端口电压超前于电流，网络呈感性，此时阻抗 Z 的电抗分量可用电感元件来等效，阻抗 Z 的虚部为正，称为感性阻抗。

（2）当 $X<0$ 时，$\theta_Z<0$。二端网络端口电流超前于电压，网络呈容性，此时阻抗 Z 的电抗分量可用电容元件来等效，阻抗 Z 的虚部为负，称为容性阻抗。

（3）当 $X=0$ 时，$\theta_Z=0$。二端网络端口电压与电流同相位，网络呈电阻性，此时阻抗 Z 无电抗分量，只有电阻分量，可用一个电阻元件来等效。

2. 导纳 Y 的概念

对图 4-11（a）所示无源二端网络的相量模型，导纳定义为电流相量 $\dot{I}$ 与电压相量 $\dot{U}$ 的比值，记为 Y，即：

$$Y = \frac{\dot{I}}{\dot{U}} = \frac{I \angle \varphi_i}{U \angle \varphi_u} = \frac{I}{U} \angle (\varphi_i - \varphi_u) = |Y| \angle \theta_Y \tag{4-43}$$

则有

$$\dot{I} = Y\dot{U} \tag{4-44}$$

式（4-44）称为欧姆定律的另一相量形式。导纳 Y 也不是一个正弦量，而是一个复数，其模 $|Y|=I/U$ 称为导纳模，辐角 $\theta_Y = \varphi_i - \varphi_u$ 称为导纳角。导纳 Y 的单位为西门子（S），其电路符号同电导，如图 4-12（a）所示。

式（4-43）为导纳的极坐标式，将其化为直角坐标形式，有

$$Y = |Y| \angle \theta_Y = |Y| \cos \theta_Y + j|Y| \sin \theta_Y = G + jB \tag{4-45}$$

式中，

$$|Y| = \sqrt{G^2 + B^2}; \quad \theta_Y = \arctan \frac{B}{G} \tag{4-46}$$

$$G = |Y| \cos \theta_Y; \quad B = |Y| \sin \theta_Y \tag{4-47}$$

G 称为导纳 Y 的电导分量，B 称为导纳 Y 的电纳分量。此时无源二端网络可用一个电导元件 G 和一个电纳元件 B 并联的电路等效，如图 4-12（b）所示。导纳 Y 的电导分量 G 和电纳分量 B 与导纳的模 $|Y|$ 构成一个直角三角形，通常称导纳三角形，如图 4-12（c）所示。

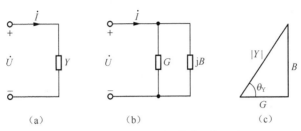

图 4-12　无源二端网络的导纳 Y

（1）当 $B>0$ 时，$\theta_Y>0$。二端网络端口电流超前于电压，网络呈容性，此时导纳 Y 的电纳分量可等效为一个电容元件，导纳 Y 的虚部为正，称为容性导纳。

（2）当 $B<0$ 时，$\theta_Y<0$。二端网络端口电压超前于电流，网络呈感性，此时导纳 Y 的电纳分量可等效为一个电感元件，导纳 Y 的虚部为负，称为感性导纳。

（3）当 $B=0$ 时，$\theta_Y=0$。二端网络端口电压与电流同相位，网络呈电阻性，此时导纳 Y 无电纳分量，只有电导分量，可用一个电导元件来等效。

4.5.2　RLC 元件的阻抗和导纳

当无源二端网络由 R、L、C 单个元件组成时，各元件 VCR 的相量形式分别为

$$R \qquad \dot{U}_R = R\dot{I}_R$$

$$L \qquad \dot{U}_L = \text{j}\omega L\dot{I}_L = \text{j}X_L\dot{I}_L$$

$$C \qquad \dot{U}_C = -\text{j}\frac{1}{\omega C}\dot{I}_C = -\text{j}X_C\dot{I}_C$$

那么由阻抗的定义可得 R、L、C 元件的阻抗分别为

$$Z_R = \frac{\dot{U}_R}{\dot{I}_R} = R，\quad Z_L = \frac{\dot{U}_L}{\dot{I}_L} = \text{j}\omega L = \text{j}X_L，\quad Z_C = \frac{\dot{U}_C}{\dot{I}_C} = -\text{j}\frac{1}{\omega C} = -\text{j}X_C$$

由导纳的定义可得 R、L、C 元件的导纳分别为

$$Y_R = \frac{\dot{I}_R}{\dot{U}_R} = \frac{1}{R} = G，\quad Y_L = \frac{\dot{I}_L}{\dot{U}_L} = \frac{1}{\text{j}\omega L} = -\text{j}B_L，\quad Y_C = \frac{\dot{I}_C}{\dot{U}_C} = \text{j}\omega C = -\text{j}B_C$$

可见，在正弦稳态电路中，只要把 R、L、C 元件参数分别用其阻抗或导纳表示，那么各元件 VCR 的相量形式可统一为欧姆定律的形式。

4.5.3　阻抗和导纳的串、并联

1. 阻抗的串联

设有 n 个阻抗相串联，各电压、电流的参考方向如图 4-13（a）所示，则它的等效阻抗等于 n 个阻抗之和，即

$$Z_{\text{eq}} = \frac{\dot{U}}{\dot{I}} = Z_1 + Z_2 + \cdots + Z_n = \sum_{k=1}^{n} Z_k \qquad\qquad (4\text{-}48)$$

其等效电路如图 4-13（b）所示。阻抗的串联计算与电阻的串联计算在形式上相似。

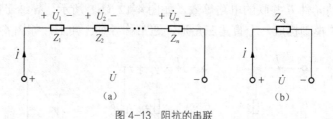

图 4-13　阻抗的串联

第 k 个阻抗上的电压为

$$\dot{U}_k = \frac{Z_k}{Z_{eq}}\dot{U} \qquad (k = 1,2,\cdots n) \tag{4-49}$$

式（4-49）中，$\dot{U}$ 为总电压，$\dot{U}_k$ 为第 k 个阻抗 Z_k 上的电压，式（4-49）即为串联阻抗的分压公式。

2. 导纳的并联

设有 n 个导纳相并联，各电压、电流参考方向如图 4-14（a）所示，则它的等效导纳 Y_{eq} 为相并联的 n 个导纳之和，即

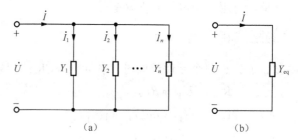

图 4-14　导纳的串联

$$Y_{eq} = \frac{\dot{I}}{\dot{U}} = Y_1 + Y_2 + \cdots + Y_n = \sum_{k=1}^{n} Y_k \tag{4-50}$$

其等效电路如图 4-14（b）所示。同样，导纳的并联计算在形式上同电导的并联计算。第 k 个导纳上的电流为

$$\dot{I}_k = \frac{Y_k}{Y_{eq}}\dot{I} \qquad (k = 1,2,\cdots n) \tag{4-51}$$

式（4-51）中 $\dot{I}$ 为总电流，$\dot{I}_k$ 为第 k 个导纳中的电流，式（4-51）即为并联导纳的分流公式。

对常见的两个阻抗 Z_1 和 Z_2 相并联的情况，容易推导其等效阻抗为

$$Z_{eq} = \frac{Z_1 Z_2}{Z_1 + Z_2} \tag{4-52}$$

对应于两电阻串、并联的分压、分流公式，当两个阻抗 Z_1 和 Z_2 串联，在形式上同两电阻的串联计算，分压公式为

$$\dot{U}_1 = \frac{Z_1}{Z_1 + Z_2}\dot{U}, \quad \dot{U}_2 = \frac{Z_2}{Z_1 + Z_2}\dot{U} \tag{4-53}$$

当两个阻抗 Z_1 和 Z_2 并联，在形式上同两电阻的并联计算，分流公式为

$$\dot{I}_1 = \frac{Z_2}{Z_1 + Z_2}\dot{I}, \quad \dot{I}_2 = \frac{Z_1}{Z_1 + Z_2}\dot{I} \tag{4-54}$$

4.6　正弦稳态电路的相量分析法

电路分析的依据是两类约束，即 KCL、KVL 和元件的 VCR。当电路中各电压、电流用相量表示，并引入阻抗和导纳后，使得正弦稳态电路和直流电阻电路中的两类约束形式完全相同，所以计算直流电阻电路的各种分析方法，就可推广应用到正弦稳态电路的分析中来。其差别仅在于不直接用电压和电流，而用相应的电压相量和电流相量；不用电阻和电导，而用阻抗和导纳，即在正弦稳态电路的分析中要用相量模型而不是时域模型。

运用相量和相量模型来分析正弦稳态电路的方法称为相量法，也称相量分析。用相量法分析正弦稳态电路的基本步骤如下：

（1）画出电路的相量模型；

（2）确定一种求解方法（等效变换法，网孔法，节点法，戴维南定理等）；

（3）根据 KCL、KVL 及元件 VCR 的相量形式建立电路的相量方程（组）；

（4）解方程（组），求得待求的电压相量或电流相量；

（5）将相应的相量变换为正弦量；

（6）需要时画出相量图。

以下通过具体的例题说明相量分析法。

例 4-11　RLC 串联电路如图 4-15（a）所示，已知 $R=2\Omega$，$L=2H$，$C=0.25F$。

$u_S = 10\cos(2t)\text{V}$，求回路中电流 i 及各元件电压 u_R，u_L 和 u_C。并作相量图。

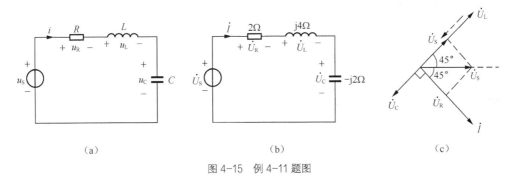

（a）　　　　　　　　　　　（b）　　　　　　　　　　　（c）

图 4-15　例 4-11 题图

解：（1）做相量模型：相量模型如图 4-15（b）所示，其中

$$\dot{U}_S = \frac{10}{\sqrt{2}}\angle 0° = 5\sqrt{2}\angle 0° \text{V}$$

$$Z_R = R = 2\Omega$$

$$Z_L = j\omega L = j2\times 2 = j4\Omega$$

$$Z_C = -j\frac{1}{\omega C} = -j\frac{1}{2\times 0.25} = -j2\Omega$$

（2）由相量模型，得总阻抗

$$Z = Z_R + Z_L + Z_C = (2 + j4 - j2) = (2 + j2)\Omega = 2.83\angle 45°\,\Omega$$

则
$$\dot{I} = \frac{\dot{U}_s}{Z} = \frac{5\sqrt{2}\angle 0°}{2.83\angle 45°} = 2.5\angle -45°\,\text{A}$$

$$\dot{U}_R = R\dot{I} = 2 \times 2.5\angle -45° = 5\angle -45°\,\text{V}$$

$$\dot{U}_L = j4\dot{I} = j4 \times 2.5\angle -45° = 10\angle 45°\,\text{V}$$

$$\dot{U}_C = -j2\dot{I} = -j2 \times 2.5\angle -45° = 5\angle -135°\,\text{V}$$

（3）对应的各时域表达式为
$$i(t) = 2.5\sqrt{2}\cos(2t - 45°)\,\text{A}$$
$$u_R(t) = 5\sqrt{2}\cos(2t - 45°)\,\text{V}$$
$$u_L(t) = 10\sqrt{2}\cos(2t + 45°)\,\text{V}$$
$$u_C(t) = 5\sqrt{2}\cos(2t - 135°)\,\text{V}$$

（4）做出各正弦量的相量图如图 4-15（c）所示。$\dot{U}_S$ 超前 $\dot{I}$ 45°，电路呈感性。由阻抗 Z 的阻抗角也可直接判断电压、电流的相位关系。由于阻抗角 $\theta_Z = \varphi_u - \varphi_i = 45° > 0$，即电压超前电流 45°，故电路呈现感性。$\dot{U}$、$\dot{U}_R$、$\dot{U}_X(\dot{U}_X = \dot{U}_L + \dot{U}_C)$ 组成一电压三角形。

例 4-12 GCL 并联电路如图 4-16（a）所示。已知 G=1S，L=2H，C=0.5F，i_S=3cos（2t）A，求 $u_o(t)$，并做相量图。

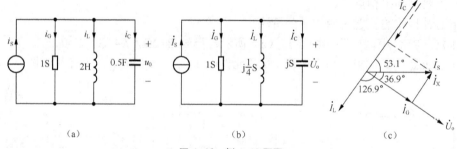

图 4-16　例 4-12 题图

解： 做该时域电路的相量模型如图 4-16（b）所示，其中
$$\dot{I}_S = 1.5\sqrt{2}\angle 0°\,\text{A}$$
$$Y_G = G = 1\text{S}$$
$$Y_L = -j\frac{1}{\omega L} = -j\frac{1}{4}\text{S}$$
$$Y_C = j\omega C = j\text{S}$$

电路中各电压、电流都用相量表示。
由相量图得总导纳为
$$Y = Y_G + Y_L + Y_C = (1 - j\frac{1}{4} + j) = (1 + j0.75)\text{S} = 1.25\angle 36.9°\,\text{S}$$

则
$$\dot{U}_o = \frac{\dot{I}_S}{Y} = \frac{1.5\sqrt{2}\angle 0°}{1.25\angle 36.9°} = 1.7\angle -36.9°\,\text{V}$$

由各元件 VCR 的相量式，得

$$\dot{I}_{G} = G\dot{U}_{o} = 1.7\angle -36.9^{\circ} \, A$$

$$\dot{I}_{L} = \frac{\dot{U}_{o}}{j\omega L} = 0.425\angle -126.9^{\circ} \, A$$

$$\dot{I}_{C} = j\omega C\dot{U}_{o} = 1.7\angle 53.1^{\circ} \, A$$

故

$$u_{o}(t) = 1.7\sqrt{2}\cos(2t - 36.9^{\circ})$$

$$= 2.4\cos(2t - 36.9^{\circ}) \, V$$

做相量图如图 4-16（c）所示。由此可见，电流相量 $\dot{I}_{S}$ 超前电压相量 $\dot{U}_{o}$，所以电路呈容性。由导纳 Y 的导纳角也可直接判断电压、电流的相位关系。由于导纳角 $\theta_{Y} = \varphi_{i} - \varphi_{u} = 36.9^{\circ} > 0$，电流超前电压 36.9°，故电路呈容性。电流相量 $\dot{I}_{S}$、$\dot{I}_{G}$、$\dot{I}_{X}(\dot{I}_{X} = \dot{I}_{L} + \dot{I}_{C})$ 组成一电流三角形。

由以上例题可见，相量图的一般做法是：对电路并联部分，以并联电压相量为基准，由各并联元件的 VCR 确定各并联支路的电流相量与电压相量之间的夹角，再根据节点上的 KCL 方程，用相量首尾相接求和法则，画出节点上的各支路电流相量组成的多边形；对电路串联部分，以串联电流相量为基准，由各串联元件的 VCR 确定各串联支路的电压相量与电流相量之间的夹角，再根据回路上的 KVL 方程，用相量首尾相接求和法则，画出回路上各电压相量所组成的多边形。

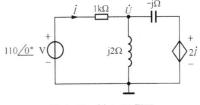

图 4-17　例 4-13 题图

例 4-13　试用节点分析法求图 4-17 所示电路中的电流 $\dot{I}$。

解： 设电路的参考节点及节点电压 $\dot{U}$ 如图 4-17 所示，则可列节点方程为

$$\left(\frac{1}{10^{3}} + \frac{1}{j2} + \frac{1}{-j}\right)\dot{U} = \frac{110\angle 0^{\circ}}{10^{3}} + \frac{2\dot{I}}{-j}$$

辅助方程：$\dot{I} = -\dfrac{\dot{U} - 110\angle 0^{\circ}}{10^{3}} = \dfrac{110\angle 0^{\circ} - \dot{U}}{10^{3}}$

联立求解，得：$\dot{I} = 0.11\angle 0^{\circ} \, A$

4.7　正弦稳态电路的功率

正弦稳态电路中，由于包含有电感和电容等储能元件，故正弦稳态电路中的功率、能量问题要比电阻电路的计算复杂，会出现在纯电阻电路中所没有的现象，也就是能量的往返现象，所以功率和能量的计算不能用与电阻电路的类比来解决，而是需要引入一些新的概念。本节从正弦稳态电路中二端网络的瞬时功率入手，引入有功功率（平均功率）、无功功率、视在功率的概念及计算。

4.7.1　二端网络的功率

图 4-18（a）所示为正弦稳态线性二端网络 N，端口电压、电流采用关联参考方向，设它们的瞬时表达式分别为

$$u = U_m \cos(\omega t + \varphi_u) = \sqrt{2}U \text{os}(\omega t + \varphi_u)$$

$$i = I_m \cos(\omega t + \varphi_i) = \sqrt{2}I \cos(\omega t + \varphi_i)$$

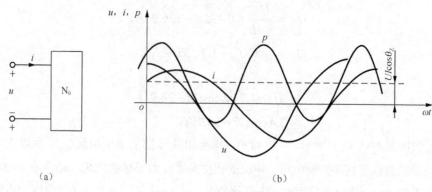

（a）　　　　　　　　（b）

图 4-18　二端网络 N 的功率

1. 瞬时功率 p

二端网络吸收的瞬时功率等于端口电压和电流的乘积，即

$$
\begin{aligned}
p &= ui \\
&= \sqrt{2}U \cos(\omega t + \varphi_u) \cdot \sqrt{2}I \cos(\omega t + \varphi_i) \\
&= UI \cos(\varphi_u - \varphi_i) + UI \cos(2\omega t + \varphi_u + \varphi_i) \\
&= UI \cos(\theta_Z) + UI \cos(2\omega t + \varphi_u + \varphi_i)
\end{aligned}
\tag{4-55}
$$

式（4-55）表明瞬时功率有两个分量：一为恒定分量，二为正弦分量，且其频率为电源频率的两倍，其波形如图 4-18（b）所示。由波形可见，瞬时功率可正可负，当 $p > 0$ 时，表示网络 N 吸收功率，当 $p < 0$ 时，表示网络 N 发出功率。

2. 平均功率 P（有功功率）

瞬时功率随时间而变，故实用价值不大。通常引用平均功率的概念，平均功率是指瞬时功率在一个周期内的平均值，平均功率又称有功功率，简称功率，记为 P，即

$$P = \frac{1}{T} \int_0^T p(t) \cdot \mathrm{d}t = UI \cos\theta_Z = UI\lambda \tag{4-56}$$

式（4-56）中，U、I 分别为二端网络 N 端子上的电压、电流有效值，$\cos\theta_Z$ 为无源网络的功率因数，可用 λ 表示，θ_Z 称为无源二端网络的阻抗角，也称功率因数角。

需要强调的是，只有对无源二端网络，$\cos\theta_Z$ 才称为功率因数，θ_Z 才为阻抗角，若是有源网络，仍可按式（4-51）计算平均功率，但此时 $\cos\theta_Z$ 已无功率因数的意义了，而 θ_Z 也不是阻抗角了，只是端口电压与电流的相位差。平均功率的单位用瓦（W）表示。

3. 视在功率 S

将二端网络端口电压和电流有效值的乘积称为视在功率，记为 S，即

$$S = UI \tag{4-57}$$

它具有功率的量纲，但一般不等于平均功率。它的单位是伏安（V·A），由式（4-56），显然有

$$\lambda = \frac{P}{UI} = \frac{P}{S} = \cos\theta_Z \tag{4-58}$$

由 R、L、C 组成的无源二端网络，其等效阻抗的电阻分量 $R \geq 0$，故阻抗角 $|\theta_Z| \leqslant \dfrac{\pi}{2}$，功率因数 λ 恒为非负值。为了从已知的功率因数 λ 判断出网络的性质，通常当电流超前于电压，即 $\theta_Z < 0$ 时，在功率因数 λ 后注明"导前"，反之当电流滞后于电压，即 $\theta_Z > 0$ 时，在功率因数 λ 后注明"滞后"。

4. 无功功率 Q

在电路分析中，将能量交换的最大值 $UI\sin\theta_Z$ 称为网络的无功功率，记为 Q，即

$$Q = UI\sin\theta_Z \tag{4-59}$$

无功功率的单位为无功伏安，简称乏（Var）。显然，电阻元件的无功功率 $Q_R = UI\sin 0° = 0$，电感元件的无功功率 $Q_L = UI\sin 90° = UI$，电容元件的无功功率 $Q_C = UI\sin(-90°) = -UI$。

由二端网络的平均功率 $P = UI\cos\theta_Z$、无功功率 $Q = UI\sin\theta_Z$，得视在功率

$$S = \sqrt{P^2 + Q^2} \tag{4-60}$$

P、Q、S 构成一直角三角形，如图 4-19 所示，该三角形称为功率三角形。

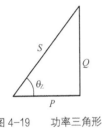

图 4-19　功率三角形

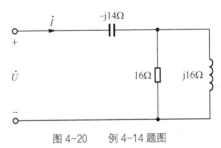

图 4-20　例 4-14 题图

例 4-14　电路的相量模型如图 4-20 所示，端口电压 $U = 100\text{V}$，试求该网络的有功功率 P、无功功率 Q、视在功率 S 和功率因数 λ。

解：求功率必先求得所需部分的电压、电流，就可解得相应的功率。该题为求得电流 $\dot{I}$，设端口电压相量 $\dot{U} = 100\angle 0° \text{V}$

端口处的等效阻抗 $Z = -\text{j}14 + \dfrac{16 \times \text{j}16}{16 + \text{j}16} = 8 - \text{j}6 = 10\angle -36.9° \, \Omega$

$\dot{I} = \dfrac{\dot{U}}{Z} = \dfrac{100\angle 0°}{10\angle -36.9°} = 10\angle 36.9° \text{A}$，$\theta_Z = -36.9°$，可得

有功功率 $P = UI\cos\theta_Z = 100 \times 10\cos(-36.9°) = 800(\text{W})$

无功功率 $Q = UI\sin\theta_Z = 100 \times 10\sin(-36.9°) = -600(\text{Var})$

视在功率 $S = UI = 100 \times 10 = 1000(\text{VA})$

功率因数 $\lambda = \cos\theta_Z = \cos(-36.9°) = 0.8$（导前）

该二端网络端口处电流超前于电压，阻抗角 $\theta_Z = -36.9° < 0$，故在功率因数后注明"导前"。

5. 复功率

为了用相量法求出正弦稳态电路的各种功率，下面引入复功率的概念。

设无源二端网络端口处电压、电流相量为

$$\dot{U} = U\angle\varphi_u，\quad \dot{I} = I\angle\varphi_i$$

且 $\dot{U}$、$\dot{I}$ 为关联参考方向，则复功率定义如下

复功率

$$\begin{aligned}\tilde{S} &= \dot{U}\dot{I}^* = UI\angle\varphi_u - \varphi_i = UI\angle\theta_Z \\ &= UI\cos\theta_Z + jUI\sin\theta_Z \\ &= P + jQ\end{aligned} \quad (4\text{-}61)$$

复功率 $\tilde{S}$ 的单位为伏安（V·A），它不代表正弦量，故不用相量表示。复功率本身无任何物理意义，它是为了计算方便而引入的。

复功率 $\tilde{S}$ 是以平均功率 P 为实部，无功功率 Q 为虚部，视在功率 S 为模，阻抗角 θ_Z 为辐角的复数，在电路中，若已知二端网络的端口电压相量和电流相量，利用式（4-61）便可方便地求出 P、Q 和 S。复功率 $\tilde{S}$ 又可表示为

$$\tilde{S} = \dot{U}\dot{I}^* = (\dot{I}Z)\dot{I}^* = I^2 Z$$

$$\tilde{S} = \dot{U}\dot{I}^* = \dot{U}(Y\dot{U})^* = U^2 Y^*$$

可以证明，对整个电路复功率守恒，即

$$\sum\tilde{S} = 0$$

显然，有功功率和无功功率均守恒，即

$$\sum P = 0,\quad \sum Q = 0$$

而视在功率是不守恒的。

例4-15 电路如图4-21所示，已知 $\dot{U}_s = 100\angle 0° \text{V}$，支路1中：$Z_1 = R_1 + jX_1 = 10 + j17.3\Omega$，支路2中：$Z_2 = R_2 - jX_2 = 17.3 - j10\Omega$。求电路的平均功率 P，无功功率 Q，复功率 $\tilde{S}$。

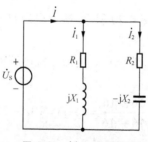

图4-21 例4-15题图

解： 在如图4-21所示参考方向下，各支路电流为

$$\dot{I}_1 = \frac{\dot{U}_S}{R_1 + jX_1} = \frac{100\angle 0°}{10 + j17.3} = \frac{100\angle 0°}{20\angle 60°} = 5\angle -60° \text{A}$$

$$\dot{I}_2 = \frac{\dot{U}_S}{R_2 - jX_2} = \frac{100\angle 0°}{17.3 - j10} = \frac{100\angle 0°}{20\angle -30°} = 5\angle 30° \text{A}$$

由KCL得总电流

$$\dot{I} = \dot{I}_1 + \dot{I}_2 = 5\angle -60° + 5\angle 30° = 2.5 - j4.33 + 4.33 + j2.5$$
$$= 6.83 - j1.83 = 7.07\angle -15° \text{A}$$

则电路的平均功率 $P = U_S I\cos 15° = 100 \times 7.07\cos 15° = 683\text{W}$

电路的无功功率 $Q = U_S I \sin 15° = 100 \times 7.07 \sin 15° = 183\text{Var}$

复功率 $\tilde{S} = \dot{U}_S \dot{I}^* = 100 \times 7.07 \angle 15° = 683 + j183\text{V·A} = P + jQ$

也可直接求取复功率 $\tilde{S}$，取其实部为平均功率，虚部为无功功率。

4.7.2　功率因数的提高

在实际工程中，大多数负载为感性负载，如异步电动机、感应加热设备等。这些感性负载的功率因数较低。由平均功率表达式 $P = UI \cos\theta_Z$ 可知，在平均功率不变的情况下，$\cos\theta_Z$愈小，由电网输送给负载的电流就愈大，这一方面占用较多的电网容量，使电网不能充分发挥其供电能力，又会在输电线路上引起较大的功率损耗和电压降，因此有必要提高此类感性负载的功率因数。工程上通常采用给感性负载并电容的方法来提高电路的功率因数。为说明功率因数的提高，假设一感性负载如图 4-22（a）所示。

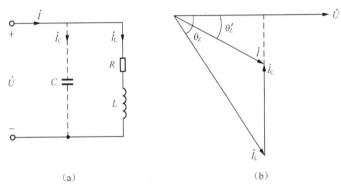

图 4-22　功率因数的提高

（1）并电容 C 前，输电线上的电流等于感性负载中电流，即 $\dot{I} = \dot{I}_L$

且负载消耗的平均功率 $P_L = UI_L \cos\theta_Z = UI \cos\theta_Z$

由于功率因数较低，角 θ_Z 就比较大，如图 8-22（b）的相量图所示。

（2）并电容 C 后，电路中增加了一条电容支路的电流 $\dot{I}_C$，由 KCL 的相量形式，得

$$\dot{I} = \dot{I}_C + \dot{I}_L$$

电容电流 $\dot{I}_C$ 超前电压 $\dot{U}$ 90°，如图 8-22（b）所示。可见由于 $\dot{I}_C$ 的补偿作用，输电线上的电流 $\dot{I}$（值）变小了，不再等于 $\dot{I}_L$。也使电路中电压 $\dot{U}$ 和电流 $\dot{I}$ 的夹角 $\theta_Z{}'$ 较 θ_Z 小，使得 $\cos\theta_Z{}' > \cos\theta$，即电路的功率因数提高了。由于所并的电容 C 不消耗功率，故并电容后负载消耗的平均功率不变，即

$$P = UI \cos\theta_Z{}' = UI_L \cos\theta_Z = P_L$$

可见，并电容 C 后，不影响原感性负载的工作状态。因为负载上所加电压 $\dot{U}$ 不变，则通过负载的电流 $\dot{I}_L$ 不变，负载消耗的平均功率 P_L 不变，其功率因数也不变，即负载仍可按并电容前正常工作，而电路的功率因数提高了。

例 4-16　图 4-23（a）所示电路外加 50Hz、380V 的正弦电压，感性负载吸收的功率 $P_L = 20\text{kW}$，功率因数 $\lambda_L = 0.6$。若要使电路的功率因数提高到 $\lambda = 0.9$，求在负载两端并接的电容值。

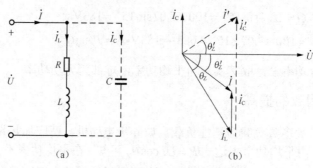

图 4-23　例 4-16 题图

解： 由题可得，并电容 C 前，感性负载中电流的有效值为

$$I_L = \frac{P}{U\lambda_L} = \frac{20\times 10^3}{380\times 0.6} = 87.72\text{A}$$

此时 $\dot{I} = \dot{I}_L$

感性负载的阻抗角 θ_Z 为 $\theta_Z = \arccos 0.6 = 53.13°$

设电压源电压相量为 $\dot{U} = 380\angle 0°\,\text{V}$

则感性负载电流相量为 $\dot{I}_L = 87.72\angle -53.13°\,\text{A}$

相量图如图 4-23（b）所示

并电容后，增加了 $\dot{I}_C$ 支路，$\dot{I}_L$ 保持不变，又 $\dot{I} = \dot{I}_L + \dot{I}_C$

电源输出电流变化了，其有效值为 $I = \frac{P}{U\lambda} = \frac{20\times 10^3}{380\times 0.9} = 58.48\text{A}$

因 $\lambda = 0.9$，故功率因数角为

$$\theta_Z' = \arccos 0.9 = 25.84°$$

则 $\dot{I} = 58.48\angle -25.84°\,\text{A}$

由 KCL，电容电流相量为

$$\dot{I}_C = \dot{I} - \dot{I}_L = 58.48\angle -25.84° - 87.72\angle -53.13°\,\text{A}$$

$$= 52.63 - \text{j}25.49 - (52.63 - \text{j}70.18) = \text{j}44.69 = 44.69\angle 90°\,\text{A}$$

因 $I_C = \omega CU$

故

$$C = \frac{I_C}{\omega U} = \frac{44.69}{2\pi\times 50\times 380} = 374.54\,\mu\text{F}$$

图 4-23（b）中虚线所示是符合要求的另一解答，此时电路性质变为容性的了，是一种过补偿，这种补偿需更大的电容量，经济上不可取。

4.7.3　最大功率传输

在直流电路分析中，已经讨论了负载电阻从具有内阻的直流电源获得最大功率的问题，下面讨论在正弦稳态电路中的最大功率传输问题。

当可变负载 Z_L 接于含源二端网络 N，如图 4-24（a）所示，根据戴维南定理可得其等效电路如图 4-24（b）所示，等效电路中的电压源和阻抗分别为 $\dot{U}_{oc}$ 和 Z_o，其中 $Z_o = R_o + \text{j}X_o$，

而可变负载 $Z_L = R_L + jX_L$。

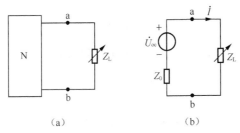

图 4-24 最大功率传输

由图 4-24（b）可得负载电流为

$$\dot{I} = \frac{\dot{U}_{oc}}{Z_o + Z_L} = \frac{\dot{U}_{oc}}{(R_o + R_L) + j(X_o + X_L)} , \quad \text{则} \quad I = \frac{U_{oc}}{\sqrt{(R_o + R_L)^2 + (X_o + X_L)^2}}$$

负载吸收的平均功率为 R_L 所吸收的平均功率，即

$$P = I^2 R_L = \frac{U_{oc}^2 R_L}{(R_o + R_L)^2 + (X_o + X_L)^2}$$

要使负载获得最大功率，先使上式满足：$X_L = -X_o$

此时分母最小，即： $\quad P = \frac{U_{oc}^2 R_L}{(R_o + R_L)^2}$

上式 R_L 为变量，令 $\dfrac{\mathrm{d}P}{\mathrm{d}R_L} = \dfrac{(R_o + R_L)^2 - 2(R_o + R_L)R_L}{(R_o + R_L)^4} U_{oc}^2 = 0$

解得　　　$R_L = R_o$

综上分析可得，负载获得最大功率的条件为

$$Z_L = \overset{*}{Z}_0 = R_o - jX_o \tag{4-62}$$

这一条件称为共轭匹配，此时负载获得的最大功率为

$$P_{\max} = \frac{U_{oc}^2}{4R_o} \tag{4-63}$$

例 4-17 电路如图 4-25（a）所示，已知 Z_L 为可变负载。试求 Z_L 为何值时可获得最大功率？最大功率为多少？

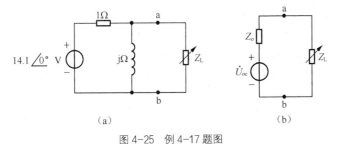

图 4-25 例 4-17 题图

解： 根据戴维南定理求得 a、b 端左边电路的等效电路如图 4-25（b）所示，其中

$$\dot{U}_{oc} = \frac{j}{1+j} 14.1\angle 0° = \frac{\angle 90°}{\sqrt{2}\angle 45°} \times 14.1\angle 0° = 10\angle 45° \text{V}$$

$$Z_o = \frac{j}{1+j} = \frac{1}{\sqrt{2}}\angle 45° = (0.5 + j0.5)\Omega$$

由 Z_L 获得最大功率的条件，得 Z_L 值，即

$$Z_L = \overset{*}{Z}_o = 0.5 - j0.5\Omega$$

其最大功率为 $P_{max} = \dfrac{U_{oc}^2}{4R_o} = \dfrac{10^2}{4\times 0.5} = 50\text{W}$

4.8 谐振电路

谐振是在特定条件下出现在电路中的一种现象。通常谐振电路由 R、L、C 元件和角频率为 ω 的正弦电源组成，若出现了端口电压与端口电流同相位的现象，则说明该电路发生了谐振。能发生谐振的电路称为谐振电路，使谐振发生的条件称为谐振条件。

在电子和无线电工程中，经常要从许多电信号中选取出我们所需要的电信号，同时把不需要的电信号加以抑制或滤除，为此就需要一个选择电路，即谐振电路。另外，在电力工程中，有可能由于电路中出现谐振而产生某些危害，如过电压或过电流，所以对谐振电路的研究，无论是从利用方面，还是从限制其危害方面来看，都有重要意义。根据连接方式的不同，谐振电路分为串联谐振电路和并联谐振电路。

4.8.1 RLC 串联谐振

1. 谐振条件和频率

图 4-26 所示 RLC 串联电路，其等效阻抗为

$$
\begin{aligned}
Z(j\omega) &= R + j\left(\omega L - \frac{1}{\omega C}\right) \\
&= R + j(X_L - X_C) \\
&= R + jX \\
&= \sqrt{R^2 + X^2}\angle \arctan\frac{X}{R} \\
&= |Z|\angle \theta_Z
\end{aligned}
\tag{4-64}
$$

显然，感抗 X_L、容抗 X_C 是频率的函数，使电抗 X 随频率变化而呈现不同的性质。当频率较低时，$X = X_L - X_C < 0$，电路呈现容性；当频率较高时，$X = X_L - X_C > 0$，电路呈现感性；当频率为某一值，使 $X = X_L - X_C = 0$ 时，电路呈现阻性，此时，电压与电流同相，即电路发生了串联谐振，由此可得串联谐振的条件为

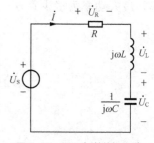

图 4-26 RLC 串联谐振电路

$$X = \omega_0 L - \frac{1}{\omega_0 C} = 0 \quad (4\text{-}65)$$

由式（4-65）可使电路发生谐振的角频率或频率为

$$\omega_0 = \frac{1}{\sqrt{LC}}, \quad f_0 = \frac{1}{2\pi\sqrt{LC}} \quad (4\text{-}66)$$

可见，电路的谐振频率仅与电路本身的元件参数 L、C 有关，故 ω_0（或 f_0）称为电路的固有频率。

2. 谐振时的电路特性

谐振时阻抗达到最小值，即 $Z_0 = Z_{min} = R$，当电源电压不变，电流 $\dot{I}_0$ 达到最大，即

$$\dot{I}_0 = \frac{\dot{U}_S}{Z_0} = \frac{\dot{U}_S}{R} \quad (4\text{-}67)$$

串联谐振时，电路的感抗 X_L 等于容抗 X_C，通常将此时的感抗和容抗称为串联谐振电路的特性阻抗，并用字母 ρ 表示。即

$$\rho = \omega_0 L = \frac{1}{\omega_0 C} = \sqrt{\frac{L}{C}} \quad (4\text{-}68)$$

在工程中，通常用电路的特性阻抗与电路的电阻值之比来表征谐振电路的性质，并将此比值称为串联谐振电路的品质因数，用字母 Q 表示。即

$$Q = \frac{\omega_0 L}{R} = \frac{1}{\omega_0 CR} = \frac{\rho}{R} = \frac{1}{R}\sqrt{\frac{L}{C}} \quad (4\text{-}69)$$

串联谐振时各元件上的电压分别为

$$\left. \begin{array}{l} \dot{U}_{R0} = R\dot{I}_0 = R \cdot \dfrac{\dot{U}_S}{R} = \dot{U}_S \\[2mm] \dot{U}_{L0} = j\omega_0 L\dot{I}_0 = j\omega_0 L \cdot \dfrac{\dot{U}_S}{R} = j\dfrac{\omega_0 L}{R}\dot{U}_S = jQ\dot{U}_S \\[2mm] \dot{U}_{C0} = \dfrac{1}{j\omega_0 C}\dot{I}_0 = \dfrac{1}{j\omega_0 C} \cdot \dfrac{\dot{U}_S}{R} = \dfrac{1}{j\omega_0 CR}\dot{U}_S = -jQ\dot{U}_S \end{array} \right\} \quad (4\text{-}70)$$

式（4-70）表明，谐振时电阻电压等于电源电压。电感电压和电容电压大小相等，方向相反，其值均为激励的 Q 倍，即 $\dot{U}_{L0} + \dot{U}_{C0} = 0$，所以谐振时 L、C 串联部分对外相当于短路。

在实际工程中，一般 $R \ll \rho$，Q 值可达几十到几百，因此谐振时电感或电容上的电压可达激励电压的几十到几百倍，满足 $\dot{U}_{L0} = \dot{U}_{C0} = QU_S$，所以串联谐振又称电压谐振。

例 4-18 RLC 串联谐振电路的电源有效值 U_S=10V，角频率 $\omega = 5\times10^3\,\text{rad/s}$，调电容 C，使电路发生谐振，这时 $I_0 = 100\mu A$，$U_{C0} = 600V$，试求电路的 R、L、C 及 Q。

解： $R = \dfrac{U_S}{I_0} = \dfrac{10}{200\times10^{-3}} = 50\Omega$

$Q = \dfrac{U_{C0}}{U_S} = \dfrac{600}{10} = 60$

$L = \dfrac{QR}{\omega_0} = \dfrac{60\times50}{5\times10^3} = 600\text{mH}$

$$C = \frac{1}{\omega_0^2 L} = \frac{1}{(5 \times 10^3)^2 \times 0.6} = 6.67 \mu\text{F}$$

4.8.2 GCL 并联谐振

1. 谐振条件和频率

如图 4-27 所示的 GCL 并联谐振电路也是常见的谐振电路,其分析方法同 RLC 串联谐振电路。电路的等效导纳可表示为

$$
\begin{aligned}
Y(\text{j}\omega) &= G + \text{j}\left(\omega C - \frac{1}{\omega L}\right) \\
&= G + \text{j}(B_\text{C} - B_\text{L}) \\
&= G + \text{j}B \\
&= \sqrt{G^2 + B^2} \angle \arctan\frac{B}{G} \\
&= |Y| \angle \theta_\text{Y}
\end{aligned}
\tag{4-71}
$$

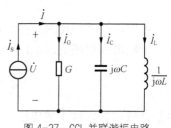

图 4-27　GCL 并联谐振电路

显然,容纳 B_C、感纳 B_L 是频率的函数,使电纳 B 随频率变化而呈现不同的性质。当频率较低时,$B = B_\text{C} - B_\text{L} < 0$,电路呈现感性;当频率较高时,$B = B_\text{C} - B_\text{L} > 0$,电路呈现容性;当频率为某一值,使 $B = B_\text{C} - B_\text{L} = 0$ 时,电路呈现阻性,此时,电压与电流同相,即电路发生了并联谐振,由此可得并联谐振的条件为

$$B = \omega_0 C - \frac{1}{\omega_0 L} = 0 \tag{4-72}$$

由式(4-72)可得电路发生谐振的角频率或频率为

$$\omega_0 = \frac{1}{\sqrt{LC}}, \quad f_0 = \frac{1}{2\pi\sqrt{LC}} \tag{4-73}$$

2. 谐振时的电路特性

谐振时导纳模达到最小值,即 $Y_0 = Y_{\min} = G = \frac{1}{R}$,当电源电流不变,电压 $\dot{U}_0$ 达到最大,即

$$\dot{U}_0 = \frac{\dot{I}_\text{S}}{Y_0} = \frac{\dot{I}_\text{S}}{G} = \dot{I}_\text{S}R \tag{4-74}$$

谐振时,电路的容纳等于感纳,即

$$B_\text{C0} = B_\text{L0} = \omega_0 C = \frac{1}{\omega_0 L} = \sqrt{\frac{C}{L}} \tag{4-75}$$

并联谐振电路的品质因数 Q 定义如下

$$Q = \frac{\omega_0 C}{G} = \frac{1}{\omega_0 LG} = \frac{1}{G}\sqrt{\frac{C}{L}} \tag{4-76}$$

谐振时各元件的电流分别为

$$\left.\begin{array}{l} \dot{I}_{G0} = G\dot{U}_0 = G \cdot \dfrac{\dot{I}_S}{G} = \dot{I}_S \\[2mm] \dot{I}_{C0} = j\omega_0 C\dot{U}_0 = j\omega_0 C \cdot \dfrac{\dot{I}_S}{G} = j\dfrac{\omega_0 C}{G}\dot{I}_S = jQ\dot{I}_S \\[2mm] \dot{I}_{L0} = \dfrac{1}{j\omega_0 L}\dot{U}_0 = \dfrac{1}{j\omega_0 L} \cdot \dfrac{\dot{I}_S}{G} = \dfrac{1}{j\omega_0 LG}\dot{I}_S = -jQ\dot{I}_S \end{array}\right\} \qquad (4\text{-}77)$$

式（4-77）表明，谐振时电阻电流等于电流源电流。电感和电容元件中的电流大小相等，方向相反，其值均为激励的 Q 倍，即 $\dot{I}_{L0}+\dot{I}_{C0}=0$，所以谐振时 L、C 并联部分对外相当于开路。

由于并联谐振时 $I_{C0}=I_{L0}=QI_S$，故并联谐振又称电流谐振。

4.8.3　谐振电路的频率特性

谐振电路中的电流、电压、阻抗、导纳等物理量随电源角频率 ω 变化的函数关系，称为谐振电路的频率特性，它们随频率变化的关系曲线称为频率特性曲线。研究电路的频率特性可进一步研究谐振电路的频率选择性和通频带问题。

由图 4-26 可得，RLC 串联谐振电路中的电流为

$$\begin{aligned} \dot{I} &= \frac{\dot{U}_S}{R + j(\omega L - \dfrac{1}{\omega C})} = \frac{\dfrac{\dot{U}_S}{R}}{1 + j\dfrac{\omega_0 L}{R}(\dfrac{\omega}{\omega_0} - \dfrac{1}{\omega_0 \omega LC})} \\[2mm] &= \frac{\dot{I}_0}{1 + jQ(\dfrac{\omega}{\omega_0} - \dfrac{\omega_0}{\omega})} \end{aligned} \qquad (4\text{-}78)$$

当电路的电压 U_S 和元件参数一定时，I_0 和 ω_0 均为常数，电路的品质因数 Q 将唯一的影响 $\dfrac{\dot{I}}{\dot{I}_0}$ 频率特性曲线，该曲线具有通用性，其幅值随频率变化特性（幅频特性）如下。

$$\frac{I}{I_0} = \frac{1}{\sqrt{1 + Q^2(\dfrac{\omega}{\omega_0} - \dfrac{\omega_0}{\omega})^2}} \qquad (4\text{-}79)$$

相应的幅频特性曲线如图 4-28 所示，也把幅频特性曲线称为串联谐振电路的谐振曲线。

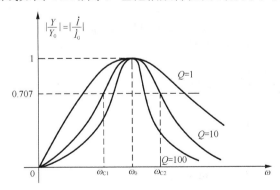

图 4-28　RLC 串联电路的谐振曲线

由图 4-28 可见，当 $\omega = \omega_0$ 即电路谐振时，电流值最大；当 ω 在 ω_0 附近时，电流值较大；当 ω 偏离 ω_0 越远，电流值衰减越明显。这说明电路对频率为 ω_0 的信号具有选择性，一般来说品质因数 Q 值越大，谐振曲线越尖锐，电路对偏离 ω_0 的信号抑制能力越强，选择性越好。反之，品质因数 Q 值越小，电路的选择性越差。

工程上通常将特性曲线大于 $\dfrac{1}{\sqrt{2}}$ 所对应的频率范围定义为电路的通频带或带宽。如图 4-28 所示。$\omega_{C1} \sim \omega_{C2}$ 所对应的频率范围即为 $Q=10$ 时串联谐振电路的通频带，其中 ω_{C1} 为下截止角频率，ω_{C2} 为上截止角频率。根据通频带的概念，下式成立。

$$\frac{1}{\sqrt{1 + Q^2(\frac{\omega}{\omega_0} - \frac{\omega_0}{\omega})^2}} = \frac{1}{\sqrt{2}} \tag{4-80}$$

解得

$$\omega_{C1} = (\sqrt{1 + \frac{1}{4Q^2}} - \frac{1}{2Q})\omega_0 , \quad \omega_{C2} = (\sqrt{1 + \frac{1}{4Q^2}} + \frac{1}{2Q})\omega_0 \tag{4-81}$$

若用 BW 表示通频带，则串联谐振电路的通频带为

$$BW = \omega_{C2} - \omega_{C1} = \frac{\omega_0}{Q} = \frac{R}{L} \qquad \text{单位：rad/s} \tag{4-82}$$

或

$$BW = f_{C2} - f_{C1} = \frac{f_0}{Q} \qquad \text{单位：Hz} \tag{4-83}$$

GCL 并联谐振电路的谐振曲线同 RLC 串联谐振电路的谐振曲线，并联谐振电路同样具有带通滤波的特性，其通频带的定义及计算公式与串联谐振电路相同，其通频带为

$$BW = \omega_{C2} - \omega_{C1} = \frac{\omega_0}{Q} = \frac{G}{C} \quad \text{或} \quad BW = f_{C2} - f_{C1} = \frac{f_0}{Q} \tag{4-84}$$

例 4-19 RLC 串联谐振电路中，已知：$R = 10\Omega$，$L = 4\text{mH}$，$C = 0.001\mu\text{F}$，$u_S = 100\sqrt{2}\cos\omega t$ V。试求电路 ω_0、Q、U_{L0}、U_{C0} 以及 BW 及 I_0。

解： 电源电压有效值 $\quad U_S = 100\text{V}$

$$I_0 = \frac{U_S}{R} = \frac{100}{10} = 10\text{A}$$

$$\omega_0 = \frac{1}{\sqrt{LC}} = \frac{1}{\sqrt{4 \times 10^{-3} \times 0.001 \times 10^{-6}}} = 5 \times 10^5 \quad \text{rad/s}$$

$$Q = \frac{\omega_0 L}{R} = \frac{5 \times 10^5 \times 4 \times 10^{-3}}{10} = 200$$

$$U_{L0} = U_{C0} = QU_S = 20000 \text{ V}$$

$$BW = \frac{\omega_0}{Q} = \frac{5 \times 10^5}{200} = 2500 \quad \text{rad/s}$$

*4.9　三相电路

三相电路是由三相电源和三相负载通过一定的连接构成的，是复杂正弦交流电路的一种特殊形式，由于它在发电、输电和用电等方面较之单相电路都有许多优点，因此在电力供电系统被广泛应用。

4.9.1　三相电路的概念

1．三相电源

对称三相电源是由三个幅值相等、频率相同、初相位依次相差 120° 的正弦电压源连接组成的，这三个电压源依次称为 A 相，B 相和 C 相，它们的电压瞬时值表达式及其相量形式分别为（以 u_A 作为参考正弦量）

$$\left.\begin{aligned} u_A &= \sqrt{2}U_p\cos\omega t \\ u_B &= \sqrt{2}U_p\cos(\omega t - 120°) \\ u_C &= \sqrt{2}U_p\cos(\omega t + 120°) \end{aligned}\right\} \qquad (4\text{-}85)$$

$$\left.\begin{aligned} \dot{U}_A &= U_p\angle 0° \\ \dot{U}_B &= U_p\angle -120° \\ \dot{U}_C &= U_p\angle 120° \end{aligned}\right\} \qquad (4\text{-}86)$$

对于三相电源，通常把各相电压经过同一值（如最大值）的先后次序称为相序。若相序为 A→B→C，则称为正序或顺序；相反，若相序为 A→C→B，则称为反序或逆序；而相位差为零的相序为零序。电力系统一般都采用正序，在三相电路分析中，如无特殊说明均指正序。

对称三相电源各相的波形和相量图如图 4-29 所示。

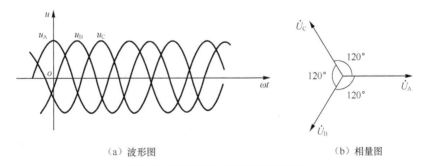

（a）波形图　　　　　　　　　　　（b）相量图

图 4-29　对称三相电源的波形和相量图

对称三相电源的特点是其瞬时值代数和总为零，即

$$u_A + u_B + u_C = 0 \qquad (4\text{-}87)$$

相量关系为
$$\dot{U}_A + \dot{U}_B + \dot{U}_C = 0 \qquad (4\text{-}88)$$

三相电源有两种连接方式，即星形（Y）连接和三角形（△）连接，如图 4-30 所示。

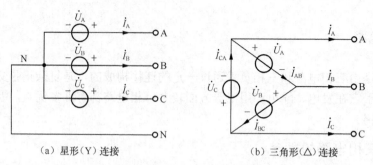

图 4-30 对称三相电压源的连接

图 4-30（a）所示为三相电源的星形（Y）连接方式，从三个电压源正极性端子 A、B、C 向外引出的导线称为端线，俗称火线，从中（性）点 N 引出的导线称为中线，或称零线。

图 4-30（b）所示为三相电源的三角形（△）连接方式，把三相电压源的正极性端和负极性端顺次连接成一个回路，再从连接点 A、B、C 引出端线。需要注意的是，三角形连接时，若电源的极性接错，会在电源闭合回路中产生大电流，烧毁电机，造成事故。

对称三相电压源是由三相发电机提供的。我国三相系统电源频率为 50Hz，入户电压为 220V，而日、美、欧洲等国为 60 Hz，110V。

2. 三相负载

在三相电路中，负载也是三相的，即由三个部分组成，每一个部分称为三相负载的一相。若三相负载的各相阻抗相同，称为对称三相负载，如三相电动机就是一种对称三相负载。三相负载也可由三个不同阻抗的单相负载组成，如电灯、空调等组成，构成不对称三相负载。

三相负载也有星形（Y）和三角形（△）两种连接方式，如图 4-31 所示。如图 4-31（a）所示，三个负载的公共点 N′，称为三相负载的中（性）点。

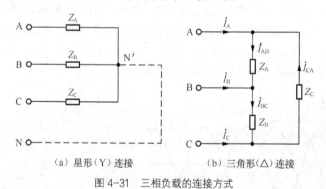

图 4-31 三相负载的连接方式

由于三相电源和三相负载均有星形（Y）和三角形（△）两种连接方式，因此当三相电源和三相负载通过供电线连接构成三相电路时，可以有 4 种不同的连接方式，它们分别为是：Y－Y 连接，Y－△ 连接，△－Y 连接和△－△ 连接。

4.9.2 对称三相电路的分析

1. 对称三相电路电压电流关系

在三相电路中，将每相电源或每相负载上的电压称为相电压，流过每相电源或每相负载的电流称为相电流。火线间的电压称为线电压，流过火线的电流称为线电流。

习惯上将表示相电压、相电流的量用下标"p"表示，将表示线电压、线电流的量用下标"1"表示。以对称三相电源端为例（负载端也相同），说明其线电压（电流）与相电压（电流）的关系。

当对称三相电源为星形连接时，如图 4-30（a），线电流等于相电流，而线电压不等于相电压。设对称三相电源的线电压分别为 $\dot{U}_{AB}$、$\dot{U}_{BC}$、$\dot{U}_{CA}$，相电压分别为 $\dot{U}_A$、$\dot{U}_B$、和 $\dot{U}_C$，由图 4-30（a）可得线电压和相电压的相量关系为

$$\left.\begin{aligned}
\dot{U}_{AB} &= \dot{U}_A - \dot{U}_B = U_p\angle 0° - U_p\angle -120° = \sqrt{3}U_p\angle 30° = \sqrt{3}\dot{U}_A\angle 30°\\
\dot{U}_{BC} &= \dot{U}_B - \dot{U}_C = U_p\angle -120° - U_p\angle 120° = \sqrt{3}U_p\angle -90° = \sqrt{3}\dot{U}_B\angle 30°\\
\dot{U}_{CA} &= \dot{U}_C - \dot{U}_A = U_p\angle 120° - U_p\angle -120° = \sqrt{3}U_p\angle 150° = \sqrt{3}\dot{U}_C\angle 30°
\end{aligned}\right\} \quad (4\text{-}89)$$

显然 $\qquad\qquad U_1 = \sqrt{3}U_p \qquad\qquad I_1 = I_p \qquad\qquad (4\text{-}90)$

线电压与相电压的相量关系如图 4-32 所示。

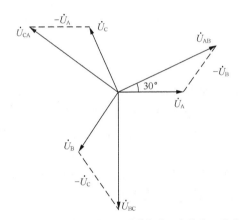

图 4-32　对称三相电源 Y 接的相电压和线电压关系

当对称三相电源为三角形连接时，如图 4-30（b），显然线电压等于相电压，而线电流和相电流不相等，设三相电源的线电流分别为 $\dot{I}_A$、$\dot{I}_B$、$\dot{I}_C$，相电流分别为 $\dot{I}_{AB}$、$\dot{I}_{BC}$、$\dot{I}_{CA}$，由图 4-30（b）可得线电流和相电流的相量关系为

$$\left.\begin{aligned}
\dot{I}_A &= \dot{I}_{AB} - \dot{I}_{CA} = I_p\angle 0° - I_p\angle 120° = \sqrt{3}I_p\angle -30° = \sqrt{3}\dot{I}_{AB}\angle -30°\\
\dot{I}_B &= \dot{I}_{BC} - \dot{I}_{AB} = I_p\angle -120° - I_p\angle 0° = \sqrt{3}I_p\angle -150° = \sqrt{3}\dot{I}_{BC}\angle -30°\\
\dot{I}_C &= \dot{I}_{CA} - \dot{I}_{BC} = I_p\angle 120° - I_p\angle -120° = \sqrt{3}I_p\angle 90° = \sqrt{3}\dot{I}_{CA}\angle -30°
\end{aligned}\right\} \quad (4\text{-}91)$$

显然 $\qquad\qquad I_1 = \sqrt{3}I_p \qquad\qquad U_1 = U_p \qquad\qquad (4\text{-}92)$

线电流与相电流的相量关系如图 4-33 所示。

2. 对称三相电路的计算

由于对称三相电路是一类特殊的正弦交流电路，因此正弦稳态电路的相量分析完全适用于三相电路的分析和计算，并且根据对称三相电路的特点，可简化对称三相电路的分析计算。

如图 4-34 所示的三相四线制电路在供电系统中用的最多。对于对称三相电路，负载阻抗为 Z，端线阻抗为 Z_1，若取 N′ 点为参考点，由节点分析法得

$$\dot{U}_{NN'}\left(\frac{1}{Z+Z_1}+\frac{1}{Z+Z_1}+\frac{1}{Z+Z_1}+\frac{1}{Z_N}\right)=-\frac{\dot{U}_A}{Z+Z_1}-\frac{\dot{U}_B}{Z+Z_1}-\frac{\dot{U}_C}{Z+Z_1}$$

$$\dot{U}_{NN'}=-\frac{\dfrac{1}{Z+Z_1}(\dot{U}_A+\dot{U}_B+\dot{U}_C)}{\dfrac{3}{Z+Z_1}+\dfrac{1}{Z_N}}=0 \qquad (4\text{-}93)$$

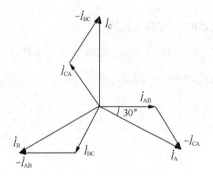

图 4-33 对称三相电源三角形连接
的线电流和相电流关系

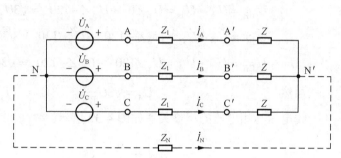

图 4-34 Y-Y 对称电路

可见电源与负载两中性点间的电位差为零，故中线电流 $\dot{I}_N=0$，即在对称三相电路中，中线可省略不用，这就构成了三相三线制电路。但实际负载一般难以达到完全对称，故中线往往存在因不对称而引起的电流，所以当负载不对称时，为保证负载上所加电压对称，应保留中线。

例 4-20 对称三相电路如图 4-34 所示，已知 $Z=(6.4+\text{j}4.8)\Omega$、$Z_1=(3+\text{j}4)\Omega$，对称线电压 $U_{AB}=380\text{V}$，求负载端的线电压和线电流。

解： 该电路为 Y-Y 对称电路，$\dot{U}_{NN'}=0$，为分析方便，令

$\dot{U}_A=220\angle0°\text{V}$，则

$$\dot{I}_A=\frac{\dot{U}_A}{Z_1+Z}=\frac{220\angle0°}{3+\text{j}4+6.4+\text{j}4.8}=17.1\angle-43.2°\text{A}$$

由对称性，得

$$\dot{I}_B=\dot{I}_A\angle-120°=17.1\angle-163.2°\text{A}$$

$$\dot{I}_C=\dot{I}_A\angle-240°=\dot{I}_A\angle120°=17.1\angle-76.8°\text{A}$$

再求相电压，A 相的相电压为

$$\dot{U}_{A'N'}=\dot{I}_A\dot{Z}=17.1\angle-43.2°\times(6.4+\text{j}4.8)=136.8\angle6.3°\text{V}$$

由式（4-89）得对应于 $\dot{U}_{A'N'}$ 的线电压

$\dot{U}_{A'B'}=\sqrt{3}\dot{U}_{A'N'}\angle30°=\sqrt{3}\times136.8\angle-6.3°\cdot\angle30°=236.9\angle23.7°\text{V}$，则

$$\dot{U}_{B'C'}=236°\angle-96.3°\text{V}$$

$$\dot{U}_{C'A'}=236°\angle143.7°\text{V}$$

　　由于对称性，三相电路的计算便可简化为单相计算，其实无论电源端是 Y 形接法还是 Δ 形接法，只要知道施加于负载端的线电压，就可对负载端进行分析和计算。

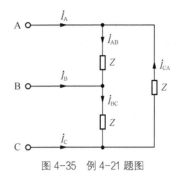

图 4-35　例 4-21 题图

　　例 4-21　图 4-35 所示对称三相电路中，$Z = 10\angle 60^\circ\,\Omega$，线电压 $\dot{U}_{AB} = 450\angle 0^\circ\,\text{V}$，试求负载端的相电流和线电流。

　　解： 负载为 Δ 形接法，线电压等于相电压。故相电流

$$\dot{I}_{AB} = \frac{\dot{U}_{AB}}{Z} = \frac{450\angle 0^\circ}{10\angle 60^\circ} = 45\angle -60^\circ\,\text{A}$$

　　由对称性，得

$$\dot{I}_{BC} = 45\angle(-60^\circ - 120^\circ) = 45\angle -180^\circ\,\text{A}$$

$$\dot{I}_{CA} = 45\angle(-60^\circ + 120^\circ) = 45\angle 60^\circ\,\text{A}$$

　　由式（4-91）线电流和相电流间的关系，得线电流

$$\dot{I}_A = \sqrt{3}\dot{I}_{AB}\angle -30^\circ = 77.9\angle -90^\circ\,\text{A}$$

　　由对称性，得

$$\dot{I}_B = 77.9\angle(-90^\circ - 120^\circ) = 77.9\angle -210^\circ = 77.9\angle 150^\circ\,\text{A}$$

$$\dot{I}_C = 77.9\angle(-90^\circ + 120^\circ) = 77.9\angle 30^\circ\,\text{A}$$

　　对于 Δ 接三相负载，也可等效变换为 Y 接三相负载，根据已知条件，先求出线电流，再由线电流和相电流的关系求出相电流。

4.9.3　不对称三相电路的概念

　　不对称三相电路通常指负载不对称，而电源仍是对称的。对于不对称三相电路的分析，一般不能用上一节介绍的单相计算方法，而用正弦稳态电路的分析方法进行分析和计算。

　　例 4-22　在图 4-36（a）所示电路中，若 $Z_A = -j\dfrac{1}{\omega c}$（电容），而 $Z_B = Z_C = R$（R 为功率相同的白炽灯泡）并且 $R = \dfrac{1}{\omega C}$，则电路是一种测定相序的仪器，称为相序指示器。试说明在三相电源对称的情况下，如何根据两个灯泡承受的电压确定相序。

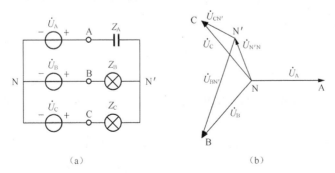

（a）　　　　　　　　　　　（b）

图 4-36　例 4-22 题图

解：根据节点分析法，得

$$\dot{U}_{\mathrm{N'N}} = \frac{j\omega C\dot{U}_{\mathrm{A}} + \frac{1}{R}\dot{U}_{\mathrm{B}} + \frac{1}{R}\dot{U}_{\mathrm{C}}}{j\omega C + \frac{1}{R} + \frac{1}{R}}$$

设电源端相电压 $\dot{U}_{\mathrm{A}} = U_{\mathrm{p}}\angle 0^\circ\,\mathrm{V}$，并代入已知参数，得

$$\dot{U}_{\mathrm{N'N}} = \frac{jU_{\mathrm{p}}\angle 0^\circ + U_{\mathrm{p}}\angle -120^\circ + U_{\mathrm{p}}\angle 120^\circ}{j+2} = (-0.2 + j0.6)U_{\mathrm{p}}$$

$$= 0.063U_{\mathrm{p}}\angle 108.4^\circ\,\mathrm{V}$$

根据 KVL，B 相白炽灯泡承受的电压为

$$\dot{U}_{\mathrm{BN'}} = \dot{U}_{\mathrm{BN}} - \dot{U}_{\mathrm{N'N}} = U_{\mathrm{p}}\angle -120^\circ - (-0.2 + j0.6)U_{\mathrm{p}} = 1.5U_{\mathrm{p}}\angle -101.5^\circ\,\mathrm{V}$$

即 $\qquad U_{\mathrm{BN'}} = 1.5U_{\mathrm{p}}$

同理，C 相灯泡承受的电压为

$$\dot{U}_{\mathrm{CN'}} = \dot{U}_{\mathrm{CN}} - \dot{U}_{\mathrm{N'N}} = U_{\mathrm{p}}\angle 120^\circ - (-0.2 + j0.6)U_{\mathrm{p}} = 0.4U_{\mathrm{p}}\angle 133.4^\circ\,\mathrm{V}$$

即 $\qquad U_{\mathrm{CN'}} = 0.4U_{\mathrm{p}}$

由以上结果可以看出，B 相负载上电压幅值远大于 C 相负载上电压幅值，因此 B 相灯泡的亮度大于 C 相灯泡。即当指定电容所在相为 A 相后，较 A 亮的灯泡所接的是 B 相，较暗的灯泡所接的是 C 相。

综上所述，对于 Y−Y 连接的不对称三相电路，由于三相电源是对称的，应先求出三相电路中性点间的电压 $U_{\mathrm{NN'}}$（用节点法较方便），再由 KVL，便可确定负载上的电压，待求响应便可求出。

4.9.4　三相电路的功率

根据功率守恒可知，一个三相负载吸收的有功功率等于各相所吸收的有功功率之和，一个三相电源发出的有功功率等于各相发出的有功功率之和，即

$$P = P_{\mathrm{A}} + P_{\mathrm{B}} + P_{\mathrm{C}} \tag{4-94}$$

在对称三相电路中，各相的电压有效值、电流有效值及功率因数角（即各相阻抗角）均分别相等，因此各相的有功功率相等，则三相功率为

$$P = 3P_{\mathrm{p}} = 3U_{\mathrm{p}}I_{\mathrm{p}}\cos\theta_{\mathrm{Z}} \tag{4-95}$$

当负载做星形连接时，$U_{\mathrm{p}} = \dfrac{U_1}{\sqrt{3}}, I_{\mathrm{p}} = I_1$；当负载做三角形连接时，$U_{\mathrm{p}} = U_1, I_{\mathrm{p}} = \dfrac{I_1}{\sqrt{3}}$。

因此，三相功率也可表示为

$$P = \sqrt{3}U_1 I_1 \cos\theta_{\mathrm{Z}} \tag{4-96}$$

即 $\quad p = \sqrt{3}U_1 I_1 \cos\theta_{\mathrm{Z}} = 3U_{\mathrm{p}}I_{\mathrm{p}}\cos\theta_{\mathrm{Z}}$

式（4-95）和式（4-96）中的阻抗角 θ_{Z}，均指每相负载的阻抗角，即相电压和相电流的相位差。

对于对称三相电路，用同样的分析可得，三相无功功率为

$$Q = 3Q_{\mathrm{p}} = 3U_{\mathrm{p}}I_{\mathrm{p}}\sin\theta_{\mathrm{Z}} = \sqrt{3}U_1 I_1 \sin\theta_{\mathrm{Z}} \tag{4-97}$$

三相视在功率为

$$S = 3S_\mathrm{p} = 3U_\mathrm{p}I_\mathrm{p} = \sqrt{3}U_1I_1 \qquad\qquad (4\text{-}98)$$

可以证明，在任一时刻，三相瞬时功率之和为

$$P = P_\mathrm{A} + P_\mathrm{B} + P_\mathrm{C} = 3U_\mathrm{p}I_\mathrm{p}\cos\theta_Z = P \qquad\qquad (4\text{-}99)$$

虽然每一相的瞬时功率是随时间变化的，但三相的瞬时功率之和却是一个常数，且等于三相电路的平均功率。这是对称三相电路的一个优越的性能，对三相电动机而言，瞬时功率恒定意味着机械转矩不随时间变化，可使电动机转动平稳。

例 4-23 已知三相对称电源的线电压 $U_1 = 380\mathrm{V}$，对称负载 $Z = 3 + \mathrm{j}4\Omega$，求

（1）负载是星形连接时的有功功率 P，无功功率 Q，视在功率 S。

（2）负载三角形连接时的有功功率 P，无功功率 Q，视在功率 S。

解：（1）负载星形连接时，有

$$I_1 = I_\mathrm{p} = \frac{U_\mathrm{p}}{|Z|} = \frac{380\big/\sqrt{3}}{\sqrt{3^2 - 4^2}} = 44\mathrm{A}$$

每相负载阻抗角 $\theta_Z = \arctan\dfrac{4}{3} = 53.1^\circ$，可得

有功功率 $\qquad P = \sqrt{3}U_1I_1\cos\theta_Z = \sqrt{3}\times 380\times 44\times\cos 53.1^\circ = 17.4\mathrm{KW}$

无功功率 $\qquad Q = \sqrt{3}U_1I_1\sin\theta_Z = \sqrt{3}\times 380\times 44\times\sin 53.1^\circ = 23.2\mathrm{KVar}$

视在功率 $\qquad S = \sqrt{3}U_1I_1 = \sqrt{3}\times 380\times 44 = 29\mathrm{KV \cdot A}$

（2）负载三角形连接时，有

$$I_1 = \sqrt{3}I_\mathrm{p} = \sqrt{3}\frac{U_\mathrm{p}}{|Z|} = \sqrt{3}\frac{380}{5} = 132\mathrm{A}$$

有功功率 $\qquad P = \sqrt{3}U_1I_1\cos\theta_Z = \sqrt{3}\times 380\times 132\times\cos 53.1^\circ = 52.5\mathrm{KW}$

无功功率 $\qquad Q = \sqrt{3}U_1I_1\sin\theta_Z = \sqrt{3}\times 380\times 132\times\sin 53.1^\circ = 70\mathrm{KVar}$

视在功率 $\qquad S = \sqrt{3}U_1I_1 = \sqrt{3}\times 380\times 132 = 87.5\mathrm{KV \cdot A}$

由该例可见，在线电压相同的情况下，负载由 Y 形连接改为 △ 形连接后，相电流为原来的 $\sqrt{3}$ 倍，线电流为原来的三倍，负载 △ 形连接的功率是负载 Y 形连接时功率的三倍。

*4.10 Multisim 仿真在正弦稳态电路分析中的应用实例

本节通过仿真实例讨论 NI Multisim14 在正弦稳态电路分析中的应用。

4.10.1 正弦稳态电路参数测定仿真实例

NI Multisim 14 中可用万用表和功率计来测量正弦稳态电路中元件或支路的电压、电流及所消耗的功率，进而计算求出实际元件的参数。下面通过仿真实例说明 Multisim 在正弦稳态电路参数测定中的应用。

已知图 4-37 所示电路，虚线框内为实际电感线圈，外加正弦电压频率是 50Hz，那么如何通过测量求出电阻 R 和电感 L 的值呢？

分析：可通过"三表法"，即使用交流电压表、交流电流表和功率计分别测出线圈电压 U、电流 I 以及所消耗的功率 P。由于电路中只有电阻消耗有功功率，所以 $R = \dfrac{P}{I^2}$，又因阻抗模 $|Z| = \dfrac{U}{I}$，则感抗 $X_L = \sqrt{|Z|^2 - R^2}$，电感 $L = \dfrac{X_L}{\omega}$，经计算可得出电阻 R 和电感 L。

仿真步骤如下。

（1）在 NI Multisim 14 软件工作区窗口中绘制电路，从仪器仪表库选两个"Multimeter"（万用表）、一个"Wattmeter"（功率计）接入电路。万用表分别设置为测交流电流和交流电压，功率计电压端钮并联在线圈两端，电流端钮串联在电路中。仿真测量电路如图 4-38 所示（选待测电阻 R 为 80Ω，电感 L 为 0.19H）。

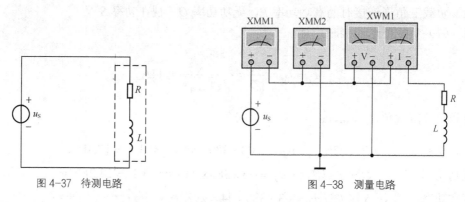

图 4-37 待测电路　　　　　　图 4-38 测量电路

（2）运行仿真。双击测量仪表，显示结果如图 4-39 所示，其中万用表读数为有效值。

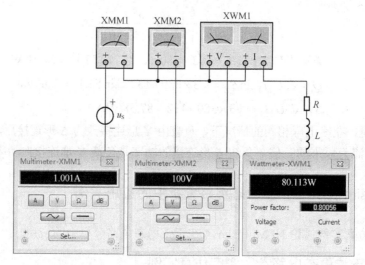

图 4-39 仿真运行结果

结果分析计算如下。

由图 4-39 可知电流表读数为 1.001A，电压表读数为 100V，功率读数为 80.113W，功率因数为 0.80056。

则电阻 $R = \dfrac{P}{I^2} = \dfrac{80.113}{1.001^2} = 80.0\Omega$

$$阻抗模 |Z| = \frac{U}{I} = \frac{100}{1.001} = 100.0\Omega$$

$$感抗 X_L = \sqrt{|Z|^2 - R^2} = \sqrt{100.0^2 - 80.0^2} = 60\Omega$$

$$电感 L = \frac{X_L}{\omega} = \frac{60}{2\times\pi\times 50} = 0.19H$$

计算结果和仿真所选电阻、电感值相等。

进一步讨论，假设之前并不知道虚框内具体元件，如图 4-40 所示的 SC1 框，功率计已测得功率因数是 0.80056，但无法判断被测元件是感性还是容性。那么该怎么判断元件呢？

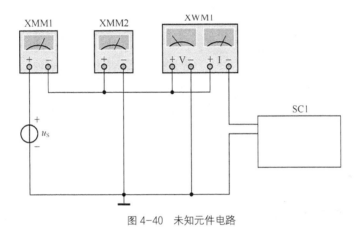

图 4-40　未知元件电路

可在仿真中加入"Oscilloscope"（示波器）来测量端口电压、电流波形，然后根据波形的相位差来确定。仿真测量电路如图 4-41 所示。

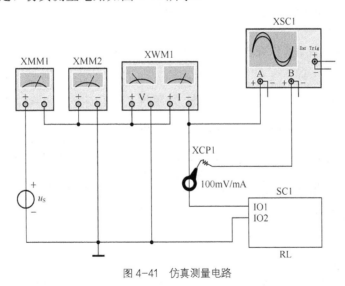

图 4-41　仿真测量电路

具体步骤如下。

（1）将仿真电路中输入电压接示波器 A 通道，从仪器仪表库中选取"Current Clamp"（电流探头）放在电路中合适位置（不能放在节点上），电流探头可将电路中流过的电流转换为一个电压值输出，输出端接示波器 B 通道，示波器上就得到和电流波形等比例的电压波形。

（2）双击电流探头，在弹出窗口中设置电流和电压之间的比率为100mV/mA。运行仿真，示波器波形如图4-42所示。通道A的波形即电压波形，通道B的波形即电流波形。

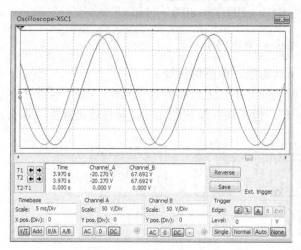

图 4-42 电压、电流波形

观察示波器波形及游标读数，发现通道A的波形超前通道B，即电压超前电流，所以可以判断待测元件是感性的。

4.10.2 电路频率特性仿真实例

频率特性是交流电路非常重要的一种特性。在通信和无线电技术中，为了实现对信号满意的传输、加工和处理，研究电路的频率特性非常必要。下面通过 Multisim 仿真实例讨论电路的频率特性。

如图4-43所示电路，试分析当电位器 R 阻值变化时电路的频率响应。

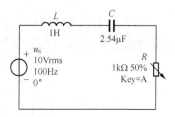

图 4-43 待分析电路

分析：电路中电感、电容和电阻相串联，总阻抗 $Z = R + \mathrm{j}(\omega L - \dfrac{1}{\omega C})$，随所加激励频率而变化，当激励的角频率 $\omega = 2\pi f = 2 \times 3.14 \times 100 = 628\mathrm{rad/s}$ 时，

计算得阻抗虚部 $\omega L - \dfrac{1}{\omega C} = 628 \times 1 - \dfrac{1}{628 \times 2.54 \times 10^{-6}} = 0$，电路发生串联谐振，即谐振角频率 $\omega_0 = 628\mathrm{rad/s}$，此时电路总阻抗最小，电阻上电压值达到最大值。

品质因素 $Q = \dfrac{\omega_0 L}{R}$。

通频带 $BW = \dfrac{R}{L}$。

如果电感、电容不变，随着 R 的变化，电路的频率特性会发生变化，R 越小，品质因素 Q 越大，幅频特性曲线就越陡，电路选择性越好，但通频带越窄。下面通过仿真来验证结论。

仿真步骤如下。

（1）在 NI Multisim 14 软件工作区窗口中绘制电路，其中 R 是满量程为 10kΩ 的电位器。为了便于观察电路的幅度和相位曲线，选用仪器仪表栏中的"Bode Plotter"（波特图仪）▨，也可从菜单"Simulation→Instruments→Bode Plotter"选取。波特图仪有一对输入端和一对输出端，可绘制出输入、输出之间传递函数的幅频特性曲线和相频特性曲线。仿真测量电路如图 4-44 所示，波特图仪的输入信号为电源电压，输出信号为电阻电压。

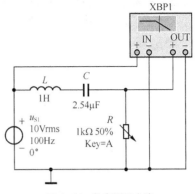

图 4-44　仿真测量电路

（2）运行仿真，停止。双击波特图仪，在弹出窗口中将幅频特性曲线的垂直、水平标尺选为"Log"（对数）标尺，并设定波形观察的频率范围，即设置起始频率和终止频率；相频特性曲线的垂直标尺为"Log"（对数）标尺，水平标尺为"Lin"（线性）标尺，设定波形观察的频率范围和相位的角度范围，拖动游标可以从状态栏看到对应幅度和角度。具体波形如图 4-45（a）、图 4-45（b）所示。

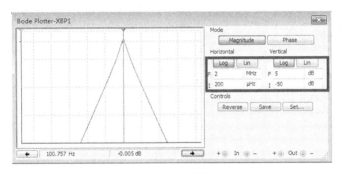

(a) 幅频特性曲线

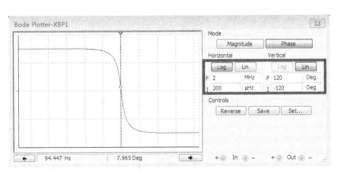

(b) 相频特性曲线

图 4-45　R=500Ω 的频率特性曲线

（3）改变电位器 R 的值，分别得到 R 为不同电阻值时的幅频特性曲线和相频特性曲线如图 4-46（a）、图 4-46（b）所示。

仿真结果表明：

（1）由图 4-46（a）、图 4-46（b）可得，随着频率的增大，幅频特性曲线的幅度逐渐增大到峰值，又渐渐变小，相频特性曲线中相角从 90°开始减小到 0°再继续减小到-90°，可见随着输入信号频率的增大，电路从感性变化到纯电阻性又变化到容性。

（2）当频率等于 100Hz 时，幅度达到峰值，此时相角为 0°，此时电路呈现纯电阻性，发生串联谐振，阻抗最小，电阻电压达到最大值，这与理论分析结果相同。

（3）对比图 4-45（a）、图 4-45（b）和图 4-46（a）、图 4-46（b）发现，电阻 R 越小，谐振曲线的峰值越尖锐，谐振点附近的曲线越陡峭，电路的选频特性越好，通频带越窄，仿真结果验证了理论分析的正确性。

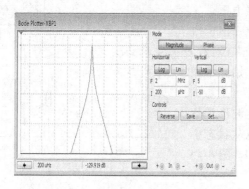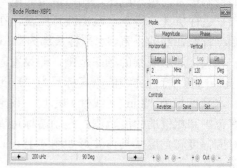

(a) $R=100\Omega$

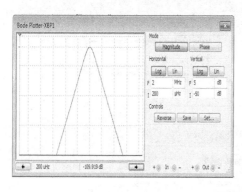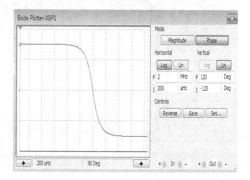

（b）$R=1000\Omega$

图 4-46 R 分别为 100Ω 及 1000Ω 时的频率特性曲线

除了用波特图仪，NI Multisim 14 中也可应用"AC Sweep"（交流扫描）、"Parameters Sweep"（参数扫描）来仿真分析电路的频率特性。并联谐振的仿真分析与串联类似，这里就不一一赘述。

习题 4

4-1 已知正弦电压和电流分别为 $u(t) = -10\cos(100\pi t + 60°)$ V，$i(t) = 8\sin(100\pi t - 15°)$ A，试求电压和电流的振幅 U_m 和 I_m、有效值 U 和 I 以及电压和电流之间的相位差。

4-2 试写出下列各电压相量所代表的正弦量，已知 $\omega = 10\text{rad/s}$。

（1）$\dot{U}_{1m} = 50\angle 30°\text{V}$　　　　（2）$\dot{U}_2 = 100\angle 120°\text{V}$

4-3 已知两个同频正弦电压的相量分别为 $\dot{U}_1 = 50\angle 30°\text{V}$，$\dot{U}_2 = -100\angle -150°\text{V}$，频率 $f = 100\text{Hz}$。求

（1）u_1、u_2 的时域表达式；

（2）u_1 与 u_2 的相位差。

4-4 当某元件的电压、电流分别为下述情况时，试判断元件的性质及其数值。

（1）$u = 10\cos(10t + 45°)\text{V}$，$i = 2\sin(10t + 135°)\text{A}$；

（2）$u = 10\sin(100t)\text{V}$，$i = 2\cos(100t)\text{A}$；

（3）$u = -10\cos t\,\text{V}$，$i = -\sin t\,\text{A}$；

（4）$u = 10\cos(314t + 45°)\text{V}$，$i = 2\cos(314t)\text{A}$。

4-5 已知题图 4-5 所示正弦稳态电路中电压表读数为 $V_1 : 30\text{V}$，$V_2 : 60\text{V}$（电压表读数为正弦电压的有效值）。求电压 u_S 的有效值 U_S。

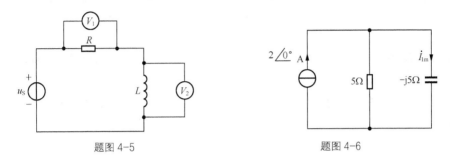

题图 4-5　　　　　　　　　　题图 4-6

4-6 电路的相量模型如题图 4-6 所示，试求支路电流 $\dot{I}_{1m}$，并用相量图表明各电流相量之间的关系。

4-7 已知题图 4-7 所示正弦稳态电路中电压表读数为 $V_1 : 15\text{V}$，$V_2 : 80\text{V}$，$V_3 : 100\text{V}$（电压表读数为正弦电压的有效值）。求电压 u_S 的有效值 U_S。

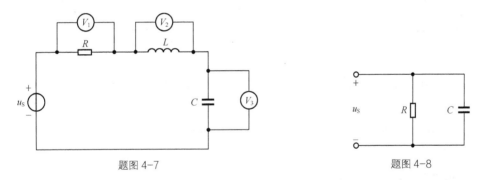

题图 4-7　　　　　　　　　　题图 4-8

4-8 RC 并联电路如题图 4-8 所示。对该电路做如下两次测量：（1）端口加 120V 直流电压时，输入电流为 4A；（2）端口加频率为 50Hz，有效值为 120V 的正弦电压时，输入电流有效值为 5A。试求 R 和 C 的值。

4-9 正弦稳态电路的相量模型如图 4-9 所示，求 a、b 端的输入阻抗 Z_{ab} 和输入导纳 Y_{ab}。

4-10 求题图 4-10 所示各正弦稳态电路中的电压 $\dot{U}$，并画出相量图。

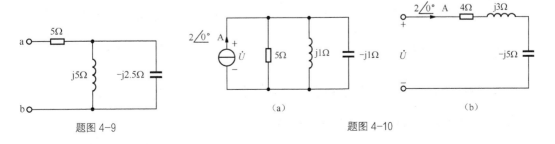

题图 4-9　　　　　　　　　　题图 4-10

4-11 题图 4-11 所示电路中，$I_1 = I_2 = 10A$，求 I 和 U_S。

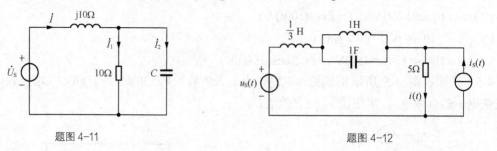

题图 4-11

题图 4-12

4-12 题图 4-12 所示电路中，已知 $u_S(t) = 10\sqrt{2}\cos(2t)V$，$i_S(t) = 2\sqrt{2}\cos(3t + 45°)A$，试用叠加定理求电阻支路电流 $i(t)$。

4-13 已知正弦稳态电路如题图 4-13 所示，其中 $u_{S1} = 3\sqrt{2}\cos(2t)V$，$u_{S2} = 4\sqrt{2}\sin(2t)V$。试用叠加定理、网孔分析法、节点分析法、戴维南定理求电流 i_1。

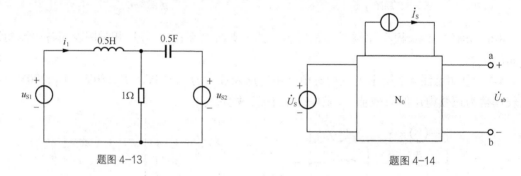

题图 4-13

题图 4-14

4-14 题图 4-14 所示电路中，N_0 为线性非时变无源网络。已知：（1）当 $\dot{U}_S = 20\angle 0°V$，$\dot{I}_S = 2\angle -90°A$ 时，$\dot{U}_{ab} = 0$；（2）当 $\dot{U}_S = 10\angle 30°V$，$\dot{I}_S = 0$ 时，$\dot{U}_{ab} = 10\angle 60°V$。

求 $\dot{U}_S = 100\angle 60°V$，$\dot{I}_S = 10\angle 60°A$ 时，$\dot{U}_{ab}$ 为多少？

4-15 试用网孔分析法、节点分析法、戴维南定理求题图 4-15 所示正弦稳态电路的电流 i_2。已知 $u_S = 5\sqrt{2}\cos(t + 30°)V$。

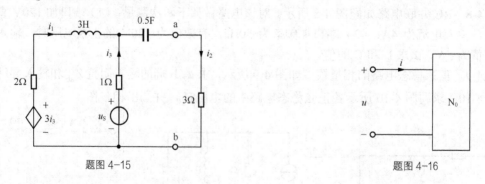

题图 4-15

题图 4-16

4-16 题图 4-16 所示为二端无源网络 N_0，其端口电压 u、电流 i 分别为

（1）$u = 20\cos(314t)V$，$i = 0.3\cos(314t)A$；

（2） $u = 10\cos(100t + 70^\circ)\text{V}$ ， $i = 2\cos(100t + 40^\circ)\text{A}$ ；

（3） $u = 10\cos(100t + 20^\circ)\text{V}$ ， $i = 2\cos(100t + 50^\circ)\text{A}$ 。

试求以上三种情况下的 P 、 Q 、 S 、 $\tilde{S}$ 。

4-17　正弦稳态电路的相量模型如图 4-17 所示， $\dot{U}_\text{S} = 2\sqrt{2}\angle 45^\circ\text{V}$ ，试求电源提供的有功功率 P 、无功功率 Q 、视在功率 S 和复功率 $\tilde{S}$ 。

4-18　电路如题图 4-18 所示，求电源输出的平均功率 P 和视在功率 S 。

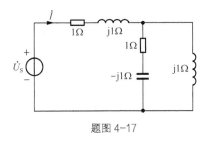 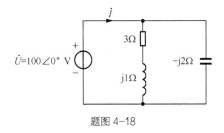

题图 4-17　　　　　　　　　　　　　　题图 4-18

4-19　电路如题图 4-19 所示，已知电流 $I = 5\text{A}$ ，求电路的平均功率 P 、视在功率 S 和 λ 。

4-20　题图 4-20 所示电路中，已知一感性负载接在电压 $U = 220\text{V}$ 、频率 $f = 50\text{Hz}$ 的交流电源上，其平均功率 $P = 2\text{kW}$ ，功率因数 $\lambda = 0.6$ 。（1）求电源供给的电流和无功功率；（2）欲并联电容使功率因数提高到 0.9（滞后），求需并接多大的电容器？这时电源供给的电流和无功功率又为多少？

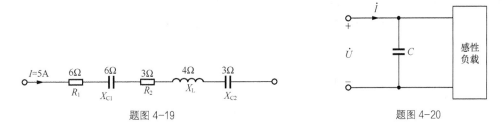 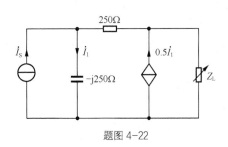

题图 4-19　　　　　　　　　　　　　　题图 4-20

4-21　已知一感性负载，接入 $u_\text{S} = 100\sqrt{2}\cos 314t\text{V}$ 的电源上，其功率因数 $\lambda = 0.707$ ，为了提高功率因数，在负载两端并联电容 C，如题图 4-21 所示，由于所并电容的大小不适当，并联电容前后电源提供的电流均为 5A（有效值），试求 R 、 L 、 C 之值。

4-22　在题图 4-22 所示电路中，已知 $\dot{I}_\text{S} = 2\angle 0^\circ\text{A}$ ，负载为何值时可获最大功率？最大功率 P_max 为多少？

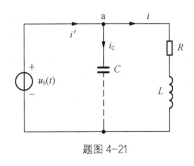

题图 4-21　　　　　　　　　　　　　　题图 4-22

4-23 正弦稳态电路如题图 4-23 所示，已知 $I = 3A$，试求电流源电流有效值 I_S。

4-24 在 RLC 串联电路中，已知 $C = 200pF$，$L = 20mH$，$R = 100\Omega$，正弦电压源电压有效值 $U = 10V$。试求：电路的谐振频率 f_0、品质因数 Q 及谐振时的 U_{C0} 和 U_{L0}。

4-25 题图 4-25 是应用串联谐振原理测量线圈电阻 r 和电感 L 的电路。已知 $R = 10\Omega$，$C = 0.1\mu F$，保持外加电压 U 有效值为 1V 不变，而改变频率 f，同时用电压表测量电阻 R 的电压 U_R，当 $f=800Hz$ 时，$U_{Rmax}=0.8V$，试求电阻 r 和电感 L。

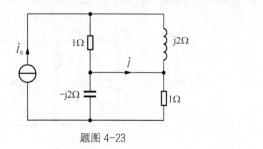 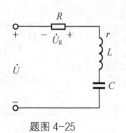

题图 4-23　　　　　　　　　　题图 4-25

4-26 在 RLC 串联电路中，已知 $R = 10\Omega$，$L = 0.2mL$，$C = 50nF$，试求：电路的谐振角频率 ω_0、品质因数 Q、通频带 BW 以及电流为谐振电流的 80% 对应的角频率值 ω_x。

4-27 RLC 串联电路，电源电压 $u_S(t) = 10\sqrt{2}\cos(2500t + 50°)V$，当 $C = 8\mu F$ 时，电路吸收的功率最大，$P_{max} = 100W$。求 L，Q。

4-28 正弦电流源电流 $i_S = 0.1\sqrt{2}\cos(2\pi \times 10^6 t)A$ 施加于 RLC 并联电路中，谐振频率为 $10^6 Hz$，已知 $R = 25k\Omega$，$C = 200pF$，求电感 L 以及谐振时的电容、电感中的电流。

4-29 RLC 并联谐振电路的 $|Z| \sim \omega$ 的特性曲线如题图 4-29 所示，试求 R、L、C 之值。

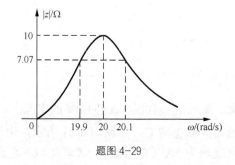

题图 4-29

4-30 对称三相电路，三相负载做星形连接，各相负载阻抗 $Z = 3 + j4\Omega$，设对称三相电源的线电压 $u_{AB} = 380\sqrt{2}\cos(314t + 60°)V$，试求各相负载电流的瞬时值表达式。

4-31 Y 形连接的对称负载每相阻抗 $Z = (8 + j6)\Omega$，线电压为 220V，试求各相电流相量，并计算三相总功率。

4-32 已知三角形连接的对称负载接于对称星形连接的三相电源上，若每相电源相电压为 220V，各相负载阻抗 $Z = 30 + j40\Omega$，试求负载相电流和线电流的有效值。

4-33 题图 4-33 为对称的 Y－Y 三相电路，电源相电压为 220V，负载阻抗 $Z = (30 + j20)\Omega$。求：

（1）图中电流表的读数；

（2）三相负载吸收的功率；

（3）若 A 相负载阻抗为零（其他不变），重求（1）、（2）的问题；

（4）若 A 相负载开路，再求（1）、（2）的问题。

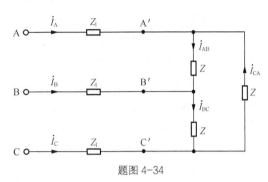

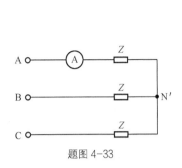

題图 4-33　　　　　　　　　　題图 4-34

4-34　对称三相电路如题图 4-34 所示，电源端线电压 $U_1 = 380\text{V}$，负载阻抗 $Z = (4.5 + \text{j}14)\Omega$，端线上阻抗 $Z_1 = (1.5 + \text{j}2)\Omega$。试求线电流和负载阻抗上的相电压。

4-35　在题图 4-35 所示对称 Y－Y 三相电路中，电压表读数为 1143.16V，负载阻抗 $Z = (15 + \text{j}15\sqrt{3})\Omega$，端线上阻抗 $Z_1 = (1+\text{j}2)\Omega$。求：图中电流表的读数、线电压 U_{AB} 及三相负载吸收的功率。

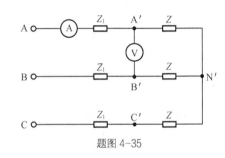

題图 4-35

习题 4 答案

4-1　$U_{\text{m}} = 10\text{V}$，$I_{\text{m}} = 8\text{A}$，$U = \dfrac{U_{\text{m}}}{\sqrt{2}} = 5\sqrt{2}\text{V}$，$I = \dfrac{I_{\text{m}}}{\sqrt{2}} = 4\sqrt{2}\text{A}$，$\theta_{ui} = -15°$

4-2　$u_1(t) = 50\cos(10t - 30°)\text{V}$，$u_2(t) = 100\sqrt{2}\cos(10t + 120°)\text{V}$

4-3　（1）$u_1 = 50\sqrt{2}\cos(628t + 30°)\text{V}$，$u_2 = 100\sqrt{2}\cos(628t + 30°)\text{V}$

　　　（2）$\theta_{1,2} = 0°$

4-4　（1）电阻 $R = 5\Omega$，（2）电容 $C = 2 \times 10^{-3}\text{F}$，（3）电感 $L = 10\text{H}$，（4）非单一元件

4-5　67.1V

4-6　$2\angle 45°\text{A}$

4-7　25V

4-8　$R = 30\Omega$，$C = 79.62\mu\text{F}$

4-9　$Z_{ab} = 5 - j5\Omega$，$Y_{ab} = 0.1 + j0.1\text{S}$

4-10　（a）$10 = 0°\text{V}$　（b）$8.94\angle -26.6°\text{V}$

4-11　$I = 10\sqrt{2}\text{A}$，$U_{\text{S}} = 100\text{V}$

4-12　$i(t) = 2\sqrt{2}\cos 2t + 0.25\sqrt{2}\cos(3t + 127.87°)\text{A}$

4-13　$i_1 = 3.16\sqrt{2}\cos(2t + 18.43°)\text{A}$

4-14 $25\sqrt{2}\angle 45° \text{V}$

4-15 $i_2(t) = 1.12\sqrt{2}\cos(t + 60.96°)\text{A}$

4-16 （1）$P = 3\text{W}$，$Q = 0\text{Var}$，$S = 3\text{VA}$

（2）$P = 8.66\text{W}$，$Q = 5\text{Var}$，$S = 10\text{VA}$

（3）$P = 8.66\text{W}$，$Q = -5\text{Var}$，$S = 10\text{VA}$

4-17 $\tilde{S} = 2 + \text{j}2 = 2\sqrt{2}\angle 45° \text{VA}$

4-18 $P = 3000\text{W}$，$S = 5000\text{VA}$

4-19 $P = 225\text{W}$，$S = 257.39\text{VA}$，$\lambda = 0.874$（超前）

4-20 （1）$I = 15.2\text{A}$，$Q_{\text{L}} = 2667\text{var}$；（2）$C = 113\mu\text{F}$，$Q = 967\text{var}$

4-21 $R = 10\sqrt{2}\Omega$，$L = 0.045\text{H}$，$C = 22.5\mu\text{F}$

4-22 $Z_{\text{L}} = 500 + \text{j}500\Omega$，$P_{\max} = 625\text{W}$

4-23 $I_{\text{S}} = 5\text{A}$

4-24 $f_0 = 79.6\text{kHz}$，$Q = 100$，$U_{\text{C0}} = U_{\text{L0}} = 1000\text{V}$

4-25 $r = 2.5\Omega$，$L = 0.4\text{H}$

4-26 $\omega_0 = 10^6\text{rad/s}$，$Q = 20$，$BW = 5 \times 10^4\text{rad/s}$，$\omega_{\text{X1}} = 1.019 \times 10^6\text{rad/s}$，

$\omega_{\text{X2}} = 0.981 \times 10^6\text{rad/s}$

4-27 $L = 20\text{mH}$，$Q = 50$

4-28 $L = 127\mu\text{F}$，$I_{\text{C0}} = I_{\text{L0}} = 3.15\text{A}$

4-29 $R = 10\Omega$，$L = 0.005\text{H}$，$C = 0.5\text{F}$

4-30 $i_{\text{A}} = 44\sqrt{2}\cos(314t - 23.1°)\text{A}$

4-31 $\dot{I}_{\text{A}} = 12.7\angle -36.8° \text{A}$，$P = 3871\text{W}$

4-32 $I_{\text{p}} = 7.6\text{A}$，$I_{\text{l}} = 13.16\text{A}$

4-33 （1）6.1A （2）3348.9W （3）18.26A,6665W （4）0A,1665W

4-34 $\dot{I}_{\text{A}} = 30.1\angle -65.8° \text{A}$ $\dot{U}_{\text{A'B'}} = 260\angle 36.41° \text{V}$ （设 $\dot{U}_{\text{AN}} = 220\angle 0° \text{V}$）

4-35 电流表读数为22A，$U_{\text{AB}} = 1228.2\text{V}$，$\tilde{S} = (21780 + \text{j}37724.1)\text{VA}$

第 5 章 半导体二极管及其基本应用

前面介绍了传统电路元件，如电阻、电感、电容等元件以及由它们组成的电路，并以此为平台介绍了分析电路的基本方法、基本原理及定律。本章开始介绍再一类电路元件——半导体器件，它们是现代科技史中伟大的发明之一。由于它们具有体积小、重量轻、使用寿命长等优点而被广泛应用于电子线路中。本章主要介绍最基本的半导体器件即半导体二极管及其应用。

为了很好地理解二极管的工作原理及性能，本章首先介绍半导体的基础知识，着重讨论半导体器件的核心——PN 结的各种特性；然后，介绍半导体二极管的结构、伏安特性、主要参数等，并在此基础上介绍半导体二极管的应用电路及其分析方法；最后，给出基于 Multisim 14 的二极管应用电路的仿真实例。

5.1 半导体的基础知识

自然界物质根据其导电能力的强弱可分为导体、半导体以及绝缘体。很容易导电的物质称为导体，如金、铜等金属；几乎不导电的物质称为绝缘体，如塑料、橡胶、石英等；导电能力介于两者之间的物质称为半导体，如硅（Si）、锗（Ge）及砷化镓（GaAs）等。

由于半导体具有一些独特的导电特性，具体表现在三个方面：（1）热敏性；（2）光敏性；（3）掺杂性。因而运用不同的工艺可以用它来制成具有特殊功能的半导体器件，如各种热敏电阻、各种晶体管、二极管、光敏电阻等。

5.1.1 本征半导体

化学成分纯净且具有完整晶体结构的半导体称为本征半导体。

1. 本征半导体的晶体结构及共价键

众所周知，所有的物质都是由原子构成的，而原子又是由带正电的原子核和分层围绕原子核转动的电子组成。由于最外层的电子受原子核引力最小，在外界因素作用下（如加热）比较容易挣脱原子核的束缚而成为自由电子，因而最外层轨道上的电子决定了物质的化学性质及导电能力，称最外层的电子为价电子。常用的半导体材料硅和锗的原子序号分别为 14 和 32，因此它们原子结构最外层的价电子均为 4 个，是四价元素。由于感兴趣的是最外层的价电子，那么若将价电子以外的正离子看成一个整体，称为惯性核，则硅和锗原子结构就可以用图 5-1 所示的原子结构简化模型表示。如图 5-1 所示惯性核用标有"+4"的圆圈表示，位于中心；外层 4 个点表示最外层的价电子。

本征半导体是将普通半导体材料经过高纯度的提炼，再由一定的工艺加工制成的单晶体。以本征硅和锗为例，在它们的晶体中原子按一定的规律整齐排列，形成空间点阵（晶格），相邻的两个原子各拿出一个价电子形成共用电子对，把相邻的原子牢固地联系在一起，从而形成共价键结构。由于硅或锗都有 4 个价电子，每个价电子与相邻原子中的价电子构成共价键，可组成四对共价键，依靠共价键使晶体中的原子牢固地结合在一起。如图 5-2 所示单晶硅和锗的共价键结构示意图。

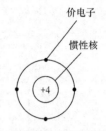

图 5-1　硅和锗的原子结构简化模型

2. 本征激发和两种载流子

晶体中的共价键束缚作用较强，在 $T=0K$ 且无外界激发的条件下，价电子均束缚在共价键内，此时本征半导体中不存在能自由运动的电荷，所以不导电。但是，半导体共价键中的价电子不像绝缘体中的价电子被束缚得那么紧，在常温下，极少数的价电子由于获得足够的热运动动能而挣脱共价键的束缚，离开原子成为带负电的自由电子，同时在其原位留下了一个空位，称为空穴。由于电子带负电荷，所以空穴所属原子核多了一个未被抵消的正电荷，因此可以把空穴看成一个带正电的粒子。这种本征半导体受外界能量（热能、电能和光能等）激发，产生电子、空穴对的过程称为本征激发，如图 5-3 所示。空穴的出现是半导体区别于导体的一个重要特点。

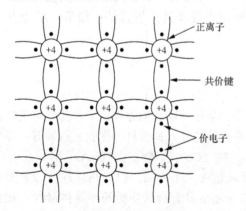

图 5-2　硅和锗晶体的共价键结构示意图

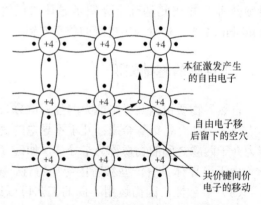

图 5-3　本征激发产生电子-空穴对示意图

由于本征激发，本征半导体中不断产生电子—空穴对，同时，当运动中的自由电子遇上空穴，那么自由电子将填充空穴，使电子—空穴对消失，这个现象称为复合。在一定温度下本征激发和复合将会达到动态平衡，即电子空穴对的浓度相对保持不变。当温度升高时，电子空穴对的浓度也随之升高，从而使得本征半导体的导电能力增强。由于本征激发产生的自由电子和空穴是成对出现的，因此从宏观上看，自由电子和空穴的数量相等，本征半导体仍然是呈电中性的。

在外加电场的作用下，一方面自由电子定向移动形成电子电流，另一方面价电子定向地填补空穴，相当于空穴在做与价电子相反方向的运动，我们把这种由定向空穴运动而形成的电流称为空穴电流。显然，半导体中的总电流等于电子电流与空穴电流的和。自由电子和空穴是在外加电场作用下能够定向移动的带电粒子，称它们为本征半导体的两种载流子。

5.1.2　杂质半导体

在室温下，本征半导体中的载流子浓度很低，导电能力很差，而且也不好控制，因此，为了改善半导体的导电性能及其可控性，可以掺入微量的杂质元素，掺有杂质的半导体称为杂质半导体。根据所掺杂质的性质不同，可形成 N 型半导体和 P 型半导体。

1. N 型半导体

在本征半导体（如硅或锗）中掺入五价元素的杂质，如磷或砷等，就形成了 N 型半导体。由于杂质原子的最外层有五个价电子，当它取代晶格中硅原子的位置时其中四个价电子和周围四个硅原子组成共价键，而多出一个价电子位于共价键之外，如图 5-4 所示。多出的这个价电子由于没有共价键的束缚且受杂质原子核的束缚力很弱，因此在常温下所获得的热能就足以使它挣脱原子核的束缚成为自由电子。杂质原子由于缺少一个价电子且被束缚在晶格中不能自由移动，因此成为不能移动的正离子，但半导体仍保持电中性。由于在 N 型半导体中，掺入的五价杂质元素只产生自由电子而不产生空穴，因此自由电子的数量远大于空穴，故称自由电子为多数载流子（简称多子），称空穴为少数载流子（简称少子）。

2. P 型半导体

在本征半导体（如硅）中掺入三价元素的杂质（如硼、铝），使之取代某些晶格位置上的硅原子，就形成 P 型半导体，如图 5-5 所示。由于杂质原子只有三个价电子，当它与周围的硅原子组成共价键时，因缺少一个价电子而出现一个空位，此空位不带电，因此不是载流子，如图 5-5 所示。但由于空位的存在，使得邻近共价键内的价电子很容易由于热激发或其他能量激发而获得能量，填补这个空位，从而在原来电子所在的位置上形成一个带正电空穴，同时杂质原子因接受了一个价电子而成为不能移动的负离子，所以称为受主原子（杂质）。值得注意的是，与 N 形半导体相比，在 P 型半导体中空穴的数量远大于自由电子的数量，故称空穴为多数载流子（简称多子），称自由电子（由本征激发产生）为少数载流子（简称少子），且整个 P 型半导体仍呈电中性。

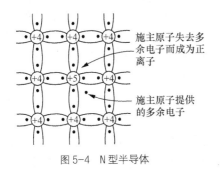

图 5-4　N 型半导体

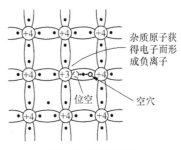

图 5-5　P 型半导体

由以上分析可以看出，杂质半导体中多子的浓度主要取决于掺入杂质的浓度，因此，可以通过控制掺杂浓度控制多子浓度，而少子的浓度主要与本征激发有关，受温度的影响很大，是影响半导体温度特性的主要因素。

5.1.3　PN 结及其特性

在同一块本征半导体硅（或锗）片的两边，采用不同的掺杂工艺使其一边形成 P 型半导体，另一边则形成 N 型半导体。于是在它们的交界面就形成一个很薄的特殊物理层，称为

PN结。PN结具有单向导电性,它是构成绝大多数半导体器件的基础。下面介绍PN结的形成及其特性。

1. PN结的形成

当把P型半导体和N型半导体制作在一起时,由于P区空穴浓度高,而N区电子浓度高,因此,在它们的交界面将产生这两种载流子的浓度差。于是,P区的多子空穴将向N区扩散,同时N区的多子自由电子也要向P区扩散,这种由于存在浓度差引起的载流子从高浓度区域向低浓度区域的运动称为扩散运动,由此而产生的电流称为扩散电流,如图5-6(a)所示,图中○表示空穴,●表示自由电子,⊕表示正离子,⊖表示负离子。由于扩散到N区的空穴要与N区的电子复合,同时扩散到P区的电子要与P区的空穴复合,因此扩散的结果是使得交界面附近P区一侧由于失去空穴而留下不能移动的负离子,N区一侧失去自由电子,留下不能移动的正离子。这样,在交界面附近就形成了由不能移动的等量正负离子构成的薄层,称为空间电荷区,空间电荷区中的正负离子形成一个从N区指向P区的电场,称为内电场,如图5-6(b)所示。

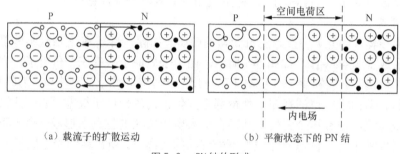

（a）载流子的扩散运动　　　　（b）平衡状态下的PN结

图5-6　PN结的形成

内电场的形成,一方面要阻碍多子的扩散运动;另一方面内电场的作用,使N区少数载流子空穴向P区运动,P区的少子自由电子向N区运动,这种少数载流子在电场力作用下的运动称为漂移运动,由此形成的电流称为漂移电流,漂移运动的结果使空间电荷区变薄,内电场变弱。由于扩散运动和漂移运动方向相反,在外界条件一定的情况下,参与扩散运动多子和参与漂移运动的少子数目最终将达到动态平衡,此时空间电荷区达到一个稳定的宽度,这就是PN结。为了强调PN结的某种特性,有时还称空间电荷区为耗尽层。

2. PN结的单向导电性

无外加电压时,PN结处于动态平衡的状态,流过PN结的总电流为零。当PN结的两端外加极性不同的电压时,PN结的动态平衡被破坏,PN表现出截然不同的导电性能。

（1）PN结的正向偏置

将PN结的P区接电源正极,N区接电源负极,称PN结外加正向电压,或称PN结正向偏置,简称正偏,如图5-7(a)所示。此时外加电源形成的外电场与内电场方向相反,破坏了PN结的动态平衡。在外电场的作用下,P区的多子空穴及N区的多子自由电子被推向空间电荷区,从而使空间电荷区变窄,大大增强了多子的扩散运动,而削弱了少子的漂移运动,并形成较大的以扩散电流为主的正向电流。此时PN结类似一个很小的电阻,处于导通状态(短路状态)。

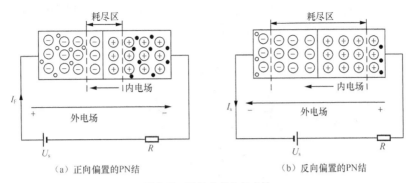

（a）正向偏置的PN结　　　　　　　　（b）反向偏置的PN结

图 5-7　PN 结的单向导电性

（2）PN 结的反向偏置

将 PN 结的 N 区接电源正极，P 区接电源负极，称为 PN 结外加反向电压，或称 PN 结反向偏置，简称反偏，如图 5-7（b）所示。此时外加电源形成的外电场与内电场方向相同，从而使空间电荷区变宽，阻碍了多子的扩散运动，而有利于少子的漂移运动，并形成极小的以漂移电流为主的反向电流（又称反向饱和电流）。此时 PN 结相当于一个阻值很大的电阻，处于截止状态（断开状态）。

综上所述，PN 具有单向导电特性。正向偏置时，PN 结外部呈现低电阻特性，处于导通状态，正向电流很大；反向偏置时，PN 结外部呈现高电阻特性，处于截止状态，反向电流很小，与正向电流相比可以忽略。

3. PN 结的伏安特性

根据半导体材料的理论分析可知，PN 结的伏安特性方程可近似表示为

$$i = I_S(e^{u/U_T} - 1) \tag{5-1}$$

式中 U_T 称为温度的电压当量，在常温（T=300K）下，U_T=26mV；I_S 为反向饱和电流，大小与 PN 结的材料、制作工艺、温度等有关；u 为 PN 结的外加电压；i 为流过 PN 结的电流。

式（5-1）表明：当 PN 结加正向电压，且 $u \gg U_T$ 时，因 $e^{u/U_T} \gg 1$，故 $i \approx I_S e^{u/U_T}$，即正向电流随电压按指数规律变化；当 PN 结加反向电压，且 $|u| \gg U_T$ 时，因 $e^{u/U_T} \ll 1$，故 $i \approx -I_S$，即反向电流为反向饱和电流 I_S，PN 结截止，且反向电流几乎不随外加电压的变化而变化。由式（5-1）可画出 PN 结的伏安特性曲线如图 5-8 所示，称图中 $u > 0$ 所对应的特性曲线为 PN 结的正向特性曲线，$u < 0$ 所对应的特性曲线为 PN 结的反向特性曲线。

由图 5-8 可以看出，当 PN 结外加反向电压增大到一定数值 U_{BR} 时，反向电流急剧增大，称该现象为反向击穿。这是由于此时共价键遭到破坏，使价电子脱离共价键束缚产生大量载流子，若对电流不加限制，就会造成 PN 结因发热而永久损坏。

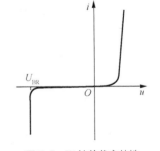

图 5-8　PN 结的伏安特性

5.2　半导体二极管

在 PN 结的两端各加上电极引出线，并将其用塑料或金属外壳封装起来，就构成了半导

体二极管，简称二极管。其中从 P 区引出的电极称为二极管的正极或阳极，从 N 区引出的电极称为负极或阴极，常见的外形如图 5-9 所示。

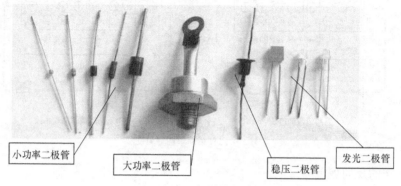

图 5-9 二极管的几种常见外形

5.2.1 二极管的几种常见结构及电路符号

二极管根据其结构的不同可分为点接触型、面接触型及平面型三类。图 5-10（a）、图 5-10（b）、图 5-10（c）分别给出了二极管的三种基本结构示意图，图 5-10（d）为二极管的电路符号，其中三角形表示二极管正向导通时电流的方向。

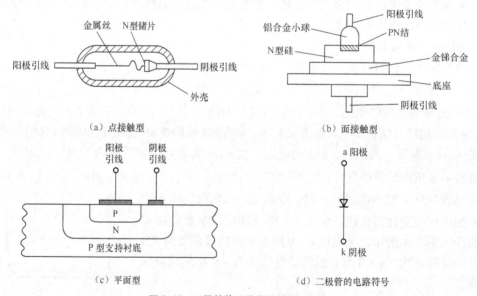

图 5-10 二极管的几种常见结构及符号

点接触型二极管如图 5-10（a）所示，它由一根金属丝经特殊工艺与半导体表面相接，形成 PN 结，由于其结面积小，因此不能通过较大的电流，但其高频性能好，故一般用于小功率及很高频率的情况。面接触型二极管如图 5-10（b）所示，它是采用合金烧结法或用扩散法工艺制成的，由于这种二极管的结面积比较大，可承受较大的电流，但其工作频率较低，因此常用于低频整流电路中。平面型二极管如图 5-10（c）所示，它是采用扩散工艺和光刻技术制成，其结面积大的适用于大功率整流，结面积小的则适用于高频检波以及脉冲数字电路中的开关管。

5.2.2　半导体二极管的伏安特性

从应用的角度来讲，我们更关心的是二极管端子上的电压与电流的关系，即二极管的伏安特性。图 5-11 分别给出了硅二极管与锗二极管的伏安特性曲线。由于二极管是由 PN 结封装得到，因此其本质是一个 PN 结，与 PN 结一样具有单向导电性，但由于二极管存在区体电阻、引线接触电阻以及工艺缺陷造成的 PN 结表面漏电流，所以同样正向电压下，二极管的正向电流要小于 PN 结的电流，当加反向电压时，反向电流比 PN 结的反向电流大。下面对二极管的伏安特性加以说明。

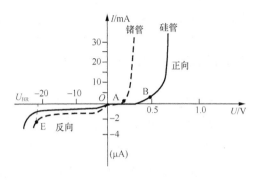

图 5-11　二极管的伏安特性

1. 正向特性

如图 5-11 所示，当二极管两端所加正向电压较小时，正向电流很小，几乎为零，此时的二极管相当于大电阻，原因是此时其外加电场不足以克服 PN 结内电场对多数载流子扩散运动的阻碍作用，并称这一段为二极管的死区。当正向电压超过一定值以后（此处分别为：锗管的 A 点所对应的电压值及硅管的 B 点所对应的的电压值），正向电流明显增加，称此值为开启电压或死区电压，用 U_{th}，开启电压的大小与二极管的材料及工作温度等因素有关，常温下硅管一般为 0.5V 左右，锗管为 0.1V 左右。

当正向电压大于开启电压后，正向电流随电压近似按指数规律增长，二极管处于正常导通状态，但只有当二极管的正向电压达到更大的值，即二极管的导通电压 U_{on} 时，二极管的电流才急剧增大，在电路分析中，一般认为硅管为 0.7V，锗管为 0.2V。

2. 反向特性

当二极管加反向电压时，在一定电压范围内，其反向电流很小且基本不随电压变化，称为反向饱和电流。

当二极管所加反向电压达到某一临界值时，反向电流突然急剧增大，这种现象称为反向击穿，并将该临界电压值称为反向击穿电压，用 U_{BR} 表示。不同型号二极管的反向击穿电压差别很大，最大可达几千伏。

3. 温度对二极管伏安特性的影响

由于二极管的核心是一个 PN 结，因此其伏安特性与 PN 结类似，对温度很敏感。当温度升高时，二极管的正向伏安特性曲线左移，反向伏安特性曲线下移，反向电流增大，反向击穿电压减小。

5.2.3　半导体二极管的主要参数

二极管的性能除了可以用伏安特性表示以外还可以用一些数据来表示，这些数据就是二极管的参数，这些参数决定了二极管的用途，是合理选择和正确使用二极管的依据。下面介绍几个二极管的主要参数及其含义。

（1）最大整流电流 I_F：指二极管长期工作时，允许通过的最大正向平均电流。它由半导体材料的性能和 PN 结的面积决定，使用时不能超过此值，否则二极管将因 PN 结过热而损坏。如 2API 的最大整流电流为 16mA。

（2）最大反向工作电压 U_{RM}：指保证二极管安全工作所允许加的最大反向电压。超过此值二极管容易发生反向击穿，通常取最大反向工作电压为反向击穿电压的一半。如 2AP1 最大反向工作电压规定为 20V，而反向击穿电压实际上大于 40V。

（3）反向电流 I_R：指二极管未被反向击穿时的反向电流。由二极管的伏安特性可以看出反向电流越小，二极管的单向导电性就越好，并且该电流对温度非常敏感，使用时应注意温度条件。

除了以上所述二极管的主要参数以外，还有最高工作频率 f_M，正向压降 U_F 等参数，这些参数在实际使用中也应适当参考。

二极管的参数是正确使用二极管的依据，一般半导体手册中都会给出不同型号管子的参数。

5.2.4　半导体二极管的等效电路模型

由于二极管的伏安特性是非线性的，因此对二极管应用电路的分析便是对非线性电路的分析。实际应用中为了简化分析与计算，对一定实际条件下的二极管进行合理的近似化及线性化，并用线性元件构成的电路来近似等效，这种电路即称为二极管的线性等效电路模型。下面介绍几种常用的二极管等效电路模型，在实际使用时可根据不同的使用条件，选用其中一种。

1．理想二极管等效电路模型

如果不考虑二极管正向偏置时的导通电压及反向偏置时的反向电流，即认为二极管加正向偏置时导通，且导通压降为零，正向导通电流很大；二极管加反向偏置时截止，反向电流为零，那么二极管可以等效为一开关，正偏时相当于开关闭合，反偏时相当于开关打开。理想二极管的伏安特性曲线及等效电路模型分别如图 5-12（a）、图 5-12（b）所示。

2．二极管的恒压降等效电路模型

由于在很多情况下，二极管本身的导通压降不能忽略而反向电流可以不考虑，即认为二极管加正向偏置电压大于导通电压时导通，且导通压降为管压降（硅管取 0.7V，锗管取 0.2V），正向导通电流较大；二极管加偏置电压小于导通电压时截止，电流为零。此时二极管可以等效为一理想二极管与电压源 $U_{D(on)}$ 的串联，称为二极管的恒压降等效电路模型，如图 5-13（b）所示，其伏安特性曲线如图 5-13（a）所示。与理想二极管模型相比，该模型更接近实际二极管的伏安特性，也是三种模型中应用最广泛的二极管等效电路模型。

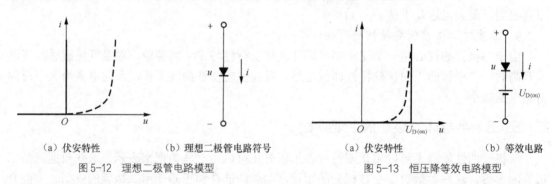

（a）伏安特性　　（b）理想二极管电路符号　　　　（a）伏安特性　　（b）等效电路

图 5-12　理想二极管电路模型　　　　　　　图 5-13　恒压降等效电路模型

3．二极管的折线模型

为了得到更接近实际二极管伏安特性的线性等效电路模型，将二极管的伏安特性做图 5-14（a）所示的线性化近似，从而得到折线型伏安特性曲线，如图 5-14（a）所示。该近似伏安特性曲线表明，当二极管加正向偏置电压大于导通电压时导通，且电压与电流为线性关系，直线斜率为$1/r_D$；二极管加偏置电压小于导通电压时截止，电流为 0。故此时二极管可以等效为一理想二极管与电压源$U_{D(on)}$以及电阻r_D的串联，称为二极管的折线模型，如图 5-14（b）所示。这种模型在大信号作用时，误差最小。

4. 含二极管的电路分析

对于含有二极管电路一般采用的分析方法为：首先根据二极管实际工作条件，用不同的等效电路模型等效，并假设其中理想二极管开路，任选一公共点作为参考点，分析此时理想二极管两端电位，若阳极电位高于阴极电位，则理想二极管导通，相当于开关闭合，若阳极电位低于阴极电位，则理想二极管截止，可相当于开关断开；然后再进一步对电路进行分析计算所求响应。

例 5-1 二极管电路如图 5-15（a）所示，判断图 5-15（a）中二极管是导通还是截止，并确定电路的输出电压u_o。已知电路中的电阻$R=500\Omega$，二极管的导通压降为 0.7V。

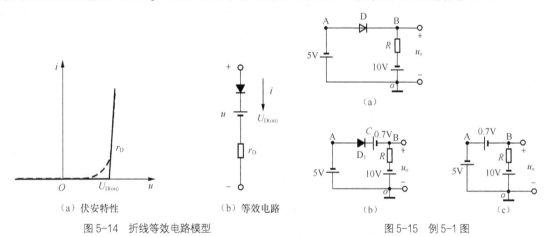

图 5-14 折线等效电路模型　　　　　　图 5-15 例 5-1 图

解： 由于电路中含有二极管，且二极管的导通压降为 0.7V，因此，首先将电路中的二极管用恒压降模型等效，等效电路如图 5-15（b）所示。假设图 5-15（b）中的理想二极管D_1断开，并以 o 点为参考点，则可求得图（b）中$U_A=-5V$，$U_C=-9.3V$，即理想二极管阳极电位高于阴极电位，故D_1导通。将图 5-15（b）中的理想二极管D_1用短路导线替代，得图（c），由图 5-15（c）可求得$u_o=-5.7V$。

5.3 半导体二极管的基本应用电路

二极管是电子电路中常用的电子器件，利用其单向导电性可以构成多种实用电路。本节介绍几种半导体二极管的基本应用电路。

5.3.1 二极管整流电路

整流就是将交流电压转换成单向脉动性直流电压，构成整流电路的关键元件是二极管，它利用二极管的单向导电性来实现这一功能。在整流电路中，由于电源电压远大于二极管的导通压降，因此二极管一般采用理想二极管模型进行分析。

例 5-2 图 5-16（a）为半波整流电路，已知输入电压$u_i = \sqrt{2}U\sin\omega t$ （V），如图（b）所示，假设 D 为理想二极管。试定性画出输出电压u_o的波形。

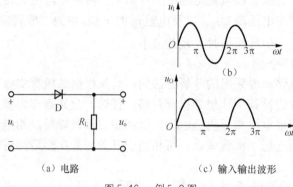

（a）电路　　　　　　　（c）输入输出波形

图 5-16　例 5-2 图

解： 当输入电压 u_i 为正半周时，二极管正向偏置，导通，相当于短路，此时 $u_o = u_i$；当 u_i 为负半周时，二极管反向偏置，截止，相当于开路，故 $u_o = 0$。输出电压 u_o 的波形如图 5-16（c）所示。

由图 5-16（c）可以看出该整流电路只有在交流电的半个周期内有电压输出，另外半个周期输出为 0，因此称该电路称为半波整流电路。

5.3.2　二极管限幅电路

在电子电路中，常用限幅电路对各种信号进行处理，如可以利用限幅电路，通过限制输入信号电压的峰—峰值实现波形的变换、消除噪音等功能。下面举例说明。

例 5-3　图 5-17（a）所示限幅电路中，已知硅二极管导通压降为 0.7V，$u_i = 7\sin\omega t$ V，$U_S = 3$ V，试画出输出电压 u_o 的波形。

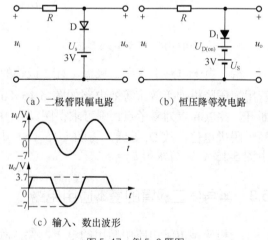

（a）二极管限幅电路　　（b）恒压降等效电路

（c）输入、数出波形

图 5-17　例 5-3 题图

解： 首先将图（a）中的二极管用恒压降模型等效，等效电路如例 5-3 图（b）所示。当 $u_i > U_S + U_{D(on)} = 3.7V$ 时，理想二极管正向偏置、导通，相当于短路，故 $u_o = 3.7V$；当 $u_i < U_S + U_{D(on)} = 3.7V$ 时，理想二极管反向偏置、截止，相当于开路，电路中电流为零，故 $u_o = u_i$。输入、输出信号波形如图 5-17（c）所示，并可以看出该电路输出电压正半波的幅度被限制在了 3.7V，因此称为该电路为上限幅电路。

5.3.3　二极管开关电路

利用二极管的单向导电性还可以实现数字电路中的"与"或"或"的功能。下面举例说明。

例 5-4　图 5-18（a）所示电路为二极管开关电路，已知其输入电压 u_{i1} 和 u_{i2} 的波形分别如图 5-18（b）所示，二极管导通压降为 0.7V，试画出输出电压 u_o 的波形。

解： 分析二极管开关电路的关键是判断出电路中的二极管哪个处于导通状态，哪个处于截止状态。一般分析这类电路时，先假设电路中的二极管断开，并根据具体条件判断电路中哪个二极管的正向偏置电压大，正偏压降大的二极管首先导通，然后将导通二极管用相应等效电路模型等效，进一步分析其余二极管的导通或截止的工作状态。

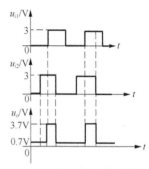

（a）二极管开关电路

（1）当 $u_{i1} = 0V$，$u_{i2} = 0V$ 时，D_1、D_2 上为大小相等的 6V 正向偏置电压，即 D_1、D_2 同时导通，且导通电压为 0.7V，故 $u_o = u_{i1} + U_D = 0 + 0.7 = 0.7V$。

（2）当 $u_{i1} = 0V$、$u_{i2} = 3V$ 时，D_1 上的 6V 正向偏置电压大于 D_2 上的 3V 正向偏置电压，故 D_1 优先导通，导通电压为 0.7V，起到了箝位作用，使 D_2 的阳极电位箝位在 0.7V，而由于 D_2 阴极电位为 3V，故 D_2 因反向偏置而截止，则 $u_o = u_{i1} + U_D = 0 + 0.7 = 0.7V$。

（b）输入、输出电压波形

图 5-18 例 5-4 题图

（3）当 $u_{i1} = 3V$、$u_{i2} = 3V$ 时，D_1、D_2 上均为 3V 正向偏置电压，即 D_1、D_2 同时导通，且导通电压为 0.7V，故 $u_o = u_{i1} + U_D = 3 + 0.7 = 3.7V$。

（4）当 $u_{i1} = 3V$、$u_{i2} = 0V$ 时，D_2 上的 6V 正向偏置电压大于 D_1 上的 3V 正向偏置电压，故 D_2 优先导通，导通电压为 0.7V，起到了箝位作用，使 D_1 的阳极电位箝位在 0.7V，而由于 D_1 阴极电位为 3V，故 D_1 因反偏而截止，则 $u_o = u_{i2} + U_D = 0 + 0.7 = 0.7V$。

电路的输出电压 u_o 波形如图 5-18（b）所示。

从以上分析以及输出波形可以看出，该电路只有当两个二极管的输入电压同时为 3V 时输出才为 3.7V，否则输出电压为 0.7V，因此该电路具有数字电路中"与"的运算功能。

5.4　特殊二极管

除了普通二极管以外，还有一些特殊类型的二极管。本节重点介绍稳压二极管及稳压电路分析，并简要介绍发光二极管及光电二极管。

5.4.1　稳压二极管及稳压电路

稳压二极管通常是由硅半导体材料采用特殊工艺制成的面接触型晶体二极管。由于它具有稳定电压的作用，故称其为稳压管。

　1. 稳压二极管的伏安特性

稳压二极管的电路符号和伏安特性曲线分别如图 5-19（a）、图 5-19（b）所示。由伏安特性曲线可以看出它具有普通二极管相似的伏安特性，区别仅在于反向击穿特性曲线更陡峭。由伏安特性曲线还可以发现当稳压二极管两端所加反向电压达到某一特定值 U_Z 后，流过的反向电流可以在较大的范围内变化而其两端的电压基本保持 U_Z 不变，即具有稳压的作用，并称此时稳压管处于稳压状态。

正由于稳压二极管反向击穿时具有良好的稳压特性，因此与普通二极管不同，稳压管主要工作在反向击穿区。尽管稳压管的反向击穿是可逆的，但是为了保证稳压管不会因流过的反向电流过大而被烧坏，应用时应在电路中采取适当措施，将通过稳压管的电流限制在允许范围内。

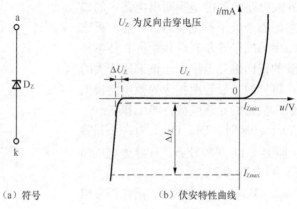

（a）符号　　　　　　　　　（b）伏安特性曲线

图 5-19　稳压二极管的符号及其特性曲线

2. 稳压二极管的主要参数

（1）稳定电压 U_Z

稳定电压是指稳压管反向击穿时，反向电流为规定值时管子两端的电压。该值不仅与管子的工作电压、电流有关，而且与制造工艺有关。

（2）稳定电流 I_Z

稳定电流是指稳压管正常工作时的电流参考值。若工作电流 $I_Z<I_{Zmin}$（最小稳定电流），则管子将失去稳压作用；若工作电流 $I_Z>I_{Zmax}$（最大稳定电流），则管子将因功耗过大而烧毁。只有 $I_{Zmin}<I_Z< I_{Zmax}$ 时，电流越大，则稳压效果越好。

（3）最大耗散功率 P_{ZM}

最大耗散功率是指稳压管不会因热击穿而被损坏所允许的最大功率。

（4）温度系数 α

温度系数是指环境温度每变化 1℃，稳压管稳压值的相对变化量，即 $\alpha = \Delta U_Z/\Delta t$。

（5）动态电阻 r_z

动态电阻是指稳压管在稳压状态下其端电压的变化量与电流变化量的比值，即 $r_z = \Delta U_Z/\Delta I_z$。$r_z$ 的大小反映了稳压管稳压特性的好坏，r_z 越小，其稳压特性越好。

3. 稳压二极管稳压电路

稳压管在直流稳压源电路中得到广泛应用。图 5-20 给出了简单的由稳压二极管构成的稳压电路，该电路将稳压二极管与负载相并联，因而称为并联式稳压电路。显然，如果电路中稳压管的端电压是稳定的，则负载电压也稳定。如图 5-20 所示电路中的 U_i 为需要稳定的电源电压，U_o 为输出的稳定电压，电阻 R 称为限流

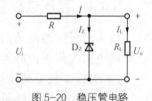

图 5-20　稳压管电路

电阻，其作用是保证稳压管的工作电流在稳定电流范围内，从而保证稳压管工作在稳压区。

稳压电路的作用：在待稳电压 U_i 或负载电阻 R_L 变化时，其输出电压 U_o 能基本保持不变。稳压原理如下：（1）假设负载电阻 R_L 不变，若待稳电压 U_i 增大，则输出电压 U_o（U_Z）将随之变大，由图 5-19（b）所示稳压管稳压伏安特性可知，U_Z 的微小增大将导致稳定电流 I_Z 急剧增大，从而使流过限流电阻的电流 $I = I_Z + I_L$ 增大，最终达到输出电压 $U_o = U_i - IR$ 基本稳定的目的；若待稳电压 U_i 减小，则上述稳压过程相反，结果同样达到稳压目的；（2）假设待稳电压 U_i 不变，若负载电阻 R_L 增大，则输出电压 U_o（U_Z）将随之变大，由稳压管稳压特性

可知，U_Z 的微小增大将导致稳定电流 I_Z 急剧增大，从而使流过限流电阻的电流增大，最终达到使输出电压 $U_o = U_i - IR$ 基本稳定的目的；若负载电阻 R_L 减小，则上述稳压过程相反，结果同样达到稳压目的。

分析稳压电路的关键是判断电路中稳压管是否被反向击穿。具体分析步骤为：

（1）假设电路中稳压管开路，根据已知条件计算出稳压管两端电压；

（2）由计算出的稳压管两端电压判断稳压管是正偏还是反偏；

① 若稳压管反向偏置，则将计算出的稳压管端电压与稳定电压 U_Z 比较，若大于 U_Z，则稳压管被反向击穿，输出电压 $U_o = U_Z$；反之，稳压管截止，用开路替代。

② 若稳压管正向偏置，则电路中稳压管作为普通二极管使用，分析方法与普通二极管正偏时的方法相同。

下面举例说明稳压电路的分析。

例 5-5 已知稳压电路如图 5-20 所示，电路中稳压管的稳定电压 U_Z=5V，试分析：

（1）若 $R = 1.5K\Omega$，$R_L = 1k\Omega$，分别计算 U_i 为 10V 和 15V 两种情况下输出电压 U_o 的值；

（2）若 $U_i = 10V$，$R_L = 1k\Omega$，稳压管最小稳定电流 $I_{Zmin} = 3mA$，最大稳压电流 $I_{Zmax} = 20mA$，求要保证稳压电路正常工作的限流电阻 R 的取值范围。

解：（1）当 $U_i = 10V$ 时，对图 5-20 所示电路，假设稳压管开路，则由串联电阻分压公式得

$$U_o = \frac{R_L}{R + R_L}U_i = \frac{1000}{1500 + 1000} \times 10 = 4V$$

由于此时 $U_o < U_Z = 5V$，故稳压管未被反向击穿，处于截止工作状态，所以输出电压 $U_o = 4V$。

当 $U_i = 15V$ 时，对图 5-20 所示电路，假设稳压管开路，则由串联电阻分压公式得

$$U_o = \frac{R_L}{R + R_L}U_i = \frac{1000}{1500 + 1000} \times 15 = 6V$$

由于此时 $U_o > U_Z = 5V$，故稳压管被反向击穿，处于稳压状态，所以输出电压 $U_o = 5V$。

（2）当 $U_i = 10V$，$R_L = 1k\Omega$，稳压管最小稳定电流 $I_{Zmin} = 3mA$，最大稳压电流 $I_{Zmax} = 20mA$ 时，由于稳压电路处于正常稳压状态，

因此 $$U_o = 5V$$
$$I_{Zmin} \leqslant I_Z \leqslant I_{Zmax}$$
$$I_L = \frac{U_o}{R_L} = \frac{5}{1000} = 5mA$$

又 $$I = I_L + I_Z = \frac{U_i - U_o}{R}$$

所以 $$(5+3)mA \leqslant \frac{10-5}{R} \leqslant (20+5)mA$$
$$218\Omega \leqslant R \leqslant 625\Omega$$

即要保证稳压电路正常工作的限流电阻 R 的取值范围是 $218\Omega \leqslant R \leqslant 625\Omega$。

5.4.2 发光二极管

发光二极管也称 LED，是一种能将电能转变成光能的半导体器件，其电路符号如图 5-21 所示。发光二极管包括可见光、不可见光两种类型。

与普通二极管一样，发光二极管也具有单向导电性。只有当外加正向偏置电压使得正向电流足够大时才发光，且根据制成发光二极管的半导体材料及所加入的杂质材料不同，可以产生如红、黄、蓝、绿等不同颜色的可见光，可见光的亮度与二极管正向电流成比例。

由于发光二极管具有体积小，寿命长、驱动电压低等优点，广泛用于显示电路中。

5.4.3　光电二极管

光电二极管也称光敏二极管，它是利用半导体的光敏特性制成的一种将光能转换成电能的半导体器件，其电路符号如图 5-22 所示。与普通二极管相似，光敏二极管内部也是由 PN 结构成，但应用工艺将 PN 结装在管子的顶部，以接受光的直接照射。无光照时，其伏安特性与普通二极管一样，正偏导通，反偏时只有很小的反向饱和电流称为暗电流；有光照时，在耗尽层内激发出大量电子—空穴对，这些载流子在反向偏压下将形成反向电流，称为光电流。显然光电流将随光照强度的增强而增大。因此，光电二极管可以作为光控元件，也可用作微型光电池。

图 5-21　发光二极管　　　　　　　　图 5-22 光电二极管

*5.5　Multisim 在二极管应用电路中的仿真实例

晶体二极管是一种应用广泛的半导体器件，具有单向导电性。本节通过仿真实例讨论二极管的单向导电性及其在电路中的应用。

5.5.1　二极管特性测量仿真实例

试分析图 5-23 所示二极管电路的输出波形，已知输入电压为振幅等于 10V，频频为 1kHz 的正弦信号，假设二极管为理想二极管。

分析：现输入为正弦电压，在 u_S 正半周，输入电压大于零，二极管 D 阳极电位高于阴极，二极管导通，理想二极管相当于开关闭合，电阻 R 的电压就等于电压源电压；在 u_S 负半周，输入电压小于零，二极管 D 阳极电位低于阴极，二极管截止，电流为零，电阻 R 上电压为零。

仿真步骤如下。

（1）在 NI Multisim 14 软件工作区窗口中，选择菜单 "Place→Component"，放置电压源、电阻、二极管、接地端，设置各元器件的数值、标签等，连线，绘制电路。其中二极管选 "DIODES_VIRTUAL"（理想二极管）中的 "DIODE"。

（2）从仪器仪表库中选择 "Oscilloscope"（示波器），电路输入接 A 通道，输出接 B 通道，连接测量电路如图 5-24 所示。

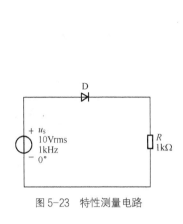

图 5-23　特性测量电路

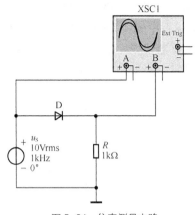

图 5-24　仿真测量电路

（3）运行仿真，停止。双击示波器，设置参数，得到仿真波形如图 5-25（a）所示。为了清楚对比输入、输出波形，可改变 A、B 通道的时间基线在显示屏幕上的位置，如图 5-25（b）所示。

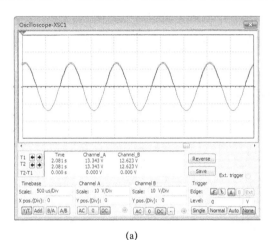

(a)

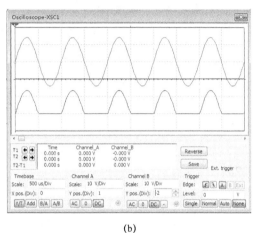

(b)

图 5-25　仿真波形

由图 5-25 可以看出：仿真结果与理论分析结果一致，从而验证了二极管的单向导电性。

5.5.2　二极管应用电路仿真实例

二极管应用广泛，利用其单向导电性和实际二极管正向导通后压降基本恒定的特性，可以实现限幅功能。

试分析图 5-26 所示由二极管构成双向限幅电路。

分析：此电路为双向限幅电路。U_1 和 U_2 是两个直流电压源，由二极管的单向导电性可得，上限幅值 $U_+=U_1+U_{on}\approx8.7V$，下限幅值 $U_-=-（U_2+U_{on}）\approx-6.7V$。

在 u_S 正半周，当输入信号幅值小于 8.7V 时，D1、D2 均截止，故 $u_o = u_S$；当 u_S 大于 8.7时，D1 导通、D2 截止，$u_o= U_1+U_{on}\approx8.7V$；在 u_S 负半周，当$| u_S | < U_2+U_{on}$时，D1、D2 均截止，$u_o = u_S$；当 $| u_S |>U_2+U_{on}$ 时，D2 导通、D1 截止，$u_o=-（U_2+U_{on}）\approx-6.7V$。

仿真步骤如下。

（1）在 NI Multisim 14 软件工作区窗口中，选择菜单"Place→Component"，放置各电压

源、接地端、电阻、二极管,设置各元器件的数值、标签等,连线,绘制电路。其中二极管选"DIODES"中的"1N3892"(实际二极管)。

(2)从仪器仪表库中选择"Oscilloscope"(示波器),输入 u_S 接 A 通道,输出 u_o 接 B 通道,连接测量电路如图 5-27 所示。

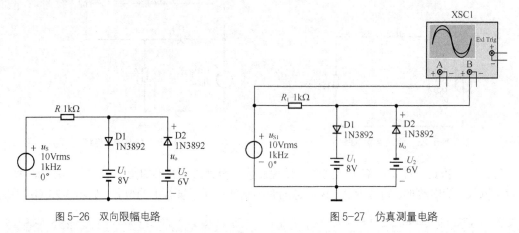

图 5-26 双向限幅电路   图 5-27 仿真测量电路

(3)运行仿真,停止。双击示波器,设置参数,得到输入、输出仿真波形,移动游标可读出输入、输出电压幅值,如图 5-28 所示。

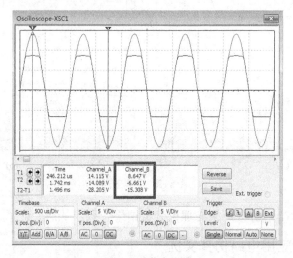

图 5-28 仿真波形

由图 5-28 仿真波形可知,输出电压 u_o 被限定在 8.647V 和 -6.661V 之间,电路实现双向限幅,且输出波形与理论分析基本一致。

习题 5

5-1 半导体和导体分别有哪些载流子参与导电?

5-2 杂质半导体是如何形成?有几种类型?它们中的多数载流子和少数载流子分别是什么?载流子浓度分别由什么决定?

5-3 PN 结是如何形成的?其主要特征是什么?

5-4 当 PN 结正向偏置或反向偏置，其耗尽层的宽度将如何变化？

5-5 PN 结正向偏置或反向偏置的条件分别是什么？

5-6 晶体二极管的伏安特性与 PN 结完全一样吗？为什么？

5-7 稳压管工作在什么区？当稳压管工作在正向偏置时是否
具有稳压作用？

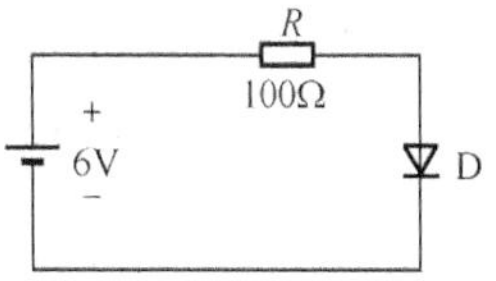

5-8 二极管电路如题图 5-8 所示。

（1）设二极管为理想二极管，试问流过电阻 R 的电流为多少？

（2）设二极管可看作是恒压降二极管，并设二极管的导通电压 $U_{D(on)} = 0.7V$，试问流过
负载 R 的电流是多少？

题图 5-8

（3）将电源电压反接时，流过电阻的电流是多少？

5-9 二极管电路如题图 5-9 所示，试判断图中的二极管是导通还是截止，并写出 U_o 的
值。（设二极管是理想的）

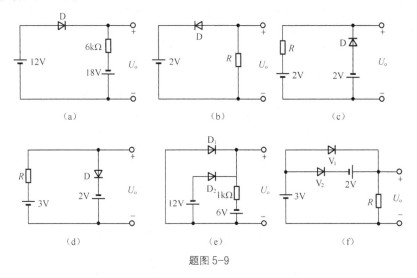

题图 5-9

5-10 二极管电路如题图 5-10 所示，假设二极管是理想的。若输入信号 $u_i(t) = 9\sin\omega t(V)$，
试画出 u_o 的波形。

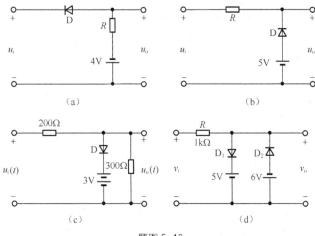

题图 5-10

5-11 在题图 5-11 所示电路中，二极管等效为恒压降模型且导通压降为 0.7V。试求下列几种输入条件下的输出 u_o。

（1）$u_{i1} = 3V, u_{i2} = 0$;

（2）$u_{i1} = 3V, u_{i2} = 3V$;

（3）$u_{i1} = 0, u_{i2} = 0$。

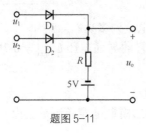

题图 5-11

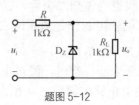

题图 5-12

5-12 稳压管电路如题图 5-12 所示，其中稳压管的稳压值 $U_Z = 8V$，正向导通压降为 0.7V。若 $u_i = 20\sin\omega t(V)$，试画出 u_o 的波形。

5-13 现有两只稳压管 D_{Z1} 和 D_{Z2}，其稳定电压分别为 6V 和 8V，正向导通压降为 0.7V，试求题图 5-13 所示电路中的电压 U_o。

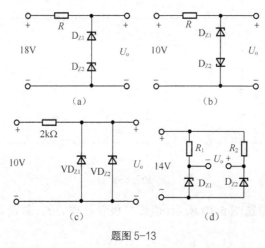

题图 5-13

5-14 硅稳压管稳压电路如题图 5-14 所示。其中待稳定的电压 $U_i = 18V$，$R = 1k\Omega$，$R_L = 2k\Omega$，硅稳压管的稳定电压 $U_Z = 10V$，动态电阻和未被击穿时的反向电流均可忽略。试求：（1）U_o、I_o 和 I_Z 的值；（2）R_L 降多大到时，电路的输出电压将不再稳定。

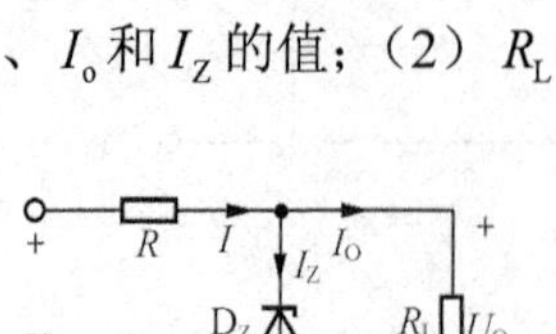

题图 5-14

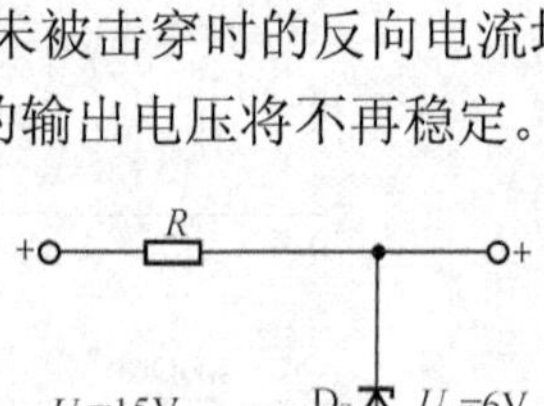

题图 5-15

5-15 稳压电路如题图 5-15 所示，已知稳压管的稳定电压 $U_Z = 6V$，稳定电流的最小值 $I_{Zmin} = 5mA$，最大功耗 $P_{ZM} = 150mW$，求电阻 R 的取值范围。

习题 5 答案

5-1～5-7 略。

5-8　60mA；53mA；0

5-9　（a）D 导通，12V；（b）D 截止，0；（c）D 截止，2V；（d）D 导通，-2V；（e）D1 导通，D2 截止，0；（d）D1 截止，D2 导通，5V

5-10　（a）$u_i > -4V$，D 截止，$u_o = -4V$；$u_i < -4V$，D 导通，$u_o = u_i$

（b）$u_i > 5V$，D 截止，$u_o = u_i$；$u_i < 5V$，D 导通，$u_o = 5V$

（c）$\dfrac{3}{5}u_i > 3V$，D 导通，$u_o = 3V$；$\dfrac{3}{5}u_i < 3V$，D 截止，$u_o = \dfrac{3}{5}u_i$

　　　$u_i > 5V$，D_1 导通，D_2 截止，$u_o = 5V$；

（d）$u_i < -6V$，D_2 导通，D_1 截止，$u_o = -6V$；

　　　$5V > u_i > -6V$，D_2、D_1 截止，$u_o = u_i$；

5-11　（1）$u_0 = 2.3V$；（2）$u_0 = 2.3V$；（3）$u_0 = -0.7V$

5-12　$u_i \geqslant 8V$，D_z 反向击穿，$u_o = 8V$；当 $u_i \leqslant -1.4V$ 时，D_z 正向导通，$u_0 = -0.7V$；当 $-0.7V < u_i < 16V$ 时，V_z 截止，$u_o = \dfrac{1}{2}u_i$。

5-13　（a）$U_0 = 14V$；（b）$U_0 = 6.7V$；（c）$U_0 = 6V$；$U_0 = 2V$

5-14　（1）$U_o = 10V, I_o = 5mA, I_z = 3mA$；（2）$R_L < 1.25k\Omega$

5-15　$360\Omega \leqslant R \leqslant 1800\Omega$

第6章 晶体管及其基本放大电路

晶体三极管，又称双极型晶体管，简称晶体管，是集成电路中的重要元件。1947年，贝尔实验室的肖克利、巴丁和布拉顿组成的科研小组，研制出一种点接触型的锗晶体管。1950年，第一只"PN结型晶体管"问世了。今天的晶体管，大部分仍是这种PN结型晶体管。晶体管的发明，堪比电话、电报等重大发明。晶体管逐渐取代了早期出现的电子管，使得集成电路体积更小、功耗更小。这些优点促进了集成电路往大规模和超大规模的方向发展。

晶体管用途广泛，可以用于放大、检波、调制、振荡和开关电路等。本章首先介绍晶体管的结构、参数、输入—输出特性曲线；然后，介绍晶体管放大电路的工作原理、分析方法等；接着，详细介绍三种组态的放大电路；最后，简要介绍场效应管及其放大电路。

6.1 晶体管

6.1.1 晶体管的结构和类型

图6-1所示为常用的几种不同种类的晶体管。

图6-1 晶体管图片

晶体管有三个极，晶体管看上去很像两个背靠背的PN结组合在一起，有两种不同的类型：第一种称为NPN晶体管，如图6-2所示；第二种是PNP晶体管，如图6-3所示。对于NPN晶体管，其特点是三层的杂质半导体排列次序为N型半导体—P型半导体—N型半导体。这三层分别称为发射区、基区和集电区，其中，发射区和集电区虽然均是N型半导体，但是制作工艺是不同的，因此发射区和集电区不可以颠倒使用。发射区、基区和集电区的特点如下。

（1）发射区：重掺杂，面积比集电区的面积小。

（2）基区：轻掺杂，很薄，厚度只有零点几到数微米。

（3）集电区：面积很大，但掺杂浓度不如发射区。

基区和发射区之间的 PN 结称为发射结，基区和集电区之间的 PN 结称为集电结。三个区分别用导线引出，称为发射极（emitter，e）、基极（base，b）、集电极（collector，c）。如图 6-2（b）所示画出了晶体管的电路符号，其中发射极有一个箭头，其方向代表着发射结 P-N 结正偏时电流的方向。

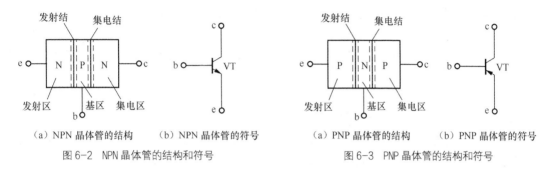

| （a）NPN 晶体管的结构 （b）NPN 晶体管的符号 | （a）PNP 晶体管的结构 （b）PNP 晶体管的符号 |
图 6-2　NPN 晶体管的结构和符号　　　　　图 6-3　PNP 晶体管的结构和符号

图 6-4 所示为 NPN 晶体管的剖面图，发射区、基区和集电区横截面面积是不同的，几何上呈现出"半包围"的结构，而不是普通的面积相等的"上中下"结构。发射区重掺杂，不同于集电区，图中用 N^+ 来表示。图 6-4 中的斜线代表 SiO_2 绝缘层，不导电。发射区、集电区分别用导体引出，标上字母 e 和 c，基区也用导体引出，标上字母 b，这样，e、b、c 三个极，就可以接到电路中去了。

晶体管采用硅材料制作，则称为硅晶体管，简称硅管；如果采用锗材料制作，则称为锗管。硅管和锗管是最常用的晶体管。

6.1.2　晶体管的电流放大作用

晶体管是非线性器件。合理地设计晶体管三个极的电压，可以使晶体管实现对弱信号放大。要使得晶体管达到放大的功能，要满足以下两个外部条件：（1）集电结反偏。这就要求集电极的电位要高于基极电位，所以一般选取 $U_{CC} > U_{BB}$。（2）发射结正偏。这就要求基极的电位要高于发射极的电位。图 6-5 显示了 NPN 晶体管工作在放大状态时的电路。

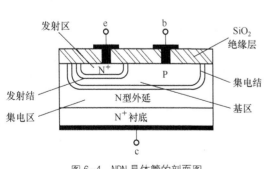

图 6-4　NPN 晶体管的剖面图

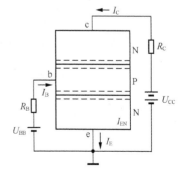

图 6-5　NPN 晶体管工作在放大状态时的电路

晶体管工作在放大状态下，管内载流子运动和电流分配关系体现了很强的规律。下面详细分析这些规律。

1. 晶体管工作在放大状态下的载流子运动

（1）发射结正偏，扩散运动形成 I_E

在图 6-6 中，发射结处于正偏，因为发射区掺杂浓度高，因此发射区自由电子（多子，图 6-6 中用黑色小点表示）会出现扩散运动，这些自由电子从发射区出发往基区运动，形成了电子注入电流 I_{EN}。电子因为带负电，因此运动方向与电流方向相反。同时，基区的空穴（图 6-6 中用白色小圈表示）也向发射区扩散，从而形成空穴电流 I_{EP}。空穴因为带正电，因此运动方向与电流方向相同。发射极总电流就是这二者的叠加，即

$$I_E = I_{EN} + I_{EP} \tag{6-1}$$

由于发射区是重掺杂的，基区是轻掺杂的，使得电子的浓度远远大于空穴的浓度，因此有 $I_{EN} \gg I_{EP}$，得

$$I_E \approx I_{EN} \tag{6-2}$$

（2）基区中，自由电子和空穴复合，形成基极电流 I_B

基区很薄，杂质浓度很低，此外，集电极的电位高于基极电位，因此，从发射区扩散到基区的自由电子只有少数和基区的空穴复合，其余自由电子作为基区的非平衡少子达到集电结。因为电源 U_{BB} 的作用，电子与空穴的复合运动将持续进行，形成了基极电流 I_B。

（3）集电结反偏，漂移运动形成集电极电流 I_C。

晶体管在放大的工作状态下，集电极的电位是最高的，发射区的电子到达基区后，这些电子在电场力的作用下会漂移运动到集电区，形成了电流，该电流用 I_{CN} 表示，它是集电极总电流 I_C 的主要组成部分。集电区的名称就是来自于它具有收集载流子的功能。此外，因为集电区由漂移运动导致的电流远远大于基区由复合运动导致的电流，所以有

$$I_{CN} \gg I_{BN} \tag{6-3}$$

另外，集电区和基区的平衡少子在集电结反偏的作用下，向对方漂移形成集电极反向饱和电流 I_{CBO}，如图 6-6 所示，这个电流数值很小，可以忽略不计。在集电极电源 U_{CC} 的作用下，I_{CBO} 和 I_{CN} 组成了集电极总电流 I_C。

2. 晶体管工作在放大状态下的极电流关系

由图 6-6 及以上的分析得知，晶体管三个极上的电流可以表示为

$$I_E \approx I_{EN} + I_{EP} \approx I_{EN} = I_{BN} + I_{CN} \tag{6-4}$$
$$I_B = I_{BN} - I_{CBO} + I_{EP} \approx I_{BN} \tag{6-5}$$
$$I_C = I_{CN} + I_{CBO} \approx I_{CN} \tag{6-6}$$

当晶体管工作在放大状态下，通过实验可以得到了重要的实验结果：集电区扩散电流 I_{CN} 和基区复合电流 I_{BN} 始终保持着正比例关系，定义共射直流电流放大系数 $\bar{\beta}$，$\bar{\beta} = \dfrac{I_{CN}}{I_{BN}}$，如果忽略 I_{CBO}、I_{EP} 的影响，得

$$\bar{\beta} = \frac{I_C}{I_B} \tag{6-7}$$

3. 总结

前面分析了晶体管处于放大状态的载流子运动和极电流的关系，下面进行简要总结。

在图 6-7 中，设定直流偏置 $U_{CC} > U_{BB}$，即发射结正偏，集电结反偏，使晶体管处于放大工作状态，忽略 I_{CBO}、I_{EP} 的影响，则各极电流关系如下。

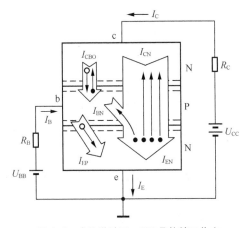

图 6-6 直流激励下，NPN 晶体管工作在
放大状态时的内部载流子运动描述

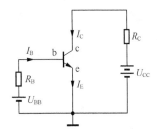

图 6-7 工作在放大状态的 NPN 晶体管

$$I_E = I_B + I_C \tag{6-8}$$

$$I_C = \bar{\beta} I_B \tag{6-9}$$

$$I_E = (1 + \bar{\beta}) I_B \tag{6-10}$$

以上三个公式是晶体管常用到的核心结论。晶体管工作在放大状态时，相当于一个电流控制电流源，体现了 I_B 电流对 I_C 电流的控制作用。

6.1.3 晶体管的共射特性曲线

晶体管主要有三种接法：共发射极接法、共集电极接法和共基极接法。如图 6-8 所示，以 NPN 晶体管为例，共发射极（以下简称共射）接法指发射极是输入回路和输出回路的公共端。同理，共集电极接法指集电极是输入回路和输出回路的公共端，共基极接法指基极是输入回路和输出回路的公共端。

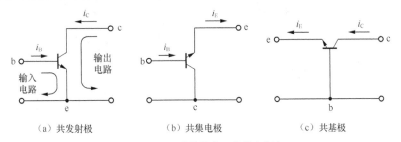

（a）共发射极　　　　　　（b）共集电极　　　　　　（c）共基极

图 6-8 NPN 晶体管的三种基本接法

共发射极接法更具有代表性，所以我们先讨论这种接法。

下面研究输入回路伏安特性曲线和输出回路伏安特性曲线，这两组曲线来源于图 6-9 的测量电路的实验结果，图 6-9 中的电压源数值是可以调节变化的。

1. 共发射极输入特性曲线

共发射极输入特性曲线指给定 u_{CE} 条件下，三极管的基极电流 i_B 与发射结电压 u_{BE} 之间的函数关系曲线

$$i_B = f(u_{BE})\Big|_{u_{CE}=\text{常数}} \tag{6-11}$$

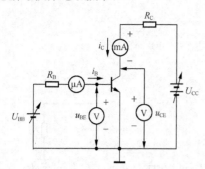

图 6-9　晶体管的共发射极特性曲线测量电路

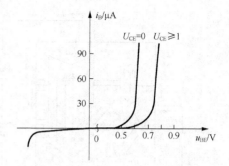

图 6-10　晶体管的共发射极输入特性曲线

共发射极输入特性曲线如图 6-10 所示。

（1）当 $u_{CE}=0V$ 时，集电极和发射极电位相等，晶体管相当于两个二极管并联，基极电流 i_B 和电压 u_{BE} 之间的关系与二极管相似，呈现出指数函数的曲线形态。

（2）当 $u_{CE}\geqslant 1V$ 时，实验结果显示输入特性曲线稍稍右移。

（3）当 $u_{BE}< 0V$ 时，晶体管截止，发射结反偏。若反向电压超过一定的数值，也会发生晶体管发射结反向击穿的现象。

2. 共发射极输出特性曲线

共发射极输出特性曲线是指基极电流 i_B 一定时，晶体管输出回路的集电极电流 i_C 与晶体管电压 u_{CE} 之间的关系曲线。

$$i_C = f\left(u_{CE}\right)\Big|_{i_B=常数} \tag{6-12}$$

在图 6-9 中，固定电压 U_{BB}，使基极电流 i_B 基本保持不变，调节 U_{CC}，使得 u_{CE} 电压变化，测量此时的电流 i_C。分别令 $i_B =10\mu A$ 、 $20\mu A$ 和 0MH，将得到的三组实验数据分别绘制如图 6-11 所示。

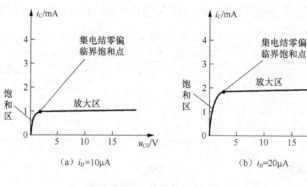

（a）$i_B=10\mu A$　　　　　　　　（b）$i_B=20\mu A$

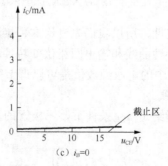

（c）$i_B=0$

图 6-11　晶体管在不同 i_B 条件下的共发射极输出特性曲线

显然，对于每一个确定的 i_B，都可以得到对应的一组实验数据，如果 i_B 连续变化，则这些曲线簇将覆盖整个 $i_C - u_{CE}$ 平面，合成图如图 6-12 所示，可以看出，晶体管的输出特性曲线可以划分为三个区：放大区、饱和区和截止区。对应着晶体管的三种不同的工作状态。下面详细解释图中出现的三个区。

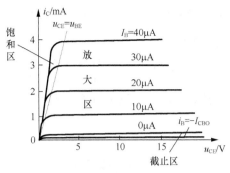

图 6-12 晶体管的共发射极输出特性曲线（合成图）

（1）放大区

NPN 晶体管工作在放大区的外部条件是：集电结反向偏置，发射结正向偏置。

共射电路需满足 $u_{BE} > U_{BE(on)}$ 且 $u_{CE} > u_{BE}$。其中，$U_{BE(on)}$ 是晶体管发射结导通电压，又称为死区电压。在放大区，i_C 和 i_B 近似为正比例的函数关系，在图 6-12 所绘制的实验结果中，如 $i_B = 10\mu A$，则 $i_C = 1mA$；如 $i_B = 20\mu A$，则 $i_C = 2mA$。由实验数据可以看出，放大倍数为 100。可见，i_B 一旦出现很小的变化量 ΔI_B 时，i_C 便出现了很大的变化量 ΔI_C。这类似于电路中的"电流控制电流源"的控制效果。这里，定义共射交流放大系数 β 来表示电流控制能力，得

$$\beta = \frac{\Delta I_C}{\Delta I_B} / u_{CE} = 常数 \qquad (6\text{-}13)$$

注意，共射交流放大系数 β 和前面定义的共射直流电流放大系数 $\overline{\beta}$ 是不同的概念，但一般情况下这两个数值十分接近，在放大区，可以近似认为

$$\beta \approx \overline{\beta} \qquad (6\text{-}14)$$

（2）饱和区

NPN 晶体管工作在饱和区的外部条件是：集电结和发射结均正向偏置。

共射电路，需满足 $u_{BE} > U_{BE(on)}$ 且 $u_{CE} < u_{BE}$。在饱和区，i_C 和 i_B 的函数关系是一根曲线，两者不是正比例的关系。通常把 $u_{CE} = u_{BE}$ 的情况称为临界饱和，对应点的轨迹为临界饱和线。在饱和区，因为基极的电位大于集电极的电位，集电区收集电子十分困难，造成基极复合电流增大，集电极电流减小。因此，和放大区相比，对应于同样的基极电流 i_B，饱和区的集电极电流 i_C 较小。晶体管工作在饱和区时，集电极和发射极之间的电压称为饱和压降，记为 $U_{CE(sat)}$。深度饱和时，根据实验结果，$U_{CE(sat)}$ 数值很小，对于小功率硅管，一般取 $U_{CE(sat)} = 0.3V$。

（3）截止区

NPN 晶体管工作在截止区的外部条件是：集电结和发射结均反向偏置。

共射电路，需满足 $u_{BE} \leq U_{BE(on)}$ 且 $u_{CE} > u_{BE}$。也可以用电流来表示截止区，即 $i_B \leq i_{CBO}$ 的区域，其中 I_{CBO} 为集电极的反向饱和电流。对于小功率硅管，在实际应用中，当晶体管工作在截止区时，集电极电流 i_C 也很小，为了计算方便，基极电流 i_B、集电极电流 i_C、发射极电流 i_E 通常均取 0。

6.1.4 晶体管的主要参数

1. 电流放大系数

（1）共射接法中的电流放大系数

在共射接法中，直流电流放大系数 $\overline{\beta}$ 与共射交流放大系数 β 是经常用到的两个参数。前

面已经介绍了共射直流电流放大系数 $\bar{\beta}$ 和交流放大系数 β，并说明了在一般情况下，可以认为 $\beta \approx \bar{\beta}$。

（2）共基接法中的电流放大系数

类似于共射直流电流和交流电流放大系数的定义，这里定义共基接法中的直流电流放大系数和交流电流放大系数。共基直流电流放大系数用 $\bar{\alpha}$ 表示，

$$\bar{\alpha} = \frac{I_C - I_{CBO}}{I_E} \approx \frac{I_C}{I_E} \tag{6-15}$$

共基交流电流放大系数用 α 表示，

$$\alpha = \frac{\Delta I_C}{\Delta I_E}\bigg|_{U_{CE}=常数} \tag{6-16}$$

近似分析中，可以认为

$$\bar{\alpha} = \alpha \tag{6-17}$$

2．极间反向电流

（1）I_{CBO}

发射极开路条件下，集电极到基极的反向饱和电流，简称为集电极反向饱和电流，用 I_{CBO} 表示。

（2）I_{CEO}

基极开路条件下，集电极到发射极的反向电流，简称为集电极穿透电流，用 I_{CEO} 表示。

（3）I_{EBO}

集电极开路条件下，发射极到基极间的反向电流，用 I_{EBO} 表示。

3．晶体管的极限参数

（1）极间反向击穿电压

晶体管的某一极开路情况下，当另外两极加的反向电压达到一定的数值时，晶体管会发生反向击穿现象，该电压就是极间反向击穿电压。分别定义如下。

$U_{(BR)CBO}$：指发射极开路条件下，集电极和基极间的反向击穿电压。

$U_{(BR)CEO}$：指基极开路条件下，集电极和发射极间的反向击穿电压。

$U_{(BR)EBO}$：指集电极开路条件下，发射极和基极间的反向击穿电压。

（2）集电极最大允许电流 I_{CM}

在晶体管共射输出特性曲线图中，在放大区，集电极的电流变化和基极的电流变化成正比例关系，放大系数为 β。但是，当集电极电流数值大到一定值时，放大系数将显著减小。使放大系数 β 明显减小的 i_C 即为集电极最大允许电流，用 I_{CM} 表示。

（3）集电极最大允许耗散功率 P_{CM}

晶体管工作在放大状态下，集电结是反偏的，集电结的反向电压较高，同时流过的电流也较大。因此，集电结要消耗一定的功率。该功率不能超过一定的数值，否则集电结工作性能将降低，甚至损坏。定义集电极最大允许耗散功率 P_{CM}，集电极的功率不能超过这个数值。

根据这个参数，图 6-13 显示了晶体管的安全工作区域。为了使晶体管正常工作，一定要保证晶体管工作在该安全工作区域内。

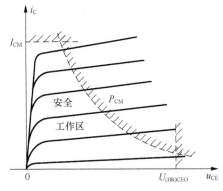

图 6-13 晶体管的安全工作区域

例 6-1 现测得放大电路中两只管子两个电极的电流如图 6-14 所示。分别求另一电极的电流，标出其方向，并在圆圈中画出管子符号，且分别求出它们的电流放大系数 β。

解：如图 6-14（a）所示，根据基尔霍夫定律，第三端的电流为 10μA +1mA=1.01mA，根据晶体管三个极的关系，容易判断得出图 6-14（a）对应的是 NPN 晶体管，1mA 对应集电极电流，10μA 对应基极电流，1.01mA 对应发射极电流，放大系数 β=100。

同理，如图 6-14（b）所示对应的是 PNP 晶体管，第三端的电流为 5.1mA −100μA=5mA，因此，100μA 对应基极电流，5.1mA 对应发射极电流，5mA 对应集电极电流，放大系数 β=50。结果如图 6-15 所示。

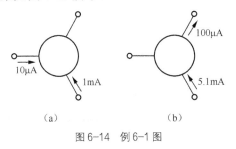

图 6-14 例 6-1 图

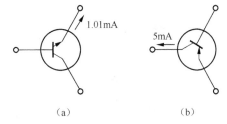

图 6-15 例 6-1 图的题解

例 6-2 电路如图 6-16 所示，晶体管导通时 $U_{BE(on)} = 0.7V$，β=50。试分析 U_{BB} 为 0V、1V、3V 三种情况下晶体管 VT 的工作状态。

解：（1）当 U_{BB} 为 0V 时，集电结反偏，发射结无正向偏置电压，晶体管处于截止的工作状态。

（2）当 U_{BB} 为 1V 时，根据基尔霍夫电压定律，左边网孔可以列写方程为

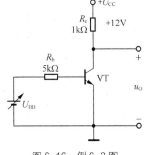

图 6-16 例 6-2 图

$$U_{BB} = I_B R_b + U_{BE(on)}$$

代入数据解得

$$I_B = \frac{U_{BB} - U_{BE(on)}}{R_b} = \frac{1 - 0.7}{5} = 0.06\text{mA}$$

假设晶体管工作在放大区，则放大系数 β =50，得

$$I_C = \beta I_B = 50 \times 0.06 = 3\text{mA}$$

列方程

$$U_{CC} = I_C R_C + U_{CE}$$

得

$$U_{CE} = U_{CC} - I_C R_C = 12 - 3 \times 1 = 9\text{V}$$

当 $U_{CE} = 9\text{V}$ 时，集电结反向偏置。结合 U_{BB} 为 1V 时发射结处于正向偏置，因此，晶体管工作在放大区，假设是成立的。

（3）同理，当 U_{BB} 为 3V 时，$I_B = \dfrac{U_{BB} - U_{BE(on)}}{R_b} = \dfrac{3 - 0.7}{5} = 0.46\text{mA}$，假设晶体管工作在放大区，计算得到 $I_C = \beta I_B = 50 \times 0.46 = 23\text{mA}$，则根据 $U_{CE} = U_{CC} - I_C R_C = 12 - 23 \times 1 = -11\text{V}$，显然不满足实际情况。假设不成立，其根本原因在于晶体管工作在饱和区，$\beta < 50$。

6.1.5　温度对晶体管的特性及参数的影响

半导体对温度十分敏感，温度的变化会引起晶体管参数的变化。温度升高，PN 结的导通电压将减小。同时，温度的变化也会引起晶体管放大系数的变化。温度升高，放大系数增加。

当晶体管长时间连续工作时，会引起温度的升高。在晶体管共射输出特性曲线上，温度升高，曲线上移，且间隔增加。在设计电路时，必须要考虑工作环境的温度，这是一个极为重要的因素。

6.2　放大电路的基本概念

6.2.1　放大的概念

日常生活中，经常要对某些信号进行放大，如扬声器可以将声音信号放大。能够完成放大功能的电路称为放大电路。

放大电路的示意图如图 6-17 所示。放大电路一般需要直流电源提供直流偏置。在单个晶体管放大电路中，使用直流电源是为了能使晶体管一直工作在放大区，而仅仅使用交流电源则不能达到这个目的。图 6-17 中的信号源是指被放大的信号，该信号通过放大电路，在直流电源的作用下，负载端便输出和信号源波形相同、幅度更大的信号。这里的输出波形和信号源波形相同称为不失真，在不失真的前提下研究放大的过程才有意义。

如图 6-17 所示，直流电源的作用是提供放大电路所需要的能量，放大电路的实质是将直流电源的能量转化为负载端所获取的能量。

很多信号源都可以展开成一系列不同频的正弦波的叠加，因此，正弦波可以看作是被放大的基本波形。图 6-17 中显示有两类电源，第一类是信号源（正弦波的叠加），第二类电源是直流电源（可以有多个直流电源一起作用）。如果放大电路是线性的，或工作在线性区域，则根据电路理论中的"叠加定理"，电路的每一个节点电压、每一条支路的电流，都可以看成是这两类电源单独作用效果的叠加。直流电源单独作用所对应的电路，称

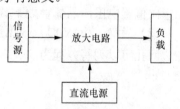

图 6-17　放大电路示意图

为直流通路。信号源单独作用所对应的电路，称为交流通路。

为了方便放大电路的分析和讨论，对电路中各物理量的表示方法作如下的规定。

直流量（静态值）：用大写字母，大写下标表示，如 I_B、I_C、U_{BE}、U_{CE}。

交流量（动态值）：用小写字母，小写下标表示，如 i_b、i_c、u_{be}、u_{ce}。

交流量的有效值：用大写字母，小写下标表示，如 I_b、I_c、U_{be}、U_{ce}。

总瞬时值：是直流量与交流量的叠加量，用字母小写，大写下标表示，如 i_B、i_C、u_{BE}、u_{CE}，这里，$i_B = I_B + i_b$。

6.2.2　放大电路的性能指标

放大电路可以用图 6-18 所示的含等效二端口网络的等效电路来表示。如图 6-18 所示，左端为输入端，右端为输出端。假设放大器工作在线性区域，则输入信号 U_i 通过该放大器，在负载 R_L 处可以获得放大后的信号 U_o。I_i 和 I_o 分别表示对应的输入电流和输出电流。

图 6-18　用二端口网络表示的等效放大电路

放大电路的性能指标反映了放大电路的性能，主要的性能指标有放大倍数、输入电阻、输出电阻、通频带、非线性失真系数等。

1. 放大倍数

放大倍数是输出量和输入量的比值，又称为增益，主要有以下几种放大倍数。

（1）电压放大倍数

定义为输出电压的幅值和输入电压幅值的比值，用 A_u 来表示，无量纲，即

$$A_u = \frac{U_o}{U_i} \tag{6-18}$$

（2）电流放大倍数

定义为输出电流的幅值和输入电流幅值的比值，用 A_i 来表示，无量纲，即

$$A_i = \frac{I_o}{I_i} \tag{6-19}$$

（3）电压—电流放大倍数

定义为输出电压的幅值和输入电流幅值的比值，又称为互阻放大倍数，量纲为欧姆，用 A_r 来表示，即

$$A_r = \frac{U_o}{I_i} \tag{6-20}$$

（4）电流—电压放大倍数

定义为输出电流的幅值和输入电压幅值的比值，又称为互导放大倍数，量纲为西门子，用 A_g 来表示，即

$$A_g = \frac{I_o}{U_i} \tag{6-21}$$

2. 输入电阻

定义为放大电路输入端看进去的等效电阻，用 R_i 表示，

$$R_i = \frac{U_i}{I_i} \qquad (6\text{-}22)$$

如图 6-19 所示为电压放大电路的内部等效图，电
压放大电路的功能是对输入电压进行放大。U_s 表示实
际的信号源，实际信号源带有内阻 R_s，输入端对应的
等效电路可以看成信号源和内阻、以及输入电阻 R_i 三
者串联。因此，内阻的电压和输入电阻的电压（即 U_i）
之和才等于信号源的电压。如果输入电阻远大于信号
源的内阻，则信号源的内阻上的电压可以忽略，此时
输入电阻的电压 U_i 和信号源的电压 U_s 十分接近。

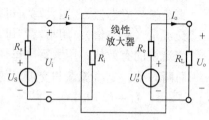

图 6-19　电压放大电路的等效图

3. 输出电阻

定义为从放大器输出端看进去的电阻，用 R_o 表示，

$$R_o = \frac{U_o}{I_o}\bigg|_{U_s=0} \qquad (6\text{-}23)$$

在图 6-19 所示的电压放大电路等效图中，输出端可以等效为放大后的电压 U_o'、输出电
阻 R_o 和负载 R_L 的串联。只有输出电阻很小，负载 R_L 上的电压和 U_o' 才十分接近。因此，输出
电阻反映了带负载的能力。

6.3　晶体管放大电路的放大原理

6.3.1　基本共射放大电路的组成

图 6-20 所示为基本共射放大电路，这里以 NPN 晶体管为例，该晶体管是放大电路的核心
部分。U_{BB} 和 U_{CC} 均为直流电压源，且 $U_{CC} > U_{BB}$，以保证
晶体管工作在放大区，即晶体管集电结反偏，发射结正
偏。R_B 和 R_C 是限流电阻。u_i 为需要放大的正弦波，也称
为输入信号，其幅值一般远小于 U_{BB}。u_i 和 U_{BB} 串联接在
输入回路上，总电压始终为正数（即满足 $U_{BB} + u_i > 0$），
以保证发射结的正向导通。该放大电路的功能就是在输
出端 u_o 处能够得到直流电压和放大后的正弦波的叠加，
如果过滤掉直流电压，就得到了放大后的正弦波。

图 6-20 所示的电路包含两类电源：第一类是直流电

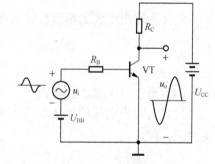

图 6-20　基本共射放大电路

源，即 U_{BB} 和 U_{CC}；第二类是交流电源，即 u_i。每个节点的电压和每个支路的电流均是直流
量和交流量的叠加。当仅有直流激励时，即 $u_i = 0$ 时，称电路处于静态；当 u_i 不为零时，在输
入回路和输出回路中，电压和电流还需在静态的基础上叠加一个动态值。

6.3.2　基本共射放大电路的工作原理及波形分析

在图 6-20 所示的电路中，当 $u_i = 0$ 时，基极电流 I_B、集电极电流 I_C、b-e 的电压 U_{BE}、
c-e 的电压 U_{CE} 称为放大电路的静态工作点 Q（Quiescent），并记为 I_{BQ}、I_{CQ}、U_{BEQ}、U_{CEQ}。

当 $u_i \neq 0$ 时，基极电流的瞬时值 i_B，含直流成分和交流成分。直流成分即为 I_{BQ}，交流成分用 i_b 表示，则

$$i_B = I_{BQ} + i_b \qquad (6\text{-}24)$$

设输入信号 u_i 为正弦信号，当 U_{CC} 足够高使晶体管工作在放大区时，根据晶体管的电流放大特性，微小的基极电流变化就会产生很大的集电极电流的变化，即 $i_c = \beta i_b$。集电极的总电流 i_C 也同时包含直流成分和交流成分，即

$$i_C = I_{CQ} + i_c$$

当输入信号 u_i 增加时，基极电流也会增加，从而使得集电极电流跟着增加，电阻 R_C 上的电压也是增加的，因此集电极—发射极的总电压 u_{CE} 就降低，集电极的总电位包含直流成分和交流成分，可以表示为

$$u_{CE} = U_{CEQ} + u_{ce} \qquad (6\text{-}25)$$

因为 U_{CEQ} 是常数，因此 u_{CE} 减小等价于 u_{ce} 减小。u_{CE}、U_{CEQ}、u_{ce} 三者的波形如图 6-21 所示。u_{ce} 就是最后输出的交流电压，往往用 u_o 来表示。电压放大电路研究的一个重要内容就是分析 u_o 和 u_i 的振幅和相位关系。从上面的分析来看，u_i 增加时，u_o 会减小；u_i 减小时，u_o 会增加。当 u_i 为正弦信号时，u_o 也是正弦信号，两者频率相同，相位相反。

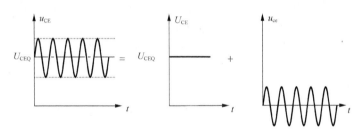

图 6-21　$u_{CE} = U_{CEQ} + u_{ce}$ 的图解

6.4　放大电路的分析方法

最常见的共射放大电路有直接耦合共射放大电路和阻容耦合共射放大电路两大类。如图 6-20 所示的共射放大电路就属于直接耦合共射放大电路，其特点是输入信号和放大电路、放大电路与负载电阻均直接相连。图 6-22 所示的放大电路就是阻容耦合共射放大电路，其特点是输入信号和放大电路、放大电路和负载电阻用电容隔开了。下面以阻容耦合放大电路为例，来讨论基本分析方法。

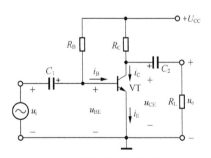

图 6-22　阻容耦合共射放大电路

阻容耦合共射放大电路中各元件的参数及作用说明如下。

（1）晶体管 VT 是放大电路的核心器件，当晶体管工作在放大区时，集电极电流和基极电流满足正比例关系。动态输入电压（u_i）决定了基极电流变化量（i_b）的大小，通过 $i_c = \beta i_b$，将基极电流的变化量转移到集电极电流的变化量，而集电极电流的变化量又决定了输出电压的（u_o）大小。放大电路正是利用这些关系，将微弱的输入信号进行放大。

（2）直流电源U_{CC}。一般为几伏到几十伏，保证发射结处于正向偏置状态，集电结处于反向偏置状态，使晶体管工作在放大区。

（3）集电极电阻R_C。一般取值为几千到几十千欧。该电阻设计时要保证集电结反向偏置，此外，它把放大的集电极电流转化为输出电压，实现电路的电压放大作用，如果不加R_C，输出的交流信号会被短路。

（4）基极电阻R_B。一般取值为几十千欧到几百千欧。该电阻设计时要保证发射结正向偏置，且使正向偏压不致过大。

（5）耦合电容C_1、C_2。一般取十几到几十微法的电解电容。耦合电容C_1的作用是隔离直流电源对信号源的影响，且能有效地将输入信号传送到基极；耦合电容C_2的作用是隔离直流电源对负载的影响，且能把放大的交流信号有效地传送到负载。在分析电路时，当直流电源单独作用时，电容视为开路；当交流电源单独作用时，电容近似视为短路。

6.4.1　直流通路和交流通路

在放大电路中，直流电源和交流电源同时存在。分析放大电路时，一般采用电路理论中的叠加定理，先让直流电源单独作用、交流电源置零，来分析直流响应；然后再让交流电源单独作用、直流电源置零，来分析交流响应。这两种响应的叠加就是所求的全响应。但是，需要注意，直流电源单独作用和交流电源单独作用，对应的晶体管的等效模型是不同的。

直流通路，就是直流电源单独作用下直流电流经过的通路。在研究直流通路时，应该将交流信号置零，即交流电压源要短路。所有的电容均视作开路。

交流通路，就是交流电源单独作用下交流电流流经的通路。在研究交流通路时，应该将直流电源置零，即直流电压源要短路。所有的电容可近似地看成短路。

如图 6-22 所示的阻容耦合共射放大电路，直流通路和交流通路分别如图 6-23（a）、图6-23（b）所示。

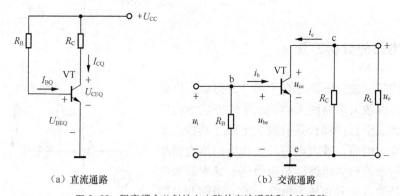

（a）直流通路　　　　　　　　　　（b）交流通路

图 6-23　阻容耦合共射放大电路的直流通路和交流通路

在图 6-23（a）所示的直流通路中，根据电路的基本理论和晶体管的性质，可以列写以下三个方程。

$$I_{BQ} = \frac{U_{CC} - U_{BE(on)}}{R_B} \tag{6-26}$$

$$I_{CQ} = \beta I_{BQ} \tag{6-27}$$

$$U_{CEQ} = U_{CC} - I_{CQ}R_C \qquad (6\text{-}28)$$

式（6-26）也可以等价地看成是输入回路的基尔霍夫电压方程，即从 $U_{CC} - I_{BQ}R_B - U_{BE(on)}$ $=0$ 而来。式（6-27）是代表晶体管的直流放大关系。式（6-28）是输出回路的基尔霍夫电压方程。

在分析放大电路时，一般采用"先直流、再交流"的原则，先分析静态工作点，然后再进行动态分析。

6.4.2 图解法

图解分析法是一种非常直观的方法，通过作图来分析晶体管的工作状态。因为放大电路中电压和电流一般同时包括直流成分和交流成分，如图 6-24 所示，直流成分对应于静态工作点，交流成分对应于对静态工作点的偏移。下面分直流成分图解法（对应于静态工作点）和交流成分图解法（对应于动态分析）来分别描述。

1. 静态工作点的图解法

静态工作点对应于输入交流信号 $u_i=0$ 时，曲线上的固定点。以图 6-22 阻容耦合共射放大电路为例，基极总电流 $i_B = I_{BQ} + i_b$。当 $u_i=0$ 时，i_B 不含交流成分，即 $i_B = I_{BQ}$。基极—发射极的电压降也不含交流成分，即 $u_{BE} = U_{BE(on)}$。由式（6-26）可知，在电路中，此时 u_{BE} 和 i_B 是一次函数的关系。这个方程对应于图 6-24（a）中的一条直线，这是电路的拓扑约束，即在电路中必须满足基尔霍夫电压定律。拓扑约束可以理解成"该电路结构满足该方程"。同时，u_{BE} 和 i_B 是 PN 结的电压和电流，受到元件本身伏安关系的约束，该伏安关系对应于指数函数曲线。元件伏安关系的约束可以理解为"该元件满足该方程"。这两条线的交点，就是基极的静态工作点，即图 6-24 中的 Q 点，这是输入端的静态工作点图解分析。

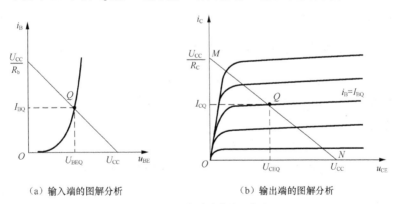

（a）输入端的图解分析　　　　　　（b）输出端的图解分析

图 6-24　图解法求静态工作点

对于输出回路，同样满足拓扑约束和元件伏安关系的约束。当 $u_i=0$ 时，集电极—发射极的总电压降 u_{CE} 不含交流成分，即 $u_{CE} = U_{CEQ}$。集电极总电流也不含交流成分，$i_C = I_{CQ}$，根据基尔霍夫电压定律，输出回路的拓扑约束为 $U_{CEQ} = U_{CC} - I_{CQ}R_C$，对应于图 6-24（b）中的一条直线。该直线经过 Q 点，斜率为 $-\dfrac{1}{R_C}$，称为直流负载线。

晶体管的输出特性对应于一组曲线簇。每一个具体的基极电流（i_B）对应于曲线簇中的一根曲线，因此，对应于 $i_B = I_{BQ}$ 的那一根 i_C-u_{CE} 函数关系曲线就是静态时的输出特性曲线，该曲线和直流负载线也有一个交点，这个交点就是集电极的静态工作点，也就是输出端的 Q 点。

如图 6-24 所示，基极电流的大小影响静态工作点的位置。从输出曲线分析，I_B 越大，则曲线在平面上的位置越高，I_B 越小，曲线在平面上的位置就越低。若 I_B 偏小，则输出端的静态工作点靠近截止区；若 I_B 偏大，则 Q 点靠近饱和区。因此，当集电极负载 R_C 已经给定的情况下，I_B 的大小将直接影响静态工作点的位置，调节基极电阻 R_B 就可以来调节 I_B 的大小，使得静态工作点位于晶体管的放大区。

例 6-3 图 6-25（a）所示为输入电源带有内阻的阻容耦合放大电路，其中，$U_{CC} = 12\,V$，$R_B = 300\,k\Omega$，$R_C = 3\,k\Omega$，$U_{BE(on)} = 0.7V$，其输出特性曲线如图 6-25（b）所示。试用图解法确定该电路的 U_{CEQ}、I_{CQ}。

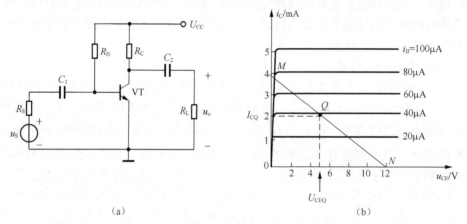

（a）　　　　　　　　　　　　　　（b）

图 6-25　例 6-3 图

解：列写输出回路的基尔霍夫电压方程，得 $U_{CE} = U_{CC} - I_C R_C$，据此可在图 6-25（b）画出负载线 MN，根据输入回路的基尔霍夫电压方程得：$I_{BQ} = \dfrac{U_{CC} - U_{BE(on)}}{R_B}$，代入数据得 $I_{BQ} = 38\mu A$。将图 6-25（b）中 $I_{BQ} = 38\mu A$ 对应的输出特性曲线和 MN 的交点即工作点 Q，相应的坐标为 U_{CEQ}、I_{CQ}。从图中可以看出，$U_{CEQ} \approx 5V$，$I_{CQ} \approx 2A$。

2．动态分析图解法

如图 6-22 所示的阻容耦合共射放大电路，当输入交流信号 $u_i \neq 0$ 时，基极总电流 $i_B = I_{BQ} + i_b$，其中 I_{BQ}、i_b 均不为零，因此 i_B 是直流电流和交流电流的叠加，输入回路图解分析如图 6-26 所示。当 i_B 位于正弦波的波峰时，对应 Q_1 点，此时 u_{BE} 也处于波峰位置；当 i_B 位于正弦波的波谷时，对应 Q_2 点，此时 u_{BE} 也处于波谷位置；输入回路的图解显示：u_{BE} 的交流成分和 i_B 的交流成分振幅虽然不同，但是频率和相位是相同的。

输出回路的交流通路如图 6-23（b）所示，仅研究交流信号单独作用效果时，负载电阻是 R_C 和 R_L 的并联值，用 R_L' 表示，得 $R_L' = R_C // R_L$。

由晶体管对电流的放大性质，i_B 变化了，i_C 和 u_{CE} 也会同频率地变化，它们都是直流和交流的叠加。前面已经介绍了这两个电流的组成，即 $i_C = I_{CQ} + i_c$ 和 $u_{CE} = U_{CEQ} + u_{ce}$。

根据交流通路分析，可知：

$$u_{ce} = -i_c R_L' \tag{6-29}$$

因此可得

$$i_{\mathrm{C}} - I_{\mathrm{CQ}} = -\frac{1}{R_{\mathrm{L}}'}\left(u_{\mathrm{CE}} - U_{\mathrm{CEQ}}\right)$$ （6-30）

式（6-30）体现了放大电路在动态时 i_{C} 和 u_{CE} 函数关系，它表示了工作点运动的轨迹，一般称为交流负载线。阻容耦合放大电路的交流负载线如图 6-27 所示。交流负载线的特点是经过 Q 点，且斜率为 $-\dfrac{1}{R_{\mathrm{L}}'}$。交流负载线可以根据 Q 点和斜率确定，也可以通过以下方法来确定。首先找到横坐标为 U_{CEQ} 的点和该点向右取一段长度为 $I_{\mathrm{CQ}}R_{\mathrm{L}}'$ 的点 A，连接 AQ 即为交流负载线。

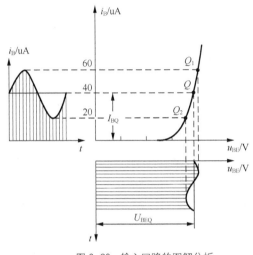

图 6-26 输入回路的图解分析

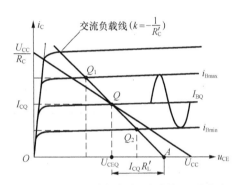

图 6-27 阻容耦合放大电路的交流负载线

如果放大电路不接交流负载电阻 R_{L} 时，这时晶体管的集电极电流将全部经过 R_{C}，对应的方程应该是 $i_{\mathrm{C}} - I_{\mathrm{CQ}} = -\dfrac{1}{R_{\mathrm{L}}}\left(u_{\mathrm{CE}} - U_{\mathrm{CEQ}}\right)$，该交流负载线经过 Q 点，且斜率为 $-\dfrac{1}{R_{\mathrm{L}}}$，前面提到过晶体管的直流负载线经过 Q 点，斜率也为 $-\dfrac{1}{R_{\mathrm{C}}}$，因此，当 $R_{\mathrm{L}} = \infty$ 时，直流负载线和交流负载线重合。

在图 6-27 中，当输入正弦电压使 i_{B} 增加到波峰位置时，相应输出特性曲线上移，曲线和交流负载线的交点也上移，即 Q 点移动到了 Q_1 点处；当输入正弦电压使 i_{B} 变化到波谷位置时，输出特性曲线下移，曲线和交流负载线的交点也下移，即 Q 点移动到了 Q_2 点处。这样，线段 Q_1Q_2 就是输出回路工作点的运动轨迹，Q 点沿交流负载线在 Q_1 到 Q_2 之间上下移动，从而引起 i_{C} 和 u_{CE} 分别围绕 I_{CQ} 和 U_{CEQ} 作相应的正弦变化，如图 6-28

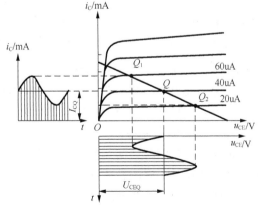

图 6-28 阻容耦合放大电路输出回路的图解法

所示，i_C 和 u_{CE} 的变化相反。当 i_C 增大时，u_{CE} 减小；反之，当 i_C 减小时，u_{CE} 增大。根据交流通路的分析可知 u_{CE} 的交流量的波形就是输出 u_o 的波形，因此 u_o 是对 u_i 反相放大，即交流输入和交流输出频率相同，相位差为 $180°$。

综上所述，阻容耦合晶体管放大电路，通过输入回路将输入正弦电压转化为基极电流的变化，然后通过晶体管对电流的放大特性，在集电极得到放大后的电流变化量，并通过输出回路将放大后的电流变化量转化为输出的反相正弦电压。整个过程波形图解如图 6-29 所示。

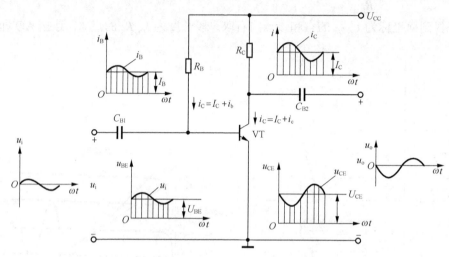

图 6-29 阻容耦合放大电路过程波形图解

3. 失真分析图解

放大电路要求晶体管工作在放大区。此时，如果输入信号是正弦信号，则输出信号也是正弦信号。输出信号和输入信号幅度、相位可以不同。如果静态工作点设置的不合理，晶体管将工作在截止区或饱和区，从而造成波形的失真，分别称为截止失真和饱和失真。失真时，虽然输入信号是正弦信号，但输出信号不是正弦信号。

截止失真的图解如图 6-30 所示，造成截止失真的原因是静态工作点 Q 设置的过低，从图中可以看出，如果输入信号工作在正半周，i_B 对应于正弦信号的正半周，对应到图 6-30 (a) 中 QQ' 曲线，此时晶体管仍工作在放大区，结合图 6-30 (b)，i_C 对应于正弦信号的正半周，输出电压 u_{CE} 对应于正弦信号的负半周，这样的情况下是能够对波形实现放大作用的，并没有出现失真；当输入信号工作在负半周且 $u_{BE} < U_{BE(on)}$ 时，晶体管工作在截止区，导致 i_B 的负半周对应部分被削去，最终导致 u_{CE} 的正半周严重失真，u_{CE} 的交流成分即 u_o 将不再是正弦信号，出现了"削顶"的现象。消除截止失真的方法是提高静态工作点 Q 点的位置，对于图 6-22 所示的共发射极电路可以减小基极电阻 R_B 的阻值，从而增大 I_{BQ}，使静态工作点上移来消除截止失真。

饱和失真的图解如图 6-31 所示，造成饱和失真的主要原因是静态工作点设置过高。当输入信号工作在负半周，晶体管仍工作在放大区，输出信号一般不会出现失真。可是当输入信号工作在正半周靠近波峰的时候，晶体管将工作在饱和区，从而使得输出信号的负半周出现"削底"的现象。消除截止失真的方法是降低静态工作点 Q 点的位置，对于图 6-22 所示的共发射极电路可以增加基极电阻 R_B 的阻值，从而降低 I_{BQ}，使静态工作点下移来消除饱和失真。

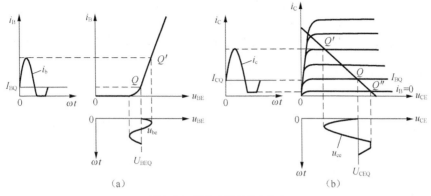

图 6-30　放大电路的截止失真

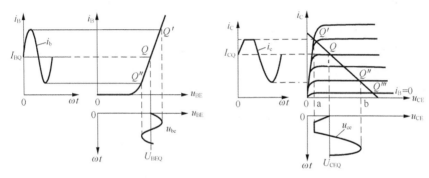

图 6-31　放大电路的饱和失真

截止失真和饱和失真均属于非线性失真，是由器件的非线性产生的。图解法可以很形象地显示出失真的原因。以后讨论放大电路的性能，均是在不失真的前提下来讨论。

6.4.3　等效电路法

晶体管是典型的非线性器件，描述其电压电流关系不是线性关系。但是，一定的条件下可以将非线性的特性曲线线性化，即可以用线性模型来分析非线性的特性。本节讨论如何用线性的模型来描述晶体管工作在放大区时的特性。

含晶体管的电路，当晶体管工作在放大的工作状态并对交流输入信号放大时，各极的电流以及级间电压既包含直流成分，又包含交流成分。晶体管的直流模型和交流模型是不同的。

当晶体管工作在放大状态时，发射结处于正向导通状态，且导通压降为 $U_{BE(on)}$，集电极的电流 I_{CQ} 仅受到了基极电流 I_{BQ} 的控制，即 $I_{CQ} = \beta I_{BQ}$，由此可画出其直流等效模型，如图 6-32 所示。

图 6-33 所示为晶体管工作在放大状态时的交流等效模型。当输入信号较小时，放大器的动态过程仅发生在静态工作点附近。在这个小范围内，晶体管的输入特性曲线和输出特性曲线均近似为直线，这时，可把晶体管（非线性元件）用线性电阻和电流控制电流源来替代，得到晶体管的微变等效电路，如图 6-33 所示。此时，be 间的电阻不可忽略，这个电阻计算极为复杂，在工程中，当输入信号为低频小信号下，根据半导体基本理论及文献参考资料，r_{be} 也可用下面这个经验公式来计算，

$$r_{be} = r_{bb'} + (1+\beta)\frac{26(\text{mV})}{I_{EQ}(\text{mA})} \qquad (6\text{-}31)$$

其中 $r_{bb'}$ 称为基区体电阻，一般取 $100 \sim 300\,\Omega$，I_{EQ} 为发射极电流的直流成分，单位取毫安。式（6-31）也可以写成 $r_{be} = r_{bb'} + \beta\dfrac{26(\text{mV})}{I_{CQ}(\text{mA})}$。

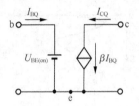

图 6-32 晶体管放大状态时的直流等效模型

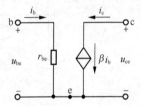

图 6-33 晶体管微变等效电路（交流等效模型）

下面以阻容耦合共射放大电路为例，采用微变等效电路来分析其放大倍数、输入电阻和输出电阻等性能指标。电路如图 6-34（a）所示，图中的 R_S 是输入信号源 u_S 的内阻，电容 C_{b1} 和 C_{b2} 在分析交流性能时可以看成短路。其交流通路如图 6-34（b）所示，如果将晶体管用微变等效电路来替换，则得到了图 6-34（c）。

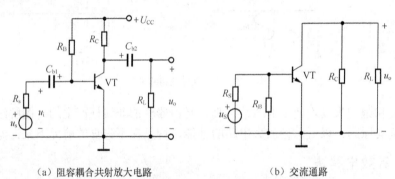

（a）阻容耦合共射放大电路　　　　　　　　（b）交流通路

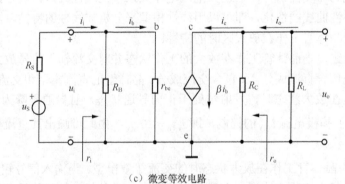

（c）微变等效电路

图 6-34 阻容耦合共射放大电路的交流等效电路

1. 电压放大倍数 A_u

根据输入回路，输入电压可以表示为

$$u_i = i_b r_{be}$$

根据输出回路，输出电压可以表示为

$$u_o = -i_c R_L'$$

式中 $R_L' = R_C /\!/ R_L$。

因此，可以计算出电压放大倍数，得

$$A_u = \frac{u_o}{u_i} = \frac{-i_c R_L'}{i_b r_{be}} = \frac{-\beta i_b R_L'}{i_b r_{be}} = -\beta \frac{R_L'}{r_{be}} \tag{6-32}$$

上式中负号表示输出电压与输入电压相位相反，即对正弦交流输入实现反相放大。

当放大电路没有接负载 R_L 时，$R_L' = R_C$，此时，

$$A_u = -\beta \frac{R_C}{r_{be}} \tag{6-33}$$

通过比较式（6-32）和式（6-33），接负载 R_L 和不接负载相比，放大倍数的绝对值会小一些。

2. 输入电阻 r_i

这里的输入电阻是指放大电路的输入电阻，不包含外接信号源的内阻 R_S，根据图 6-34（c）得

$$r_i = R_b /\!/ r_{be} \tag{6-34}$$

根据分压原理，输入电阻 r_i 越大，放大电路从信号源 u_S 获得的电压（即 u_i）就越大。

3. 输出电阻 r_o

输出电阻指从放大电路的输出端看过去的放大电路的动态电阻，如图 6-34（c）所示。在计算输出电阻时，应该将放大电路中输入信号置零，从而得 $i_b = 0$，受控源的电流也为零，相当于开路，故输出电阻

$$r_o = R_C \tag{6-35}$$

输出电阻 r_o 是表明放大电路带负载能力的参数。输出电阻 r_o 越小，负载 R_L 变化时输出电压 u_o 的变化愈小，放大电路带负载的能力越强。

4. 源电压放大倍数

源电压放大倍数定义为输出电压与信号源电压值之比，即

$$A_{us} = \frac{u_o}{u_s} = \frac{u_i}{u_s} \cdot \frac{u_o}{u_i} = \frac{u_i}{u_s} \cdot A_u = \frac{r_i}{r_i + R_S} \cdot A_u \tag{6-36}$$

可见，$|A_{us}| < |A_u|$。

例 6-4 阻容耦合放大电路如图 6-34（a）所示，已知晶体管 $\beta = 50$，$U_{BE(on)} = 0.7\text{V}$，$r_{bb'} = 200\Omega$，电路的其他参数为：$U_{CC} = 12\text{V}$，$R_B = 560\text{k}\Omega$，$R_C = 5\text{k}\Omega$，$R_L = 5\text{k}\Omega$，信号源内阻 $R_S = 1\text{k}\Omega$。试计算：

（1）静态工作点；

（2）放大电路的动态指标 A_u，A_{us}，r_i 和 r_o 的值。

解：（1）求静态工作点，即求 I_{BQ}、I_{CQ}、U_{CEQ}。

$$I_{BQ} = \frac{U_{CC} - U_{BE(on)}}{R_B} = \frac{12 - 0.7}{560}\text{mA} \approx 0.02\text{mA} = 20\mu\text{A}$$

$$I_{CQ} = \beta I_{BQ} = 50 \times 20\mu A = 1mA$$

$$I_{EQ} \approx I_{CQ} = 1mA$$

$$U_{CEQ} = U_{CC} - I_{CQ}R_C = (12 - 1 \times 5)V = 7V$$

（2）求动态指标

微变等效电路如图 6-34（c）所示，则有

$$r_{be} = 200 + (1+\beta)\frac{26mV}{I_{EQ}} = 200 + (1+50)\frac{26mV}{1mA} = 1526\Omega \approx 1.5k\Omega$$

电压放大倍数：$A_u = \dfrac{u_o}{u_i} = -\beta\dfrac{R_L'}{r_{be}} = -\dfrac{50 \times (5//5)}{1.5} \approx -83$

源电压放大倍数：$A_{us} = \dfrac{\beta R_L'}{R_S + r_{be}} = -\dfrac{50 \times (5//5)}{1 + 1.5} = -50$

输入电阻：$r_i = R_B // r_{be} \approx r_{be} = 1.5k\Omega$

输出电阻：$r_o = R_C = 5k\Omega$

6.5 静态工作点的稳定

6.5.1 静态工作点稳定的必要性

由前面分析可知，要使共射放大电路工作在放大状态，其核心部件晶体管一定要工作在放大区。晶体管对信号放大时，各极的电压、所在支路的电流均是直流量和交流量的叠加，直流量决定了静态工作点的位置，因此静态工作点设置十分重要。如果静态工作点设置不合理，当交流量叠加上去后，晶体管的工作状态会进入到截止区或饱和区，对应地出现截止失真和饱和失真。

晶体管在工作时，温度的变化也是个至关重要的因素，晶体管工作环境温度的变化将会引起静态工作点的漂移。当晶体管长时间工作时，温度会上升，放大倍数 β 会随着温度的上升而变大，下面讨论温度对电路静态工作点稳定的影响。

对于图 6-35（a）所示的阻容耦合共射放大电路，其对应的直流通路如图 6-35（b）所示。如图 6-36 所示给出了静态工作点 Q，这个点是直流负载线和输出特性曲线的交点。

从图 6-36 中可以看出，当温度 T 升高，β 增大，根据 $I_C = \beta I_B$，I_C 也会跟着增加，$U_{CE} = U_{CC} - I_C R_C$ 会减小，静态工作点会沿直流负载线向左上方移动，由于温度升高，电路静态工作点从 Q 点移动到了 Q′ 点，可以想象，如果移动太多，会靠近或进入到饱和区。

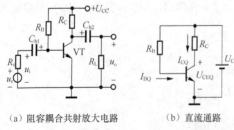

（a）阻容耦合共射放大电路 （b）直流通路

图 6-35 阻容耦合共射放大电路的静态工作点分析

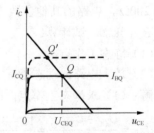

图 6-36 阻容耦合共射放大电路中晶体管的静态工作点随温度升高而移动

上述的过程可以简述如下

$$T\uparrow \rightarrow \beta\uparrow \rightarrow I_C\uparrow \rightarrow U_{CE}\downarrow \rightarrow 靠近或进入饱和区$$

同理，如果温度下降，静态工作点会沿负载线往右下方移动，如果温度降幅很大，则会靠近或进入截止区。

例 6-5　分析图 6-37 所示的两个电路，谁的静态工作点更稳定？

解：由前面分析可知，如图 6-37（a）所示电路，温度对其静态工作点有较大影响。

如图 6-37（b）所示，在发射极加了一个电阻 R_E，当温度 T 上升时，β 增大，I_C 会跟着增加，I_E 也增加，因为 R_E 的存在，使得发射极的电位 U_E 增加，又因为 $U_E = U_{BQ} - U_{BE}$，从而引起基极—发射极的压降 U_{BE} 变小，因此，基极电流 I_B 会减小，以上分析说明，β 的增大会同时引起 I_B 的减小，使得 I_C 出现了相对的稳定，这个过程可以简述为

$$T\uparrow \quad \rightarrow \beta\uparrow \quad \rightarrow I_C\uparrow$$
$$\rightarrow U_E\uparrow (\because U_E = U_{BQ} - U_{BE}，且 U_{BQ} \text{基本不变})$$
$$\rightarrow U_{BE}\downarrow \quad \rightarrow I_B\downarrow$$
$$\rightarrow I_C\downarrow (\because I_C = \beta I_B)$$

因此，图 6-37（b）的静态工作点比图 6-37（a）要稳定，这是由于电阻 R_E 的直流负反馈的作用。

6.5.2　典型的静态工作点稳定电路

本节介绍一种广泛应用的典型静态工作点稳定电路，即分压式偏置电路，如图 6-38 所示，部分元件作用说明如下。

（1）基极偏流电阻 R_{B1}、R_{B2}。R_{B1} 称为上偏流电阻，R_{B2} 称为下偏流电阻。这两个电阻主要确定晶体管基极的电位，通过合理的分压，使晶体管工作在放大区。

（2）发射极串联电阻 R_E。以直流负反馈的形式，稳定静态工作点。

（3）集电极电阻 R_C。把放大的集电极电流转化为输出电压，实现电路的电压放大作用。

（4）耦合电容 C_1、C_2。C_1 作用是隔离直流电源对输入交流信号的影响；C_2 的作用是隔离直流电源对负载的影响。这两个电容对于直流信号均可以看作开路，对于交流信号可以近似看作短路。

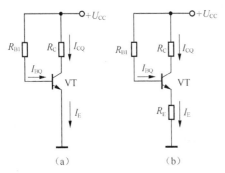

图 6-37　带直流负反馈的静态工作点稳定电路

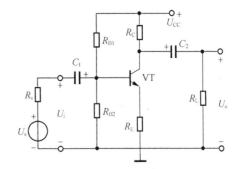

图 6-38　静态工作点稳定电路的共射放大电路

图 6-38 的直流通路如图 6-39 所示。当环境的温度 T 上升时，β 增大，引起 I_C 和 I_E 的增加，发射极的电位 U_E 也随着增加，因为 U_{BQ} 基本不变，而 $U_{BE} = U_B - U_E$，因此，基极—发射

极的压降U_{BE}变小，导致基极电流I_B会减小，根据$I_C=\beta I_B$，I_C会往减小的方向变化。总得来看，整个过程I_C基本不变，这个过程也体现了R_E作为直流负反馈的功能，过程简述如下。

$$T\uparrow \to \beta \uparrow \to I_C\uparrow (I_E\uparrow) \to U_E\uparrow (因为 U_{BQ} 基本不变) \to U_{BE}\downarrow \to I_B\downarrow$$
$$I_C\downarrow$$

1. 静态工作点的估算

如图 6-39 所示的直流通路，一般情况下，该电路$I_1 \gg I_{BQ}$。此类电路一般忽略I_{BQ}对I_1的分流，因此，基极的电压为

$$U_{BQ} \approx \frac{R_{B2}}{R_{B1} + R_{B2}} \cdot U_{CC} \tag{6-37}$$

发射极的电流为

$$I_{EQ} = \frac{U_{BQ} - U_{BE(on)}}{R_E} \tag{6-38}$$

根据基尔霍夫电压定律，得$U_{CEQ}=U_{CC}-I_{CQ}R_C-I_{EQ}R_E$，由于$I_{CQ}\approx I_{EQ}$，因此管压降为

$$U_{CEQ} \approx U_{CC} - I_{CQ}(R_C + R_E) \tag{6-39}$$

基极的电流也可以计算出来，得

$$I_{BQ} = \frac{I_{EQ}}{1 + \beta} \tag{6-40}$$

2. 动态参数的估算

如图 6-38 所示电路的交流等效电路如图 6-40 所示。动态参数估算如下。

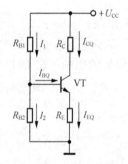

图 6-39　静态工作点稳定的
共射放大电路的直流通路

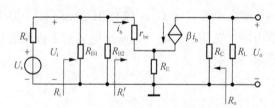

图 6-40　静态工作点稳定的共射放大电路的交流等效电路

电压放大倍数为

$$A_u = \frac{U_o}{U_i} = -\frac{\beta R_L'}{r_{be} + (1+\beta)R_E} \tag{6-41}$$

其中，$R_L' = R_C /\!/ R_L$。如果$(1+\beta)R_E \gg r_{be}$，则

$$A_u \approx -\frac{R_L'}{R_E} \tag{6-42}$$

输入电阻为

$$R_\text{i} = R_\text{B1} \mathbin{/\mkern-5mu/} R_\text{B2} \mathbin{/\mkern-5mu/} R_\text{i}' \tag{6-43}$$

其中 $R_\text{i}' = r_\text{be} + (1+\beta)R_\text{E}$ 。

输出电阻为

$$R_\text{o} = \left.\frac{U_\text{o}}{I_\text{o}}\right|_{U_\text{s}=0} = R_\text{C} \tag{6-44}$$

例 6-6　对于图 6-38 所示的共射放大电路，在发射极和地之间接一电容 C_E ，使该电容与 R_E 并联，在交流通路中 R_E 看作短路，各参数如下 R_B1=75kΩ， R_B2=25kΩ， R_C=R_L=2kΩ， R_E=1kΩ， U_CC=12V，晶体管的 β=80， r_bb=100Ω， $U_\text{BE(on)}=0.7\text{V}$ 。信号源内阻 R_s=0.6kΩ，试求直流工作点 I_CQ 、 U_CEQ 及 A_u ， R_i ， R_o 和 A_us 。

解： 按估算法计算 Q 点

$$U_\text{BQ} = \frac{R_\text{B2}}{R_\text{B1}+R_\text{B2}} U_\text{CC} = \frac{25}{75+25} \times 12 = 3\text{V}$$

$$I_\text{CQ} \approx I_\text{EQ} = \frac{U_\text{BQ}-U_\text{BE(on)}}{R_\text{E}} = \frac{3-0.7}{1} = 2.3\text{mA}$$

$$U_\text{CEQ} \approx U_\text{CC} - I_\text{CQ}(R_\text{C}+R_\text{E}) = 12 - 2.3 \times (2+1) = 5.1\text{V}$$

下面估算动态参数

$$r_\text{be} = r_\text{bb'} + \beta\frac{26}{I_\text{CQ}} = 100 + 80\frac{26}{2.3} = 1\text{k}\Omega$$

放大倍数 $A_\text{u} = \dfrac{U_\text{o}}{U_\text{i}} = -\dfrac{\beta R_\text{L}'}{r_\text{be}}$

其中，　 $R_\text{L}' = R_\text{C} \mathbin{/\mkern-5mu/} R_\text{L} = 2 \mathbin{/\mkern-5mu/} 2 = 1\text{k}\Omega$

根据 r_be 、 R_L' 的数值可以计算出 A_u ，

$$A_\text{u} = -\frac{80 \times 1}{1} = -80$$

输入电阻 $R_\text{i} = R_\text{B1} \mathbin{/\mkern-5mu/} R_\text{B2} \mathbin{/\mkern-5mu/} r_\text{be} = 75 \mathbin{/\mkern-5mu/} 15 \mathbin{/\mkern-5mu/} 1 \approx 1\text{k}\Omega$

输出电阻 $R_\text{o} = R_\text{C} = 2\text{k}\Omega$

源电压放大倍数 $A_\text{us} = \dfrac{U_\text{o}}{U_\text{s}} = \dfrac{R_\text{i}}{R_\text{s}+R_\text{i}} A_\text{u} = \dfrac{1}{0.6+1} \times (-80) = -50$

例 6-7　在上例 6-6 中，若将 R_E 变为两个电阻 R_E1 和 R_E2 串联，如图 6-41 所示，且 R_E1=100Ω， R_E2=900Ω，而电容 C_E 接在 R_E2 两端，其他条件不变，试求此时的交流指标。

解： 由于 $R_\text{E}=R_\text{E1}+R_\text{E2}=1\text{k}\Omega$ ，所以 Q 点不变。交流等效电路如图 6-42 所示。

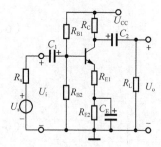
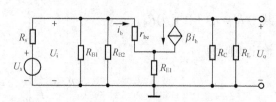

图 6-41　带旁路电容的共射放大电路　　　　图 6-42　带旁路电容的共射放大电路的交流等效电路

放大倍数 $A_u = \dfrac{U_o}{U_i} = -\dfrac{\beta R'_L}{r_{be} + (1+\beta)R_{E1}} = -\dfrac{80 \times 1}{1 + 81 \times 0.1} = -8.8$

输入电阻 $R_i = R_{B1} // R_{B2} // [r_{be} + (1+\beta)R_{E1}] = 75 // 25 // [1 + 81 \times 0.1] = 6\text{k}\Omega$

输出电阻 $R_o = R_C = 2\text{k}\Omega$

源电压放大倍数 $A_{us} = \dfrac{U_o}{U_s} = \dfrac{R_i}{R_s + R_i} A_u = \dfrac{6}{0.6 + 6} \times (-8.8) = -8$

6.6　三种组态的基本放大电路

6.6.1　基本共集放大电路

基本共集电极（共集）放大电路如图 6-43（a）所示，图中采用了分压式的静态工作点稳定偏置电路，对应的微变等效电路如图 6-43（b）所示。由于输出信号从晶体管的发射极输出，又称为射极输出器，或射极跟随器。

共集放大电路的直流通路和前面分析的工作点稳定共射放大电路的直流通路是完全相同的，故其静态工作点的分析在此不再赘述，下面对其交流性能指标进行分析。

1. 电压放大倍数 A_u

输入电压

$$U_i = I_b r_{be} + U_o \tag{6-45}$$

输出电压

$$U_o = I_e(R_E // R_L) = (1+\beta)I_b R'_L \tag{6-46}$$

其中，$R'_L = R_E // R_L$

因此，

$$A_u = \frac{U_o}{U_i} = \frac{(1+\beta)R'_L}{r_{be} + (1+\beta)R'_L} \tag{6-47}$$

式（6-47）可以看出，对于共集电路，$0 < A_u < 1$，表明电路的输出电压和输入电压同相，又由于一般情况下，$(1+\beta)R'_L \gg r_{be}$，因此，$A_u \approx 1$，输出电压和输入电压近似相等，故也称共集电路为射极跟随器。

2. 电流放大倍数 A_i

令 $R_B = R_{B1} // R_{B2}$，$R'_i = \dfrac{U_i}{I_b} = r_{be} + (1+\beta)R'_L$，又由于

$$(I_i - I_b)R_B = I_b R'$$

因此，输入电流

$$I_i = I_b \frac{R_B + R'_i}{R_B} \tag{6-48}$$

输出电流

$$I_o = -I_e \frac{R_E}{R_E + R_L} = -(1+\beta)I_b \frac{R_E}{R_E + R_L} \tag{6-49}$$

因此，

$$A_i = \frac{I_o}{I_i} = (1+\beta)\frac{-R_E}{R_E + R_L} \frac{R_B}{R_B + R'_i} \approx -(1+\beta) \tag{6-50}$$

3. 输入电阻 R_i

$$R_i = R_{B1} // R_{B2} // R'_i \tag{6-51}$$

4. 输出电阻 R_o

在计算输出电阻时，可以采用加压求流法，等效电路图如图 6-44 所示，首先令输入信号为零，在输出端加电压，求得电流，然后根据 $R_o = \left.\dfrac{U_o}{I_o}\right|_{U_s=0}$ 来计算。

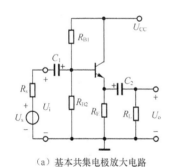

（a）基本共集电极放大电路

（b）微变等效电路

图 6-43　基本共集电极放大电路及其微变等效电路

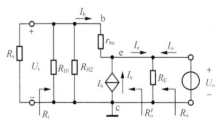

图 6-44　求共集电极放大电路的输出电阻的等效电路

输出电压为

$$U_o = U_{ec} = -I_b(r_{be} + R_s // R_{B1} // R_{B2})$$

又因为 $I_e = (1+\beta)I_b$，可得

$$R_o' = \frac{U_o}{-I_e} = \frac{r_{be} + R_s'}{1+\beta} \qquad (6\text{-}52)$$

其中，$R_s' = R_s \,//\, R_{B1} \,//\, R_{B2}$

最终得

$$R_o = \frac{U_o}{I_o}\bigg|_{U_s=0} = R_E \,//\, R_o' = R_E \,//\, \frac{r_{be} + R_s'}{1+\beta} \qquad (6\text{-}53)$$

通常 $(r_{be} + R_s')$ 在几百到几千欧，R_E 取值较小，因此，由（6-53）可以看出共集电极放大器的输出电阻很小，可小到几十欧。

6.6.2　基本共基放大电路

基本共基极（共基）放大电路如图 6-45 所示，如图 6-45 所示的 R_{B1}、R_{B2}、R_E 和 R_C 组成了分压式直流工作点稳定偏置电路。对于交流信号而言，输入回路和输出回路同时经过基极，因此称为共基放大电路。

如图 6-45 所示的共基电路的直流通路如图 6-46 所示，直流通路分析如前所述，这里不再赘述。

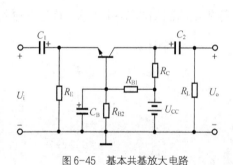

图 6-45　基本共基放大电路

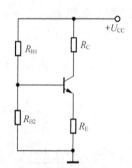

图 6-46　共基放大电路的直流通路

如图 6-47（a）所示是共基电路的交流通路，进一步将晶体管用微变等效电路来替换，这样就得到了共基放大电路的微变等效电路，如图 6-47（b）所示。下面基于微变等效电路来分析动态性能指标。

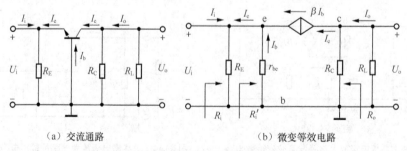

（a）交流通路　　　　　　　　　　（b）微变等效电路

图 6-47　共基放大电路的交流通路和微变等效电路

1.　电压放大倍数 A_u

输入电压为

$$U_i = -I_b r_{be} \tag{6-54}$$

输出电压为

$$U_o = -\beta I_b R'_L \tag{6-55}$$

其中，$R'_L = R_C /\!/ R_L$

因此，电压放大倍数表示为

$$A_u = \frac{U_o}{U_i} = \frac{\beta R'_L}{r_{be}} \tag{6-56}$$

共基放大倍数 A_u 始终为正数，也就是输入信号和输出信号同相，这是和共射放大电路不同的地方。

2. 电流放大倍数 A_i

根据分流原理，得

$$I_o = I_c \frac{R_C}{R_C + R_L} \tag{6-57}$$

发射极电流为

$$I_e = -I_i \frac{R_E}{R_E + R'_i} \tag{6-58}$$

其中，$R'_i = -\dfrac{U_i}{I_e} = -\dfrac{-I_b r_{be}}{(1+\beta)I_b} = \dfrac{r_{be}}{1+\beta}$ ，这个电阻数值很小，因此，

$$A_i = \frac{I_o}{I_i} = \frac{I_o}{I_c} \cdot \frac{I_c}{I_e} \cdot \frac{I_e}{I_i} = \frac{R_C}{R_C + R_L} \cdot \frac{I_c}{I_e} \cdot \frac{-R_E}{R_E + R'_i} \tag{6-59}$$

如果 $R_C \gg R_L$ ，则 $\dfrac{R_C}{R_C + R_L} \approx 1$ ，因为 R'_i 很小，因此，$\dfrac{-R_E}{R_E + R'_i} \approx -1$ ，式（6-59）可以简化为

$$A_i = \frac{I_o}{I_i} \approx -\frac{I_c}{I_e} = -\alpha \tag{6-60}$$

显然，$A_i < 1$ ，共基放大电路没有电流放大功能，但因为电压放大倍数 $A_u \gg 1$ ，所以仍然可以获得很大的功率增益。

3. 输入电阻 R_i

从输入端看进去的电阻 R_i 为

$$R_i = R_E /\!/ R'_i = R_E /\!/ \frac{r_{be}}{1+\beta} \tag{6-61}$$

共基极放大电路输入电阻较小。

4. 输入电阻 R_o

若 $U_i = 0$ ，则 $I_b = 0$ ，$\beta I_b = 0$ ，得

$$R_o = \frac{U_o}{I_o} \bigg|_{U_i = 0} = R_C \tag{6-62}$$

共基极放大电路输出电阻与共射极放大电路的输出电阻相同。

6.6.3 三种接法的比较

以上分别讨论了共发射极、共集电极、共基极三种组态的放大电路的性能，它们的直流偏置电路基本相同，不同点主要体现在交流通路和动态指标上。三种接法的主要性能特点见表 6.1 所示。

表 6.1 共射、共基、共集放大电路基本特性比较

性 能	共 射	共 基	共 集
A_u	大（几十～几百） U_i 和 U_o 反相	大（几十～几百） U_i 和 U_o 同相	小（约为 1） U_i 和 U_o 反相
A_i	约为 β（大）	约为 α（$\leqslant 1$）	约为 $(1+\beta)$（大）
R_i	中（几百～几千欧）	低（几～几十欧）	大（几十千欧）
R_o	高（R_C）	高（R_C）	低
用途	单级放大或多级放大的中间级	宽带放大、高频电路	多级放大器的输入、输出级和中间缓冲级

共发射极放大电路既有电压增益，又有电流增益，因此功率增益很大，但它的输入电阻并不大，这会影响源电压放大倍数；它的输出电阻也较高，不适合带动小数值的负载。

共集电极放大电路没有电压增益，但有电流增益，因此仍然有功率增益。它最特出的优点是输入电阻较大、输出电阻很低，带负载能力很强。共集电极放大电路一般可作为多级放大器的输入、输出级和中间缓冲级。

共基极放大电路有电压增益，但没有电流增益，因此也有功率增益，共基电路的高频特性较好，常用在宽带信号放大的应用上。

共射、共集、共基三种放大电路各有特点，在电子线路设计中，均有广泛的应用。

6.7 多级放大电路

6.7.1 多级放大电路的耦合方式

前面分析的共射、共集、共基放大电路中只含有一个晶体管。在实际应用中，有时需要放大微弱信号，这就需要很高的放大倍数，为了达到这一目的，可以将多个放大电路级联起来，这样就构成了"多级放大电路"，如图 6-48 所示。多级放大电路的第一级和输入信号相连，又称为输入级。最后一级和输出信号相连，称为输出级。输入级与输出级之间的放大电路称为中间级，而级与级之间的连接方式称为"耦合方式"。

常见的耦合方式有直接耦合、阻容耦合、变压器耦合、光电耦合等。

1. 直接耦合

多级放大电路中，将第一级放大电路和后一级放大电路直接相连，就构成了直接耦合多级放大电路，如图 6-49 所示。

如图 6-49 所示的多级放大电路由两个基本共射放大电路组成，输入信号经过第一个共射放大电路放大后，输出信号成了第二级共射放大电路的输入信号，再次放大后，得到了最终

的输出信号。直接耦合多级放大电路的优点是形式简单，对低频信号表现出良好的性能。缺点是各级之间的直流通路相连，前后级静态工作点相互影响，这样就给电路的分析、设计和调试带来了困难。

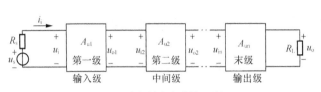

图 6-48　多级放大电路的组成框图

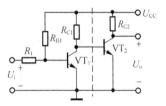

图 6-49　直接耦合多级放大电路

2. 阻容耦合

阻容耦合多级放大电路如图 6-50 所示，和直接耦合放大电路相比，阻容耦合多级放大电路的各级之间的直流通路各不相通，前后级的直流工作点相互独立，这样便于电路的分析、设计和调试。阻容耦合的缺点是低频特性较差，此外，在集成电路中制造大容量电容也比较困难，而级间相连却需要这样的电容，因此，阻容耦合多级放大电路集成化较为困难。

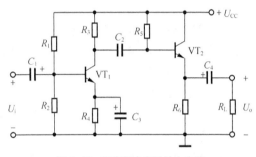

图 6-50　阻容耦合多级放大电路

3. 变压器耦合

如图 6-51 所示的多级放大电路采用了变压器耦合的方式，第一级的输出信号通过变压器连接到后一级的输入端，第二级输出信号通过变压器耦合到负载端，两级均是共射放大电路。

变压器耦合的缺点是低频特性较差，体积大，笨重，不能集成化。优点是各级的放大电路的静态工作点也是相互独立的，便于分析、设计和调试。此外，变压器耦合还可以实现阻抗变换。在实际系统中，如果负载电阻的数值较小，如扬声器的电阻阻值一般仅为几～几十欧姆，如果这个负载直接接到输出端，会使电压放大倍数下降。而利用变压器耦合的方式，使得负载并没有和第二级的输出端直接相连，通过合理设计变压器的匝数，可以获得很高的放大倍数。

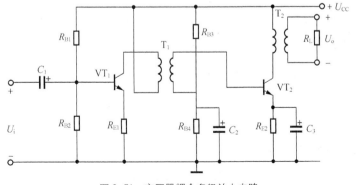

图 6-51　变压器耦合多级放大电路

4. 光电耦合

光电耦合是以光信号为媒介来实现电信号的耦合和传输的，其抗干扰能力很强，因此得到了非常广泛的应用，这里不再详细阐述。

6.7.2 多级放大电路的动态分析

对于多级放大电路，根据每一级的性能指标，可以计算出总的性能指标。

1. 电压放大倍数 A_u

对于一个 n 级的放大器，前一级的输出就是后一级的输入，因此有 $U_{o1}=U_{i2}$、$U_{o2}=U_{i3}$、…、$U_{o(n-1)}=U_{in}$，总电压放大倍数 A_u 可表示为

$$A_u = \frac{U_o}{U_i} = \frac{U_{o1}}{U_i} \cdot \frac{U_{o2}}{U_{o1}} \cdots \cdot \frac{U_{on}}{U_{o(n-1)}} = A_{u1} \cdot A_{u2} \cdots \cdot A_{un} \quad (6\text{-}63)$$

上式表明：A_u 为多级放大电路每一级放大倍数的乘积。需要注意的是在多级放大电路中，后一级电路的输入电阻相当于前级的负载，前一级的输出电阻作为后一级的信号源内阻。在近似计算中一般只考虑后级输入电阻对应的负载效应。

2. 输入电阻 R_i

多级放大电路的输入电阻就是第一级放大电路的输入电阻，即

$$R_i = R_{i1} \quad (6\text{-}64)$$

3. 输出电阻 R_o

多级放大电路的输出电阻就是末级放大电路的输出电阻，即

$$R_o = R_{on} \quad (6\text{-}65)$$

例 6-8 图 6-52 多级放大电路中，晶体管放大倍数均为 β，求电压放大倍数 A_u，输入电阻 R_i；输出电阻 R_o。

解： 交流等效电路如图 6-53 所示。

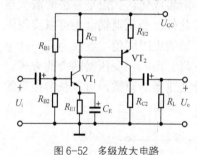

图 6-52 多级放大电路

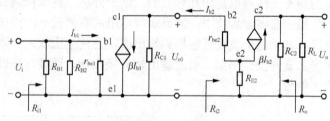

图 6-53 交流等效电路

第一级的放大倍数为

$$A_{u1} = \frac{U_{o1}}{U_i} = -\frac{\beta(R_{C1} /\!/ R_{i2})}{r_{be1}}$$

其中，$R_{i2} = r_{be2} + (1+\beta)R_{E2}$

第二级的放大倍数为

$$A_{u2} = \frac{U_o}{U_{i2}} = -\frac{\beta(R_{C2} /\!/ R_L)}{r_{be2} + (1+\beta)R_{E2}}$$

总的放大倍数就是 $A_\mathrm{u} = A_\mathrm{u1} \cdot A_\mathrm{u2}$

输入电阻为

$$R_\mathrm{i} = R_\mathrm{i1} = R_\mathrm{B1} // R_\mathrm{B2} // r_\mathrm{be1}$$

输出电阻为

$$R_\mathrm{o} = R_\mathrm{C2}$$

6.8　场效应管及其放大电路

场效应管和晶体管是当今最重要的两类半导体器件。和晶体管的工作原理不同，场效应管的输入电流几乎为零，输入电阻非常大，是一种几乎只有多数载流子参与导电的半导体器件。场效应管分为两大类：一类是结型场效应管；另一类是绝缘栅场效应管。

6.8.1　场效应管及其主要参数

1. 结型场效应管

结型场效应管（Junction Field Effect Transistor，JFET），有两种，分别为 N 沟道 JFET 和 P 沟道 JFET，其电路符号分别如图 6-54（a）、图 6-54（b）所示。

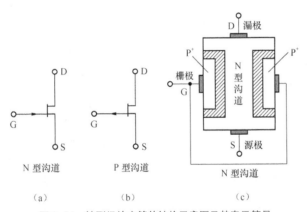

图 6-54　结型场效应管的结构示意图及其表示符号

如图 6-54（c）所示 N 沟道结型场效应管的结构示意图。N 沟道 JFET，是在一根 N 型半导体棒的两侧制作两个高掺杂的 P$^+$区，将两个 P$^+$区连接在一起并引出一个电极，称为栅极（Gate），用 G 表示。N 型半导体两端分别引出两个电极，一个称为源极（Source）用 S 表示，一个称为漏极（Drain），用 D 表示。在两个 PN 结之间的 N 型半导体形成导电沟道。P 区和 N 区的交界面形成耗尽层，源极和漏极间的非耗尽区域形成导电沟道。在 JFET 中，源极和漏极是可以互换的。

由于结型场效应管的 PN 结工作在反偏的状态下，因此栅极电流 $i_\mathrm{G} = 0$，这里以 N 沟道结型场效应管为例，主要分析其转移特性曲线和输出特性曲线。

（1）N 沟道结型场效应管的转移特性曲线

转移特性曲线描述的是当漏源电压 u_DS 一定时，栅源电压 u_GS 对漏极电流 i_D 的控制作用，即：

$$i_D = f(u_{GS})\big|_{u_{DS}=C} \tag{6-66}$$

根据理论分析和实验结果，得如下结论：i_D 和 u_{GS} 符合平方律关系，即

$$i_D = I_{DSS}\left(1 - \frac{u_{GS}}{U_{GS(off)}}\right)^2 \tag{6-67}$$

式中：I_{DSS}——饱和漏极电流，表示 $u_{GS}=0$ 时的 i_D 值；

$U_{GS(off)}$——夹断电压，表示 $i_D=0$ 时的 u_{GS} 值。

转移特性如图 6-55 所示。

（2）N 沟道结型场效应管的输出特性曲线

输出特性曲线描述的是当栅源电压 U_{GS} 为一定时，漏极电流 i_D 与漏源电压 u_{DS} 之间的函数关系，即

$$i_D = f(u_{DS})\big|_{U_{GS}=C} \tag{6-68}$$

每一个固定的栅源电压 U_{GS} 都对应一条具体的输出特性曲线，因此如图 6-56 所示的输出特性是一簇曲线。根据特性曲线的各部分特征，N 沟道结型场效应管工作状态可以分为恒流区、可变电阻区、截止区和击穿区等四个区域。

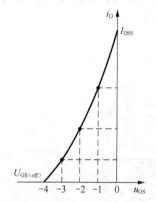

图 6-55 场效应管的转移特性曲线

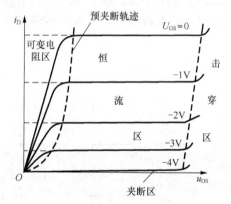

图 6-56 场效应管的输出特性

① 恒流区。恒流区类似于晶体管里的放大区，此时沟道已经被夹断，其主要特征为：当栅源电压 u_{GS} 不变时，i_D 几乎不随 u_{DS} 的变化而变化。恒流区的 i_D 只受输入电压 u_{GS} 控制，因此结型场效应管是一个电压控制电流源。在恒流区，u_{GS} 对 i_D 的控制作用可以用跨导 g_m 来表示。

$$g_m = \frac{di_D}{du_{GS}}\bigg|_{U_{DS}=C} \quad (mA/V)$$

② 可变电阻区。如图 6-56 所示输出特性曲线，有一条虚线代表预夹断轨迹，这条轨迹区分了恒流区和可变电阻区。在可变电阻区，仍然存在导电沟道。当 u_{GS} 不变时，漏极电流 i_D 和漏源电压 u_{DS} 近似服从线性函数的变化规律，导电沟道等效为一个线性电阻。如果栅源电压 u_{GS} 发生变化，i_D 的斜率也将变化，沟道等效电阻值随之变化，此时，沟道可以看作一个受栅源电压 u_{GS} 控制的可变电阻，这也是该区为什么称为"可变电阻区"的原因。

③ 截止区。如图 6-56 所示靠近横轴的部分称为截止区（夹断区），此时栅源电压过大，耗尽层闭合，导电沟道消失，沟道电阻趋于无穷大，沟道电流 $i_D \approx 0$。

④ 击穿区。当 u_{DS} 增大到一定程度时，i_D 骤然增大，场效应管将被击穿。击穿的区域称为击穿区。

P 沟道的场效应管工作原理及输出特性曲线和 N 沟道基本相同，只是其导电沟道改为 P 型半导体，外加电压（u_{DS}，u_{GS}）的极性和 N 沟道场效应管是相反的。

2. 绝缘栅型场效应管

绝缘栅型场效应管由金属（铝）、氧化物（SiO₂）、半导体构成，又称为 MOSFET（Mental Oxide Semiconductor Field Effect Transistor）。

与结型场效应管类似，MOS 管分为 N 沟道和 P 沟道两类；每一类又分为增强型和耗尽型两种，因此 MOS 管分为 N 沟道增强型、P 沟道增强型、N 沟道耗尽型和 P 沟道耗尽型等四种类型。

（1）N 沟道增强型 MOS 管

N 沟道增强型 MOS 管的结构示意图及符号如图 6-57 所示，N 沟道增强型 MOS 管在 $u_{GS}=0$ 时，管内没有导电沟道。这和 N 沟道耗尽型 MOS 管不同，耗尽型 MOS 管在 $u_{GS}=0$ 时，管内存在导电沟道。在制作 N 沟道增强型 MOS 管的过程中，在一块 P 型硅半导体基片上（称为衬底）形成了两个 N⁺区，分别称为漏区和源区，对应的电极是漏极和源极，分别用 d、s 表示。在源区和漏区之间的衬底表面上覆盖一层很薄的 SiO₂绝缘层，并加一层金属铝作栅极，栅极用字母 g 表示。源极和漏极之间有一个分为三段的线段，表示如果栅极没有加电压便没有导电沟道，因此不能导电。衬底引线上的箭头向内表示 N 沟道，向外则表示 P 沟道，如图 6-57 所示 N 沟道的增强型 MOS 管。

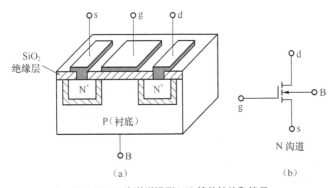

图 6-57　N 沟道增强型 MOS 管的结构和符号

在使用 N 沟道增强型 MOS 管时，一般将源极与衬底相连并接地，在栅极和源极之间加正电压 u_{GS}，在漏极与源极之间加正电压 u_{DS}，和结型场效应管类似，MOS 管也有转移特性曲线和输出特性曲线，下面以 N 沟道 MOS 管来详细阐述。

由于增强型 MOS 管没有原始的导电沟道，在 u_{GS} 较小时没有漏极电流，形成导电沟道所需的栅源电压值称为阈值电压或开启电压，用 $U_{GS(th)}$ 表示。如果在 u_{DS} 加上的正电压大于阈值电压，则会形成导电沟道，在电场力的作用下，源极的自由电子将沿着沟道到达漏极，形成漏极电流 i_D。当 u_{GS} 继续增大时，导电沟道将进一步加宽，i_D 也会继续增大，这个过程可以用转移特性曲线来描述，如图 6-58（a）所示。

N 沟增强型 MOS 管的输出特性曲线如图 6-58（b）所示，与结型场效应管一样，MOS 管也有四个工作区：可变电阻区、恒流区、夹断区和击穿区。

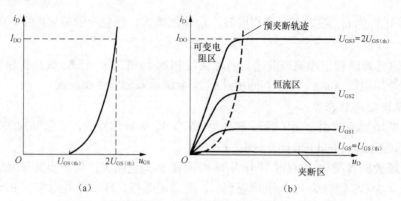

图 6-58 N 沟道增强型 MOS 管的转移特性曲线和输出特性曲线

（2）N 沟道耗尽型 MOS 管

N 沟道耗尽型 MOS 管的结构与 N 沟增强型 MOS 管的结构相似，图 6-59（a）是结构示意图，图 6-59（b）是符号表示，在制造这种器件时已在源区和漏区之间形成 N 型导电沟道。

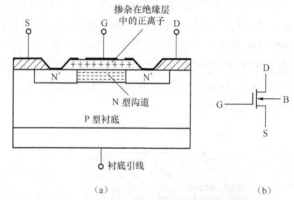

图 6-59 N 沟道耗尽型 MOS 管的结构示意图和符号

如图 6-60 所示 N 沟道耗尽型 MOS 管的转移特性和输出特性图，由于耗尽型 MOS 管存在原始的导电沟道，即使 u_{GS} 为 0，只要加上正的漏源电压 u_{DS}，也会有漏极电流 i_D。如 u_{GS} 为正，则导电沟道加宽，i_D 增加；如 u_{GS} 为负，沟道变窄，i_D 下降。当这个负电压负值增大到等于 U_{GSoff} 时，沟道彻底夹断，沟道消失，i_D 为零。这个临界的负电压 U_{GSoff} 称为夹断电压。

图 6-60（b）表示 N 沟道耗尽型 MOS 管的输出特性，工作状态也划分为可变电阻区、恒流区、夹断区和击穿区。

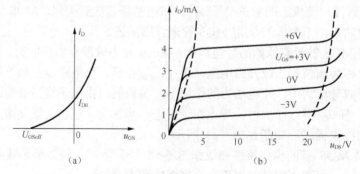

图 6-60 N 沟道耗尽型 MOS 管的转移特性曲线和输出特性曲线

P 沟道增强型 MOS 管和 P 沟道耗尽型 MOS 管的结构和特性与 N 沟道类似，不再赘述。综上所述，增强型 MOS 管，栅源电压为零时，漏极电流也为零；耗尽型 MOS 管，栅源电压为零时，漏极电流不为零。

图 6-61 画出了各种场效应管的符号、转移特性和输出特性曲线。

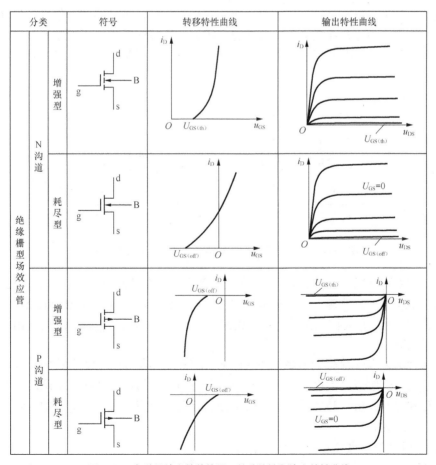

图 6-61　各种场效应管的符号、转移特性和输出特性曲线

6.8.2 场效应管放大电路的接法

与晶体管放大电路相对应，场效应管放大电路也有三种接法，分别是共源极、共漏极和共栅极。其中共栅极接法应用较少，所以这里仅分析共源极和共漏极放大电路。

图 6-62 是采用共源极接法的结型场效应管放大电路，图 6-63 是共漏极结型场效应管放大电路。两者的主要差别在于，前者的输出信号从源极引出，后者的输出信号从漏极引出。

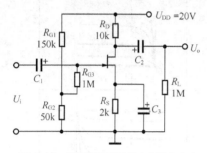

图 6-62　共源极结型场效应管放大电路

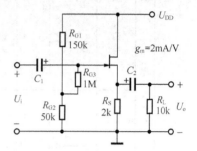

图 6-63　共漏极结型场效应管放大电路

6.8.3 场效应管放大电路的动态分析

场效应管放大电路和晶体管放大电路有一些相似之处，为了能够对信号不失真的进行放大，场效应管也必须工作在放大区。前面已经提到，场效应管为电压控制器件，而且其输入电阻足够大，在动态分析过程中，这和晶体管有一些不同，图 6-64 揭示了两者对应的不同的微变等效电路。

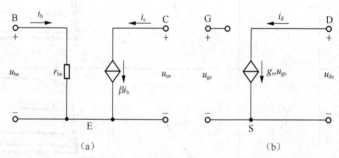

图 6-64　晶体管微变等效电路与场效应管微变等效电路对照图

对于如图 6-64（b）所示的场效应管微变等效电路，在动态分析时，由于栅极电流 $i_G=0$，可得输入电阻 $r_{gs}=\infty$，即输入回路栅极—源极开路。另外，场效应管的电压控制特性：输入电压 u_{gs} 对输出电流 i_d 的控制作用，可以由跨导 g_m 表征，即 $i_d=g_m u_{gs}$，因此输出端是一个由 u_{gs} 控制的电流源。

场效应管另外有一种等效电路，即在图 6-64（b）中的 DS 间画一个电阻 r_{ds}，代表漏源间的电阻，由于一般情况下该电阻很大，为了分析简单，通常不考虑该电阻的影响。

下面分别对共源极、共漏极结型放大电路进行动态分析，计算放大倍数，输入电阻、输出电阻等性能指标。

1. 共源极结型放大电路的动态分析

如图 6-63 所示的共源极结型放大电路的微变等效电路如图 6-65 所示，在动态分析时，直流电源应该置零，场效应管已用对应的微变等效电路替换，r_{ds} 表示 DS 间的电阻，该电阻由于很大，一般不考虑，因此这里用虚线画出。

（1）电压放大倍数 A_u

输入电压为 $U_i = U_{gs}$，输出电压为

$$U_o = -g_m U_{gs}(r_{ds} /\!/ R_D /\!/ R_L) \tag{6-69}$$

一般情况下，$r_{ds} \gg R_D /\!/ R_L$，因此，$r_{ds} /\!/ R_D /\!/ R_L \approx R_D /\!/ R_L$，电压放大倍数 A_u 为

$$A_u = \frac{U_o}{U_i} \approx -g_m(R_D /\!/ R_L) \tag{6-70}$$

代入数据，得 $A_u = -50$

（2）输入电阻 R_i

$$R_i = R_{G3} + R_{G1} /\!/ R_{G2} \tag{6-71}$$

代入数据，得 $R_i = 1.04 \text{M}\Omega$

（3）输出电阻 R_o

$$R_o = R_D /\!/ r_{ds} \approx R_D \tag{6-72}$$

代入数据，得 $R_o \approx 10 \text{k}\Omega$

2. 共漏极结型放大电路的动态分析

图 6-63 所示的共漏极结型放大电路的微变等效电路如图 6-66 所示：

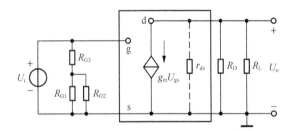

图 6-65　共源极耗尽型 MOS 管放大电路的微变等效电路

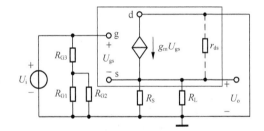

图 6-66　共源极耗尽型 MOS 管放大电路的微变等效电路

（1）电压放大倍数 A_u

因为 r_{ds} 很大，因此可以不考虑对放大倍数的影响。输入电压为

$$U_i = U_{gs} + U_o = U_{gs} + g_m U_{gs}(R_S /\!/ R_L) = U_{gs} + g_m U_{gs} R_L' \tag{6-73}$$

其中，$R_L' = R_S /\!/ R_L$。

输出电压为

$$U_o = I_d(R_S /\!/ R_L) = g_m U_{gs}(R_S /\!/ R_L) = g_m U_{gs} R_L' \tag{6-74}$$

因此，放大倍数为

$$A_u = \frac{U_o}{U_i} = \frac{g_m R_L'}{1 + g_m R_L'} \tag{6-75}$$

代入数据，得 $A_u = 0.76$。

（2）输入电阻 R_i

$$R_i = R_{G3} + R_{G1} /\!/ R_{G2} \tag{6-76}$$

代入数据，得 $R_i = 1.04\text{M}\Omega$

（3）输出电阻 R_o

根据输入电阻的定义：$R_o = \dfrac{U}{I}\bigg|_{U_i=0}$，可以用加压求流法求解。令独立源 U_i 为零，负载开路，并在输出端外加 U，产生 I。加压求流法求输出电阻的电路图如图 6-67 所示，等效电路图如图 6-68 所示。

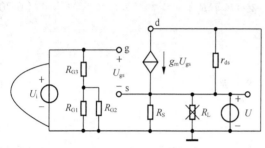

图 6-67　加压求流法求输出电阻

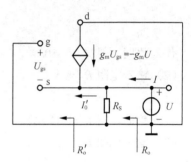

图 6-68　加压求流法求输出电阻的等效电路

$$I_o' = -g_m U_{gs} = -g_m(-U) = g_m U \tag{6-77}$$

所以，

$$R_o' = \frac{U}{I_o'} = \frac{1}{g_m} \tag{6-78}$$

得

$$R_o = R_S // R_o' = R_S // \frac{1}{g_m} \tag{6-79}$$

代入数据，得 $R_o = 400\Omega$

由以上分析可以看出，场效应管放大电路的显著优点是输入电阻很高。此外，由于场效应管还有噪声低、温度稳定性好、抗辐射能力强、便于集成化、功耗低等特点，近年来被广泛地应用到各种电子电路中。

*6.9　Multisim 在放大电路中的仿真实例

双极型晶体管（三极管）是流控元件，本节通过仿真实例来讨论晶体管的输入、输出特性以及由晶体管构成的放大电路的参数分析。

6.9.1　三极管特性测量仿真实例

NI Multisim 14 中的 IV 分析仪（电流/电压分析仪）专门用于分析二极管、三极管和场效应管的电压、电流特性，下面利用 IV 分析仪来分析三极管的电压、电流特性。

仿真步骤如下。

（1）在 NI Multisim 14 软件工作区窗口中，从元器件库或通过菜单"Place→Component"选择"Transistors"中的"2N2222A"（NPN 型硅三极管）。

（2）在仪器仪表库中选择"IV analyzers"（电流/电压分析仪，简称 IV 分析仪）![icon]，与三极管 b、e、c 三极相连，测量电路如图 6-69 所示。

（3）双击 IV 分析仪，在弹出窗口中选择"Components"为"BJT NPN"，单击"Simulate param."在"Simulate parameters"（仿真参数设置）窗口中设置集—射极电压 V_{ce} 和基极电流 I_b 起始范围，以及基极电流增加步数 Num_Steps（对应特性曲线的根数），如图 6-70 所示。

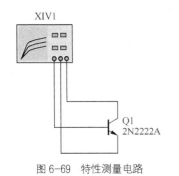

图 6-69　特性测量电路

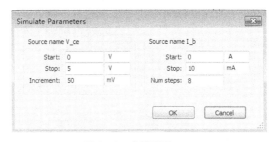

图 6-70　参数设置

（4）运行仿真，三极管输出特性曲线，如图 6-71 所示。

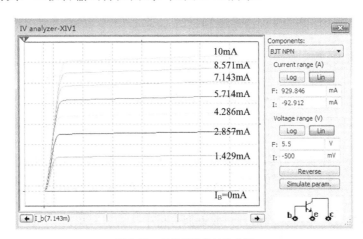

图 6-71　三极管输出特性曲线

结果分析如下。

（1）由图 6-71 所示，三极管输出特性为一组曲线簇，横轴为集—射极电压 u_{CE}，纵轴为集电极电流 i_C，每一条曲线对应一个确定的 i_B 值。

（2）当 u_{CE} 从零逐渐增大时，集电极电流 i_C 随之增大；当 u_{CE} 增大到一定值后，随着 u_{CE} 的增大，i_C 几乎不变，输出特性曲线与横轴平行，此时 i_C 几乎只和 i_B 有关，体现了基极电流对集电极电流的控制作用。

仿真结果与前文中理论讲述一致。

（3）如图 6-72 所示单击右键，在"Select Trace"中可选中某一条特性曲线，现在选择 i_B=7.143mA 这条输出特性曲线，如图 6-72 所示。

移动游标，则在仪器界面下方显示对应的基极电流、集—射极电压、集电极电流，如图 6-73 所示。

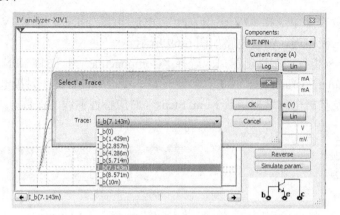

图 6-72　选择特性曲线

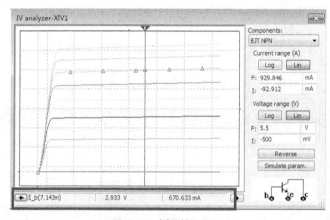

图 6-73　测量结果显示

根据仿真得到的基极电流和集电极电流值，可以计算出该工作点处的直流电流放大倍数 $\overline{\beta}$，如图 6-73 所示 $\overline{\beta} \approx \dfrac{I_C}{I_B} = \dfrac{670.633}{7.143} = 93.89$。根据交流电流放大倍数 β 的定义，由测得的晶体管的输出特性曲线，也可计算出，一般近似分析中认为 $\beta \approx \overline{\beta}$。

6.9.2　单管放大电路仿真实例

放大是对模拟信号最基本的处理，下面通过实例，在 NI Multisim 14 中对分压式射极偏置电路进行分析，电路如图 6-74 所示。

1. 静态分析

静态工作点由直流通路求得，即电路中只有直流作用，交流不作用。NI Multisim 14 中对静态工作点测量进行仿真可用探针、万用表、电压表/电流表测量或直接用直流分析工具等方法。这里选用电压表、电流表测量法。

仿真步骤如下。

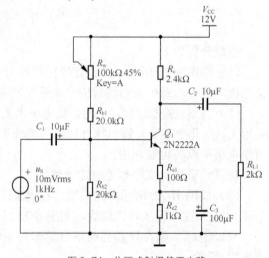

图 6-74　分压式射极偏置电路

（1）在 NI Multisim 14 软件工作区窗口中绘制电路，R_W 是满量程 100kΩ 的电位器，设为 45%，即 R_W=45kΩ。

（2）从"Indicators"（指示器元器件库）中选择"VOLTMETER"（电压表）、"AMMETER"（电流表）中相应的电压表、电流表，注意极性、方向。

（3）运行仿真，结果如图 6-75 所示。

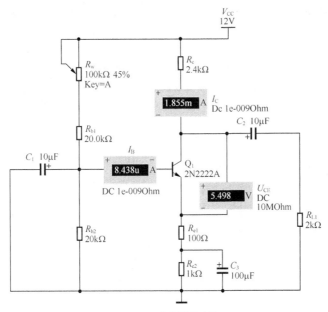

图 6-75　仿真测量电路

从电压、电流表读数可知，I_B=8.438μA，I_C=1.855mA，U_{CE}=5.498V。

要得到基本不失真的输出波形，静态工作点的选择非常重要，静态工作点过低，输出会出现截止失真；过高也会导致输出产生饱和失真。如上述电路中将电位器调至 0%，即电位器阻值为 0，使静态工作点升高，输入加频率为 1kHz、振幅为 10mV 的正弦信号，运行仿真结果如图 6-76 所示，输出波形由于静态点太高而产生饱和失真。

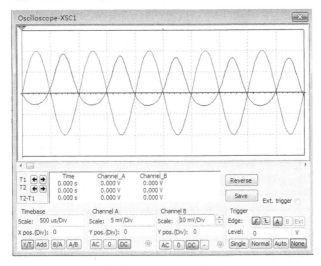

图 6-76　仿真结果显示

2. 动态分析

放大电路的动态指标一般包括电压放大倍数、输入电阻、输出电阻等。下面在 NI Multisim 14 中对上述电路进行动态指标的分析仿真。

（1）电压放大倍数

仿真电路中输入信号是由仪器仪表库中的"Function generator"（函数信号发生器）提供 1kHz、振幅为 10mV 的正弦信号。输入、输出波形由示波器显示，A 通道接输入电压，B 通道接输出信号，如图 6-77 所示。

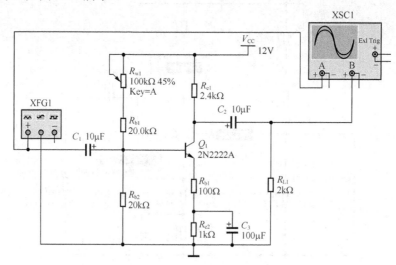

图 6-77　输入、输出电压仿真电路

运行仿真，得到输入、输出电压波形如图 6-78 所示。来回拖动游标，可观察输入、输出电压数值。

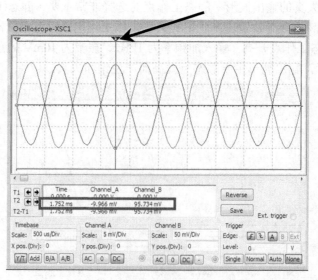

图 6-78　放大电路输入、输出波形

从图 6-78 可以看出，在游标线 2 处，当输入信号电压幅值为-9.966mV 时，输出信号幅值为 95.734mV，且输出没有失真，电压放大倍数 $A_u=u_o/u_i=-95.734/9.966\approx-9.61$，输出信号和输入信号反相，与分压式射极偏置电路理论分析一致。

（2）输入电阻测量仿真

仪器仪表库中的"Multimeter"（万用表）可以测量交直流电压、交直流电流、电阻等。在上述放大电路的输入回路中接入万用表，设置为交流。

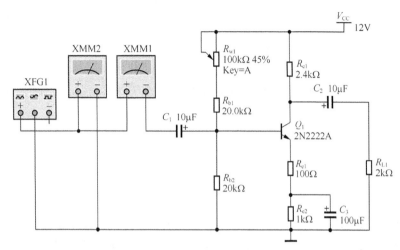

图 6-79　输入电阻测量

运行仿真，结果如图 6-80 所示。万用表的读数分别为输入电压和输入电流的有效值。

输入回路的输入电压有效值为 7.071mV，电流为 751.243nA，则可计算输入电阻 $R_i =$

$$\frac{u_i}{i_i} = \frac{7.071 \times 10^{-3}}{751.243 \times 10^{-9}} = 9.41\text{k}\Omega\ 。$$

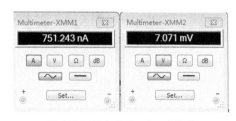

图 6-80　输入电流、电压有效值

（3）输出电阻测量仿真

测量输出电阻用"外加激励法"，将输入短路、负载开路，在输出端接 1kHz 电压源，并接入万用表测量电压、电流，如图 6-81 所示。

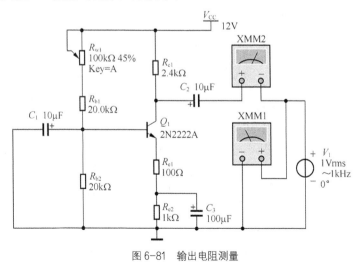

图 6-81　输出电阻测量

运行仿真，结果如图 6-82 所示。万用表的读数分别为输出电压和输出电流的有效值。

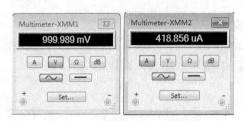

图 6-82 输出电流、电压有效值

输出回路的外加电压有效值为 999.989mV，电流为 418.856μA，输出电阻 $R_o = \dfrac{u_o}{i_o} =$

$\dfrac{999.989 \times 10^{-3}}{418.856 \times 10^{-6}} = 2.39\text{k}\Omega$ 。

习题 6

6-1 简述 NPN 晶体管发射区、基区和集电区的主要特点，以及工作在放大区的条件。

6-2 已知晶体管工作在线性放大区，并测得各个电极对地电位如题图 6-2 所示。试画出各晶体管的电路符号，确定每管的 b、e、c 极，并说明是锗管还是硅管。

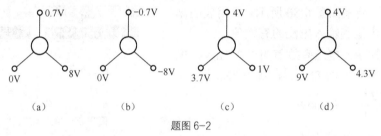

题图 6-2

6-3 用万用表直流电压档测得晶体三极管的各极对地电位如题图 6-3 所示，判断这些晶体管分别处于哪种工作状态（饱和、放大、截止）。

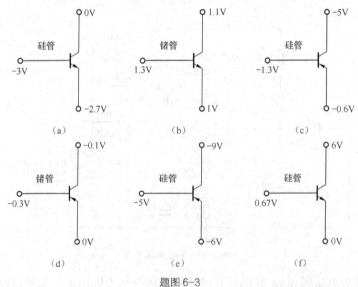

题图 6-3

6-4　测得放大电路中的晶体管的三个电极①、②、③的电流大小和方向如题图 6-4 所示，试判断晶体管的类型（NPN 或 PNP），判断①、②、③中哪个是基极 b、发射极 e、集电极 c，求出电流放大系数 β。

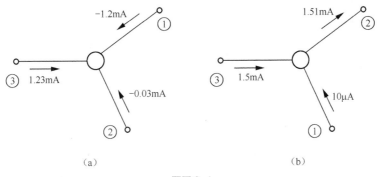

（a）　　　　　　　　　　　　（b）

题图 6-4

6-5　题图 6-5 所示电路对正弦信号是否有放大作用？如没有放大作用，则说明理由并将错误加以改正（设电容的容抗可以忽略）。

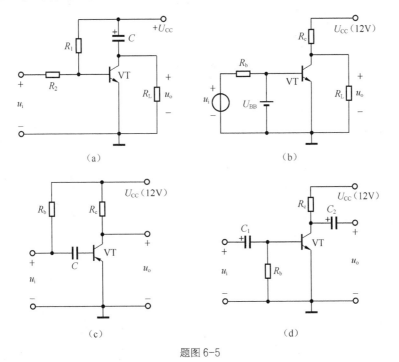

题图 6-5

6-6　题图 6-6 为放大电路的直流通路，晶体管均为硅管，判断它的静态工作点位于哪个区（放大区、饱和区、截止区）？

6-7　硅晶体管电路如题图 6-7 所示。设晶体管的 $U_{BE(on)} = 0.7\,V$，$\beta = 100$。判别电路的工作状态。

6-8　画出题图 6-8 所示电路的直流通路和微变等效电路，并注意标出电压、电流的参考方向。设所有电容对交流信号均可视为短路。

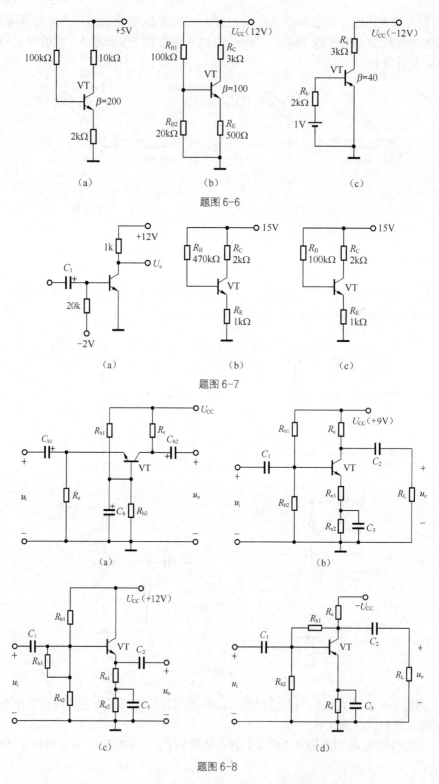

题图 6-6

题图 6-7

题图 6-8

6-9 试判别题图 6-9 所示各电路能否对正弦信号进行电压放大？为什么？各电容对电信号可视作短路。

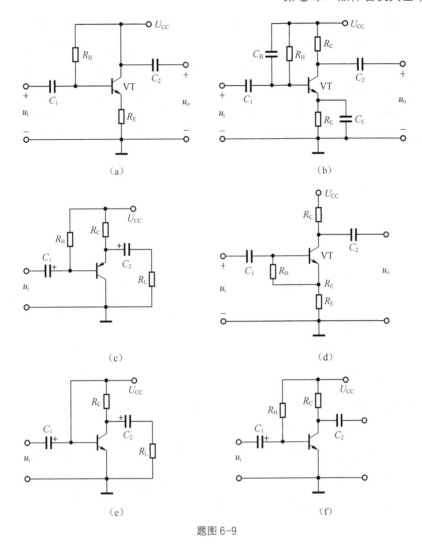

题图 6-9

6-10 放大电路如题图 6-10（a）所示，正常工作时静态工作点为 Q。（1）如工作点变为题图 6-10（b）中的 Q' 和 Q''，试分析是由电路中哪一元件参数改变而引起的？（2）如工作点变为题图 6-10（c）中 Q' 和 Q'' 的，又是电路中哪一元件参数改变而引？

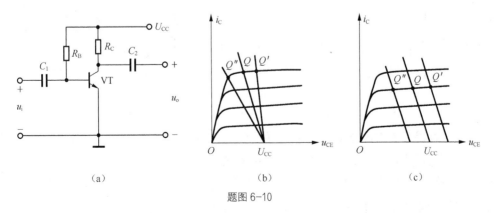

题图 6-10

6-11　基本放大电路如题图 6-11 所示。设所有电容对交流均视为短路，$U_{BEQ}=0.7V$，$\beta=100$，试：（1）估算电路的静态工作点（I_{CQ}，U_{CEQ}）；（2）求电路的输入电阻 R_i 和输出电阻 R_o；（3）求电路的电压放大倍数 A_u 和源电压放大倍数 A_{us}。（已知 $r_{bb'}=300\Omega$）

6-12　放大电路如题图 6-12 所示，设所有电容对交流均视做短路。已知 $U_{BEQ}=0.7V$，$\beta=100$，试：（1）估算静态工作点（I_{CQ}，U_{CEQ}）；（2）画出小信号等效电路图；（3）求放大器输入电阻 R_i 和输出电阻 R_o；（4）计算交流电压放大倍数 A_u 和源电压放大倍数 A_{us}。（已知 $r_{bb'}=300\Omega$）

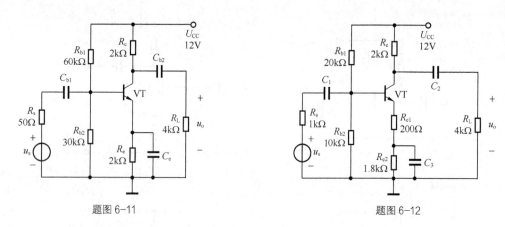

题图 6-11　　　　　　　　　　　　　题图 6-12

6-13　电路如题图 6-13 所示，设所有电容对交流均视为短路。已知 $U_{BEQ}=0.7V$，$\beta=100$，r_{ce} 可忽略。试：（1）估算静态工作点 Q（I_{CQ}，I_{BQ} 和 U_{CEQ}）；（2）求解 A_u、R_i、R_o。（已知 $r_{bb'}=300\Omega$）

6-14　共基放大电路如题图 6-14 所示。已知晶体管的 $r_{bb'}=0$，$r_{be}=1.3k\Omega$，$r_{ce}=50k\Omega$，$\beta=100$；$R_S=150\Omega$，$R_C=R_L=2k\Omega$，$R_E=1k\Omega$，各电容对交流信号可视为短路。试计算电压增益 $A_{us}=\dfrac{U_o}{U_i}$、输入电阻 R_i 和输出电阻 R_o。

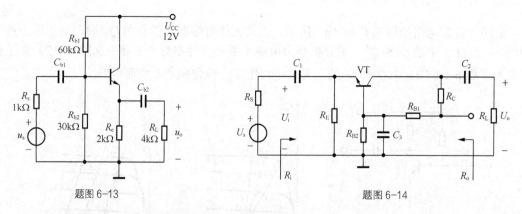

题图 6-13　　　　　　　　　　　　　题图 6-14

6-15　阻容耦合放大电路如题图 6-15 所示，已知 $\beta_1=\beta_2=50$，$U_{BEQ}=0.7V$，试指出每级各是什么组态的电路，并计算电路的输入电阻 R_i。

6-16　已知各 FET 的各极电压如题图 6-16 所示，并设各管的 $U_{GS(th)}=2V$。试分别判别其工作状态（可变电阻区，恒流区，截止区或不能正常工作）。

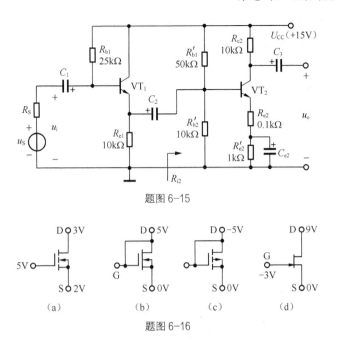

题图 6-15

题图 6-16

6-17　FET 放大电路如题 6-17 图所示。题图 6-17（a）、题图 6-17（b）和题图 6-17（c）相对应的小信号等效电路如题图 6-17（d）、题图 6-17（e）和题图 6-17（f）所示，图中标为相同字母的器件数值相同，各电容对交流信号可视为短路。（1）说明各电路的电路组态；（2）写出三个电路中最小增益 A_u，最小输入电阻 R_i 和最小输出电阻 R_o 的表达式。

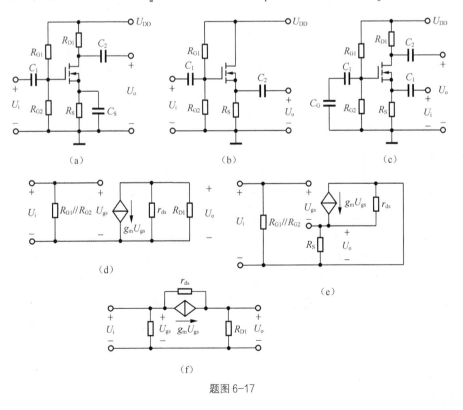

题图 6-17

6-18 画出题图 6-18 所示电路的直流通路和交流通路。

6-19 题图 6-19 电路中 JFET 共源放大电路的元器件参数如下：在工作点上的管子跨导 $g_m=1\text{mS}$，$r_{ds}=200\text{k}\Omega$，$R_1=300\ \text{k}\Omega$，$R_2=100\text{k}\Omega$，$R_3=1\text{M}\Omega$，$R_4=10\text{k}\Omega$，$R_5=2\text{k}\Omega$，$R_6=2\text{k}\Omega$，试估算放大电路的电压增益、输入电阻、输出电阻。

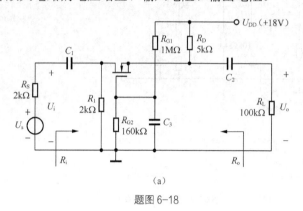

题图 6-18

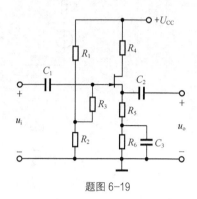

题图 6-19

习题 6 答案

6-3 （a）截止，（b）饱和，（c）放大，（d）饱和，（e）截止，（f）放大。

6-4 （a）PNP 管，①是集电极 c，②是基极 b，③是发射极 e，$\beta=40$（b）NPN 管，①是基极 b，②是发射极 e，③是集电极 c，$\beta=150$。

6-5 （a）电容 C 使得集电极交流接地，从而使输出电压交流部分为零，将 C 换成一电阻。（b）U_{BB} 对交流信号相当于短路，交流信号不能加到晶体管的基极-射极之间，可以在 U_{BB} 支路中串联一个电阻。（c）电源 U_{CC} 应该改为-12V，电容 C 使得发射极没有直流偏置，应该将 C 改接到其左边节点外面。（d）发射极没有直流偏置，应该将 R_b 的一端接到 U_{CC} 上，一端接在基极上。

6-6 (a) $I_c=1.721\text{mA}$，$U_{CEQ}=-15\text{V}<0.3\text{V}$，饱和 (b) $V_B=2\text{V}$，$R_B=16.67\text{k}\Omega$，$I_C=1.955\text{mA}$，$U_{CEQ}=5.158\text{mA}>0.3\text{V}$，放大 (c) 截止。

6-7 （a）截止，（b）放大，（c）饱和。

6-9 （a）因为输出信号被短路了，所以不能进行电压放大。（b）因为输入信号被 C_B 短路了，所以不能进行电压放大。（c）管子截止，电路不能正常放大。应将 R_B 改接在 b 极与地之间。（d）晶体管基极偏置为零，不能进行放大。（e）会使 e 极烧坏且输入信号短路，因而电路不能正常放大，应在 b 极到 U_{CC} 之间接偏置电阻 R_B。（f）电路可以正常放大。

6-10 （1）U_{CC} 不变，R_B 不变，I_{BQ} 不变，而 R_C 变化。若原工作点为 Q，R_C 减小时，移至 Q'，R_C 增加时，移至 Q''。（2）R_C 不变，负载线斜率不变，如原工作点为 Q，U_{CC} 增加，R_B 也增加，工作点可移至 Q'，反之，U_{CC} 下降，R_B 也下降，工作点可移至 Q''。

6-11 $U_B=4\text{V}$，$I_{CQ}=1.65\text{mA}$，$U_{CEQ}=5.4\text{V}$，$r_{be}=1.89\text{K}\Omega$，$A_u=-70.5$，$R_i=1.73\text{K}\Omega$，$R_o=2\text{K}\Omega$，$A_{us}=-68.5$

6-12 $U_B=4\text{V}$，$I_{CQ}=1.65\text{mA}$，$U_{CEQ}=5.4\text{V}$，$r_{be}=1.89\text{K}\Omega$，$A_u=-6$，$R_i=5.1\text{K}\Omega$，$R_o=2\text{K}\Omega$，$A_{us}=-5.0$

6-13 $U_B = 4\text{V}$ ，$I_{CQ} = 1.65\text{mA}$ ，$U_{CEQ} = 8.7\text{V}$ ，$r_{be} = 1.89\text{k}\Omega$ ，$A_u = 0.986$ ，$R_i = 17.44\text{k}\Omega$ ，$R_o = 27.8\Omega$

6-14 $A_{us} \approx 6.13$ ，$R_i = 13\Omega$ ，$R_o = R_C = 2\text{k}\Omega$

6-15 $I_{BQ1} = 0.0267\text{mA}$ ，$r_{be1} = 1273\text{k}\Omega$ ，$U_{B2} = 2.05\text{V}$ ，$I_{E2} = 1.64\text{mA}$ ，$r_{be2} = 1.1\text{K}\Omega$ ，$R_{i2} = 3.56\text{k}\Omega$ ，$R_i = 21.1\text{k}\Omega$

6-16 （a）N 沟增强型 MOSFET，因为 $U_{GS} = 3\,\text{V} > U_{GS(th)} = 2\,\text{V}$，$U_{GD} = -2\,\text{V} = U_{GS(th)} = 2\,\text{V}$，所以工作在恒流区。（b）N 沟耗尽型 MOSFET，$U_{GS} = 5\,\text{V} > U_{GS(th)} = -2\,\text{V}$，$U_{GD} = 0\,\text{V} > U_{GS(th)} = -2\,\text{V}$，所以工作在可变电阻区。(c)P 沟增强型 MOSFET，$U_{GS} = -5\,\text{V} < U_{GS(th)} = -2\,\text{V}$，$U_{GD} = 0\,\text{V} > U_{GS(th)} = -2\,\text{V}$，所以工作在恒流区。（d）为 N 沟 JFET，$U_{GS} = -3\,\text{V} < U_{GS(th)} = -2\,\text{V}$，所以工作在截止区。

6-17 （a）是共源放大电路，（b）是共漏放大电路，（c）是共栅放大电路。（2）电压放大倍数最小的是共漏放大器，$A_u = g_m \dfrac{R_S /\!/ r_{ds}}{1 + g_m \cdot R_D /\!/ r_{ds}}$。输入电阻最小的是共栅放大器。如不考虑 r_{ds}，$R_i = R_S /\!/ \dfrac{1}{g_m}$；如考虑 r_{ds}，且满足 $r_{ds} >> \dfrac{1}{g_m}$，则 $R_i = R_s /\!/ \left[\dfrac{1}{g_m}(1 + \dfrac{R_D}{r_{ds}}) \right]$。最小电阻的是共漏放大器，$R_o = r_{ds} /\!/ \dfrac{1}{g_m} /\!/ R_s$。

6-19 $A_u = -3.33$ ，$R_i = 1.075\text{M}\Omega$ ，$R_o \approx R_4 = 10\text{k}\Omega$

第 **7** 章　集成运算放大器及其应用

前面介绍了由各个单独元件组成的分立元件电路，本章将介绍集成运算放大器及其应用。集成电路是 20 世纪 60 年代发展起来的一种电子器件，它是把许多晶体管、各种元件及连接导线制造在一块微小的硅晶片上，并能实现一定的功能的电子电路。它按功能分为模拟集成电路和数字集成电路两大类，本章讨论的集成运算放大器是一种应用广泛的模拟集成电路，由于它最初多用于各种模拟信号的运算（如比例、求和、求差等），故而得名。

集成运算放大器是具有高放大倍数的多级直接耦合放大电路，为了有效抑制零点漂移，在结构上采用差动放大电路作为其输入级，若外接深度负反馈电路，则可形成运算放大电路。

本章首先讨论集成运放的差动放大电路；然后，简要介绍集成运放的组成及技术参数；接着，重点讨论放大电路中的反馈方式及介绍集成运放的线性和非线性应用；最后，给出用计算机辅助分析负反馈电路性能及集成运放应用的案例。

7.1　差动放大电路

7.1.1　直接耦合放大电路中的零点漂移现象

在放大电路的各级之间、放大电路与信源、放大电路与负载之间直接相连来传递信号的连接方式称为直接耦合。在直接耦合放大电路中出现的一种现象，即电路的输入信号为零，而输出电压却偏离固定值，出现忽大忽小的无规则缓慢波动，称这种现象为零点漂移，简称零漂。由于直接耦合放大电路中的前后级直接相连，使得第一级出现的零漂会像信号一样被送到后级进行放大，显然，放大电路级数越多、放大倍数越大，输出端的漂移现象越严重。当漂移量大到与输出有用信号相当时，我们就无法分辨哪些是有用信号，哪些是漂移量，从而丧失了对信号放大的作用，可见，零点漂移是直接耦合放大电路存在的主要问题，在多级直接耦合放大电路的中，抑制零点漂移的关键在第一级。

引起零点漂移的原因很多，如电源电压的波动、温度变化而引起的三极管参数的变化、元件的老化等，其中温度变化是产生零点漂移的主要因素。解决零点漂移最为常用的电路是差动式放大器（简称差放）。下面介绍这种电路的工作原理及分析方法。

7.1.2 差动放大电路的结构特点及工作原理

1. 差动放大电路的结构特点

如图 7-1 所示基本差动放大电路，也称长尾式差动放大电路。可以看出，它实际上是由两个完全对称的单管共射放大电路组成。三极管 VT_1、VT_2 具有相同特性，电路结构及元件参数也对称，即输入回路电阻 $R_{B1} = R_{B2} = R_B$，集电极电阻 $R_{C1} = R_{C2} = R_C$；设计 R_E 为三极管 VT_1、VT_2 共用的发射极电阻，其作用是稳定流过它的电流，从而限制每个管子的漂移范围；电路采用图示辅助电源 $-U_{EE}$，目的主要是为了使电路既能保证静态工作点又能抑制零点漂移。差动放大电路有两个输入端和两个输出端，输入端分别由两个三极管的基极引入输入信号 u_{i1} 和 u_{i2}，且有两种输入方式，即双端输入和单端输入；输出端从三极管集电极引出，输出方式也有两种，一种是输出信号从任一晶体管的集电极引出，称为单端输出，另一种是输出信号从两个三极管的集电极之间引出，称为双端输出。

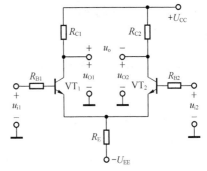

图 7-1　差动放大电路的基本形式

2. 差动放大电路的工作原理

由前面的介绍可以看出，差动放大电路在结构上具有对称性，这也是该电路能有效抑制零点漂移的原因。下面讨论这种电路是如何来抑制电路的零点漂移？其放大能力又如何？

静态时，电路的输入信号为零，即 $u_{i1} = u_{i2} = 0$，由于电路两边的结构及参数完全对称，因此两管的静态工作点相同，即静态集电极电流 $I_{CQ1} = I_{CQ2}$，两管静态集电极对地电位 $U_{CQ1} = U_{CQ2}$，因此静态输出电压 $U_o = U_{CQ1} - U_{CQ2} = 0$。此时若温度变化，如温度升高，则管子的 I_{BQ}、I_{CQ} 都相应增大，一方面由于两边电路完全对称，因此 $\Delta I_{BQ1} = \Delta I_{BQ2}$，$\Delta I_{CQ1} = \Delta I_{CQ2}$，从而推得两管静态集电极对地的电位变化量 $\Delta U_{CQ1} = \Delta U_{CQ2}$，静态输出电压 $U_o = U_{CQ1} + \Delta U_{CQ1} - (U_{CQ2} + \Delta U_{CQ2}) = 0$，即输出电压没有因温度变化产生漂移；另一方面发射极接入的公共电阻 R_E 的电流 I_{EQ} 也将随之增大，$U_{RE} = R_E I_E$ 将增大，从而导致两三极管发射结偏置电压 U_{BEQ} 下降，基极电流下降，最终使集电极电流 I_{CQ} 下降，这样通过 R_E 的负反馈作用，稳定了集电极电流 I_{CQ}，使每个管子的零点漂移也得到了一定程度的抑制。显然，R_E 越大，抑制零漂的效果就越好，但是在 U_{CC} 一定时，增大 R_E 将会降低管子的静态工作点，从而影响正常的放大倍数；而减小 R_E 使电路的静态工作点合适，但又不能满足抑制零漂的要求，为了解决放大倍数与抑制漂移之间的矛盾，在电路中引入了负电源 $-U_{EE}$，以补偿 R_E 两端的直流压降。

动态时，即放大电路有输入信号时，当输入端所加的两个信号 u_{i1} 和 u_{i2} 大小相等，极性相反时，即 $u_{i1} = -u_{i2}$，称为差模输入，并称相应的这两个输入信号 u_{i1} 和 u_{i2} 为差模信号。此时 VT_1 管集电极电流的增量 i_{c1} 与 VT_2 管集电极电流的增量 i_{c2} 大小相等、相位相反，即 $i_{c1} = -i_{c2}$，从而三极管 VT_1、VT_2 集电极输出电位的增量也大小相等、相位相反，即 $u_{c1} = -u_{c2}$，进而得到输出电压 $u_o = u_{c1} - u_{c2} = 2u_{c1} = -2u_{c2}$，这说明差动放大电路对差模输入信号具有放大作用。

若放大电路输入端所加的两个输入信号 u_{i1} 和 u_{i2} 大小相等，极性相同，即 $u_{i1} = u_{i2}$，称为共模输入，并称相应的这两个输入信号 u_{i1} 和 u_{i2} 为共模信号。此时三极管 VT_1 的集电极电流的增量 i_{c1} 与 VT_2 的集电极电流的增量 i_{c2} 大小相等、相位相同，即 $i_{c1} = i_{c2}$，从而三极管 VT_1、VT_2 集电极输出电位的增量也大小相等、相位相同，即 $u_{c1} = u_{c2}$，由于输出电压取两个集电极电位差，因此输出电压 $u_o = u_{c1} - u_{c2} = 0$，可见在电路参数理想对称、双端输出时，差动放大电路对共模输入具有很强的抑制作用。

由于差分放大电路中，无论是温度变化还是电源电压的波动，都将引起两管的集电极电流以及集电极电位相同幅度及相同极性的变化，其效果可以等效为输入端加入共模信号的作用结果。由以上分析可以看出差分放大电路对零点漂移的抑制作用正是它抑制共模信号的结果。

7.1.3　差动放大电路的性能分析

1. 差动放大电路的静态分析

如图 7-1 所示差动放大电路，电路两边完全对称，即 VT_1、VT_2 的特性参数完全相同，$R_{C1} = R_{C2} = R_C$，$R_{B1} = R_{B2} = R_B$，R_E 为公共的发射极电阻，I_E 为流过 R_E 的电流。

由于静态时输入信号 $u_{i1} = u_{i2} = 0$，由 KVL 得

$$I_{BQ}R_B + U_{BEQ} + I_E R_E = U_{EE}$$

通常 $\beta \gg 1$，因此 $I_E R_E \gg I_{BQ} R_B$，所以

$$I_E \approx \frac{U_{EE} - U_{BEQ}}{R_E} \tag{7-1}$$

又由于两管电路完全对称，故有

$$I_{E1Q} = I_{E2Q} = I_{EQ} = I_E / 2 \tag{7-2}$$

$$I_{C1Q} = I_{C2Q} = I_{CQ} \approx I_{EQ} \tag{7-3}$$

$$I_{B1Q} = I_{B2Q} = I_{BQ} = I_{CQ} / \beta \tag{7-4}$$

$$U_{CE1Q} = U_{CE2Q} = U_{CC} + U_{EE} - R_C I_{CQ} - 2I_{EQ} R_E \approx U_{CC} + U_{BEQ} - R_C I_{CQ} \tag{7-5}$$

2. 差动放大电路的动态分析

当差动放大电路有输入信号时，根据输入信号关系的不同，可分为共模输入、差模输入以及比较输入三种方式，下面分别对这几种输入信号作用下差动电路的动态性能进行讨论。

（1）差模信号作用下的动态分析

① 双端输入、双端输出电路

如图 7-2（a）所示双输入双输出差动放大电路，电路两边完全对称，故 VT_1、VT_2 的特性参数完全相同，$R_{C1} = R_{C2} = R_C$，电路的差模输入信号 u_{id} 接在其两个输入端之间，由于电路的对称性，则加在 VT_1 管上的输入信号为 $u_{i1} = u_{id} / 2$，加在 VT_2 管上的输入信号为 $u_{i2} = -u_{id} / 2$。此时在差模输入信号作用下，VT_1、VT_2 管射极电流的变化量大小相等、极性相反，即 $i_{e1} = -i_{e2}$，从而流过 R_E 的电流变化量 $i_e = i_{e1} + i_{e2} = 0$，所以对差模输入信号而言，公共射极电阻 R_E 可视为对地短路。另外，由于电路两边完全对称，因此对于差模输入信号而言，负载电阻 R_L 的中点必定为交流地电位，故每管的负载电阻为 $R_L / 2$。通过以上分析，可以画出如图 7-2（a）所示电路的交流等效通路如图 7-2（b）所示。

接下来根据如图 7-2（b）所示电路，计算差动放大电路在差模信号作用下的各项性能指标。

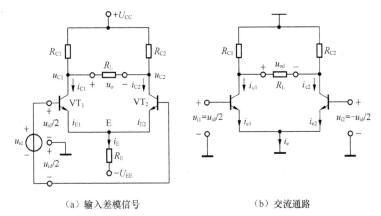

（a）输入差模信号　　　　　　　　　（b）交流通路

图 7-2　输入差模信号时的双输入、双输出差模放大电路

a．差模电压放大倍数

所谓差模电压放大倍数是指输入为差模信号时的电压放大倍数，即差模输出电压与差模输入电压的比值，用 A_{ud} 表示。对于如图 7-2（b）所示双输入、双输出电路而言，其双输出电压为 $u_{od} = u_{c1} - u_{c2} = 2u_{c1}$，差模输入电压 $u_{id} = u_{i1} - u_{i2} = 2u_{i1}$，故

$$A_{ud} = \frac{u_{od}}{u_{id}} = \frac{2u_{c1}}{2u_{i1}} = \frac{u_{c1}}{u_{i1}} = -\frac{\beta R_L'}{r_{be}} \tag{7-6}$$

式中 $R_L' = R_{C1} // \dfrac{R_L}{2} = R_C // \dfrac{R_L}{2}$。

式（7-6）表明双输入双输出的差模电压放大倍数等于单边共射放大电路的放大倍数。

b．输入电阻

差模输入电阻是指从放大电路的两个输入端看进去的等效电阻，用 R_{id} 表示。

$$R_{id} = \frac{u_{id}}{i_{id}} = \frac{2u_{i1}}{i_{id}} = 2r_{be} \tag{7-7}$$

c．输出电阻

输出电阻是指从两个输出端看进去的等效电阻，用 R_{od} 表示。

$$R_{od} = 2R_C$$

② 双端输入、单端输出电路

若将图 7-2（a）所示电路的输出改为只从其中某一管子的集电极对地引出，就构成了单输端出工作方式，如图 7-3（a）所示，相应的交流等效通路如图 7-3（b）所示。当实际电路中负载必须接地时，应采用单端输出工作方式。

a．差模电压放大倍数

若输出端取自 VT₁ 管时（如图 7-3 所示），则其差模电压放大倍数 A_{ud1} 为

$$A_{ud1} = \frac{u_{od1}}{u_{id}} = \frac{u_{c1}}{2u_{i1}} = -\frac{\beta R_L'}{2r_{be}} \tag{7-8}$$

其中 $R_L' = R_{C1} // R_L = R_C // R_L$

同理可得，若输出端取自 VT₂ 管时，则其差模电压放大倍数 A_{ud2} 为

$$A_{ud2} = \frac{u_{od2}}{u_{id}} = \frac{u_{c2}}{-2u_{i2}} = \frac{\beta R_L'}{2r_{be}} \tag{7-9}$$

其中 $R'_L = R_C /\!/ R_L$

b. 输入电阻

$$R_{id} = \frac{u_{id}}{i_{id}} = \frac{2u_{i1}}{i_{id}} = 2r_{be} \qquad （7\text{-}10）$$

c. 输出电阻

$$R_{od} = R_C \qquad （7\text{-}11）$$

由式（7-9）、式（7-10）、式（7-11）可以看出，对于双端输入单端输出差模放大电路而言，差模电压放大倍数是双端输出的一半，且 u_{od1} 与 u_{id} 反相而 u_{od2} 与 u_{id} 同相；输入电阻等于双端输出电路的输入电阻；输出电阻为双端输出时的一半。

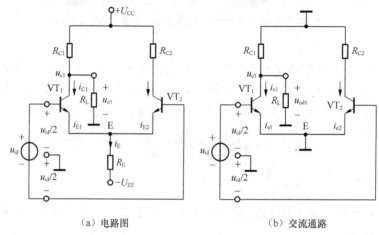

（a）电路图 　　　　　　　（b）交流通路

图 7-3　输入差模信号时的双输入、单输出差模放大电路

（2）共模信号作用下的动态分析

如图 7-4（a）所示共模信号作用的差动放大电路，此时 VT_1、VT_2 管的输入信号 $u_{i1} = u_{i2} = u_{ic}$。由于电路两边完全对称，在共模输入信号作用下，VT_1、VT_2 管射极电流的变化量大小相等、极性相同，即 $i_{e1} = i_{e2}$，从而流过 R_E 的电流变化量 $i_e = i_{e1} + i_{e2} = 2i_{e1} = 2i_{e2}$，所以共模输入时，公共射极电阻 R_E 上电压的变化量为 $2i_e R_E$，从等效的概念来讲，若将公共射极电阻 R_E 折合成每管的发射极电阻，则折合前后电路仍要求等效的话，每管发射极的电阻值应为 $2R_E$。这样共模信号作用的差动放大电路的交流通路如图 7-4（b）所示。

① 双端输入、双端输出电路

根据如图 7-4（b）所示电路，计算差动放大电路在共模信号作用下双端输出电路的各项性能指标。

a. 共模电压放大倍数

所谓共模电压放大倍数是指输入为共模信号时的电压放大倍，即共模输出电压与共模输入电压的比值，用 A_{uc} 表示。如图 7-4（b）所示，若电路的输出从两管的集电极之间输出，由于电路的对称性，因此在共模信号作用下两管集电极电位的变化量完全相同，因此双输出电压为 $u_{oc} = u_{oc1} - u_{oc2} = 0$，故共模电压放大倍数为

$$A_{uc} = \frac{u_{oc}}{u_{ic}} = 0 \qquad （7\text{-}12）$$

b．共模输入电阻

共模输入电阻定义为电路的共模输入电压与共模输入电流之比，用 R_{ic} 表示。由图 7-4（b）可得

$$R_{ic} = \frac{u_{ic}}{i_{ic}} = \frac{u_{i1}}{2i_{i1}} = \frac{1}{2}[r_{be}+2(1+\beta)R_E] \qquad (7\text{-}13)$$

c．共模输出电阻

共模输出电阻是指从两个输出端看进去的等效电阻，也即共模输出电压与共模输出电流之比，用 R_{oc} 表示。由图 7-4（b）可得

$$R_{oc} = 0$$

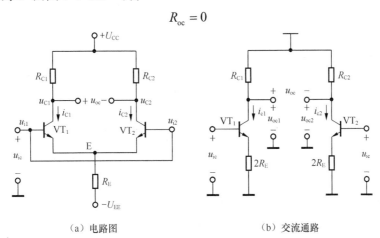

（a）电路图　　　　　　　　（b）交流通路

图 7-4　共模信号作用下的差动放大电路

② 双端输入、单端输出电路

若输出从差动放大电路的某一管子的集电极对地引出，就构成了单输端出工作方式。如图 7-5 所示电路为单端输出差动放大电路，下面以此为例讨论共模信号作用下单端输出电路的各项性能指标。

a．共模电压放大倍数

当输出端取自 VT_1 或 VT_2 管的输出端时（图中取自 VT_1 管），其共模电压放大倍数 $A_{uc1} = A_{uc2}$ 为

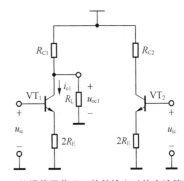

图 7-5　共模信号作用下的单输出时的交流等效电路

$$A_{uc1} = A_{uc2} = \frac{u_{oc1}}{u_{ic}} = \frac{u_{oc1}}{u_{i1}} = \frac{u_{oc2}}{u_{i2}} = -\frac{\beta R_L'}{r_{be}+2(1+\beta)R_E} \qquad (7\text{-}14)$$

其中其中 $R_L' = R_C \,//\, R_L$

由式（7-14）可以看出，对于共模单端输出差动放大电路而言，其共模电压放大倍数随着 R_E 的增大而显著减小。可见，R_E 对共模信号有很强的抑制作用，R_E 越大，对共模信号的抑制能力越强。

b．共模输入电阻

$$R_{ic} = \frac{u_{ic}}{i_{ic}} = \frac{u_{i1}}{2i_{i1}} = \frac{1}{2}[r_{be}+2(1+\beta)R_E] \qquad (7\text{-}15)$$

c. 共模输出电阻

$$R_{\text{oc(单)}} = R_{\text{C}} \tag{7-16}$$

（3）任意信号作用下的动态分析

前面介绍了差模信号和共模信号作用下差动放大电路的性能分析，下面讨论当输入信号 u_{i1} 和 u_{i2} 为任意值时差动放大器的动态性能。

任意信号作用下的差动放大电路如图 7-6（a）所示。若定义两个输入信号 u_{i1} 和 u_{i2} 之差为差模电压 u_{id}，两个输入信号 u_{i1} 和 u_{i2} 的算术平均值为共模电压 u_{ic}，即

$$u_{id} = u_{i1} - u_{i2} \tag{7-17}$$

$$u_{ic} = \frac{u_{i1} + u_{i2}}{2} \tag{7-18}$$

则两个输入信号可分别改写成如下形式

$$u_{i1} = \frac{u_{i1} + u_{i2}}{2} + \frac{u_{i1} - u_{i2}}{2} = u_{ic} + \frac{u_{id}}{2} \tag{7-19}$$

$$u_{i2} = \frac{u_{i1} + u_{i2}}{2} - \frac{u_{i1} - u_{i2}}{2} = u_{ic} - \frac{u_{id}}{2} \tag{7-20}$$

式（7-19）、式（7-20）表明，一对任意值输入信号 u_{i1} 和 u_{i2} 可表示成一对共模信号和一对差模信号的和。图 7-6（a）所示电路即可等效成图 7-6（b）所示电路。

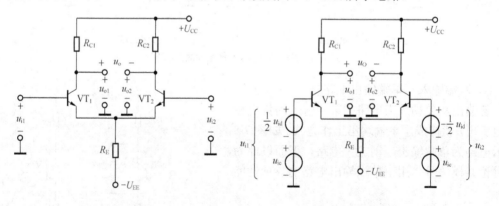

（a）输入任意信号　　　　　　　　（b）输入信号等效为共模、差模信号的合成

图 7-6　将一对任意输入信号等效为共模、差模信号的合成

如图 7-6（a）所示电路中，若令 $u_{i1} = u_i$，$u_{i2} = 0$，相当于将信号从电路中 VT_1 管的基极输入，而 VT_2 管的基极输入端接地；同样，若令 $u_{i1} = 0$，$u_{i2} = u_i$，相当于将信号从电路中 VT_2 管的基极输入而 VT_1 管的基极输入端接地，这就构成了单端输入的工作模式。此时差模信号为 u_i，共模信号为 $u_i/2$。可见单端输入方式可以看成是双端任意信号输入的特例。

由于差动放大电路一般工作在线性放大状态，因此根据叠加定理，任意输入信号作用下的输出电压等于差模输出电压和共模输出电压之和。即

$$u_o = u_{od} + u_{oc} = A_{ud}u_{id} + A_{uc}u_{ic} \tag{7-21}$$

在电路参数理想对称情况下，当双端输出时，由于 $A_{uc} = 0$，因此式（7-21）可改写成

$$u_o = u_{od} + u_{oc} = A_{ud}u_{id} = A_{ud}(u_{i1} - u_{i2}) \tag{7-22}$$

单端输出时，若满足 $|A_{ud1}|=|A_{ud2}|>>|A_{uc1}|=|A_{uc2}|$，则式（7-21）可改写成

$$u_{o1} = u_{od1} + u_{oc1} = A_{ud1}u_{id} + A_{uc1}u_{ic} \approx A_{ud1}u_{id} = A_{ud1}(u_{i1} - u_{i2}) \qquad (7-23)$$

$$u_{o2} = u_{od2} + u_{oc2} = A_{ud2}u_{id} + A_{uc2}u_{ic} \approx A_{ud2}u_{id} = A_{ud2}(u_{i1} - u_{i2}) \qquad (7-24)$$

式（7-22）、式（7-23）、式（7-24）表明，无论是双端输出还是单端输出，差动放大电路只放大两个输入信号的差值，而与输入信号本身的大小无关，即差动电路只对输入信号之差有动作。这也是差动放大电路名称的由来。

（4）共模抑制比

由以上分析可以看出，差动放大电路电路对共模信号和差模信号均有放大作用，而差动放大电路的目的是要抑制共模信号，同时使差模信号得到足够的放大，即希望电路的共模放大倍数 $|A_{uc}|$ 越小越好，而差模放大倍数 $|A_{ud}|$ 越大越好。因此，为了综合评价差分放大电路放大差模信号及抑制共模信号的能力，引入共模抑制比，并用 K_{CMR} 表示。定义 KCMR 为差模电压放大倍数与共模电压放大倍数之比的绝对值，即

$$K_{CMR} = \left| \frac{A_{ud}}{A_{uc}} \right| \qquad (7-25)$$

式（7-25）可用分贝表示为

$$K_{CMR} = 20\lg \left| \frac{A_{ud}}{A_{uc}} \right| (\text{dB}) \qquad (7-26)$$

显然，共模抑制比越大，意味着差动放大电路抑制共模信号、分辨差模信号的能力就越强，电路的性能就越好。若电路两边完全对称，则在理想情况下，当采用双端输出时，由于 $A_{uc} = 0$，因此 $K_{CMR} \rightarrow \infty$，表明此时电路对共模信号有无限的抑制能力。如果采用单端输出，则根据式（7-8）、式（7-14）得

$$K_{CMR} = \left| \frac{A_{ud1}}{A_{uc1}} \right| \approx \frac{(1+\beta)R_E}{r_{be}} \qquad (7-27)$$

7.2 集成运算放大器的简单介绍

集成运算放大器是一种实现高增益的多级直接耦合放大电路，与分立元件组成的运算放大电路相比，具有体积小、重量轻、性能高以及价格低等特点。集成运算放大器不仅广泛应用于模拟信号的处理、产生电路中，还可应用于开关电路中。

7.2.1 集成运算放大器的组成及电路符号

集成运算放大器的类型很多，电路也各具特色，但在电路结构上有共同之处，即由输入级、中间级、输出级和偏置电路四部分组成，如图7-7所示。

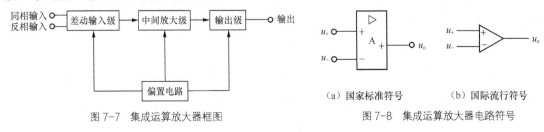

图7-7 集成运算放大器框图　　　　　　图7-8 集成运算放大器电路符号

输入级是提高整个运算放大器性能的关键部分，一般要求其具有较高的输入阻抗、能提供一定的增益、能抑制零点漂移和共模干扰信号等性能，一般采用差动放大电路，它的两个输入端构成整个电路的反相输入端和同相输入端。

中间级又称电压放大级，其主要作用是为整个集成运算放大器提供足够高的电压放大倍数，它可由一级或多级直接耦合放大电路组成。

输出级与负载相接，要求具有较低的输出电阻以提高带负载能力，因此集成运放输出级多采用射极跟随器或互补射极跟随器。

偏置电路是为各级提供合适的直流偏置电流，一般采用恒流源电路。

集成运算放大器的电路符号如图 7-8 所示，其中图 7-8（a）为国家标准符号，图 7-8（b）国际流行符号，本教材采用国家标准符号。两个输入端中，标注"+"为同相输入端，表示当信号从"+"端输入时，输出信号与输入信号同相；标注"-"为反相输入端，表示当信号从"-"端输入时，输出信号与输入信号反相。同相输入端电位用 u_+ 表示，反相输入端电位用 u_- 表示，输出电压用 u_0 表示。图中的"▷"表示信号的流向。

7.2.2 集成运算放大器的主要参数及电压传输特性

1. 集成运放的主要参数

集成运放的性能可以用一些参数来表征，因此要正确、合理地选择和使用集成运放，就要弄清楚这些参数的意义。集成运放的参数很多，下面仅介绍几个主要参数。

（1）开环差模电压放大倍数 A_{ud}

开环差模电压增益是指集成运放在无外加反馈回路的条件下，输出电压与输入差模电压之比。该参数是决定运放精度的主要因素，其值越大则集成运放的性能越好。

（2）差模输入电阻 R_{id}

差模输入电阻是指集成运放输入差模信号时，从两个输入端之间看进去的等效动态电阻。R_{id} 越大，表示运放输入端从差模信号源索取的电流就越小，对信号源的影响就越小。

（3）共模抑制比 K_{CMR}

共模抑制比的定义与 7.1 节差动放大电路中的定义相同，是差模电压放大倍数 A_{ud} 与共模电压放大倍数 A_{uc} 之比的绝对值，即 $K_{CMR} = |A_{ud}/A_{uc}|$，常用分贝（dB）数来表示，其数值为 $20\lg K_{CMR}$。

（4）输入失调电压 U_{IO}

输入失调电压是指实际运算放大器由于差动输入级的参数不能做到完全对称，因此为了使其输入电压为零时输出电压也为零而在输入端所加的补偿电压。U_{IO} 的大小反映了运放输入级的不对称程度，其值越大，电路的对称性越差，一般为几毫伏。

（5）输入失调电流 I_{IO}

输入失调电流是指集成运放输出电压为零时，两个输入端的静态电流之差的绝对值，即 $I_{IO} = |I_{B1} - I_{B2}|$。$I_{IO}$ 反映了差分级输入电流不对称的程度，其值越小越好，一般约为几十纳安。

（6）输入偏置电流 I_{IB}

输入偏置电流是指运放两个输入端静态电流的平均值，即 $I_{IB} = \dfrac{I_{B1} + I_{B2}}{2}$。$I_{IB}$ 越小，信号源内阻对集成运放静态工作点的影响也就越小，而且通常 I_{IB} 越小，往往 I_{IO} 也越小。

（7）开环输出电阻 R_o。

开环输出电阻是指没有外接反馈电路时，运放的输出电阻。它表征了集成运放带负载的能力，其阻值越小越好。

（8）最大共模输入电压 U_{ICM}

最大共模输入电压是指集成运放正常放大差模信号的条件下所能承受的最大共模输入电压。共模电压超过此值，输入级的差动对管将进入饱和或截止状态，从而不能正常工作。

（9）最大差模输入电压 U_{IDM}

最大差模输入电压是指运放两个输入端允许加的最大差模电压值。超过此值，输入级的差分对管将出现发射结反向击穿而不能正常工作。

以上介绍了集成运放的几个主要参数意义，其他参数的意义如输入失调电压温漂、输入失调电流温漂、转换速率等使用时可查阅有关手册，这里不再一一介绍。

2. 集成运放的电压传输特性

集成运放的电压传输特性是指开环时集成运放输出电压 u_o 与差模输入电压 $u_{id}(u_{id} = u_+ - u_-)$ 之间的关系，其特性曲线如图 7-9 所示。

根据运放的特性曲线可将集成运放工作区分为线性工作区和非线性工作区。

当集成运放工作在线性区时，由图 7-9 可以看出此时输出电压与差模输入电压之间满足线性关系，即

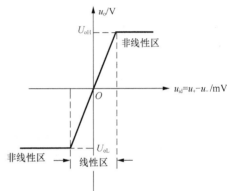

图 7-9 集成运放的电压传输特性曲线

$$u_o = A_{ud}(u_+ - u_-) \tag{7-28}$$

由于一般而言，集成运放的差模电压放大倍数 A_{ud} 很大，因此运放电压传输特性的线性工作区很窄。

当集成运放工作在非线性区时，如图 7-9 所示，此时输出电压为正向饱和值 U_{OH} 和负向饱和值 U_{OL}。

7.2.3 理想集成运算放大器

在实际工程计算中，当需要分析由集成运放构成的各种实际电路时，为了简化分析计算，在保证所需要求的前提下，往往将电路中的集成运放看成理想运放。所谓理想化运放，就是对集成运放的各项指标进行理想化，即

（1）开环差模电压放大倍数 $A_{ud} \rightarrow \infty$；

（2）差模输入电阻 $R_{id} \rightarrow \infty$；

（3）开环输出电阻 $R_o \rightarrow 0$；

（4）共模抑制比 $K_{CMR} \rightarrow \infty$；

（5）输入失调电压、输入失调电流、输入失调电压温漂、输入失调电流温漂都为零。

尽管实际运放的技术指标均为有限值，但是随着集成工艺技术的不断提高，实际运放的技术指标越来越接近理想化的条件，因此，分析、设计时若将集成运放当理想运放处理，不会由此而引起明显的误差，却可以使分析过程得到简化。

理想运放的电路符号如图 7-10 所示，"∞"表示开环差模电压放大倍数的理想化条件。图 7-11 为理想运放的电压传输特性曲线。

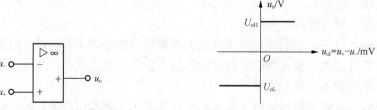

图 7-10　理想运放的电路符号　　　　图 7-11　理想运放的电压传输特性曲线

根据以上理想化条件可得理想运放工作在线性区时的两个重要特点："虚短"、"虚断"。

（1）虚短特性

由于理想运放的开环差模电压放大倍数 $A_{ud} \to \infty$，而输出电压 u_o 为有限值，因此由式（7-28）得

$$u_{id} = (u_+ - u_-) = \frac{u_o}{A_{ud}} \to 0$$

即
$$u_+ \approx u_- \qquad\qquad\qquad\qquad （7\text{-}29）$$

式（7-29）表明，理想运放的同相输入端与反相输入端的电位几乎相等，相当于"短路"，称它的这一特性为"虚短"，即虚假短路。

（2）虚断特性

由于理想运放的差模输入电阻 $R_{id} \to \infty$，因而两个输入端的电流可近似认为为零，即
$$i_+ = i_- \approx 0 \qquad\qquad\qquad\qquad （7\text{-}30）$$

式（7-30）表明，理想运放的同相输入端与反相输入端的电流几乎为零，相当于"开路"，但又不是真正开路，称它的这一特性为"虚断"，即虚假断路。

式（7-29）、式（7-30）是分析理想运放线性应用的两个重要依据。

根据以上理想化条件同样可导出理想运放工作在非线性区时的两个重要特点。

由图 7-9、图 7-11 及式 7-29 可知，理想运放线性工作区的差模输入电压几乎为零，因而得以下关系：

（1）当 $u_+ > u_-$ 时，$u_o = U_{OH}$；

（2）当 $u_+ < u_-$ 时，$u_o = U_{OL}$。

由于理想运放的输入电阻为无穷大，因此它的两个输入端的电流仍可认为等于零，即
$$i_+ = i_- \approx 0 \qquad\qquad\qquad\qquad （7\text{-}31）$$

由前面分析可知，对于运放而言，其开环工作的线性范围很窄，因此，要使运放工作在线性区，必须引入深度负反馈，使运放工作于闭环状态，这样才能实现其输出电压与差模输入电压的线性关系；当理想运放处于开环或正反馈时，其工作在非线性区。

以后不加说明，本教材中所指集成运放均为理想集成运放。

7.3　放大电路中的负反馈

在放大电路中引入负反馈可以改善放大电路的性能。如 7.2 节介绍的集成运放，其线性

工作区非常窄，因此，为了使集成运放工作在线性区就必须引入负反馈。本节从反馈的基本概念入手，逐步介绍反馈的分类及判别方法，导出负反馈放大电路的基本方程，最后分析负反馈对放大电路性能的影响。

7.3.1 反馈的基本概念

电路中的反馈是指将电路输出信号（电压或电流）的一部分或全部，通过某种电路（反馈网络）送回到输入回路，从而影响放大电路的净输入信号（电压或电流），最终影响放大电路的输出信号的过程。反馈是实现输出信号对输入信号的反向作用。图 7-12 给出了反馈放大电路的组成方框图。

如图 7-12 所示反馈放大电路由基本放大电路 A 和反馈网络 F 构成闭合环路。通常将引入反馈的放大电路称为反馈放大电路，而未引入反馈的基本放大电路称为开环放大电路。图 7-12 中箭号表示信号的传递方向。为了简化分析，往往假设反馈电路中信号是单向传输，输入信号由基本放大电路的输入端传递到放大电路的输出端，而反馈网络将放大电路的输出信号传递到输入端。显然在这里，输入信号只通过基本放大电路，而不通过反馈网络；反馈信号只通过反馈网络到达输入端，而不通过基本放大电路。

如图 7-12 所示，x_i 为反馈放大电路的输入信号，x_o 为输出信号，x_F 为反馈信号，x_{id} 为基本放大器的净输入信号。x_{id} 由输入信号 x_o 与反馈信号 x_F 在输入端比较得到。A 为基本放大器的放大倍数，F 为反馈网络的反馈系数，符号 ⊕ 是比较环节符号。

从图 7-12 可以看出，判断一个放大电路是否存在反馈，要看电路中是否存在将输出端和输入端联系起来的反馈网络（即反馈通路）。若有，则形成反馈；若无，则不形成反馈。

例 7-1 试判断图 7-13 所示电路中是否存在反馈。

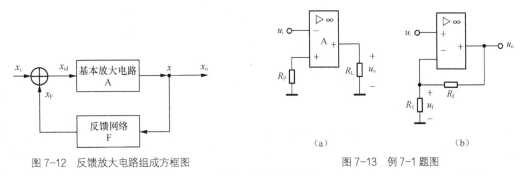

图 7-12 反馈放大电路组成方框图　　　　图 7-13 例 7-1 题图

解： 如图 7-13（a）所示电路，由于电路中不存在将输出端和输入端联系起来的反馈通路，故该电路中不存在反馈。

如图 7-13（b）所示电路，由于电路中的 R_f、R_1 所在支路将输出端和输入端联系起来，并使理想运放的净输入不仅与输入电压有关，而且与输出也有关系。可见该电路中存在将输出端和输入端联系起来的反馈通路，故该电路中存在反馈。

7.3.2 反馈放大电路的分类及判别

1. 直流反馈与交流反馈

（1）直流反馈与交流反馈的定义

由于放大电路一般是交直流共存的电路，因此，根据反馈信号的交、直流性质，可将反馈分为交流反馈和直流反馈。如果反馈信号是直流量，称为直流反馈；如果反馈信号只含有交流量，则称为交流反馈。直流反馈的作用是影响放大电路的直流性能，如静态工作点；交流反馈的作用是为了影响放大电路的交流性能，如输入电阻、放大倍数的稳定性和带宽等。本节重点讨论交流反馈。

（2）直流反馈与交流反馈的判别

判断电路中的反馈是直流反馈还是交流反馈，可根据定义，如果反馈存在于放大电路的直流通路中则为直流反馈；如果反馈存在于放大电路的交流通路中则为交流反馈。

例 7-2 试判断图 7-14（a）、图 7-14（b）所示电路中引入的是交流反馈还是直流反馈。

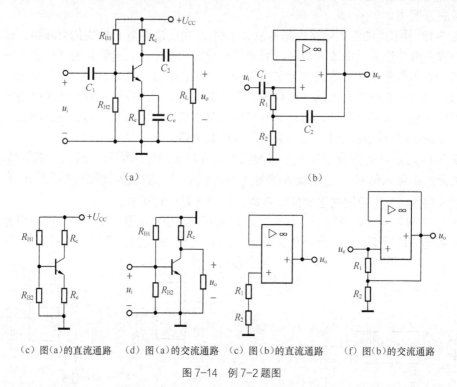

（c）图(a)的直流通路　（d）图(a)的交流通路　（e）图(b)的直流通路　（f）图(b)的交流通路

图 7-14　例 7-2 题图

解： 对于图 7-14（a）所示电路，假设电容足够大，对交流可视为短路，则可画出其直流通路和交流通路分别如图 7-14（c）和图 7-14（d）所示。从图中可以看出 R_e 是将输出回路与输入回路相连的支路，且只存在于直流通路中，因此图 7-14（a）所示电路引入的是直流反馈。

对于图 7-14（b）所示电路中，假设电容足够大，对交流可视为短路，则可画出其直流通路和交流通路分别如图 7-14（e）和图 7-14（f）所示。可以看出将输出端与反相输入端相连的支路，不仅存在于直流通路中，而且存在于交流通路之中，即通过该通路，电路的输出端的交流量与直流量都能反馈到输入端，因此该通路既引入了直流反馈，又引入了交流反馈；C_2 所在的将输出回路与输入回路相连的通路，由于只存在于交流通路中，因此由 C_2 构成的反馈通路引入的是交流反馈。

2. 正反馈与负反馈

（1）正反馈与负反馈的定义

根据反馈信号对净输入信号的作用效果可将反馈分为正反馈和负反馈。若反馈信号作用于原输入信号后，使净输入增大，进而使输出增大，这种反馈称为正反馈；若反馈信号作用于原输入信号后，使净输入减小，进而使输出减小，这种反馈称为负反馈。负反馈广泛应用于放大电路中，用以改善电路性能。

（2）正反馈与负反馈的判别方法

判断反馈极性的常用方法是瞬间极性法，即利用电路中各点对"地"的交流电位瞬时极性来判别。

具体判别步骤如下。

① 假设输入端电压某一瞬时对地极性，一般假设为正，并用"+"表示。

② 根据各种基本放大电路的输出信号与输入信号之间的相位关系，从输入到输出，逐级标出放大电路中各相关点电位的瞬时极性，正用"+"表示，负用"-"表示。

对于晶体管，其基极（b）和发射极（e）瞬时极性相同，集电极（c）与基极和发射极的瞬时极性相反；对于集成运放，输出电压的瞬时极性与同相输入端输入电压的瞬时极性一致，与反相输入端输入电压的瞬时极性相反；对于 R、L、C 元件，输入与输出端对地电位的瞬时极性相同。

③ 从输出端开始，沿反馈网络反馈回到输入回路，并依次标出电路中各点电位的瞬时极性，正用"+"表示，负用"-"表示。

④ 判断反馈到输入端的反馈信号与输入信号是相加还是相减，如果是相加，则为正反馈，否则为负反馈。

例 7-3 试判断图 7-15（a）、图 7-15（b）所示电路中的交流反馈极性。

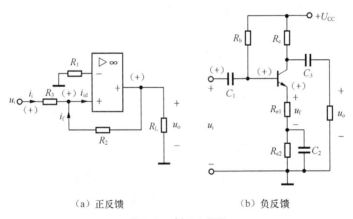

(a) 正反馈   (b) 负反馈

图 7-15 例 7-3 题图

解：（1）如图 7-15（a）所示电路，假设输入电压 u_i 的瞬时极性对地为正，表示为（+），则输入电流 i_i 及集成运放的输入电流 i_{id} 的瞬时极性如图 7-15（a）所示，信号从同相输入端输入，故同相输入端电位瞬时极性对地为（+），运放输出端电位瞬时极性对地也为（+），此时输出信号 u_o 与同相输入端电位 u_+ 的瞬时极性同相，但由于放大电路的放大作用，因而有 $u_o > u_+$，故反馈电流的方向如图 7-15（a）所示。因而净输入电流 $i_{id} = i_i + i_f$，即反馈电流使净输入电流增大，所以该电路引入了正反馈。

（2）如图 7-15（b）所示分立元件放大电路，假设电容 C_2 足够大，交流对地短路，从而使射极电阻 R_{e2} 交流被短路，因此对交流反馈而言，只有 R_{e1} 构成反馈通路。假设输入电压 u_i 的瞬时极性对地为（+），得基极瞬时极性对地为（+），对于共射电路，其射极电位与输入基极电位瞬时极性相同，即射极电位瞬时极性对地也为（+）（即反馈电压 u_f）。此时放大电路的净输入电压，也就是晶体管的 b-e 间电压 $u_{be} = u_i - u_f$。可以看出该放大电路中，由于反馈电压 u_f 的作用，使得放大电路的净输入电压 u_{be} 比未加反馈时的输入电压 $u_{be} = u_i$ 减小了，故判定该电路引入了负反馈。

3. 串联反馈与并联反馈

（1）串联反馈与并联反馈的定义

串联反馈和并联反馈反映了反馈网络与基本放大电路输入端的连接方式的不同，实际上体现了放大电路的输入量、反馈量以及净输入量之间的叠加关系。

串联反馈是指放大电路中反馈网络与基本放大电路的输入端是串联连接，从而实现反馈量与输入量在放大电路输入端以电压的形式进行比较。串联反馈的连接框图如图 7-16（a）所示。

并联反馈是指放大电路中反馈网络与基本放大电路的输入端是并联连接，从而实现反馈量与输入量在放大电路输入端以电流的形式进行比较。并联反馈的连接框图如图 7-16（b）所示。

（2）串联反馈与并联反馈的判别方法

串联反馈和并联反馈的判别可根据反馈信号与输入信号是否接在基本放大器的同一输入端进行判断。若反馈信号与输入信号是接在基本放大器（运算放大器或放大管）的同一输入端，则为并联反馈；若反馈信号与输入信号是接在基本放大器（运算放大器或放大管）的不同输入端，则为串联反馈。

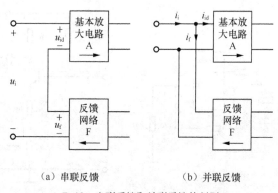

（a）串联反馈　　　　　　　（b）并联反馈

7-16　串联反馈和并联反馈的判别

例 7-4　试判断图 7-17（a）、（b）所示电路中的交流反馈是串联反馈还是并联反馈。

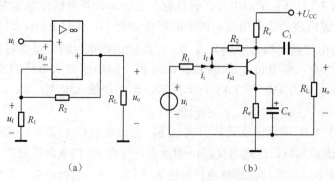

（a）　　　　　　　　　　　（b）

图 7-17　例 7-4 题图

解：（1）如图 7-17（a）所示电阻 R_2 支路将输出回路与输入回路相连，并与 R_1 共同构成反馈网络，反馈量为电阻 R_1 上的电压 u_f。显然电路中输入信号和反馈信号分别从集成运放的同相输入端和反相输入端输入，以电压的形式进行比较，因此是串联反馈。

（2）如图 7-17（b）所示分立元件放大电路中，电阻 R_2 支路将输出回路与输入回路相连，因而引入了反馈，且反馈支路与输入量均接在晶体管的基极输入端，使得反馈量和输入量以电流的形式进行比较，因此是并联反馈。

4. **电压反馈与电流反馈**

（1）电压反馈与电流反馈的定义

根据放大电路中的反馈网络与基本放大器输出端的连接方式的不同，或者说反馈网络在基本放大电路输出端的取样对象的不同，反馈可分为电压反馈和电流反馈。

电压反馈是指反馈网络与基本放大器输出端并联，并且将基本放大电路输出电压的全部或部分按一定方式反馈到输入回路，实现反馈量与输出电压成正比，这样的反馈称为电压反馈。电压反馈的连接框图如图 7-18（a）所示。

电流反馈是指反馈网络与基本放大器输出端串联，并且将基本放大电路输出电流的全部或部分按一定方式反馈到输入回路，实现反馈量与输出电流成正比，这样的反馈称为电流反馈。电流反馈的连接框图如图 7-18（b）所示。

（2）电压反馈与电流反馈的判别方法

判断电压反馈和电流反馈常用的方法是"输出端交流短路法"，将输出端交流短路，即令 $R_L = 0$ 或 $u_o = 0$，观察反馈信号是否存在。如果反馈信号不存在，说明反馈量与输出电压成正比，是电压反馈；反之，则说明反馈量与输出电流成正比，是电流反馈。在此应注意，输出端短路是指将令 R_L 短路，或令 $u_o = 0$，而不一定是输出端对地短路。

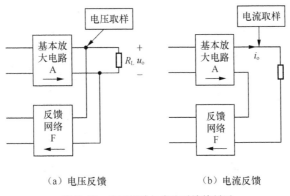

（a）电压反馈　　　　　　　　　（b）电流反馈

图 7-18　电压反馈与电流反馈的判别

例 7-5　试判断图 7-19（a）、图 7-19（b）所示电路中的交流反馈是电压反馈还是电流反馈。

解：（1）如图 7-19（a）所示令输出 $u_o = 0$，即将 R_L 短路，则电路可等效成图 7-19（c）所示，从图 7-19（c）中可以看出，此时放大电路中已没有反馈支路，因此反馈量为零。故图 7-19（a）所示电路中引入的交流反馈为电压反馈。

（2）如图 7-19（b）所示分立元件电路中，R_e 为反馈通路，R_e 上电压 u_f 为反馈量，利用输出短路法，若令输出 $u_o = 0$，即将 R_L 短路，由于输出电流 i_c、i_e 仍然存在，因此 R_e 上电压反馈量 u_f 仍然存在，故该电路中引入的交流反馈为电流反馈。

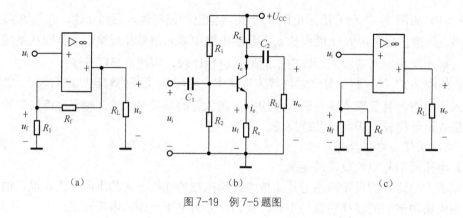

图 7-19 例 7-5 题图

7.3.3 负反馈放大电路的四种组态及其特点

反馈放大电路中引入交流负反馈的放大电路称为负反馈放大电路。从前面的分析可见，负反馈放大电路中反馈网络与基本放大器的输入端和输出端各有两种不同连接方式，因此，实际负反馈放大电路有 4 种类型（组态），分别称为电压串联负反馈电路、电压并联负反馈电路、电流串联负反馈电路以及电流并联负反馈电路。下面结合具体电路分别加以介绍。

1. 电压串联负反馈放大电路

电压串联负反馈放大电路的框图如图 7-20 (a) 所示。该类型负反馈放大电路，从基本放大电路输出端看，它属于电压反馈；从基本放大电路输入端看，它属于串联反馈。在这电路中，负反馈放大电路的输入量为 u_i、输出量为 u_o、反馈量为 u_f，净输入量（基本放大器输入）$u_{id} = u_i - u_f$，基本放大器放大倍数 $A_u = \dfrac{u_o}{u_{id}}$，反馈系数 $F_u = \dfrac{u_f}{u_o}$。

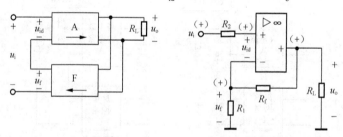

（a）电压串联负反馈框图　　（b）电压串联负反大电路图

图 7-20　电压串联负反馈放大电路

图 7-20 (b) 给出了由集成运放构成的一种简单的实现图 7-20 (a) 的电压串联负反馈放大电路。在这个电路中，R_f 将输出端和输入端相连，从而引入反馈，并且由 R_f 和 R_1 构成反馈网络。采用瞬间极性法判断反馈极性：首先假设输入信号 u_i 对地的瞬时极性为正，并在图中用符号（+）表示，它加在运放的同相输入端，因此输出电压 u_o 与输入电压 u_i 同相，瞬间电压极性也为正（+），此时根据理想运放 "虚短" 特点可以推得通过 R_f 和 R_1 引回到反相输入端的反馈电压 $u_f = \dfrac{R_1}{R_1 + R_f} u_o$ 的瞬间极性也为正，参考方向如图 7-20 所示，由此得输入回路中，净输入电压 $u_{id} = u_i - u_f < u_i$，即引入反馈的结果使净输入减小，故该电路引入的是负反馈。

接下来判断负反馈类型，从放大电路的输入端看，电路中的输入信号和反馈信号分别从集成运放的同相输入端和反相输入端输入，因此是串联反馈。从放大电路的输出端看，若输出端交流短路，即令 $R_L = 0$ 或 $u_o = 0$，则反馈量 $u_f = 0$，所以是电压反馈；或者从反馈量与输出量的关系也可以得到同样的判断，由于反馈电压 $u_f = \dfrac{R_1}{R_1 + R_f} u_o$，正比于输出电压，因此是电压反馈。

综上分析，图 7-20（b）所示放大电路采用的是电压串联负反馈，且电路的反馈系数 $F_u = \dfrac{u_f}{u_o} = \dfrac{R_1}{R_1 + R_f}$。

电路中引入电压负反馈的主要作用是稳定输出电压。如图 7-20（b）所示电压负反馈放大电路，当输入电压 u_i 一定时，如果由于某种原因使得输出电压发生变化，如负载电阻 R_L 减小而使得输出电压 u_o 下降，则电路通过负反馈的作用将进行以下自动调节过程：

$$R_L \downarrow \to u_o \downarrow \to u_f \downarrow \to u_{id} \uparrow = u_i - u_f \uparrow$$
$$u_o \uparrow \longleftarrow$$

电压负反馈的结果是使输出电压具有较好的稳定性。

2. 电压并联负反馈放大电路

如图 7-21（a）所示电压并联负反馈放大电路的框图。该类型负反馈放大电路，从基本放大电路输出端看，它属于电压反馈；从基本放大电路输入端看，它属于并联反馈。在该电路中，负反馈放大电路的输入量为 i_i、输出量为 u_o、反馈量为 i_f，净输入量（基本放大器输入）$i_{id} = i_i - i_f$，基本放大器放大倍数 $A_r = \dfrac{u_o}{i_{id}}$，反馈系数 $F_g = \dfrac{i_f}{u_o}$。

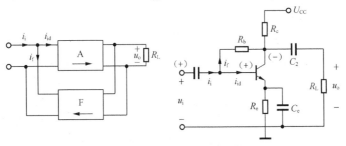

（a）电压并联负反馈框图　　　　（b）电压并联负反馈放大电路图

图 7-21　电压并联负反馈放大电路

图 7-21（b）为由分立元件构成的一种简单的典型电压并联负反馈放大电路。在这个电路中，R_b 将输出回路和输入回路相连，从而引入反馈。采用瞬间极性法判断反馈极性：假设 u_i 对地的瞬时极性为正，并在图中用符号（+）表示，得基极瞬时极性对地为（+），对于共射电路，其集电极电位与输入基极电位瞬时极性相反，即集电极电位瞬时极性对地为（-），由此判断出反馈电流 i_f 的方向如图 7-21（b）所示，从而在输入回路中，净输入电流 $i_{id} = i_b = i_i - i_f$。可见引入反馈的结果使净输入减小，故该电路引入的是负反馈。

接下来判断负反馈类型。从放大电路的输入端看，由例 7-4 可知该电路引入的是并联反馈。从放大电路的输出端看，若输出端交流短路，即令 $R_L = 0$ 或 $u_o = 0$，由于 $u_o \gg u_b$，故反馈电流 $i_f = \dfrac{u_b - u_o}{R_b} \approx \dfrac{-u_o}{R_b} = 0$，所以是电压反馈；或者从电路结构看，由于反馈网络的引入端与输出电压从晶体管的同一极引出，即反馈信号取自输出电压，因此是电压反馈。

综上分析，如图 7-21（b）所示放大电路采用的是电压并联负反馈，且电路的反馈系数 $F_g = \dfrac{i_f}{u_o} \approx -\dfrac{1}{R_b}$。

3. 电流串联负反馈放大电路

如图 7-22（a）所示为电流串联负反馈放大电路的框图。该类型负反馈放大电路，从基本放大电路输出端看，它属于电流反馈；从基本放大电路输入端看，它属于串联反馈。在该电路中，负反馈放大电路的输入量为 u_i、输出量为 i_o、反馈量为 u_f，净输入量（基本放大器输入）$u_{id} = u_i - u_f$，基本放大器放大倍数 $A_g = \dfrac{i_o}{u_{id}}$，反馈系数 $F_r = \dfrac{u_f}{i_o}$。

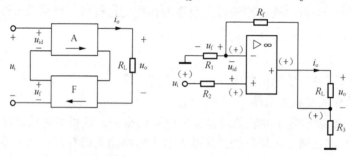

（a）电流串联负反馈框图   （b）电流串联负反大电路图

图 7-22　电流串联负反馈放大电路

图 7-22（b）给出了由集成运放构成的一种简单的实现图（a）的电流串联负反馈放大电路。在该电路中，R_f 将输出回路和输入回路相连，从而引入反馈，并且由 R_f、R_1 和 R_3 构成反馈网络。采用瞬间极性法判断反馈极性：假设输入信号 u_i 对地的瞬时极性为正，并在图中用符号（+）表示，它加在运放的同相输入端，因此输出端电位的瞬间极性也为正，如图 7-22 中（+）所示，得 u_o 电压为正，从而判断输出端电流 i_o 的方向，根据理想运放"虚短""虚断"特点可以推得通过 R_f 和 R_1 引回到反相输入端的反馈电压 $u_f = \dfrac{R_1 R_3}{R_1 + R_f + R_3} i_o$ 的瞬间极性也为正，参考方向如图 7-22 所示，由此得输入回路中，净输入电压 $u_{id} = u_i - u_f < u_i$，即引入反馈的结果使净输入减小，故该电路引入的是负反馈。

接下来判断负反馈类型，从放大电路的输入端看，电路中的输入信号和反馈信号分别从集成运放的同相输入端和反相输入端输入，因此是串联反馈。从放大电路的输出端看，若输出端交流短路，即令 $R_L = 0$ 或 $u_o = 0$，此时流过反馈电阻 R_f 和 R_1 的电流仍然存在，即反馈量 $u_f \neq 0$，所以是电流反馈；或者从反馈量与输出量的关系也可以得到同样的判断，由于反馈电压 $u_f = \dfrac{R_1 R_3}{R_1 + R_f + R_3} i_o$，正比于输出电流，因此是电流反馈。

综上分析，如图 7-22（b）所示放大电路采用的是电流串联负反馈，且电路的反馈系数 $F_r = \dfrac{u_f}{i_o} = \dfrac{R_1 R_3}{R_1 + R_f + R_3}$。

电路中引入电流负反馈的主要作用是稳定输出电流。如对于图 7-22（b）所示电流负反馈放大电路，当输入电压 u_i 一定时，如果由于某种原因使得输出电流发生变化，如负载电阻

R_L 减小而使得输出电压 i_o 增大，则电路通过负反馈的作用将进行以下自动调节过程：

$$R_L \downarrow \rightarrow i_o \uparrow \rightarrow u_f \uparrow \rightarrow u_{id} = (u_i - u_f) \downarrow$$
$$i_o \downarrow$$

电流负反馈的结果是使输出电流具有较好的稳定性。

4. 电流并联负反馈放大电路

图 7-23（a）为电流串联负反馈放大电路的框图。该类型负反馈放大电路，从基本放大电路输出端看，它属于电流反馈；从基本放大电路输入端看，它属于并联反馈。在该电路中，负反馈放大电路的输入量为 i_i、输出量为 i_o、反馈量为 i_f，净输入量（基本放大器输入）$i_{id} = i_i - i_f$，基本放大器放大倍数 $A_i = \dfrac{i_o}{i_{id}}$，反馈系数 $F_i = \dfrac{i_f}{i_o}$。

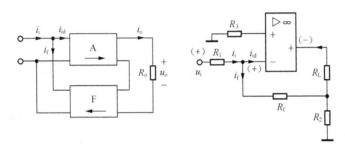

(a) 电流并联负反馈框图　　　　(b) 电流并联负反大电路图

图 7-23　电流并联负反馈放大电路

图 7-23（b）给出了由集成运放构成的一种简单实现图 7-23（a）的电流并联负反馈放大电路。在这个电路中，R_f 将输出回路和输入回路相连，从而引入反馈。采用瞬间极性法判断反馈极性：假设输入信号 u_i 对地的瞬时极性为正，并用符号（+）表示，则输入电流 i_i 与净输入电流 i_{id} 的方向如图 7-23（b）所示。由于 u_i 加在运放的反相输入端，因此理想运放输出端电位的瞬间对地极性为负（–），从而判断输出端电流 i_o 的方向，根据理想运放"虚短""虚断"特点可以推得通过 R_f 引回到反相输入端的反馈电流 $i_f = \dfrac{R_2}{R_f + R_2} i_o$，且方向如图 7-23 所示，由此得输入回路中，净输入电流 $i_{id} = i_i - i_f < i_i$，即引入反馈的结果使净输入减小，故该电路引入的是负反馈。

接下来判断负反馈类型，从放大电路的输入端看，电路中的输入信号和反馈信号都由集成运放的反相输入端引入，因此是并联反馈。从放大电路的输出端看，若将输出端交流短路，即令 $R_L = 0$，此时流过反馈电阻 R_f 的电流仍然存在，即反馈量 $i_f \neq 0$，所以是电流反馈；或者从反馈量与输出量的关系也可以得到同样的判断，由于反馈电压 $i_f = \dfrac{R_2}{R_f + R_2} i_o$，正比于输出电流，因此是电流反馈。

由以上分析，可以判断图 7-23（b）所示放大电路采用的是电流并联负反馈，且电路的反馈系数 $F_i = \dfrac{i_f}{i_o} = \dfrac{R_2}{R_f + R_2}$。

综上分析，可归纳出判断放大电路中的负反馈类型的方法及步骤如下。

（1）从放大电路的输入端看，如果输入信号和反馈信号是接在基本放大器（运算放大器或放大管）的同一输入端，则为并联反馈；否则，则为串联反馈；

（2）利用"输出端交流短路法"判断电压反馈和电流反馈：将放大电路的输出端交流短路，如果反馈信号不存在，说明反馈量与输出电压成正比，是电压反馈；反之，则说明反馈量与输出电流成正比，是电流反馈；

（3）利用瞬间极性法判断反馈极性：对于串联反馈，当输入端与反馈网络输入端极性相同时，为负反馈；反之，为正反馈。对于并联反馈，当输入端与反馈网络输入端极性相同时，为正反馈；反之，为负反馈。

前面以单个集成运放或晶体管分立元件构成的单级放大电路为基础介绍了四种类型的负反馈放大电路的判别。在实际分析中，往往会遇到多级放大电路，如图 7-24 就是一个由两个集成运放构成的两级放大电路。此时图 7-24 电阻 R_3 是将第一级运放 A_1 的输出反馈到 A_1 的输入端，电阻 R_6 是将第二级运放 A_2 的输出反馈到 A_2 的输入端，通常称这种每级各自存在的反馈为局部反馈或本级反馈。电阻 R_7 是将第二级运放 A_2 的输出与第一级运放 A_1 的输入端相连，从而在两级放大电路之间构成了反馈通道，通常称这种跨级的反馈为级间反馈。对于多级放大电路，无论是本级负反馈组态的判别还是级间负反馈组态的判别，前面介绍的负反馈放大电路组态判别的方法同样适用。

由于实际分析时，通常着重研究的是电路总反馈，即整个放大电路的输出对输入的反馈，因此本教材中不加说明所分析的均为电路总反馈。

例 7-6 试指出如图 7-24 所示电路中哪些元件引入了本级反馈，哪些元件引入了级间反馈，并判断电路的反馈类型。

解：（1）电阻 R_3 是将第一级运放 A_1 的输出反馈到 A_1 的输入端，因此构成了第一级的本级反馈。从 A_1 的输入端看，由于其反馈量和输入量接在运放的不同输入端，因此是串联反馈；利用"输出交流短路法"将 A_1 的输出量 u_{o1} 置 0，则其反馈量 u_{R2} 也为 0，因此是电压反馈。根据"瞬间极性法"，由于输入信号 u_i 是从运放的同相输入端输入，因此假设输入信号 u_i 对地的瞬时极性为正，则输出信号 u_{o1} 对地的瞬时极性也为正，对于该串联反馈网络，其输入端与反馈网络输入端极性相同，故为负反馈。综上分析，第一级本级反馈为串联电压负反馈。同理可判断 R_6 元件引入了第二运放的本级反馈，且为并联电压负反馈。

（2）电阻 R_7 是将第二级运放 A_2 的输出与第一级运放 A_1 的输入端相连，从而引入了第一级和第二级的级间反馈。从 A_1 的输入端看，由于此时反馈量和输入量接在运放 A_1 的同一输入端，因此是并联反馈；利用"输出交流短路法"将 A_2 的输出量 u_o 置 0，则其反馈量 i_f 也为 0，因此是电压反馈。根据"瞬间极性法"，假设输入信号 u_i 对地的瞬时极性为正，由集成运放输出端瞬时极性与输入端瞬时极性的关系，判断出输出信号 u_o 对地的瞬时极性为负，即对于并联反馈，其输入端与反馈网络输入端极性相反，故可判断出是负反馈。综上分析，电阻 R_7 引入的级间反馈为并联电压负反馈。

例 7-7 试判断图 7-25 所示电路中引入了那种组态的总体（级间）反馈类型。

解：这是一个两级共射放大电路，电阻 R_f 引入了级间反馈。在输入回路中，反馈量与输入量均接在晶体管的基极，因此是并联反馈。从输出端看，当用输出短路法令 $u_o = 0$ 时，$i_{e2} \approx i_{c2} = i_o \neq 0$，从而推得 $i_f \neq 0$，因此是电流反馈。利用瞬间极性法判断电路反馈极性，假设输入端瞬间极性为（+），则由它而引起的电路各相关点电位的瞬时极性如图 7-25 中标出所示，可以看出此时反馈网络输入端电位的瞬时极性与电路输入端极性相反，故为负反馈。综上所述，该电路引入了级间交流电流并联负反馈。

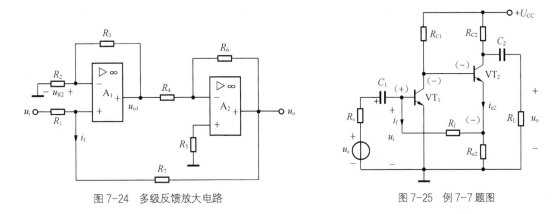

图 7-24　多级反馈放大电路　　　　　　　　图 7-25　例 7-7 题图

7.3.4　负反馈放大电路的框图及一般表达式

前面分析的 4 种组态的负反馈放大电路，它们的框图可统一用图 7-26 所示方框图表示。$\dot{X}_i$ 表示输入信号，$\dot{X}_o$ 表示输出信号，$\dot{X}_f$ 表示反馈信号，$\dot{X}_{id}$ 表示净输入信号，这些量可以是电压，也可以是电流，⊕ 是比较环节符号，"-" 表示负反馈，即

$$\dot{X}_{id} = \dot{X}_i - \dot{X}_f \tag{7-32}$$

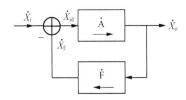

图 7-26　负反馈放大电路方框图

由图 7-26 所示负反馈放大电路方框图可写出如下各关系

基本放大电路放大倍数（开环增益）$\dot{A}$：$\dot{A} = \dfrac{\dot{X}_o}{\dot{X}_{id}}$ $\qquad\qquad$ （7-33）

反馈网络的反馈系数 $\qquad\qquad \dot{F}$：$\dot{F} = \dfrac{\dot{X}_f}{\dot{X}_o}$ $\qquad\qquad$ （7-34）

负反馈放大电路的放大倍数（闭环增益）$\dot{A}_f$：$\dot{A}_f = \dfrac{\dot{X}_o}{\dot{X}_i}$ $\qquad$ （7-35）

将式（7-32）～式（7-43）代入式（7-35）可导出负反馈放大倍数 $\dot{A}_f$ 一般表达式

$$\dot{A}_f = \frac{\dot{X}_o}{\dot{X}_i} = \frac{\dot{A}\dot{X}_{id}}{\dot{X}_{id} + \dot{X}_f} = \frac{\dot{A}\dot{X}_{id}}{\dot{X}_{id} + \dot{F}\dot{X}_o} = \frac{\dot{A}\dot{X}_{id}}{\dot{X}_{id} + \dot{A}\dot{F}\dot{X}_{id}} = \frac{\dot{A}}{1 + \dot{A}\dot{F}} \tag{7-36}$$

由于在中频区，$\dot{A}_f$、$\dot{A}$ 以及 $\dot{F}$ 均为实数，因此式（7-36）可改写成为

$$A_f = \frac{A}{1 + AF} \tag{7-37}$$

式（7-37）表明，引入负反馈使得放大电路的净输入 $\dot{X}_{id}$ 与输入 $\dot{X}_i$ 比减小了，进而使得放大电路的闭环增益下降为开环增益的 $1/|1+AF|$，而且 $AF>0$，A、F 和 A_f 符号均相同。显然 $|1+AF|$ 是衡量负反馈程度的物理量，它不仅表示闭环增益下降的程度，而且与负反馈放大电路的性能指标的变化有关，因此定义它为反馈深度。

当 $|1+AF|\gg1$ 时，称为深度负反馈，此时有

$$A_f=\frac{A}{1+AF}\approx\frac{1}{F} \tag{7-38}$$

式（7-38）表明，在深度负反馈条件下，负反馈放大电路的闭环增益 A_f 几乎仅与反馈系数 F 有关，与开环增益几乎无关。由于反馈网络通常是由无源元件构成的，其值几乎不受环境温度的影响，因此工作稳定，所以深度负反馈下放大电路的闭环增益很稳定。

必须指出，由于不同组态的负反馈放大电路的 $\dot{X}_i$、$\dot{X}_o$、$\dot{X}_f$ 以及 $\dot{X}_{id}$ 所表示信号的物理含义不同，因此相应的基本放大电路的放大倍数 $\dot{A}$、反馈网络的反馈系数 $\dot{F}$ 以及负反馈放大电路的放大倍数 $\dot{A}_f$ 的意义和量纲也各不相同，现将它们列于表 7-1 中。

表 7-1　4 种不同组态负反馈放大电路参数的意义比较

类型参数	电压串联	电压并联	电流串联	电流并联
$\dot{A}$	$A_u=\dfrac{\dot{U}_o}{\dot{U}_{id}}$ 开环电压增益	$A_r=\dfrac{\dot{U}_o}{\dot{I}_i}(\Omega)$ 开环互阻增益	$A_g=\dfrac{\dot{I}_o}{\dot{U}_i}(S)$ 开环互导增益	$A_i=\dfrac{\dot{I}_o}{\dot{I}_i}$ 开环电流增益
$\dot{F}$	$F_u=\dfrac{\dot{U}_f}{\dot{U}_o}$ 电压反馈系数	$F_g=\dfrac{\dot{I}_f}{\dot{U}_o}(S)$ 互导反馈系数	$F_r=\dfrac{\dot{U}_f}{\dot{I}_o}(\Omega)$ 互阻反馈系数	$F_i=\dfrac{\dot{I}_f}{\dot{I}_o}$ 电流反馈系数
$\dot{A}_f$	$A_{uf}=\dfrac{\dot{U}_o}{\dot{U}_i}$ $=\dfrac{A_u}{1+A_uF_u}$ 闭环电压增益	$A_{rf}=\dfrac{\dot{U}_o}{\dot{I}_i}$ $=\dfrac{A_r}{1+A_rF_g}(\Omega)$ 闭环互阻增益	$A_{gf}=\dfrac{\dot{I}_o}{\dot{U}_i}$ $=\dfrac{A_g}{1+A_gF_r}(S)$ 闭环互导增益	$A_{if}=\dfrac{\dot{I}_o}{\dot{I}_i}$ $=\dfrac{A_i}{1+A_iF_i}$ 闭环电流增益

为了书写方便，后面在中频区进行讨论，$\dot{A}_f$、$\dot{A}$ 以及 $\dot{F}$ 均采用实数形式。

7.3.5　负反馈对放大电路性能的影响

在放大电路中引入负反馈后，虽然闭环增益有所下降，但是其他许多方面的性能将有所改善，如放大倍数的稳定性、非线性失真、通频带带宽等。下面分别加以介绍。

1. 提高放大倍数的稳定性

由前面分析可知，当放大电路中引入深度负反馈后，A_f 只与 F 有关，由于反馈网络通常是由性能比较稳定的无源元件构成，所以引入深度负反馈后放大电路的闭环增益很稳定。

那么在不满足深度负反馈的情况下，引入负反馈后是否也能提高电路放大倍数的稳定性呢？为了说明放大倍数稳定程性，可用开环放大倍数 A 与闭环放大倍数 A_f 的相对变化量之比来衡量。假设 dA_f/A_f 与 dA/A 分别表示闭环增益及开环增益的相对变化量，则由负反馈放大电路的基本方程 $A_f=\dfrac{A}{1+AF}$，将 A_f 对 A 求导得

$$\frac{\mathrm{d}A_\mathrm{f}}{\mathrm{d}A} = \frac{1+AF-AF}{(1+AF)^2} = \frac{1}{(1+AF)^2} \qquad (7\text{-}39)$$

将式（7-39）两边分别乘以 $\mathrm{d}A$，得

$$\mathrm{d}A_\mathrm{f} = \frac{\mathrm{d}A}{(1+AF)^2} \qquad (7\text{-}40)$$

将式（7-40）两边分别除以 A_f，得

$$\frac{\mathrm{d}A_\mathrm{f}}{A_\mathrm{f}} = \frac{1}{1+AF}\frac{\mathrm{d}A}{A} \qquad (7\text{-}41)$$

式（7-41）表明，负反馈放大电路闭环增益的相对变化量 $\mathrm{d}A_\mathrm{f}/A_\mathrm{f}$ 是开环增益的相对变化量 $\mathrm{d}A/A$ 的 $1/(1+AF)$，也就是说引入负反馈后，闭环增益的相对稳定性提高了 $(1+AF)$ 倍，但是由（7-37）可知，此时电路的放大倍数也下降了 $(1+AF)$ 倍。

例 7-8 已知某负反馈放大电路的 $A=10^5$，反馈系数 $F=2\times10^{-3}$，若由于某种原因使 A 的相对变化量 $\mathrm{d}A/A=20\%$，求闭环放大倍数 A_f 及其相对变化量 $\mathrm{d}A_\mathrm{f}/A_\mathrm{f}$。

解：由负反馈放大电路的基本方程得

$$A_\mathrm{f} = \frac{A}{1+AF} = \frac{10^5}{1+10^5\times2\times10^{-3}} \approx 500$$

由式（7-41）得

$$\frac{\mathrm{d}A_\mathrm{f}}{A_\mathrm{f}} = \frac{1}{1+AF}\frac{\mathrm{d}A}{A} = \frac{1}{1+10^5\times2\times10^{-3}}\times20\% \approx 0.1\%$$

可见，引入负反馈后降低了电路的放大倍数，但提高了放大倍数的稳定性。

2. 减小非线性失真

由于放大电路中的有源元件是非线性的，如三极管，由前面分析可知，当电路的静态工作点选择不合适或输入信号太大，都将引起输出信号波形的非线性失真。引入负反馈可使这种非线性失真减小，其原理可以用图 7-27 简要说明。图 7-27（a）所示基本放大电路中，正弦波输入信号 x_i 经基本放大电路放大后输出信号产生了非线性失真，即变成了如图 7-27（a）所示的"正半周幅度大、负半周幅度小"的非正弦波 x_o。引入负反馈后的电路如图 7-27（b）所示，此时反馈网络将输出信号反馈至输入端，由于反馈网络一般由电阻构成，因此反馈信号 x_f 正比于输出信号 x_o 也是"正半周幅度大、负半周幅度小"的非正弦波信号，它与 x_i 相减（负反馈）后，使净输入信号 $x_\mathrm{id} = x_\mathrm{i} - x_\mathrm{f}$ 变成了"正半周幅度小、负半周幅度大"的波形，即产生了"预失真"。这种预失真的净输入信号与基本放大电路产生的非线性失真的作用正好相反，其结果减小了放大电路输出信号的非线性失真。

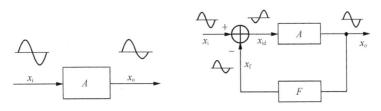

（a）无反馈 　　　　　（b）负反馈使非线性失真减小

图 7-27 负反馈改善非线性失真的工作原理示意图

必须指出的是，负反馈只能抑制产生于电路内部的非线性失真，而对于输入信号自身存在的非线性失真或干扰来源于外界时，引入负反馈将无济于事，必须采用信号处理（如有源滤波）或屏蔽等方法才能解决。

3. 负反馈对输入电阻和输出电阻的影响

放大电路中引入不同组态的负反馈，将对电路的输入电阻、输出电阻产生不同的影响，下面分别介绍。

（1）负反馈对输入电阻的影响

负反馈对输入电阻的影响，仅取决于反馈网络与基本放大电路输入端的连接方式，即是串联反馈还是并联反馈。

① 串联负反馈增大输入电阻

图 7-28（a）给出了串联负反馈框图，可知基本放大电路输入电阻为

$$R_i = \frac{\dot{U}_{id}}{\dot{I}_i} \tag{7-42}$$

$$R_{if} = \frac{\dot{U}_i}{\dot{I}_i} = \frac{\dot{U}_f + \dot{U}_{id}}{\dot{I}_i} = \frac{AF\dot{U}_{id} + \dot{U}_{id}}{\dot{I}_i} = \frac{(1+AF)\dot{U}_{id}}{\dot{I}_i} \tag{7-43}$$

将式（7-42）代入（7-43）得

$$R_{if} = (1+AF)R_i \tag{7-44}$$

式（7-44）表明，放大电路中引入串联负反馈，使输入电阻增大为基本放大电路输入电阻的 $(1+AF)$ 倍。

② 并联负反馈减小输入电阻

图 7-28（b）给出了并联负反馈框图，可知基本放大电路输入电阻为

$$R_i = \frac{\dot{U}_i}{\dot{I}_{id}} \tag{7-45}$$

$$R_{if} = \frac{\dot{U}_i}{\dot{I}_i} = \frac{\dot{U}_i}{\dot{I}_{id} + \dot{I}_f} = \frac{\dot{U}_i}{\dot{I}_{id} + AF\dot{I}_{id}} = \frac{\dot{U}_i}{(1+AF)\dot{I}_{id}} \tag{7-46}$$

将式（7-45）代入（7-46）得

$$R_{if} = \frac{1}{(1+AF)}R_i \tag{7-47}$$

式（7-47）表明，放大电路中引入并联负反馈，使输入电阻缩小为基本放大电路输入电阻的 $\frac{1}{(1+AF)}$。

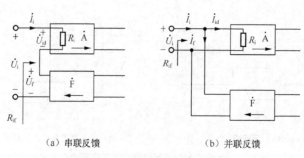

（a）串联反馈　　　　（b）并联反馈

图 7-28　负反馈对输入电阻的影响

（2）负反馈对输出电阻的影响

负反馈对输出电阻的影响，仅取决于反馈网络在基本放大电路输出端的取样方式，即是电压反馈还是电流反馈。

① 电压负反馈使输出电阻减小

电路引入电压负反馈则稳定输出电压，即使输出电压具有渐近恒压源特性，因而电压负反馈使输出电阻减小。可以证明，电压负反馈放大电路的输出电阻是基本放大电路输出电阻的 $\dfrac{1}{1+AF}$。在理想状况下，即 $(1+AF)$ 趋于无穷大时，电压负反馈放大电路的输出电阻趋于 0。

② 电流负反馈使输出电阻增大

电路引入电流负反馈则稳定输出电流，即使输出电流具有渐近恒流源特性，因而电流负反馈使输出电阻增大。可以证明，电流负反馈放大电路的输出电阻是基本放大电路输出电阻的 $(1+AF)$ 倍。在理想状况下，即 $(1+AF)$ 趋于无穷大时，电流负反馈放大电路的输出电阻趋于 ∞。

4. 负反馈可以展宽通频带

在某些电子电路中，往往需要放大电路有较宽的通频带，因此通频带是放大电路的重要指标之一。放大电路中，由于电容及半导体器件的结电容的存在，电路的放大倍数在高频和低频段都会有所下降。引入交流负反馈可以减小因信号频率变化而造成的放大倍数的变化，从而使得因频率升高或降低而引起的放大倍数的下降得到改善，频率响应将变得平坦，放大电路的通频带变宽。

图 7-29 给出了某放大电路引入交流负反馈前后的电路放大倍数的幅频特性。其中 f_H 和 f_{Hf}、f_L 和 f_{Lf} 分别表示无反馈时 A_u 和引入反馈后的 A_{uf} 的上、下截止频率，f_H 和 f_L 之间的频率范围称为 A_u 的通频带，f_{Hf} 和 f_{Lf} 之间的频率范围称为 A_{uf} 的通频带。显然，引入交流负反馈后电路放大倍数的通频带变宽了。

可以证明，引入负反馈能使通频带扩展为基本放大电路的 $(1+AF)$ 倍。

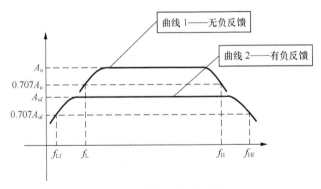

图 7-29　负反馈对通频带的影响

综上所述。

（1）引入负反馈使放大倍数下降，但增益稳定度提高，频带展宽，非线性失真减小，且所有性能改善的程度均与反馈深度 $(1+AF)$ 有关。

（2）串联负反馈增大放大电路的输入电阻；并联负反馈减小放大电路的输入电阻。电压负反馈，稳定输出电压，减小输出电阻；电流负反馈，稳定输出电流，增大输出电阻。输入电阻、输出电阻增大和减小的数量都与反馈深度 $(1+AF)$ 有关。

7.4 集成运算放大器的线性应用

由 7.2 节介绍可知，集成运放开环线性工作区很窄，引入深度负反馈，则可保证使集成运放工作在线性区。本节主要介绍由集成运放外接深度负反馈后构成的比例运算、加法运算、减法运算、积分运算和微分运算等多种基本运算电路及其分析。在分析此类电路时，电路中的集成运放都假定为理想运放，因此分析过程中应充分利用"虚短""虚断"的概念进行分析。

7.4.1 比例运算电路

由于理想运放有两个输入端，因此根据输入信号接入运放输入端的不同，可将比例运算电路分为反相比例运算电路和同相比例运算电路。下面分别介绍。

1. 反相比例运算电路

反相比例运算电路如图 7-30 所示。输入信号通过电阻 R_1 加到理想运放的反相输入端；反馈电阻 R_f 接在输出端和反相输入端之间，构成深度电压并联负反馈；理想运放的同相输入端通过电阻 R_2 接"地"，R_2 为平衡电阻，其作用是保持运放输入级差分放大电路的对称性，即使运放的同相输入端和反相输入端外接电阻相等，故 $R_2 = R_1 /\!/ R_f$，其作用是为了消除输入偏流产生的误差，使运放处于平衡工作状态。

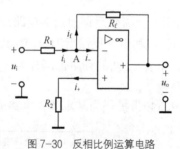

图 7-30 反相比例运算电路

根据理想运放工作在线性区时的"虚短""虚断"特点，得

$$u_- = u_+ = 0 , \quad i_- = i_+ = 0$$

此时反相输入端 A 点的电位近似等于零，称为"虚地"。

对图 7-30 中节点 A 列写 KCL 方程得

$$i_1 = i_f$$

故

$$\frac{u_i - u_-}{R_1} = \frac{u_- - u_o}{R_f}$$

将 $u_- = 0$ 代入上式，并整理得

$$u_o = -\frac{R_f}{R_1} u_i \tag{7-48}$$

式（7-48）即为反相运算放大电路的输出与输入的关系式，表明该电路的输出电压与输入电压是成比例运算的关系，式中"–"号表示电路的输出电压与输入电压相位相反，即电路实现了反相比例运算的功能。

该电路闭环电压放大倍数为

$$A_{uf} = \frac{u_o}{u_i} = -\frac{R_f}{R_1} \qquad (7\text{-}49)$$

当式（7-49）中的 $R_1 = R_f$ 时，有 $A_{uf} = -1$，$u_o = -u_i$，电路即为反相器。

反相比例运算电路由于反相端虚地，因此其输入电阻为

$$R_i' = \frac{u_i}{i_i} \approx R_1$$

由于理想运放的输出电阻为零，故反相比例放大器的输出电阻为

$$R_{of} \approx 0$$

2. 同相比例运算电路

同相比例运算电路如图 7-31 所示。输入信号通过电阻 R_2 加到理想运放的同相输入端；反馈电阻 R_f 接在输出端和反相输入端之间，与电阻 R_1 构成深度电压串联负反馈；理想运放的反相输入端通过电阻 R_1 接"地"，与反相比例运算电路类似，平衡电阻 $R_2 = R_1 /\!/ R_f$。

根据理想运放工作在线性区时"虚断"的特点，得

$$i_- = i_+ = 0$$

对图 7-31 中节点 A 列写 KCL 方程得

$$i_1 = i_f$$

故

$$\frac{0 - u_-}{R_1} = \frac{u_- - u_o}{R_f}$$

$$u_- = \frac{R_1}{R_1 + R_f} u_o$$

又根据理想运放工作在线性区时的"虚短"特点，得

$$u_+ = u_-$$

所以

$$u_i = u_+ = u_- = \frac{R_1}{R_1 + R_f} u_o$$

即

$$u_o = (1 + \frac{R_f}{R_1})u_i \qquad (7\text{-}50)$$

式（7-50）即为同相运算放大电路的输出与输入的关系式，表明该电路的输出电压与输入电压是成比例运算的关系，且电路的输出电压与输入电压相位相同，即电路实现了同相比例运算的功能。

该电路闭环电压放大倍数为

$$A_{uf} = \frac{u_o}{u_i} = 1 + \frac{R_f}{R_1} \qquad (7\text{-}51)$$

当式（7-51）表明，同相比例运算电路的 A_{uf} 总是大于或等于 1，当式中的 $R_1 \to \infty$ 或 $R_f = 0$ 时，$A_{uf} = 1$，$u_o = u_i$，此时电路的输出电压等于输入电路，电路称为电压跟随器。

应当指出，与反相比例运算电路相比，由于同相比例运算电路是电压串联负反馈，因此具有输入电阻很高，输出电阻很低，带负载能力强的优点。又由于该电路中的同相输入电压与反相输入电压相等，且都等于输入电压 u_i，因此电路中的集成运放为共模输入，故在实际应用时，应选择高共模抑制比的集成运放。

例 7-9 图 7-32 所示两级运算电路中，已知 $u_i=100\text{mV}$，试求输出电压 u_o。

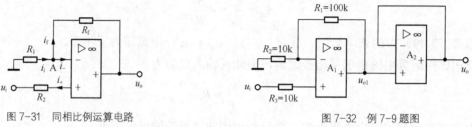

图 7-31 同相比例运算电路　　　　　图 7-32 例 7-9 题图

解： 图 7-32 所示电路中 A_1 为同相比例运算电路，A_2 为电压跟随器。因此得

$$u_{o1} = (1+\frac{R_2}{R_1})u_i = (1+\frac{100\text{k}\Omega}{10\text{k}\Omega})\times100\text{mV}=1.1\text{V}$$

$$u_o = u_{o1} = 1.1\text{V}$$

7.4.2　求和运算电路

根据输入信号接入理想运放输入端的不同，求和运算电路分为同相求和运算电路、反相求和运算电路以及双端输入求和运算电路。

1. 反相求和运算电路

如果多个输入信号均作用于理想运放的反相输入端就构成反相求和运算电路，也称反相加法器。图 7-33 给出了三个输入信号的反相加法电路，输入信号 u_{i1}、u_{i2} 和 u_{i3} 分别通过电阻 R_1、R_2 和 R_3 加至理想运放的反相输入端，平衡电阻 $R_4 = R_1 \parallel R_2 \parallel R_3 \parallel R_f$。

根据理想运放工作在线性区时"虚短""虚断"的特点，得

$$u_- = u_+ = 0$$

$$i_+ = i_- = 0$$

则由 KCL 得

$$i_1 + i_2 + i_3 = i_f \tag{7-52}$$

又因为

$$\begin{cases} i_1 = \dfrac{u_{i1} - u_-}{R_1} = \dfrac{u_{i1}}{R_1} \\[2mm] i_2 = \dfrac{u_{i2} - u_-}{R_2} = \dfrac{u_{i2}}{R_2} \\[2mm] i_3 = \dfrac{u_{i3} - u_-}{R_3} = \dfrac{u_{i3}}{R_3} \\[2mm] i_f = -\dfrac{u_o - u_-}{R_f} = -\dfrac{u_o}{R_f} \end{cases} \tag{7-53}$$

将式（7-53）代入式（7-52）得

$$\frac{u_{i1}}{R_1} + \frac{u_{i2}}{R_2} + \frac{u_{i3}}{R_3} = -\frac{u_o}{R_f}$$

故输出电压和输入电压关系为

$$u_o = -(\frac{R_f}{R_1}u_{i1} + \frac{R_f}{R_2}u_{i2} + \frac{R_f}{R_3}u_{i3}) \tag{7-54}$$

式（7-54）表明，该电路的输出电压等于各输入电压按各自不同的比例相加，即实现了多个输入信号按各自不同比例求和的功能，式中负号表示输出电压与输入电压相位相反，故称反相加法器。

当 $R_1 = R_2 = R_3 = R$ 时，式（7-54）可写成时

$$u_o = -\frac{R_f}{R}(u_{i1} + u_{i2} + u_{i3}) \tag{7-55}$$

进一步，若令式（7-55）中的 $R = R_f$，则有

$$u_o = -(u_{i1} + u_{i2} + u_{i3}) \tag{7-56}$$

此时实现了反相加法的运算。

2. 同相求和运算电路

若多个输入信号均作用于集成运放的同相输入端就构成同相求和运算电路，也称同相加法器。图 7-34 给出了两个输入信号的同相加法电路，输入信号 u_{i1} 和 u_{i2} 分别通过电阻 R_1 和 R_2 加至理想运放的同相输入端，为了使两个输入端平衡以提高共模抑制比，一般取 $R_4 \| R_f = R_1 \| R_2 \| R_3$。

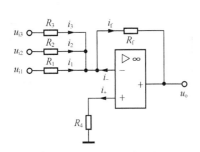

图 7-33 反相求和运算电路

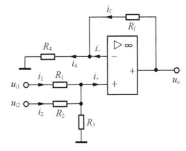

图 7-34 同相求和运算电路

根据理想运放工作在线性区时"虚断"的特点，得

$$i_- = i_+ = 0$$

由 KCL 得

$$i_4 = i_f$$

故

$$u_- = \frac{R_4}{R_4 + R_f}u_o \tag{7-57}$$

又利用叠加定理可求得

$$u_+ = \frac{R_3 \| R_2}{R_1 + R_3 \| R_2}u_{i1} + \frac{R_3 \| R_1}{R_2 + R_3 \| R_1}u_{i2} \tag{7-58}$$

根据理想运放工作在线性区时"虚短"的特点，即 $u_- = u_+$，再结合式（7-57）和（7-58）可推得

$$u_o = (1 + \frac{R_f}{R_4})(\frac{R_3\|R_2}{R_1 + R_3\|R_2}u_{i1} + \frac{R_3\|R_1}{R_2 + R_3\|R_1}u_{i2}) \tag{7-59}$$

若取 $R_4 \| R_f = R_1 \| R_2 \| R_3$，代入式（7-59），则式（7-59）可写成

$$u_o = \frac{R_f}{R_1}u_{i1} + \frac{R_f}{R_2}u_{i2} \tag{7-60}$$

式（7-59）和式（7-60）表明，该电路的输出 u_o 等于各输入 u_{i1}、u_{i2} 按各自不同的比例相加，且与 u_{i1}、u_{i2} 同相，实现了同相比例求和的运算。式（7-59）表明任一输入电压的加权系数不仅与该输入支路电阻有关，而且与其他支路的电阻有关，即各输入支路之间相互影响，电路参数调整比较麻烦。式（7-60）表明当 $R_4 \parallel R_f = R_1 \parallel R_2 \parallel R_3$ 时，可推得 $R_3 \to \infty$，即此时电阻 R_3 可以省略。

进一步，令式（7-60）中 $R_1 = R_2 = R_f = R$ 时，式（7-60）可写成时

$$u_o = u_{i1} + u_{i2} \tag{7-61}$$

即实现了同相加法的运算。

3. 减法运算电路

两个输入信号分别作用于集成运放的同相输入端和反相输入端时就构成减法运算电路。减法运算电路也称差分运算电路。差分运算被广泛应用于测量和控制系统中。减法电路如图 7-35（a）所示，其中输入信号 u_{i1} 和 u_{i2} 分别通过电阻 R_1 和 R_2 加到理想运放的反相输入端和同相输入端，同时为了使两个输入端平衡以提高共模抑制比，一般取 $R_1 = R_2$，$R_f = R_3$。由于电路中理想运放工作于线性区，因此该电路为线性电路，可利用叠加定理加以分析。

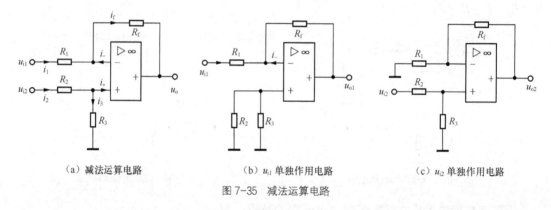

（a）减法运算电路　　　　　（b）u_{i1} 单独作用电路　　　　　（c）u_{i2} 单独作用电路

图 7-35　减法运算电路

首先分析 u_{i1} 单独作用时的分响应，此时电路如图 7-35（b）所示，显然这是一个反相比例运算电路，由图 7-35（b）得

$$u_{o1} = -\frac{R_f}{R_1} u_{i1}$$

接着分析 u_{i2} 单独作用时的分响应，此时电路如图 7-35（c）所示，显然这是一个同相比例运算电路，由图 7-35（c）得

$$u_{o2} = (1 + \frac{R_f}{R_1}) u_+$$

$$= (1 + \frac{R_f}{R_1})(\frac{R_3}{R_2 + R_3}) u_{i2}$$

根据叠加定理可得图（a）所示减法运算电路的输出电压与输入电压的关系为

$$u_o = u_{o1} + u_{o2} = -\frac{R_f}{R_1} u_{i1} + (1 + \frac{R_f}{R_1})(\frac{R_3}{R_2 + R_3}) u_{i2} \tag{7-62}$$

式（7-62）中的电阻若取 $R_1 = R_2$，$R_f = R_3$，则式（7-62）可化为

$$u_o = \frac{R_f}{R_1}(u_{i2} - u_{i1}) \tag{7-63}$$

式（7-63）表明，电路的输出电压 u_o 与输入电压 u_{i2} 与 u_{i1} 之差成正比，即实现了比例求差运算。

进一步，令式（7-63）中的 $R_1 = R_f$，则得

$$u_o = u_{i2} - u_{i1} \tag{7-64}$$

即实现了减法运算。

例 7-10　由理想运放组成的电路如图 7-36 所示，已知电路的输出 u_o 与两个输入信号的运算关系为 $u_o = \alpha u_1 + 8u_2$，且电路电阻满足 $R_1 \parallel R_f = R_2 \parallel R_3$，试确定电阻 R_f 的阻值以及系数 α。

解： 由式（7-62）得图 7-36 所示电路输入输出关系为

$$u_o = -\frac{R_f}{R_1}u_1 + (1 + \frac{R_f}{R_1})(\frac{R_3}{R_2 + R_3})u_2$$

又因为 $u_o = \alpha u_1 + 8u_2$，故

$$(1 + \frac{R_f}{R_1})(\frac{R_3}{R_2 + R_3}) = 8$$

将个电阻参数代入得　　　　　$R_f = 200 \text{k}\Omega$

进一步得　　　　　$\alpha = -\frac{R_f}{R_1} = -\frac{200 \text{k}\Omega}{25 \text{k}\Omega} = -8$

例 7-11　试设计一个运算电路，使其输入输出满足以下运算关系

$$u_o = 10u_{i1} + 5u_{i2} - 2u_{i3}$$

解： 要设计满足所给关系式，可采用双端输入的减法电路实现，但由前面的介绍知这种电路电阻的选取及参数的调整不方便，因此在本例中选择另一种实现方法，即采用两个反相求和运算电路级联的电路实现，如图 7-37 所示。

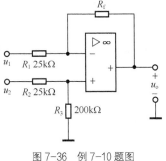

图 7-36　例 7-10 题图

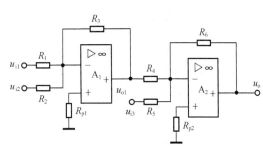

图 7-37　例 7-11 题图

对于第一级反相求和运算电路 A_1，由式（7-54）得

$$u_{o1} = -(\frac{R_3}{R_1}u_{i1} + \frac{R_3}{R_2}u_{i2})$$

同理，对于第二级反相求和运算电路 A2，有

$$u_o = -(\frac{R_6}{R_4}u_{o1} + \frac{R_6}{R_5}u_{i3}) = \frac{R_6}{R_4}\frac{R_3}{R_1}u_{i1} + \frac{R_6}{R_4}\frac{R_3}{R_2}u_{i2} - \frac{R_6}{R_5}u_{i3}$$

又已知 $u_o = 10u_{i1} + 5u_{i2} - 2u_{i3}$，故有

$$\frac{R_6}{R_4}\frac{R_3}{R_1} = 10, \quad \frac{R_6}{R_4}\frac{R_3}{R_2} = 5, \quad \frac{R_6}{R_5} = 2$$

若取 $R_3 = R_6 = R_4 = 10\text{K}\Omega$，则得

$$R_1 = 1\text{k}\Omega, \quad R_2 = 2\text{k}\Omega, \quad R_5 = 5\text{k}\Omega$$

理想运放 A_1 的同相输入端平衡电阻 $R_{p1} = R_1 \| R_2 \| R_3 = (1\|2\|10)\text{k}\Omega = 0.625\text{k}\Omega$

理想运放 A_2 的同相输入端平衡电阻 $R_{p2} = R_4 \| R_5 \| R_6 = (10\|5\|10)\text{k}\Omega = 2.5\text{k}\Omega$

7.4.3 积分和微分运算电路

1. 积分运算电路

将图 7-31 所示反相比例运算电路中的电阻 R_f 改成电容 C_f 就构成了积分运算电路，如图 7-38 所示。

利用理想运放"虚短""虚断"的特点，有

$$u_- = u_+ = 0, \quad i_- = i_+ = 0$$

因此对于图 7-38，有

$$i = i_c$$

进一步将元件 VCR 代入得

$$\frac{u_i}{R_1} = C\frac{du_c}{dt} = -C\frac{du_o}{dt}$$

假设电容电压的初始值 $u_c(0) = 0$，则输出电压 $u_o(t)$ 为

$$u_o = -\frac{1}{R_1 C}\int_0^t u_i dt \tag{7-65}$$

式（7-65）表明，电路的输出电压 $u_o(t)$ 与输入电压 $u_i(t)$ 对时间 t 的积分成正比，从而实现了积分运算的功能。表达式中的负号表示输出电压与输入电压相位相反。式中比例常数 $R_1 C$ 具有时间量纲，称为电路的积分常数。

2. 微分运算电路

如果将图 7-38 所示积分电路中的电阻 R_1 与电容 C_f 的位置互换就构成了微分运算电路，如图 7-39 所示。

利用理想运放"虚短""虚断"的特点，有

$$u_- = u_+ = 0, \quad i_- = i_+ = 0$$

因此对于图 7-39，有

$$i = i_f$$

进一步将元件 VCR 代入得

$$C\frac{du_i}{dt} = -\frac{u_o}{R_1}$$

故输出电压 $u_o(t)$ 为

$$u_o = -R_1 C\frac{du_i}{dt} \tag{7-66}$$

式（7-66）表明，电路的输出电压 $u_o(t)$ 与输入电压 $u_i(t)$ 对时间 t 的微分成正比，从而实现了微分运算的功能。表达式中的负号表示输出电压与输入电压相位相反。式中比例常数 R_1C 称为电路的微分常数。

例7-12 电路如图7-38所示。若 $C=0.1\mu F$，$R_1=10k\Omega$，输入信号波形如图7-40（a）所示。试画出输出电压波形。设电容两端的初始电压为零。

解： 图7-38所示积分电路的输入输出关系为

$$u_o(t) = -\frac{1}{R_1C}\int_0^t u_i(t)\mathrm{d}t = -\frac{1}{10^4 \times 10^{-7}}\int_0^t u_i(t)\mathrm{d}t = -10^3\int_0^t u_i(t)\mathrm{d}t \quad (\text{V})$$

在 $t\in[0,1\mathrm{ms}]$，$u_i=6\mathrm{V}$，故

$$u_o(t) = -10^3\int_0^t 6\mathrm{d}t = -6t$$

即输出电压从0线性减小到-6V。

在 $t\in[1\mathrm{ms},3\mathrm{ms}]$，$u_i=-6\mathrm{V}$，故

$$u_o(t) = -10^3\int_0^t u_i\mathrm{d}t = -10^3\int_0^1 6\mathrm{d}t - 10^3\int_1^t(-6)\mathrm{d}t$$
$$= -6 + 6(t-1) = -12 + 6t$$

即输出电压从-6V线性增大到6V。

在 $t\in[3\mathrm{ms},5\mathrm{ms}]$，$u_i=6\mathrm{V}$，故

$$u_o(t) = -10^3\int_0^t u_i\mathrm{d}t$$
$$= -10^3\int_0^1 6\mathrm{d}t - 10^3\int_1^3(-6)\mathrm{d}t - 10^3\int_3^t 6\mathrm{d}t$$
$$= -6 + 6\cdot(3-1) - 6(t-3) = 24 - 6t$$

即输出电压从6V线性减小到-6V。

由以上分析可画出输出电压波形如图7-40（b）所示。电路输出已将输入方波转换成三角波，可见积分运算电路除了可以用于运算以外，还具有波形转换的功能。

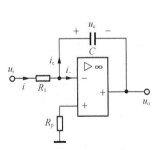

图7-38 积分运算电路

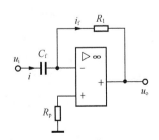

图7-39 微分运算电路

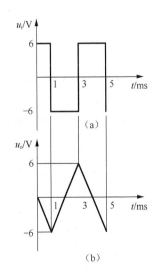

图7-40 例7-12题图

7.5 集成运算放大器的非线性应用

上节讨论了由集成运放构成的各种运算电路，这些电路均通过引入深度负反馈使集成运放工作在线性区，此时电路的输出与输入的关系主要取决于外接电路的参数，与集成运放本身的参数无关。本节将介绍由集成运放构成的电压比较器，由 7.2 节介绍可知，由于集成运放的开环增益很高，尤其是理想运放的增益为无穷大，因此当集成运放处于开环或者正反馈状态时，只要在两输入端之间存在微小的电压差，集成运放就会输出饱和电压，即运放工作在非线性区间。由集成运放构成的比较器正是利用了集成运放的这一非线性特性而制成的电路。这种电路广泛应用于信号处理、波形产生以及自动控制系统中。

电压比较器的基本功能是对两个电压值进行比较，并判断两者之间的大小关系。根据电压比较器的传输特性，电压比较器可分为单门限比较器、迟滞比较器、窗口比较器等，其中前者只有一个阈值电压，后两者有两个阈值电压。

7.5.1 单门限电压比较器

单门限电压比较器如图 7-41（a）所示，输入电压 u_i 接在理想运放的反相输入端，同相输入端则接参考电压 u_{REF}，参考信号可以为正值，也可以为负值。理想运放处于开环工作状态，即工作在非线性区，其电压传输特性如图 7-41（b）所示。

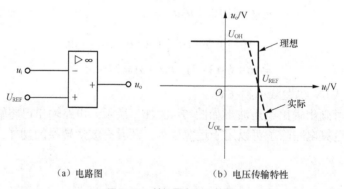

（a）电路图 　　　　　　　（b）电压传输特性

图 7-41　单门限电压比较器

显然，由图 7-41（b）可以看出，当 $u_i < u_{REF}$（即 $u_- < u_+$）时，理想运放输出高电平，即 $u_o = +U_{OH}$；当 $u_i > u_{REF}$（即 $u_- > u_+$）时，理想运放输出低电平，即 $u_o = U_{OL}$。可见单门限电压比较器实现了在输入端对输入电压与参考电压的比较，并且当输入电压 u_i 在参考电压 u_{REF} 附近由小于 u_{REF} 升高到略大于 u_{REF} 时，电路输出 u_o 便从高电平翻转为低电平；当输入电压 u_i 在参考电压 u_{REF} 附近由大于 u_{REF} 减小到略小于 u_{REF} 时，电路输出 u_o 便又从低电平翻转为高电平。即参考电压 u_{REF} 是使电压比较器的输出电压 u_o 在高电平与低电平之间转换的输入电压值，称该电压为门限电压或阈值电压，用符号 U_T 表示。又由于图 7-41（a）所示电路使输出电压 u_o 在高电平与低电平之间转换的输入阈值电压只有一个，所以图 7-41（a）所示电压比较器称为单门限电压比较器。

如果令图 7-41（a）所示单门限比较器中的门限电压 $U_{REF} = 0$，则电压比较器称为过零比较器。此时的电路图及电压传输特性分别如图 7-42（a）、图 7-42（b）所示。

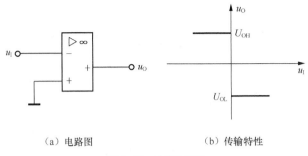

（a）电路图 （b）传输特性

图 7-42 过零比较器

有时为了和输出端所连的负载电平相匹配，需要对比较器的输出进行限幅，通常可以通过在比较器的输出端与"地"之间接稳压管构成限幅电路来实现，如图 7-43（a）所示。电路中的双向稳压管 D_Z 使运放的输出电压 u_o 被限制在 $+U_Z$ 和 $-U_Z$ 之间，此时，当 $u_i < u_{REF}$ 时，$u_o = +U_Z$；当 $u_i > u_{REF}$ 时，$u_o = -U_Z$。该电路称为双向限幅电压比较器，其电压传输特性如图 7-43（b）所示。

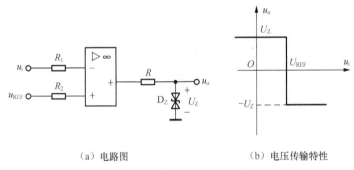

（a）电路图 （b）电压传输特性

图 7-43 具有输出双向限幅的比较电路

7.5.2 迟滞比较器

从前面分析可以看出，单门限比较器具有结构简单，灵敏度高等特点。这也使得在实际工程中，当比单门限较器的输入信号 u_i 在参考 U_{REF} 附近含有噪声或干扰时，输出电压将随输入电压 u_i 在 U_{REF} 附近的上下变动而在高、低电平之间来回跃变，即导致比较器输出的不稳定，如图 7-44 所示。为了克服单门限比较器抗干扰能力差的缺点，一般可采用具有双门限滞回特性的迟滞比较器。

图 7-45（a）给出了具有滞回特性的迟滞比较器，输入信号通过电阻 R 由理想运放的反相输入端输入，输出电压则通过电阻 R_1 和 R_2 引入运放的同相输入端，形成正反馈，并且与参考电压 U_{REF} 一起共同形成同相输入电压 u_+，也就是阈值电压 U_T，R_3 为限流电阻。

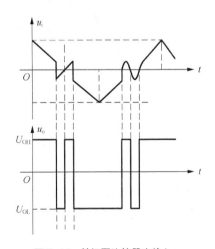

图 7-44 单门限比较器在输入 u_i
含干扰时的输出电压

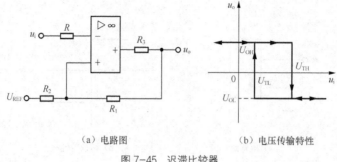

(a) 电路图　　　　　　　(b) 电压传输特性

图 7-45　迟滞比较器

如图 7-45（a）所示电路，当比较器输出为高电平，即 $u_o = U_{OH}$ 时，利用叠加定理得理想运放的同相输入电压

$$u_+ = \frac{R_1}{R_1 + R_2}U_{REF} + \frac{R_2}{R_1 + R_2}U_{OH} \qquad (7\text{-}67)$$

同理，当比较器输出为低电平，即 $u_o = U_{OL}$ 时，同相输入端电位

$$u_+' = \frac{R_1}{R_1 + R_2}U_{REF} + \frac{R_2}{R_1 + R_2}U_{OL} \qquad (7\text{-}68)$$

接下来讨论迟滞比较器的电压传输过程。假设起始时 $u_o = U_{OH}$，u_i 由负向正方向逐渐增加，在 u_i 小于 u_+ 时，比较器输出保持 $u_o = U_{OH}$ 不变。当 u_i 增大至略大于 u_+ 时，即意味着理想运放的 $u_- > u_+$，输出 u_o 将由高电平 U_{OH} 跳转为低电平 U_{OL}，同时理想运放同相输入端电位变为 u_+'，继续增加 u_i 的值，比较器输出保持 $u_o = U_{OL}$ 不变；若 u_i 由正向负方向逐渐减小，在 u_i 大于 u_+' 时，比较器输出保持 $u_o = U_{OL}$ 不变。当 u_i 减小至略小于 u_+' 时，即意味着理想运放的 $u_- < u_+'$，输出 u_o 将由低电平 U_{OL} 跳转为高电平 U_{OH}，同时理想运放同相输入端电位变为 u_+，继续减小 u_i 的值，比较器输出保持 $u_o = U_{OH}$ 不变。由以上分析可知，式（7-67）、式（7-68）中的 u_+、u_+' 是使比较器输出 u_o 跳转的两个门限电压，分别称为上门限电压 U_{TH} 和下门限电压 U_{TL}，称 $\Delta U_T = U_{TH} - U_{TL}$ 的为门限宽度或回差。迟滞比较器的电压传输特性如图 7-45（b）所示。显然，由于回差的存在，提高了比较器的抗干扰能力。

例 7-13　由理想运放构成的单门限比较电路如图 7-46(a)所示。已知输入信号 $u_i = 8\cos t$（V），理想运放的最大输出电压 $U_{OM} = \pm 12$ V，试分别画出 $U_{REF} = 0$、$U_{REF} = 3V$ 以及 $U_{REF} = -5V$ 时输出电压 u_o 的波形以及 $U_{REF} = 0$ 时的电压传输特性。

解： 由于电路参考电压 U_{REF} 加在反相输入端，即 $U_{REF} = u_-$，输入信号 u_i 加在同相输入端，即 $u_+ = u_i$，因此有

$$\begin{cases} \text{当} u_i < U_{REF} \text{时，比较器输出低电平，即} u_o = U_{OL} = -12V \\ \text{当} u_i > U_{REF} \text{时，比较器输出高电平，即} u_o = U_{OH} = 12V \end{cases}$$

由此可画出 $U_{REF} = 0$、$U_{REF} = 3V$ 以及 $U_{REF} = -5V$ 时输出电压 u_o 的波形分别如图 7-46(c)、图 7-46（d）以及图 7-46（e）所示，$U_{REF} = 0$ 时电路的电压传输特性如图 7-46（f）所示。

例 7-14　由理想运放构成的单门限比较电路如图 7-47（a）所示，已知 $U_{REF} = 3V$，$R_1 = 5k\Omega$，$R_2 = 15k\Omega$，限流电阻 $R_4 = 1k\Omega$，$R_3 = R_1 \| R_2$，试求电路的门限电压 U_T，并画出电路电压传输特性。

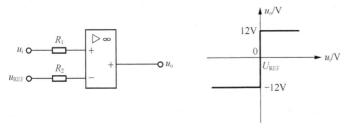

（a）电路图　　　　　　　（f）$U_{REF}=0$ 的电压传输特性

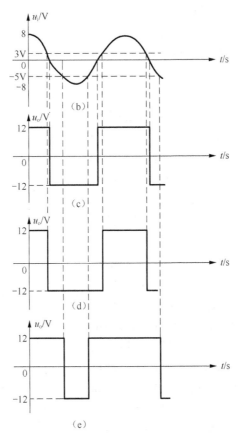

图 7-46　例 7-13 题图

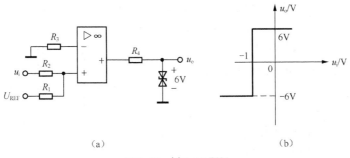

（a）　　　　　　　　　　（b）

图 7-47　例 7-14 题图

解：如图 7-47（a）所示，比较器的比较电压 U_{REF} 和输入电压 u_i 都从运放的同相输入端输入，因此利用叠加定理及理想运放"虚断"特性得

$$u_+ = \frac{R_1}{R_1 + R_2}u_i + \frac{R_2}{R_1 + R_2}U_{REF}$$

因为当 $u_+ > u_-$ 时，输出高电平，当 $u_+ < u_-$ 时，输出低电平，因此当 $u_+ = u_- = 0$ 时，输出电平发生跳变，由此求得比较器的门限电压 U_T 为

$$U_T = u_i = -\frac{R_2}{R_1}U_{REF} = -\frac{5k\Omega}{15k\Omega}\times 3 = -1V$$

当 $u_i > U_T = -1V$ 时，$u_+ > u_-$，运放输出高电平，因此 $u_o = 6V$；当 $u_i < U_T = -1V$ 时，$u_+ < u_-$，运放输出低电平，因此 $u_o = -6V$。电路的电压传输特性如图 7-47（b）所示。

例 7-15 已知单门限比较器和迟滞比较器的电压传输特性分别如图 7-48（a）、图 7-48（b）所示，它们的输入电压的波形含有干扰，如图 7-48（c）所示。试分别画出它们输出电压的波形 u_{o1} 和 u_{o2}。

解：根据图 7-45（a）所示单门限比较器的电压传输特性可知，当 $u_i > U_T = 2V$ 时，输出高电平，即 $u_{o1} = 5V$；当 $u_i < U_T = 2V$ 时，输出低电平，即 $u_{o1} = -5V$，由此可画出单门限比较电路的输出电压如图 7-45（d）所示。根据图 7-45（b）所示迟滞比较器的电压传输特性以及输入电压波形可知：当 $t = 0$ 时，由于 $u_i < -U_T = -2V$，所以输出低电平，即 $u_{o2} = -5V$，在 $0 < t < t_1$ 时，u_i 逐渐增大，但 $u_i < U_T = 2V$，因此输出保持不变，即 $u_o = -5V$；当 $t = t_{1+}$ 时，$u_i > U_T = 2V$，输出由低电平跳为高电平，即 $u_o = 5V$，在 $t_1 < t < t_2$ 时，$u_i > -U_T = -2V$，因此输出保持不变，即 $u_o = 5V$；当 $t = t_{2+}$ 时，$u_i < -U_T = -2V$，输出由高电平跳为低电平，即 $u_o = -5V$，在 $t_2 < t < t_3$ 时，$u_i < U_T = 2V$，因此输出保持不变，即 $u_o = -5V$。后面以此类推，由此可画出迟滞比较电路的输出电压如图 7-48（e）所示。

综上对比较器的分析，可得出以下结论。

（1）由于电压比较器中的集成运放通常工作在开环或正反馈状态，因此集成运放工作在非线性区，输出只有高电平或低电平两种情况。

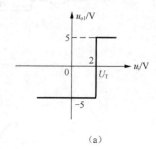

（a）

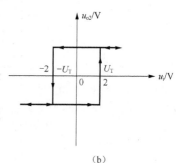

（b）

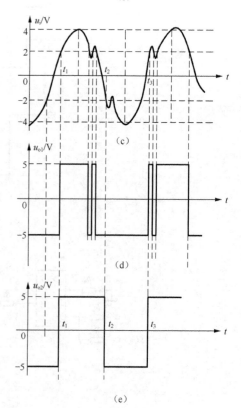

（c）

（d）

（e）

图 7-48 例 7-15 题图

（2）一般用电压传输特性来表示输出电压与输入电压之间的关系。

（3）电压比较器的比较电压与输入电压既可以从集成运放的同一个输入端加入，也可以从不同输入端加入。令 $u_+ = u_-$ 时求出的输入电压值 u_i 即为阈值电压 U_T。

（4）当输入电压 u_i 从比较器的同相输入端输入，若 u_i 从小于阈值电压 U_T 变为大于阈值电压 U_T，则输出由低电平跳变为高电平；若 u_i 从大于 U_T 变为小于 U_T，则输出由高电平跳变为低电平。当输入电压 u_i 从比较器的反相输入端输入，若 u_i 从小于阈值电压 U_T 变为大于阈值电压 U_T，则输出由高电平跳变为低电平；若 u_i 从大于 U_T 变为小于 U_T，则输出由低电平跳变为高电平。

（5）利用比较器可实现波形转换。

（6）单门限比较器灵敏度高，但抗干扰能力差，而迟滞比较器具有较好的抗干扰能力。

*7.6 Multisim 在集成运算放大器应用电路中的仿真实例

本节通过仿真实例讨论负反馈对放大电路各项性能的影响以及由集成运放构成的应用电路。

7.6.1 负反馈放大电路仿真实例

在放大电路中引入负反馈可以改善电路的放大性能，如前 6.5.2 节中提到的分压式射极偏置电路就加入了直流负反馈，达到稳定静态工作点的目的。电路中加入交流负反馈，还可改善波形失真、扩展通频带，对输入、输出电阻也会产生影响。下面通过仿真实例讨论加入交流负反馈对电路性能指标的影响。

试分析图 7-49 所示电路旁路电容 C_3 加入前后放大电路性能指标的变化。

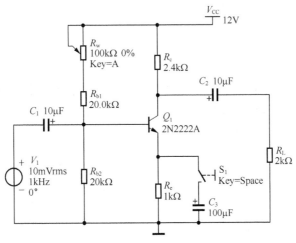

图 7-49 负反馈放大电路

分析：如图 7-49 所示电路中，R_e 是反馈电阻，C_3 是旁路电容。当 S1 闭合时，由于电容 C_3 旁路作用，交流量被过滤，因此只有直流负反馈，能稳定静态工作点；当 S1 打开时，电路中既有直流负反馈又有交流负反馈。

下面重点讨论交流部分，根据 7.3 节所讲方法判断，此反馈为电流串联负反馈。引入负反馈可以改善波形失真、扩展通频带、改变输入、输出电阻的大小。串联反馈使输入电阻增大，电流反馈具有稳定输出电流的作用，会使输出电阻增大。

仿真步骤如下。

（1）在 NI Multisim 14 软件工作区窗口中绘制电路。其中 Rw 是满量程 100kΩ 电位器，S₁ 为单刀单掷开关，控制旁路电容的接入。

（2）从仪器仪表库中选择万用表接入，分别设置为交流电压表、电流表。放大电路的输入信号接入示波器 A 通道，输出信号接入 B 通道。仿真测量电路如图 7-50 所示。

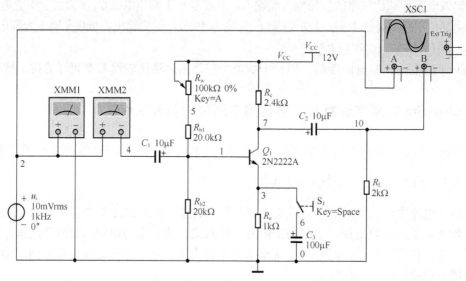

图 7-50　仿真测量电路

（3）运行仿真，调节电位器的值，分别开、关 S₁ 来模拟电容断开和接入时的状态，观察、记录各仪器、仪表波形、读数。

结果分析如下。

（1）改善波形失真

当 S₁ 闭合，即旁路电容接入电路，逐渐减小电位器的阻值，当电位器阻值为 0 时，发现输出波形出现严重失真，如图 7-51（a）所示。此时将开关 S₁ 打开，断开电容，输出波形如图 7-51（b）所示，波形不失真。

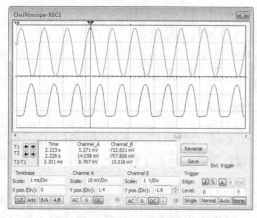
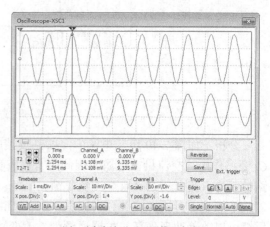

(a) 失真波形（C_3 接入电路）　　　(b) 不失真波形（C_3 不接入电路）

图 7-51　输入、输出仿真波形

对比图 7-51（a）、图 7-51（b）波形得出结论：旁路电容 C_3 断开，电路引入交流负反馈，负反馈可以改善波形失真；由游标线处的读数可以看出，此时电压放大倍数减小了。这与理论分析相符。

（2）扩展通频带

闭合 S_1，选择菜单命令"Simulation→Analyses and simulation"，在弹出窗口中选择"Patameters Sweep"（参数扫描），在"Analysis patameters"标签中设置参数如图 7-52 所示。电容 C_3 的"Start"（起始数值）为 0，近似模拟电容未接入时电路的特性；电容 C_3 的"Stop"数值为 100μF，即电路中接入 100μF 电容。在"Output"标签中选择输出为 V（10），对应放大电路的输出信号。

运行仿真，参数扫描仿真结果如图 7-52（b）所示。

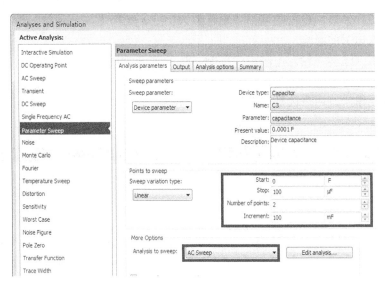

(a) 参数扫描设置

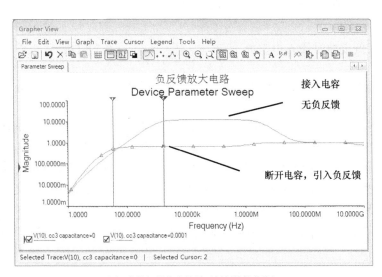

(b) 参数扫描仿真结果（幅频特性曲线）

图 7-52 负反馈对频率特性的影响

Cursor		
	V(10), cc3 capacitance=0	V(10), cc3 capacitance=0.0001
x1	16.5932	16.5932
y1	314.4666m	172.5631m
x2	607.4425	607.4425
y2	660.3776m	5.8888
dx	590.8492	590.8492
dy	345.9109m	5.7162
dy/dx	585.4470µ	9.6746m
1/dx	1.6925m	1.6925m

(c) 游标处读数

图 7-52 负反馈对频率特性的影响（续）

由图 7-52（b）中的幅频特性曲线可以看出：电容为 0（即电容断开），引入交流负反馈后通频带明显展宽了。点工具栏 ⊠ 按钮，拖动游标，游标处读数如图 7-52（c）所示，可以看出引入交流负反馈后，电路的增益（电压放大倍数）变小了。与理论分析结果一致。

（3）对输入电阻的影响

负反馈的引入还会对输入电阻产生影响。当开关 S_1 闭合时，电容 C_3 接入电路，电路中没有交流负反馈，万用表读数如图 7-53（a）所示；当开关 S_1 断开时，电容 C_3 不接入电路，电路中引入负反馈，万用表读数如图 7-53（b）所示。

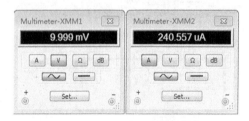

(a) C_3 接入电路（无负反馈）

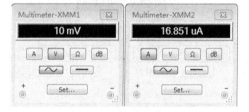

(b) C_3 不接入电路（引入负反馈）

图 7-53 万用表读数（测量输入电阻）

由图 7-53（a）、图 7-53（b）读数，计算没有负反馈时输入电阻 $R_i = \dfrac{u_i}{i_i} = \dfrac{9.999 \times 10^{-3}}{240.557 \times 10^{-6}} = 0.042\mathrm{k\Omega}$；引入负反馈时输入电阻 $R_i' = \dfrac{u_i'}{i_i'} = \dfrac{10 \times 10^{-3}}{16.851 \times 10^{-6}} = 0.59\mathrm{k\Omega}$。可以看出，引入串联负反馈后，输入电阻增大了，放大电路的动态指标得到改善，与理论分析结果一致。

（4）对输出电阻的影响

将放大电路的输入端短路、负载开路，在输出端接 1kHz、有效值为 10mV 交流电压源。接入两个万用表分别设置为交流电压表、电流表，具体仿真测量电路如图 7-54 所示。

运行仿真，当开关 S_1 闭合时，电容 C_3 接入电路，电路中没有交流负反馈，万用表读数如图 7-55（a）所示；当开关 S_1 断开时，电容 C_3 不接入电路，电路中引入交流负反馈，万用表读数如图 7-55（b）所示。

由图 7-55(a)、图 7-55(b)读数,计算没有负反馈时的输出电阻 $R_o = \dfrac{u_o}{i_o} = \dfrac{999.989 \times 10^{-6}}{16.392 \times 10^{-6}} = 61\Omega$；引入负反馈时输入电阻 $R_o' = \dfrac{u_o'}{i_o'} = \dfrac{999.989 \times 10^{-6}}{5.066 \times 10^{-6}} = 197.4\Omega$。可以看出，引入电流负反馈会使输出

电阻增大，这与理论分析结果一致。

综上仿真结果分析可知：引入交流负反馈能改善波形失真、扩展通频带；不同类型的负反馈对放大电路性能指标的影响也不同，读者应根据实际需要设计电路。

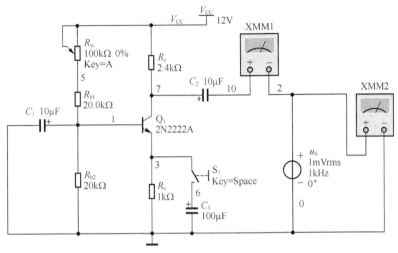

图 7-54　输出电阻测量

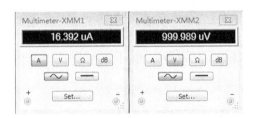 

(a) C_3 接入电路（无负反馈）　　　　　　(b) C_3 不接入电路（引入负反馈）

图 7-55　万用表读数（测量输出电阻）

7.6.1　比例运算电路仿真实例

电路如图 7-56 所示，R_1=30kΩ，R_f=15kΩ，试分析输入输出关系。

分析：理想集成运放具有"虚短"和"虚断"的特点，可得 $u_+ = u_- = 0$，则 $i_1 = \dfrac{u_i - u_-}{R_1} = \dfrac{u_i}{R_1}$，

$i_f = i_1$，所以 $u_o = -i_f R_f = -\dfrac{R_f}{R_1} u_i = -\dfrac{15}{30} u_i = -0.5 u_i$。该电路为反相比例运算电路。

仿真步骤如下。

（1）在 NI Multisim 14 软件工作区窗口中，绘制电路。其中集成运放可从菜单或元器件工具栏选择理想集成运放，也可根据需要选择具体型号。这里从菜单"Place→Component"在弹出窗口中选择"ANALOG_VIRTUAL→OPAMP_3T_VIRTUAL"（理想集成运放）。

（2）输入信号 u_i 加 1kHz、有效值为 10V 的正弦交流信号，输入、输出信号分别接示波器的 A、B 通道，仿真测量电路如图 7-57 所示。

（3）仿真运行，示波器波形如图 7-58 所示。

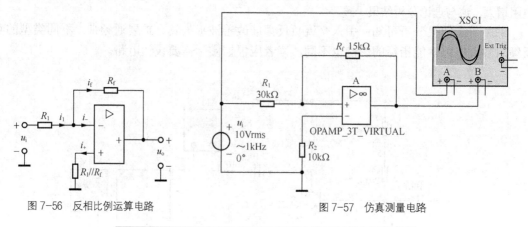

图 7-56 反相比例运算电路

图 7-57 仿真测量电路

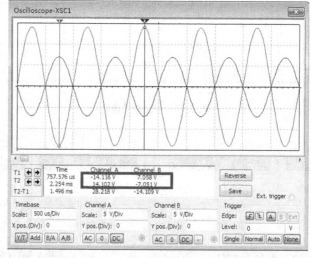

图 7-58 仿真波形

结果分析如下。

从图 7-58 波形可以看出，输入、输出反相，来回拖动游标测量幅值，发现输出信号与输入信号幅度比值为为-0.5。如在游标线 1 处，当输入信号幅值为-14.116V 时，输出信号幅值为 7.058V，电压放大倍数 $A_u = u_o / u_i = 7.058 / (-14.116) \approx -0.5$，与理论分析结果一致。

习题 7

7-1　什么差模信号？什么是共模信号？若在差动放大器的一个输入端加信号 $u_{i1} = 4\text{mV}$，而在另一个输入端加信号 u_{i2}，试分别求当 u_{i2} 为以下 4 种情况时的差模信号 u_{id} 和共模信号 u_{ic}。

（1）$u_{i2} = 4\text{mV}$；（2）$u_{i2} = -4\text{mV}$；（3）$u_{i2} = 8\text{mV}$；（4）$u_{i2} = -8\text{mV}$。

7-2　已知差模放大电路的差模增益 $A_{ud} = 50000$，若输入端连在一起，并输入 1V 的信号，输出信号为 0.01V，试求该放大器的共模增益 A_{uc} 及共模抑制比 K_{CMR}。

7-3　图 7-1 所示差动放大电路中的 R_E 的作用是什么？它对共模输入信号和差模输入信号各有什么影响？

7-4 什么叫反馈？交流负反馈有哪几种组态？如何判断？

7-5 引入负反馈对放大电路的性能有何影响？

7-6 试判断题图 7-1 所示各电路的反馈极性和反馈类型（若是多级放大，只判断交流级间反馈）。

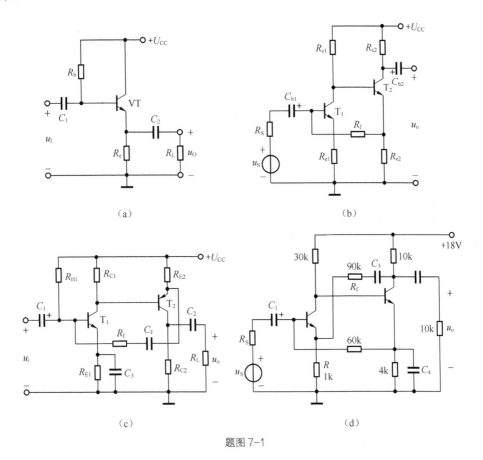

题图 7-1

7-7 试判断题图 7-2 所示各电路的反馈极性和反馈类型（若是多级放大，只判断交流级间反馈）。

7-8 题图 7-3 为某反馈放大电路的方框图，已知电路的开环增益 $A_u = 1000$，反馈系数 $F = 0.099$，若输入电压 $U_i = 0.1V$，试求电路的闭环增益 A_{uf} 及输出电压 U_o。

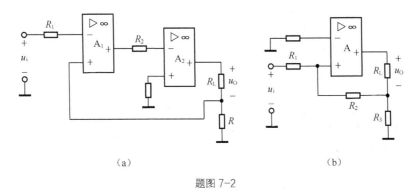

题图 7-2

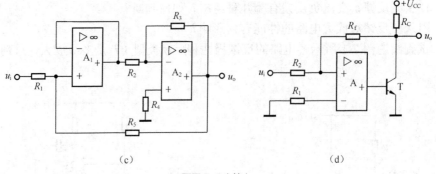

（c）   （d）

题图 7-2（续）

7-9 已知某负反馈放大电路中，其基本放大器的开环增益 $A = 10^5$，电路的闭环增益 $A_f = 100$，试求：（1）反馈网络的反馈系数 F；

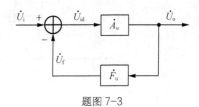

题图 7-3

（2）若由于温度变化，A 变化到 1.2×10^5，则负反馈放大电路的 A_f 的相对变化率为多少？

7-10 某电压串联负反馈放大电路，已知输入电压 $U_i = 0.1V$，输出电压 $U_o = 10V$，反馈系数 $F = 0.0098$，试求电路的 A 和 U_f。

7-11 题图 7-4 所示电路，如何引入反馈才能实现以下要求？试在原电路中加入反馈元件，并分别画出满足要求的电路。

（1）稳定输出电压 u_o，且减小输入电阻。

（2）稳定输出电流 i_o，且增大输入电阻。

7-12 电路如题图 7-5 所示。

（1）为使电路实现负反馈功能，试标出运放的同相输入端和反相输入端。

（2）指出电路的反馈类型，并导出闭环增益 $A_{uf} = u_o/u_i$。

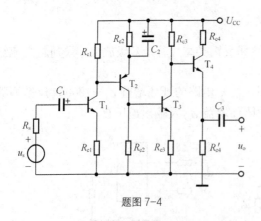

题图 7-4

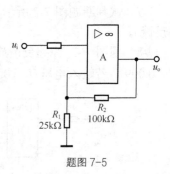

题图 7-5

7-13 试分别写出题图 7-6 所示各电路的输出电压和输入电压的关系式，并说明它们组成何种运算电路。（图 7-6 中运放均为理想运放）

7-14 电路如题图 7-7 所示，设所有的运放均为理想运放，试写出各电路的输出电压 u_o 的值。

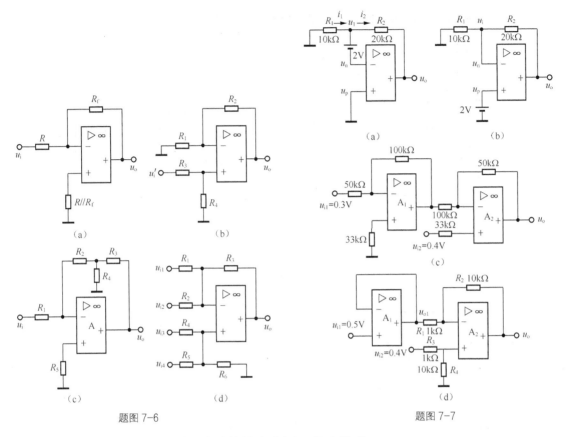

题图 7-6　　　　　　　　　　　　　题图 7-7

7-15　试写出题图 7-8 所示电路的输出电压 u_o 的表达式。

7-16　利用运放组成的测量电压电路如题图 7-9 所示，电路共有 0.5V、1V、5V、10V、50V 五种量程，输出接满量程为 5V 的电压表。试计算各档对应电阻 $R_1 \sim R_5$ 的阻值。

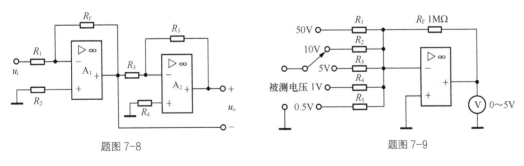

题图 7-8　　　　　　　　　　　　题图 7-9

7-17　试写出题图 7-10 所示电路 u_o 与 u_{i1}、u_{i2} 的关系式。

7-18　设计一个比例运算电路，要求输入电阻 $R_i = 20\text{k}\Omega$，比例系数为-100。

7-19　采用理想的集成运放，试设计一个相加器，完成 $u_o = -5u_{i1} - 4u_{i2}$ 的运算，并要求对 2 个输入端 u_{i1}、u_{i2} 的输入电阻最小为 100kΩ。

7-20　同相比例运算电路如题图 7-11 所示，试问当输入 u_i=50mV 时，输出 u_o 为多少？

7-21　在自动控制系统中需要有调节器（或称校正电路），以保证系统的稳定性和控制的精度。题图 7-12 所示的电路为比例—积分调节器（简称 PI 调节器），试求 PI 调节器的 u_o 与 u_i 的关系式。

7-22 试求图题 7-13 所示同相积分器电路的 u_o 与 u_i 的关系式。

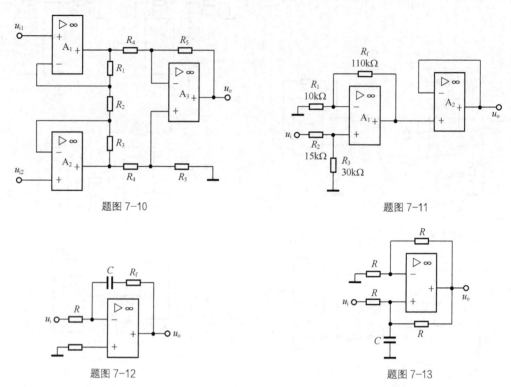

题图 7-10

题图 7-11

题图 7-12

题图 7-13

7-23 题图 7-14（a）所示电路，已知 $R_1 = R_2 = 20\text{k}\Omega$，$C_1 = 50\mu\text{F}$，$C_2 = 10\mu\text{F}$，输入电压 u_i 的波形如题图 7-14（b）所示。试写出 u_{o1} 和 u_o 的表达式，并画出输出电压 u_o 的波形。

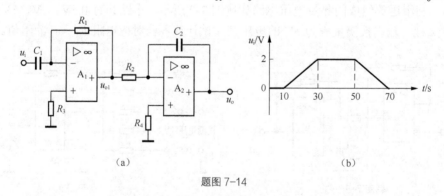

（a）   （b）

题图 7-14

7-24 在题图 7-15 所示电路中，运算放大器的最大输出电压 $U_{OM} = \pm 12\text{ V}$，稳压管的稳定电压 $U_Z = 7\text{V}$，其正向导通压降 $U_{D(on)} = 0.7\text{V}$，$u_i = 15\sin\omega t\text{ V}$，在参考电压分别为 $U_R = 5\text{V}$ 和 $U_R = -5\text{V}$ 两种情况下，试分别画出它们的电压传输特性和输出电压 u_o 的波形。

7-25 试设计一个简单电压比较器，满足以如下要求：

（1）参考电压 $U_{REF} = 5\text{V}$；

（2）输出低电平约-6V，输出高电平为 0.7V 左右；

（3）当输入电压大于参考电压时，输出为低电平。

7-26 题图 7-16 所示电路是由理想运放构成的比较器电路，试写出电路的门限电压 U_T，并画出它的电压传输特性曲线。

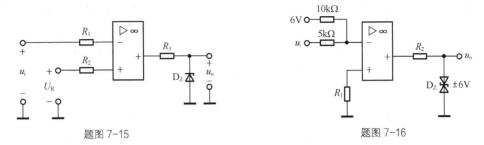

题图 7-15　　　　　　　　　　　　题图 7-16

7-27　题图 7-17 所示电路为迟滞电压比较器电路，已知运放最大输出电压 $U_{OM}=\pm12$，试求电路的门限电压 U_T 及回差电压 ΔU，并画出电压传输特性曲线。

7-28　试用运放实现题图 7-18 所示电压传输特性的迟滞比较器电路，并画出相应的电路图。

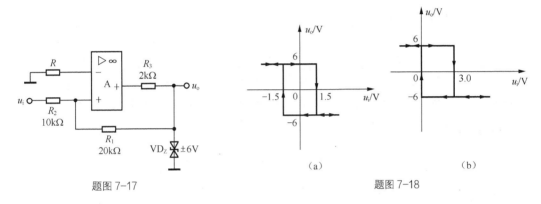

题图 7-17　　　　　　　　　　　题图 7-18

7-29　设迟滞比较器的电压传输特性曲线和输入电压波形分别如图 7-19（a）、图 7-19（b）所示。试画出该电路的输出电压波形。

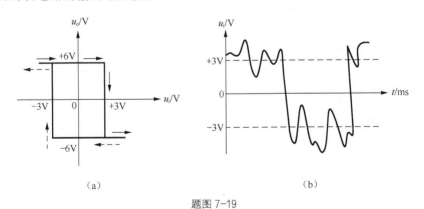

题图 7-19

习题 7 答案

7-1　（1）$u_{id}=0$，$u_{ic}=4\text{mV}$；（2）$u_{id}=8\text{mV}$，$u_{ic}=0$；（3）$u_{id}=-4\text{mV}$，$u_{ic}=6\text{mV}$；（4）$u_{id}=12\text{mV}$，$u_{ic}=-2\text{mV}$

7-2 $A_{uc} = 0.01$，$K_{CMR} = 5 \times 10^6$

7-6 （a）电压串联负反馈；（b）电流并联负反馈；（c）电流并联负反馈；（d）电压串联负反馈

7-7 （a）电流串联负反馈；（b）电流并联正反馈；（c）电压并联负反馈；（d）电压并联负反馈

7-8 $A_{uf} = 10$，$U_o = 1V$

7-9 $F = 0.01$，$dA_f / A_f = 0.0002$

7-10 $A = 5000$，$U_f = 0.098V$

7-12 （2）电压串联负反馈，$A_{uf} = 5$

7-13 （a）$u_o = -\dfrac{R_f}{R} u_i$

（b）$u_o = (1 + \dfrac{R_2}{R_1}) \dfrac{R_4}{R_3 + R_4} u_i$

（c）$u_o = -\dfrac{R_2 + R_3 + R_2 R_3 / R_4}{R_1} u_i$

（d）$u_o = -(\dfrac{R_3}{R_1} u_{i1} + \dfrac{R_3}{R_2} u_{i2}) + (1 + \dfrac{R_3}{R_1 // R_2})(\dfrac{R_5 // R_6}{R_4 + R_5 // R_6} U_{i3} + \dfrac{R_4 // R_6}{R_5 + R_4 // R_6} U_{i4})$

7-14 （a）$u_o = 6V$；（b）$u_o = 6V$；（c）$u_o = 0.9V$；（d）$u_o = -0.1V$

7-15 $u_o = \dfrac{2R_f}{R_1} u_i$

7-16 $10M\Omega$，$2M\Omega$，$1M\Omega$，$200k\Omega$，$100k\Omega$

7-17 $\dfrac{R_5}{R_4}(1 + \dfrac{R_3}{R_2} + \dfrac{R_1}{R_2})(u_{i2} - u_{i1})$

7-20 $u_o = 0.4V$

7-21 $u_o = -\left(\dfrac{R_f}{R} u_i + \dfrac{1}{RC} \int u_i dt \right)$

7-22 $u_o = \dfrac{2}{RC} \int u_i dt$

7-23 $u_{o1} = -R_1 C_1 \dfrac{du_i}{dt}$，$u_o = \dfrac{R_1 C_1}{R_2 C_2} u_i$

7-26 $U_T = -3V$

7-27 $U_T = \pm 3V$，$\Delta U = 6V$

7-28 略

7-29 略

第8章 直流稳压电源

直流电源是电子电路稳定工作的基本单元，其作用是给电子电路提供能量。在实际应用中，大多数的直流电源是电压源，通常是利用电网提供的交流电源经过转换而得到直流电源，对它的基本要求是稳定的直流电压和足够的功率。本章首先对直流电源做一概述；然后，介绍直流电源的各个组成部分和工作原理，包括单相整流电路、滤波电路、稳压电路；最后，给出一个实用直流稳压电源的计算机辅助分析案例及仿真。

8.1 直流电源概述

直流电源是将电网提供的交流电通过电源变压器、整流电路、滤波电路、稳压电路等环节变换成所需的直流电。小功率（1000W 以下）稳压电源的原理方框图如图 8-1 所示，其任务是将交流电网电压（220V、50Hz）转换成幅值稳定的直流电压（通常为几伏或几十伏），同时可提供一定的直流电流（通常为几安或几十安）。各环节的功能如下。

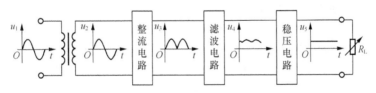

图 8-1　直流稳压电源原理方框图

（1）整流变压器。通常情况下，所需的直流电压比电网提供的交流电压在数值上相差较大，需要利用变压器降压，先将交流电网电压（220V、50Hz，常称为市电）变换为所需要的交流电压，以便于后面各环节电路的转换。

（2）整流电路。经变压器降压后的交流电通过整流电路变成了单方向的直流电，这种直流电幅值变化大，含有较大的交流成份，称为脉动大的直流电。

（3）滤波电路。通过滤波电路，滤除掉直流电压所含的较大的交流成分，得到平滑的脉动小的直流电。

（4）稳压电路。由于滤波后的输出电压会随着电网电压的波动、负载和温度的变化而变化，因此需要在滤波电路之后接稳压电路，以便得到输出电压稳定的直流电源。

下面讨论各环节电路的组成、工作原理及性能。

8.2 整流电路

整流电路的任务就是利用二极管的单向导电性，将交流输入电压转变为单向脉动电压。在小功率直流电源中，输入交流市电为单相交流电，故相应的整流电路为单相整流电路，它包括单相半波、单相全波、单相桥式和倍压整流电路四种形式。本节介绍单相半波、单相全波、单相桥式整流电路。在以下分析中，均将二极管看作理想元件，即认为它的正向导通电阻为零，而反向电阻为无穷大。

整流电路的基本参数如下。

（1）整流输出电压平均值 U_o

整流电路输出电压 u_o 在一个周期内的平均值，称为输出直流电压平均值，即

$$U_o = \frac{1}{2\pi} \int_0^{2\pi} u_o \mathrm{d}(\omega t) \tag{8-1}$$

（2）整流输出电压的纹波系数 K_r

整流电路输出电压 u_o 的交流有效值与平均值 U_o 之比，称为输出电压纹波系数，即

$$K_r = \frac{\sqrt{\sum_{n=1}^{\infty} U_{on}^2}}{U_o} \tag{8-2}$$

（3）整流二极管正向平均电流 I_D

I_D 指一个周期内通过整流二极管的平均电流。实际应用时，该值应小于二极管的极限参数，即小于最大整流电流 I_F。

（4）最大反向峰值电压 U_{Rm}

U_{Rm} 指整流二极管截止时所承受的最大反向电压。实际应用时，该值应小于二极管的极限参数，即小于最大反向工作电压 U_{RM}。

在整流电路的基本参数中，输出直流电压平均值 U_o 反映的是整流电路转换关系，输出电压纹波系数 K_r 反映的是它的脉动大小，这两个参数是衡量整流电路性能的指标；另外两个参数，即整流二极管正向平均电流 I_D 和最大反向峰值电压 U_{Rm} 是与选择整流管有关的参数。

8.2.1 单相半波整流电路

单相半波整流电路如图 8-2（a）所示，它由整流变压器 T_r、整流二极管 D、负载电阻 R_L 组成。设整流变压器副边电压为 $u_2 = \sqrt{2}U \sin \omega t$。

u_2 的波形如图 8-2（b）所示，同时可见，一个工频周期内，只在正半周二极管导通，在负载上得到的输出电压是半个正弦波。i_D 为流过二极管 D 的电流，u_o 为负载上的电压，u_D 为二极管 D 上的电压。负载上输出电压平均值为

$$U_o = \frac{1}{2\pi} \int_0^{2\pi} \sqrt{2}U_2 \sin \omega t \mathrm{d}(\omega t) = \frac{\sqrt{2}}{\pi} U_2 = 0.45 U_2 \tag{8-3}$$

其中，U_2 为输入电压 u_2 的有效值，流过负载和二极管的平均电流为

$$I_D = I_o = \frac{U_o}{R_L} = \frac{\sqrt{2}U_2}{\pi R_L} = \frac{0.45 U_2}{R_L} \tag{8-4}$$

二极管所承受的最大反向电压为

$$U_{Rm} = \sqrt{2}U_2 \tag{8-5}$$

通常情况下，根据 U_o、I_o、U_{Rm} 的值就可选择合适的整流元件。

如图 8-2 所示，负载上可得到单方向的脉动电压，由于电路只在 u_2 的正半周有输出，所以称为半波整流电路。半波整流电路结构简单，使用元件少，但整流效率低，输出电压脉动大，因此，它只适用于要求不高的场合。

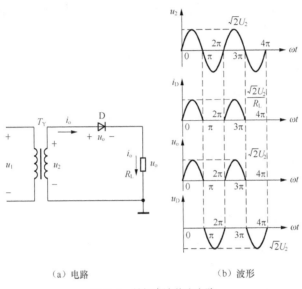

（a）电路　　　　　　　　（b）波形

图 8-2　单相半波整流电路

8.2.2　单相全波整流电路

单相全波整流电路如图 8-3（a）所示，对应电路各处的波形图如图 8-3（b）所示。

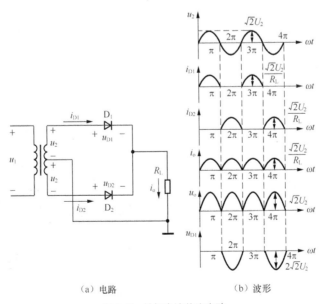

（a）电路　　　　　　　　（b）波形

图 8-3　单相全波整流电路

如图 8-3（b）所示，在一个工频周期内，正半周二极管 D_1 导通，D_2 截止；负半周二极管 D_2 导通，D_1 截止。正、负半周均有电流按照同一个方向流过负载 R_L，在 R_L 上得到的输出电压 u_o 是同方向的单向脉动电压，负载上输出电压平均值为

$$U_o = \frac{1}{\pi} \int_0^\pi \sqrt{2}U_2 \sin\omega t \mathrm{d}(\omega t) = \frac{2\sqrt{2}}{\pi}U_2 = 0.9U_2 \tag{8-6}$$

由式（8-3）和式（8-6）可见，单相全波整流的输出电压平均值是单相半波整流的两倍，与单相半波整流电路相比，单相全波整流的输出电压中的直流成分得到提高，脉动成分降低。

流过负载的平均电流为

$$I_o = \frac{U_o}{R_L} = \frac{2\sqrt{2}U_2}{\pi R_L} = \frac{0.9U_2}{R_L} \tag{8-7}$$

流过每个二极管的平均电流为

$$I_{D1} = I_{D2} = \frac{I_o}{2} = \frac{0.45U_2}{R_L} \tag{8-8}$$

每个二极管所承受的最大反向电压

$$U_{Rm} = 2\sqrt{2}U_2 \tag{8-9}$$

8.2.3 单相桥式整流电路

单相桥式整流电路如图 8-4（a）所示，图 8-4（b）为其简化画法。它不需要副边带有中心抽头的变压器，而是用四个二极管接成电桥形式，使变压器副边电压的正负半周均有电流流过负载，在负载上得到全波脉动电压。由图 8-4（a）可知，当 u_2 正半周时，二极管 D_1、D_3 导通，D_2、D_4 截止，在负载 R_L 上得到 u_2 的正半周电压波形。当 u_2 负半周时，二极管 D_2、D_4 导通，D_1、D_3 截止，在负载 R_L 上得到 u_2 的负半周电压波形。在 R_L 上正、负半周经过合成，得到的是同一个方向的单向脉动电压，如图 8-4（c）所示。

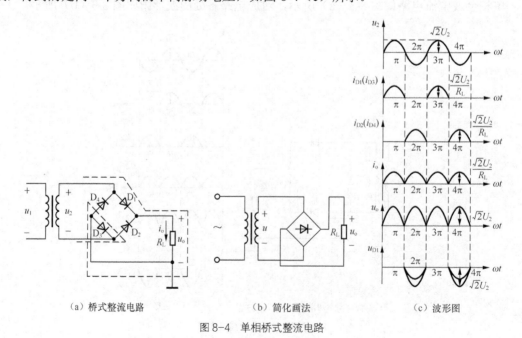

（a）桥式整流电路　　　　　　　（b）简化画法　　　　　　　（c）波形图

图 8-4　单相桥式整流电路

负载上输出电压的平均值为

$$U_o = \frac{1}{\pi} \int_0^\pi \sqrt{2}U_2 \sin\omega t \,d(\omega t) = \frac{2\sqrt{2}}{\pi}U_2 = 0.9U_2 \qquad (8\text{-}10)$$

由式（8-3）和式（8-10）可见，单相桥式整流的输出电压平均值也是单相半波整流的两倍，即全波整流是半波整流的两倍。

流过负载的平均电流为

$$I_o = \frac{U_o}{R_L} = \frac{2\sqrt{2}U_2}{\pi R_L} = \frac{0.9U_2}{R_L} \qquad (8\text{-}11)$$

流过二极管的平均电流为

$$I_{D1} = I_{D2} = \frac{I_o}{2} = \frac{0.45U_2}{R_L} \qquad (8\text{-}12)$$

二极管所承受的最大反向电压

$$U_{Rm} = \sqrt{2}U_2 \qquad (8\text{-}13)$$

流过负载的脉动电压中包含有直流分量和交流分量，对脉动电压做傅里叶分析，可得到

$$u_o = \sqrt{2}U_2\left(\frac{2}{\pi} + \frac{4}{3\pi}\cos 2\omega t - \frac{4}{15\pi}\cos 4\omega t + \frac{4}{35\pi}\cos 6\omega t \cdots\right) \qquad (8\text{-}14)$$

其中，ω 为电源电压角频率（采用市电电网供电时，$\omega = 314\text{rad/s}$）。

由式（8-14）可知，输出电压中只包含 2、4、6…等偶次谐波分量，这些交流分量总称为纹波 U_{or}，即

$$U_{or} = \sqrt{U_{o2}^2 + U_{o4}^2 + U_{o6}^2 + \cdots} = \sqrt{U_2^2 - U_o^2} \qquad (8\text{-}15)$$

根据式（8-2）、式（8-15）可得输出电压的纹波系数 K_r 为

$$K_r = \frac{U_{or}}{U_o} \approx 0.48 \qquad (8\text{-}16)$$

对单相半波、全波、桥式整流电路做一对比。可以看到，单相桥式电路相对于半波整流电路，若输入电压相同，则电路输出电压平均值提高了一倍，若输出电流相同，则每个二极管（整流管）流过的平均电流减少了一半。相对于全波整流电路，二极管所承受的反向电压降低了一倍，同时波纹系数也下降很多。所以单相桥式整流电路的总体性能优于单相半波、全波整流电路，应用最为广泛。

以上几种整流电路及基本参数列表见表 8-1 所示。

表 8-1　　　　　　　　　　几种常见单相整流电路的比较

类　　型	电　　路	整流电压的波形	整流电压平均值	每管电流平均值	每管承受最高反向电压	变压器副边电流有效值
单相半波			$0.45\,U_2$	I_o	$\sqrt{2}U_2$	$1.57\,I_o$
单相全波			$0.9\,U_2$	$\dfrac{1}{2}I_o$	$2\sqrt{2}U_2$	$0.79\,I_o$

类　型	电　路	整流电压的波形	整流电压平均值	每管电流平均值	每管承受最高反向电压	变压器副边电流有效值
单相桥式			$0.9\,U_2$	$\dfrac{1}{2}I_o$	$\sqrt{2}U_2$	$1.11\,I_o$

在表 8-1 中，需要注意内容如下。

（1）单相半波整流时，$U_o = 0.45U_2$，单相全波整流时，$U_o = 0.9U_2$，以上关系是忽略了整流电路内阻（主要是变压器电阻、漏磁感抗、二极管正向电阻）得到的，实际应用中，U_o 要小一些。

（2）U_o 是整流电路输出电压的平均值，U_2 是整流电路输入电压（变压器副边电压）的有效值。同样，I_o 是整流电路输出电流的平均值，I_2 是整流电路输入电流（变压器副边电流）的有效值。

例 8-1　已知交流电源电压为 380V，现采用桥式整流电路，使 80Ω 负载电阻上整流电压 $U_o = 110\text{V}$。（1）试选择晶体二极管；（2）求整流变压器的变比及容量。

解：（1）由式（8-11）、式（8-12）、式（8-10）分别得

流过负载的平均电流　　　　　　$I_o = \dfrac{U_o}{R_L} = \dfrac{110}{80} = 1.4\text{A}$

每个二极管中的平均电流　　　　$I_D = \dfrac{1}{2}I_o = 0.7\text{A}$

变压器副边电压有效值　　　　　$U_2 = \dfrac{U_o}{0.9} = \dfrac{110}{0.9} = 122\text{V}$

考虑到变压器副边绕组及管子上的压降，变压器副边绕组约高出 10%，可取

$$U_2' = 122 \times 1.1 = 134\text{V}$$

变压器副边交流电压的最大值即为二极管承受的最高反向电压

$$U_{Rm} = \sqrt{2} \times 134 = 189\text{V}$$

可选择 2CZ11C 晶体二极管，其最大整流电流为 1A，反向工作峰值电压为 300V。

（2）整流变压器的变比　　　　$k = \dfrac{380}{134} = 2.8$

整流输出电流平均值与变压器副边电流最大值的关系为

$$I_o = \frac{1}{\pi}\int_0^\pi I_m \sin\omega t\, d(\omega t) = \frac{2I_m}{\pi}$$

变压器副边电流有效值与最大值的关系为

$$I_2 = \sqrt{\frac{1}{\pi}\int_0^\pi (I_m \sin\omega t)^2\, d(\omega t)} = \frac{I_m}{\sqrt{2}}$$

则变压器副边电流有效值 $I_2 = \dfrac{\pi}{2\sqrt{2}}I_o = 1.11I_o = 1.11 \times 1.4 = 1.55\text{A}$

变压器的容量　　　　　　　　$S = U_2' I_2 = 134 \times 1.55 = 208\text{VA}$

可选用 BK300（300VA），380/134V 的变压器。

8.3　滤波电路

由整流电路输出得到的电压虽然为直流电压，但其脉动较大，与大部分电子电路所要求的直流状态相差甚远，需要采取滤波措施，得到更加平滑的直流电压。

本节介绍无源元件组成的滤波电路，利用电容器两端电压和流过电感器电流均不能突变的特性，以及电抗元件对交、直流信号阻抗的不同，实现滤波。滤波电路的作用即保直流去交流，而电容器对直流开路，对交流阻抗小，所以应该并联在负载电阻两端，而电感器对直流阻抗小，对交流阻抗大，因此应与负载电阻串联，这样就可使输出电压获得尽可能高的直流成分，以达到使输出波形更平滑的目的。下面分别介绍电容滤波电路、电感滤波电路等。

8.3.1　电容滤波电路

本节以单相半波整流的电容滤波电路为例，分析电容滤波电路的工作原理、电路特性以及有关参数的选择计算。

1. 单相半波整流的电容滤波电路

（1）工作原理

电容滤波电路如图 8-5（a）所示，与负载并联的电容器就是一个最简单的滤波器。以下讨论其基本工作原理。

当变压器副边电压 u_2 为正半周时，二极管 D 导通，一方面给负载电阻 R_L 供电，同时对电容器 C 充电，电容电压 u_C 与变压器副边电压 u_2 变化一致，如图 8-5（b）oa' 段，u_2 和 u_C 在 a' 点达到最大值。当变压器副边电压 u_2 为负半周时，u_2 按正弦规律下降，当 $u_2<u_C$，二极管 D 承受反向电压而截止，此时电容器对负载放电，负载中仍有同方向的电流流过。而 u_C 按放电规律沿曲线 ab 按指数规律下降。在 u_2 的下一个正半周内，当 $u_2>u_C$ 时，二极管 D 再次导通，电容器 C 再被充电，重复以上工作过程。

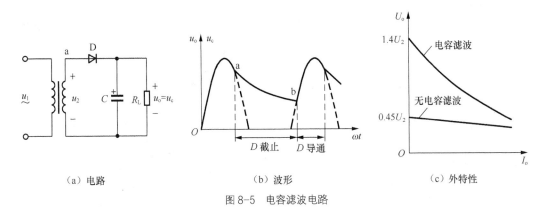

（a）电路　　　　　　　　（b）波形　　　　　　　　（c）外特性

图 8-5　电容滤波电路

（2）电容滤波电路特性及参数选择

滤波输出电压 u_o 即为电容器电压 u_C，其波形如图 8-5（b）所示，可见经电容滤波后，输出电压脉动大大减小。显然，输出电压的脉动程度与电容的放电时间常数 R_LC 有关，R_LC 越大，脉动就越小，输出电压数值则较高。

当电路处于空载状态（$R_L=\infty$），并忽略二极管正向压降时，由于放电时间常数 R_LC 很大（$\tau = R_LC = \infty$），此时 $U_o = \sqrt{2}U_2$，为电容器上所充电压的最大值，由于无放电回路，该值基本保持不变。

当电路处于有载状态，随着负载的增加（R_L 减小，I_o 增大），放电时间常数 R_LC 减小，放电加快，U_o 就会随之变小。

整流电路的外特性曲线如图 8-5（c）所示，该图反映了输出电压 U_o 与输出电流 I_o 之间的关系。与无电容滤波相比较，电容滤波输出电压随负载电阻的变化有较大变化，即外特性较差，也就是说该滤波电路的带载能力较差。在带载情况下，U_o 的大小通常估算确定。一般情况下，不论整流电路部分是半波还是全波整流，当满足 $R_L \geq (10\sim15)\dfrac{1}{\omega C}$ 时，即

$$R_LC \geq (3\sim5)\frac{T}{2} \tag{8-17}$$

式中，T 为交流市电电压的周期，即 $T = 1/50 \text{ s} = 0.02\text{s}$。

取：
$$U_o = U_2（半波） \tag{8-18}$$

如图 8-5（b）所示，由于二极管的导通时间短（小于 180°），又在一个周期内电容器的充电电荷等于放电电荷，即通过电容器的电流平均值为零，可见在二极管导通期间其电流 i_D 的平均值约等于负载电流的平均值 I_o，i_D 的峰值会较大，产生冲击电流，使管子损坏，在选择二极管时要引起注意。二极管承受的最大反向电压为 $U_{Rm} = 2\sqrt{2}U_2$。

2. 单相全波整流的电容滤波电路

以单相桥式全波整流电路为例，采用电容滤波后，做同样的分析，可得电容滤波电路和波形如图 8-6 所示。

当电路处于空载状态（$R_L=\infty$），U_o 同样为电容器上所充电压的最大值，即交流电压的最大值，$U_o = \sqrt{2}U_2$。

在带载情况下通常取
$$U_o = 1.2U_2（全波） \tag{8-19}$$

二极管承受的最大反向电压不变，即
$$U_{Rm} = \sqrt{2}U_2 \tag{8-20}$$

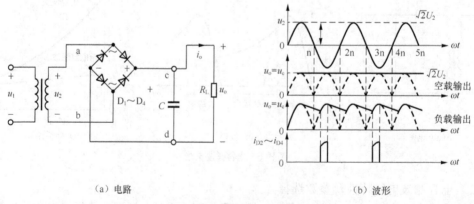

(a) 电路　　　　　　　　　　　(b) 波形

图 8-6 电容滤波（全波）

由以上分析可见，电容滤波电路结构简单，输出电压较高，脉动较小，但外特性较差，且有电流冲击，一般适用于要求输出电压较高，负载电流较小且变化也较小的场合。

例 8-2 某电子设备要求直流电压 $U_o=30\text{V}$，直流电流 $I_o=200\text{mA}$，若采用单相桥式整流、电容滤波电路供电，试确定二极管的最大整流电流 I_F 及最大反向工作电压 U_{Rm}、滤波电容的容量及耐压要求。

解（1）选择整流二极管

对桥式整流电路，根据式（8-12），流过整流二极管的电流

$$I_D = \frac{I_o}{2} = \frac{200}{2} = 100\text{mA}，$$

故需 $I_F>I_D$，可选择 $I_F=(2\sim3)I_D=200\text{mA}\sim300\text{mA}$。

由于是全波整流，根据式（8-19），取 $U_o=1.2U_2$，故变压器次级输出电压有效值为

$$U_2 = \frac{U_o}{1.2} = \frac{30}{1.2} = 25\text{V}$$

由式（8-20）
$$U_{Rm} = \sqrt{2}U_2 = \sqrt{2} \times 25 = 35\text{V}$$

故需 $U_{RM}>U_{Rm}$，可选 $U_{RM}=50\text{V}$。

（2）选择滤波电容器

由已知条件，得：
$$R_L = \frac{U_o}{I_o} = \frac{30}{0.2} = 150\Omega，$$

由式（8-17），$R_L C \geqslant (3\sim5)\dfrac{T}{2}$，取 $R_L C = \dfrac{5T}{2}$，可求得 $C = \dfrac{5T}{2R_L} = \dfrac{5}{2} \times \dfrac{1}{50} \times \dfrac{1}{150} = 333.3\mu\text{F}$

电容的耐压应大于电容两端可能出现的最高电压（空载时电压），即 $U_{Cm} = U_{Rm} = 35\text{V}$，故可选 $C=470\mu\text{F}$，耐压为 50V 的电解电容。

8.3.2 电感滤波电路

单相全波整流电感滤波电路如图 8-7（a）所示，电感器是储能元件，利用其上电流不能突变的性质，将电感与负载电阻串联，以达到滤波的目的。下面说明电路的工作原理。

当变压器副边电压 u_2 为正半周时，二极管 D_1、D_3 导通，由于电感滤波电路属于 RL 电路，所以电感中的电流是滞后 u_2 的。当变压器副边电压 u_2 为负半周时，电感中的电流由 D_2、D_4 提供，由于桥式电路的对称性以及电感中电流的连续性，四个二极管的导通角都是 180°。输出直流电压及电流的波形如图 8-7（b）所示。

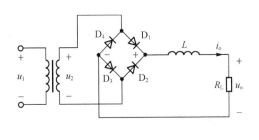

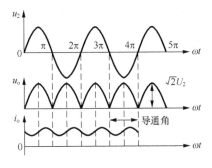

（a）电路　　　　　　　　　　　　　　　　（b）波形

图 8-7　电感滤波

由以上分析可见，相比电容滤波电路，电感滤波电路中二极管的导通角大，所以具有峰值电流小、输出特性较平坦的特点。但由于带有铁芯的电感线圈体积大、较笨重，易引起电磁干扰，一般只适用于低电压、大电流的场合。

8.3.3 复合型滤波电路

为了进一步降低输出电压 u_o 中的纹波成分，可以采用复合型滤波电路，常用的有：Π型 RC 型滤波器、LC 型滤波器、Π 型 LC 型滤波器，如图 8-8 所示。

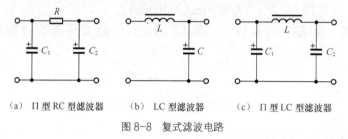

（a）Π型 RC 型滤波器　　（b）LC 型滤波器　　（c）Π型 LC 型滤波器

图 8-8　复式滤波电路

Π 型 RC 型滤波器的性能和应用场合与电容滤波电路相似，LC 型滤波器和 Π 型 LC 型滤波器的性能和应用场合与电感滤波电路相似。

8.4 稳压电路

从前几节的分析可以看到，交流电经过整流、滤波后便可得到平滑的直流电压，但该直流电压会因为交流电源电压的波动，使输出电压不稳定；又由于整流滤波电路含有内阻，当负载电流变化时，也会使输出电压不稳定。所以，在整流滤波之后，必须加接稳压电路。就是说，稳压电路的作用就是在交流电源电压波动或负载电流变化时能够稳定直流输出电压。因此衡量稳压电路主要以这两方面的性能为指标。

8.4.1 稳压电路的主要指标

1. 稳压系数 S_r

S_r 定义为负载不变时输出电压的相对变化量与输入电压的相对变化量之比，即

$$S_r = \left. \frac{\Delta U_o / U_o}{\Delta U_i / U_i} \right|_{R_L = 常数} \tag{8-21}$$

该指标反映了稳压电路对输入电压不稳定的抑制能力，其值越小，抑制能力越强，输出电压的稳定性越好。输入电压 U_i 指整流滤波后的直流电压。有时稳压系数也用下式定义

$$S_r = \left. \frac{\Delta U_o / U_o}{\Delta U_i / U_i} \right|_{\Delta I_O = 0} \tag{8-22}$$

2. 输出电阻 R_o

当输入电压不变时，从输出端看入的等效电阻称为输出电阻 R_o，R_o 为输出端电压微变量与输出电流微变量之比，它反映了稳压电路受负载变化的影响，即

$$R_o = \left. -\frac{\Delta U_o}{\Delta I_o} \right|_{U_i = 常数} \tag{8-23}$$

R_o 反映了稳压电路带载能力的强弱，其值越小，输出电压越稳定，带载能力越强。

3. 纹波抑制比 S_{rip}

S_{rip} 定义为输入纹波电压峰一峰值 U_{IPP} 与输出纹波电压峰一峰值 U_{oPP} 之比的分贝数，即

$$S_{rip} = 20 \lg \frac{U_{IPP}}{U_{oPP}} \tag{8-24}$$

S_{rip} 越大，稳压电路对纹波的抑制能力越强，U_o 稳定性越好。由于 S_{rip} 是对交流信号而言，因而输入电压的纹波频率不同，S_{rip} 也有所不同。所以，测定 S_{rip} 时，要规定输入交流信号的频率。

8.4.2　线性串联型直流稳压电路

5.3 节所介绍的稳压管稳压电路，如图 5-20 所示，该电路利用调节流过稳压管的电流大小，并结合限流电阻，以适应电网电压的波动和负载的变化，起到稳压的作用，这种稳压电路称并联稳压电路，电路的稳压部分是由稳压管和限流电阻构成的，它的缺点是工作电流较小，稳定电压值不能连续调节。下面介绍实用的线性串联型直流稳压电路，该电路工作电流较大，输出电压可连续调节，且稳定性好。

1. 稳压电路组成

线性串联型直流稳压电路的组成如图 8-9 所示，它由调整管、取样电路、基准电压源、比较放大器四个部分组成，其中 U_I 表示整流滤波电路的输出电压，T 为调整管，A 为比较放大器，U_Z 为基准电压，R_1、R_2 与 R_P 组成取样电路，用于将输出电压的一部分传送到比较放大器，构成电压反馈网络。

2. 稳压工作原理

如图 8-9 所示调整管工作在线性放大区，当输入电压 U_i 或负载电流 I_o 变化时，将引起输出电压 U_o 变化，假设使输出电压 U_o 增加，则取样电压 U_F 随之增大，U_F 与基准电压 U_Z 比较后的差值电压，经比较放大器 A 放大后使调整管 T 的基极电位减小，三极管集射极间电压 U_{CE} 增大，使输出电压 U_o 减小，从而使稳压电路的输出电压基本不变，稳定了输出电压。

上述稳压过程可用流程图表示如下。

$$U_i \uparrow \rightarrow U_o \uparrow \rightarrow U_F \uparrow \rightarrow U_B (\text{调整管基极电压}) \downarrow \rightarrow (\text{调整管})$$
$$U_{CE} \downarrow \longleftarrow \qquad\qquad\qquad\qquad$$

同理，当输入电压 U_i 减小（或负载电流 I_o 增大）引起输出电压 U_o 减小时，电路将产生与上述相反的稳压过程，维持电压基本不变。可见稳压的实质是 U_{CE} 的自动调节使输出电压恒定。

由上述稳压过程的分析可知，晶体管的调节作用使 U_o 稳定，所以称晶体管为调整管。因为调整管和负载是串联的，所以称这种电路为串联型稳压电路。又由于调整管工作在线性区，称这类电路为线性串联稳压电路。该电路中引入了电压负反馈，输出电压会比较稳定。

3. 输出电压调节范围

由于取样电压 U_F 是取自输出电压 U_o 的一部分，如图 8-9，又 $U_+ = U_-$，得

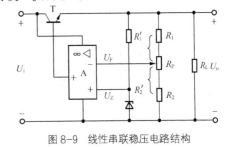

图 8-9　线性串联稳压电路结构

$$U_F = \frac{U_o R_2'}{R_1 + R_2 + R_P} = U_Z \tag{8-25}$$

则反馈系数
$$F = \frac{U_F}{U_o} = \frac{R_2'}{R_1 + R_2 + R_P} \qquad (8\text{-}26)$$

得
$$U_o = \frac{1}{F}U_Z = \frac{R_1 + R_2 + R_P}{R_2'}U_Z \qquad (8\text{-}27)$$

由式（8-27）可知，输出电压 U_o 只与基准电压 U_Z 和反馈系数 F 有关，只要调节可变电阻 R_P 便可调节输出电压的大小，当 R_P 滑动端置上端时，得最小输出电压为：

$$U_{omin} = \frac{R_1 + R_2 + R_P}{R_2 + R_P}U_Z \qquad (8\text{-}28)$$

R_P 滑动端置下端时，得最大输出电压为：

$$U_{omax} = \frac{R_1 + R_2 + R_P}{R_2}U_Z \qquad (8\text{-}29)$$

故输出电压调节范围为：$U_{omin} \sim U_{omax}$。

4. 集成三端稳压器

集成三端稳压器是以串联稳压电路为基础的一个电路组件，以其体积小、重量轻、容易调整、性能稳定、可靠性高、成本低等特点，得到了广泛应用，这种稳压器因只有输入端、输出端和公共端三个端，故也称为三端式稳压器。需要注意的是，不同型号和封装的稳压器，它们三个端的位置不同，需查手册确定。下面介绍几种常见的三端稳压器。

本节主要讨论有输出正电压的 7800 系列和输出负电压的 7900 系列的使用，图 8-10 是 W7800 系列稳压器的外形、管脚和接线图。

这种稳压器在使用时，只需在输入端和输出端与公共端之间各并一个电容即可，使用非常方便。C_i 用以防止稳压器的自激振荡，C_0 是为了瞬时增减负载电流时避免输出电压有较大波动。CW7800 系列输出固定的正电压有为 5V、8V、12V、15V、18V、24V 等多种。如 CW7805，输出电压为 5V，最大电流 1.5A；CW78M05，输出电压为 5V，最大电流 0.5A；CW78L05，输出电压为 5V，最大电流 0.1A。CW7900 系列输出固定的负电压，其参数与 CW7800 基本相同。使用时三端稳压器接在整流滤波电路之后。下面介绍几种常用的集成三端稳压器的应用电路。

（1）固定式集成三端稳压器

电路如图 8-11 所示。输出电压决定于集成稳压器，对 CW7812 稳压器，输出电压为 12V，最大输出电流为 1.5A。

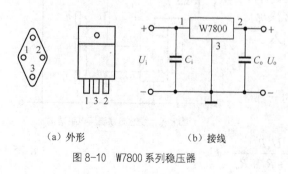

（a）外形　　（b）接线

图 8-10　W7800 系列稳压器

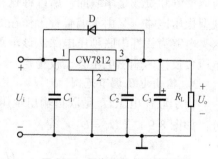

图 8-11　固定式集成三端稳压器

正常工作时，要求输入电压 U_i 比输出电压 U_o 至少大 2.5～3V。输入端电容 C_1 用以抵消输入端较长接线的电感效应，以防止自激振荡，还可抑制电源的高频脉冲干扰，输出端电容 C_2、C_3 用以改善负载的瞬态响应，消除电路的高频噪声，同时也具有消振作用。D 是保护二极管，当输入端短路时，可给 C_3 提供一个放电的通路，防止 C_3 两端电压击穿调整管的发射结，损坏器件。CW7900 系列的接线与 CW7800 系列基本相同。

（2）正、负电压同时输出的电路

电路如图 8-12 所示。该电路采用 W7815 和 W7915 三端稳压器，组成了具有同时输出 +15V、−15V 电压的稳压电路。

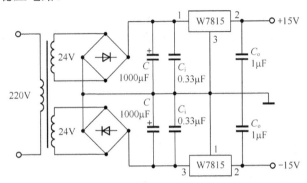

图 8-12 正负电压同时输出电路

（3）提高输出电压的电路

如图 8-13 所示电路，可使输出电压高于固定输出电压。它在稳压器输出端和地之间接入了电阻 R_1 和 R_2 构成的分压电路，将稳压器公共端接在分压点上，显然有

$$U_o = U_{R1}(1+\frac{R_2}{R_1}) + I_Q R_2 \approx U_{R1}(1+\frac{R_2}{R_1})$$

上式中 I_Q 为稳压器静态工作电流，通常较小，U_{R1} 为稳压器输出电压，记为 U_{o1}，则

$$U_o \approx U_{o1}(1+\frac{R_2}{R_1}) \tag{8-30}$$

可见，只要选定 R_1 和 R_2 的比值，便可得到所需的输出电压。

（4）扩大输出电流的电路

如图 8-14 所示电路，当电路所需电流大于 1～2A 时，可采用外接功率管（扩流管）的方法扩大输出电流。

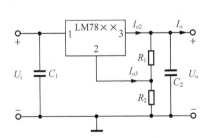

图 8-13 三端稳压器提高输出电压电路

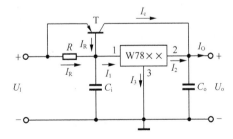

图 8-14 三端稳压器提高输出电流电路

I_2 为稳压器的输出电流，I_C 为功率管的集电极电流，一般情况下 I_3 很小，可忽略不计，则可得

$$I_2 \approx I_1 = I_R + I_B = -\frac{U_{BE}}{R} + \frac{I_C}{\beta} \qquad (8\text{-}31)$$

显然,输出总电流为 $I_o \approx I_R + I_C$。设功率管电流放大系数 $\beta = 10$,$U_{BE} = -0.3V$,$R = 0.5\Omega$,$I_2 = 1A$,则由式(8-31)可求得 $I_C = 4A$,可见输出电流比 I_2 扩大了。需要注意的是,电路中 R 的值应使功率管只能在输出电流较大时才导通,以起到扩大输出电流的作用。

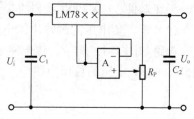

（5）输出电压可调电路

如图 8-15 所示输出电压可调电路,该电路在三端稳压器和可调电位器之间加入了隔离运放电路。

故输出电压表达式同式（8-30）,调节 R_P 的中心抽头位置,便可调节输出电压的 U_o 大小。

图 8-15　三端稳压器输出电压可调电路

8.4.3　开关型直流稳压电路

线性串联型直流稳压电路的调整管通常工作在线性放大状态,所以管压降大,功耗也大,效率较低,一般只有 40%~60%。而开关型直流稳压电路的调整管工作在开关(截止、饱和)状态,截止状态时无电流,不消耗功率;饱和状态时,管压降很小,所以功耗也很小。因此总的功耗小了,使效率大大提高,可达 80%~95%,同时具有造价低,体积小的优点。缺点是输出电压是开关电压波形,输出电压所含波纹较大。

开关型稳压电路的分类方法较多。按启动调整管的方式可分为:自激式和他激式。按调整方式可分为:脉宽调制型、脉频调制型和脉宽与频率均能改变的混合调整型。按开关管与负载的连接方式可分为:串联式、并联式和脉冲变压器(工作在高频)耦合式。各类型的开关型稳压电路的工作原理基本一致,下面以串联脉宽调制开关型直流稳压电路为例,讨论其工作原理。

串联脉宽调制开关型直流稳压电路如图 8-16(a)所示。它主要由调整管 T、LC 滤波电路、比较器、三角波发生器、比较放大器和基准源等部分构成。

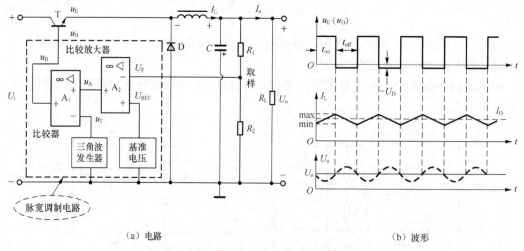

（a）电路　　　　　　　　　　　　　（b）波形

图 8-16　串联脉宽调制开关型直流稳压电路原理图

U_i 为整流滤波电路的输出电压,u_B 为比较器的输出电压,利用 u_B 控制调整管 T,将 U_i 变换成断续的矩形波电压 u_E。

当 u_B 为高电平时，T 管饱和导通，U_i 经 T 管加到二极管 D 的两端，u_E 约等于 U_i，此时二极管 D 承受反向电压而截止，负载中流过电流 I_o，电感 L 储存能量。

当 u_B 为低电平时，T 管由饱和变为截止，滤波电感产生自感电势，极性如图 8-16（a）所示，使二极管 D 导通，电感 L 中储存的能量通过 D 向负载 R_L 释放，R_L 中继续有电流流过，因此称 D 为续流二极管。此时 u_E 等于 $-U_D$（二极管正向压降）。

由以上工作过程可见，虽然调整管处于开关工作状态，但由于二极管 D 的续流作用和 LC 滤波器的滤波作，在输出端得到了平稳的输出电压。图 8-16（b）给出了矩形波电压 u_E，L 中电流 i_L 和输出直流电压 U_o 的波形。图中 t_{on} 为调整管 T 的导通时间，t_{off} 为调整管 T 的截止时间，开关转换周期为 $T = t_{nf} + t_{off}$，在忽略滤波电感 L 的直流压降情况下，输出电压的平均值为

$$U_o = \frac{t_{on}}{T}(U_i - U_{CES}) + (-U_D)\frac{t_{off}}{T} \approx U_i \frac{t_{on}}{T} = qU_i \qquad (8\text{-}32)$$

式（8-32）中，$q = \dfrac{t_{on}}{T}$，称为脉冲波形的占空比。可见对于一定的输入电压 U_i，通过调节占空比就可调节输出电压 U_o。

为稳定输出电压 U_o，应按电压负反馈方式引入反馈。设输出电压增加，$U_F = FU_o$ 增加，使比较放大器的输出电压 u_A 为负值，该值与固定频率的三角波电压 u_T 比较，得到整形为脉冲波的输出电压，其高电平部分持续时间减少，调整管导通时间减小，输出电压下降，从而起到了稳压作用。

由以上分析可以得出开关型稳压电源的特点为：调整管工作在开关状态，功耗大大降低，电源效率大为提高，为得到直流输出，必须在输出端加滤波器；可通过对脉冲宽度的控制，即控制脉冲波形的占空比，可方便地改变输出电压值；由于开关频率较高，滤波电容和滤波电感的体积可大大减小，这样就使电路系统的大小和重量减小，成本也随之降低。

*8.5　Multisim 在直流稳压电路中的仿真实例

在生产、生活中多采用交流电，而在电子线路和自动控制系统中往往需要直流电源，如何将 220V 交流电转换为直流电呢？本节通过仿真实例分析单相桥式整流滤波电路。

试分析图 8-17 所示电路工作的原理。

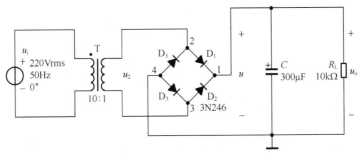

图 8-17　整流滤波电路

分析如下。

变压部分由变压器完成。220V 工频交流电先经过变压器 T 变换为整流需要的交流电压 u_2，因为 $u_1 : u_2 = 10 : 1$，则 u_2 的有效值为 22V，频率不变。

　　整流部分由单相桥式整流电路完成。变压器副边电压 u_2 经过整流电路，变换为单向脉动的电压。当 u_2 正半周时，D1、D3 导通，D2、D4 截止，当 u_2 负半周时，D2、D4 导通，D1、D3 截止。

　　滤波部分由电容 C 完成，利用电容的充放电可以改善电压的脉动程度，达到滤波的目的。因为电容的充放电跟时间常数 $R_L \cdot C$ 有关，所以如果负载电阻不变，电容越大则滤波效果越好。

　　仿真步骤如下。

　　（1）在 NI Multisim 14 软件工作区窗口中，绘制电路。T 是从基本元器件库中选择"TRANSFORMER→1P1S（单原边单副边）"得到，匝比为 10:1。整流桥选自"Diodes→FWB"中的 3N246。

　　（2）为了观察滤波前后的电压波形变化，在电容 C 支路串联一个单刀单掷开关 S1。从仪器仪表库中取"Multimeter"（万用表）接变压器副边，设置为测交流电压，输出 u_o 接入示波器 A 通道，仿真测量电路如图 8-18 所示。

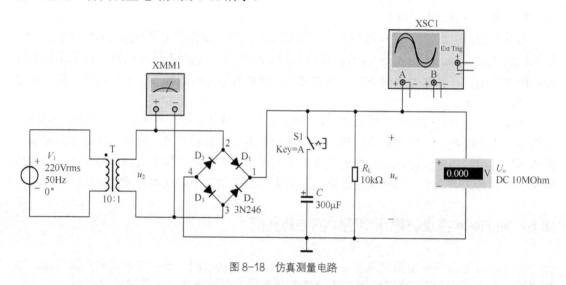

图 8-18　仿真测量电路

　　（3）控制开关 S1 闭合、断开，改变电容 C 的电容，多次运行仿真。万用表读数如表 8-2 所示。

表 8-2　　　　　　　　　　　　　　　变压器副边电压仿真结果

电容接入情况	不接入	$C=3uF$	$C=30uF$	$C=300uF$
U_2	22	22.022	22.011	22.009

　　示波器的仿真波形分别如图 8-19（a）、（b）、（c）、（d）所示。

　　分析仿真结果如下。

　　（1）见表 8-2 可知，电容变化对变压器副边电压几乎没有影响，电压有效值为 22V。

　　（2）如图 8-19 所示，整流后接入滤波电容，输出电压波动（波纹系数）减小了。

　　（3）滤波电容的大小对波形有影响，当电容 C 慢慢增大，电压波形的纹波成分逐渐减小，当 $C=300\mu F$，由图 8-19（d）可看出，电压波形趋于直流。因此为减少纹波系数，可适当增大滤波电容。仿真结果与理论分析一致。

电容滤波一般用于要求输出电压较高，负载电流较小且变化不大的场合。如果负载电流较大，负载变动也大，对输出电压的脉动程度要求不高的场合，则采用串联电感滤波，有兴趣的读者可自行仿真分析。

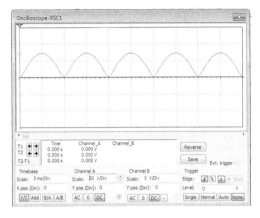

(a) 未接入滤波电容 C 时

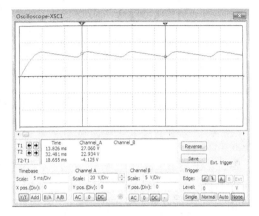

(b) 接入滤波电容 C=3uF 时

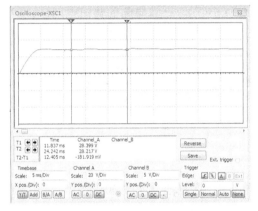

(c) 接入滤波电容 C=30uF 时

(d) 接入滤波电容 C=300uF 时

图 8-19　示波器仿真波形

习题 8

8-1　某一单相半波整流电路如图 8-2 所示，已知负载电阻 $R_L = 750\Omega$，变压器副边电压 $U_2 = 20V$，试求负载上输出电压平均值 U_o、负载和二极管的平均电流 I_o 及二极管所承受的最大反向电压 U_{Rm}。

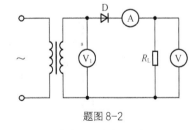

题图 8-2

8-2　在题图 8-2 所示电路中，已知 $R_L = 80\Omega$，直流电压表 V 的读数为 110V，试求：（1）直流电流表 A 的读数；（2）整流电流的最大值；（3）交流电压表 V_1 的读数；（4）变压器副边电流的有效值。

8-3　有一电压为 110V，电阻为 55Ω 的直流负载，采用单相桥式整流电路供电，如题图 8-3 所示，试求负载电压和电流的平均值、最大值和有效值，变压器副边电压和电流的有效值和最大值及功率。

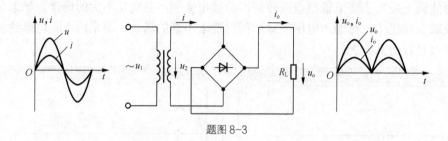

题图 8-3

8-4　有一单相桥式电容滤波整流电路如题图 8-4 所示，已知交流电源频率 $f = 50\text{Hz}$，负载电阻 $R_L = 200\Omega$，要求直流输出电压 $U_\text{o} = 30\text{V}$，试求流过二极管的平均电流 I_D、二极管所承受的最大反向电压 U_Rm、变压器副边电压有效值 U_2、选择滤波电容器 C。

8-5　在题图 8-4 所示电路中，设滤波电容 $C = 1000\mu\text{F}$，交流电源频率为 50Hz，$R_L = 5.1\text{k}\Omega$，（1）当输出电压 $U_\text{o} = 17\text{V}$ 时，求 U_2。（2）当 R_L 减小时，U_o 如何变化？二极管的导电角如何变化？（3）若电容 C 虚焊，U_o 如何变化？二极管的导电角如何变化？

8-6　题图 8-6 所示电路是能输出两组整流电压的桥式整流电路。（1）试分析二极管的导电情况，标出 U_o1 和 U_o2 的极性。（2）当 $U_{21} = U_{22} = 7.5\text{V}$ 时，计算电路的输出电压 U_o1 和 U_o2。

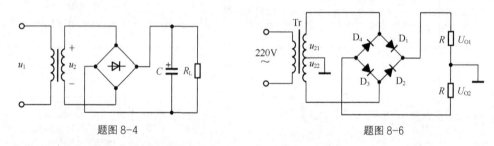

题图 8-4　　　　　　　　　　　题图 8-6

8-7　根据桥式整流电路的工作原理，分析题图 8-7 电路在下述故障时会出现什么现象。（1）D_1 的正负极性接反。（2）D_1 短路。（3）D_1 开路。

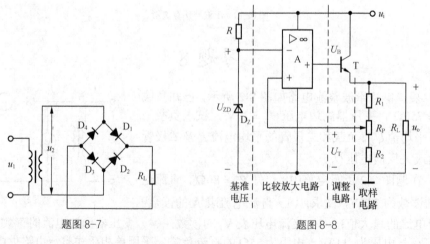

题图 8-7　　　　　　　　　　　题图 8-8

8-8　在题图 8-5 所示串联型稳压电源中，设 $U_\text{Z} = 6\text{V}$，$R_1 = R_2 = 2\text{k}\Omega$，$R_\text{P} = 1\text{k}\Omega$。试求：（1）$R_\text{P}$ 滑动端置中点位置时的输出电压；（2）输出电压的调节范围。

习题 8 答案

8-1　$U_o = 9\text{V}$，$I_o = 12\text{mA}$，$U_{Rm} = 28.2\text{V}$

8-2　（1）1.38A，（2）4.33A，（3）244.4V，（4）2.16A

8-3　$U_o = 110\text{V}$，$U_{om} = 172.7\text{V}$，$U_{ov} = 122.5\text{V}$；$I_o = 2\text{A}$，$I_{om} = 3.14\text{A}$，$I_{ov} = 2.23\text{A}$；$U_2 = 122.5\text{V}$，$U_{2m} = 172.7\text{V}$；$I = 2.23\text{A}$，$I_m = 3.14\text{A}$；$P = 273.2\text{W}$

8-4　$I_D = 75\text{mA}$，$U_{Rm} = 35\text{V}$，$U_2 = 25\text{V}$，$C = 250\mu\text{F}$

8-5　（1）$U_2 = 14\text{V}$

8-6　$U_{o1} = U_{o2} = 9\text{V}$

8-7　（1）R_L 上无电路输出，（2）D_2 会因大电流而损坏，（3）电路变为半波整流，输出电压下降。

8-8　（1）$U_o = 12\text{V}$，（2）10～15V

参 考 文 献

[1] 邱关源. 电路（第四版）. 北京：高等教育出版社，1999.

[2] 李瀚荪. 电路分析基础（第三版）. 北京：高等教育出版社，1993.

[3] 张宇飞，史学军，周井泉. 电路. 北京：机械工业出版社，2015.

[4] 刘陈，周井泉，沈元隆，于舒娟. 电路分析基础. 北京：人民邮电出版社，2015.

[5] 王骥，王立臣，杜爽. 模拟电路分析与设计. 北京：清华大学出版社，2012.

[6] 黄丽亚，杨恒新，袁丰. 模拟电子技术基础. 北京：机械工业出版社，2016.

[7] 成谢锋，周井泉. 电路与模拟电子技术基础. 北京：科学出版社，2013.

[8] 秦曾煌. 电工学（第五版）. 北京：高等教育出版社，1999.

[9] 康华光. 电子技术基础（第三版）. 北京：高等教育出版社，1996.

[10] 童诗白. 模拟电子技术基础（第二版）. 北京：高等教育出版社，1988.

[11] 查丽斌. 电路与模拟电子技术基础. 北京：电子工业出版社，2010.

[12] 秦曾煌. 电工学简明教程（第二版）. 北京：高等教育出版社，2007.

[13] 谢嘉奎. 电子线路（第二版）. 北京：高等教育出版社，1983.

[14] 杨建良，李芝成，朱志伟. 电路与电子技术. 武汉：武汉大学出版社，2008.

[15] 王成华，潘双来，江爱华. 电路与模拟电子学. 北京：科学出版社，2003.

[16] 刘润华. 电工电子学. 北京：高等教育出版社，2015.

[17] 王志功，沈永朝. 电路与电子线路基础. 北京：高等教育出版社，2013.

[18] 魏红，张畅. 电工电子学. 北京：科学出版社，2014.

[19] 何秋阳，朱敏，王红玉，尹东燕. 模拟电子技术基础. 北京：国防工业出版社，2012.

[20] 吴大正. 电路基础. 北京：国防工业出版社. 1979.

[21] 聂典，李北雁，等. Multisim 12 仿真设计. 北京：电子工业出版社，2014.

[22] 李良荣，李震，等. NI Multisim 电子设计技术. 北京：机械工业出版社，2016.

[23] 吕波，王敏，等. Multisim 14 电路设计与仿真. 北京：机械工业出版社，2016.

[24] 古良玲，王玉菡. 电子技术实验与 Multisim 12 仿真. 北京：机械工业出版社，2015.

[25] 赵全利，李会萍. Multisim 电路设计与仿真. 北京：机械工业出版社，2016.

[26] 童诗白，华成英. 模拟电子技术基础（第四版）. 北京：高等教育出版社. 2006.